现代海底热液硫化物成矿地质学

李家彪　主编

科学出版社
北　京

内 容 简 介

本书系统总结了全球海底热液硫化物资源的基本特征、分布规律、地质条件、形成机制和潜力评估，立足自主调查、集成全球数据、体现交叉研究，学科综合、系统性强、图文并茂。全书共分9章，内容涉及全球海底热液硫化物成矿系统与控制因素、从快速到超慢速四大类洋脊热液硫化物矿床、弧后盆地热液硫化物矿床、大陆裂谷环境多金属软泥，以及全球洋中脊热液硫化物资源分段潜力。

本书可供海底热液成矿理论、硫化物资源勘查和深海地质与地球物理研究等方面的科研和教学人员，以及相关专业研究生参考。

图书在版编目(CIP)数据

现代海底热液硫化物成矿地质学/李家彪主编. —北京：科学出版社，2017.12

ISBN 978-7-03-055380-5

Ⅰ.①现… Ⅱ.①李… Ⅲ.①海底矿床–热液矿床–硫化物矿床–成矿地质 Ⅳ.①P744

中国版本图书馆 CIP 数据核字（2017）第 281277 号

责任编辑：孟美岑　韩　鹏　陈姣姣/责任校对：张小霞
责任印制：肖　兴/封面设计：北京图阅盛世

科学出版社 出版
北京东黄城根北街16号
邮政编码：100717
http://www.sciencep.com

中国科学院印刷厂 印刷
科学出版社发行　各地新华书店经销

*

2017年12月第 一 版　开本：787×1092　1/16
2017年12月第一次印刷　印张：20 1/2
字数：486 000

定价：268.00元
（如有印装质量问题，我社负责调换）

编委会

主　编　李家彪

副主编　王叶剑　李小虎

编　委　李正刚　于志腾　牛雄伟　陈　灵　梁裕扬
　　　　　曾志刚　马乐天　李洪林　王　巍　宗　统
　　　　　杨　达　余　星　范维佳　王建强

序

深海是人类探索和认识自然的新领域，开发和管理自然的新疆域。深海中广大的国际管辖海域蕴藏着丰富的新型资源，是人类赖以发展的共同继承的宝藏。在众多深海资源中，海底热液硫化物作为一种重要的海洋战略矿产资源，近些年来其商业价值正逐渐被国际社会所公认，已成为大国海洋资源竞争的焦点。

自20世纪70年代末人类在东太平洋首次发现正在喷发的海底热液喷口及多金属硫化物资源之后，海底热液系统就被誉为"现代成矿的天然实验室"，受到地球科学与生物科学界的广泛关注。我国对海底热液硫化物资源的系统调查研究始于2005年的首次大洋环球考察，相比西方发达国家起步较晚。但经过多年的不懈努力，我国于2011年率先与国际海底管理局签署了西南印度洋多金属硫化物矿区勘探合同，成为世界上首个国际海底区域多金属硫化物的先驱投资者，实现了海底热液硫化物资源勘查与研究领域的跨越发展。

正是围绕全球大洋中脊持续不断的大规模深海热液硫化物找矿勘查的国家使命，催生了我国当时为数不多的自主提出的海底资源全球科学计划——"全球海底热液硫化物资源评价"重大项目，从而使我国科学家的海底科学研究从区域真正走向了全球。在这个被誉为"China RIDGE"计划的推动下，李家彪带领国家海洋局、中国科学院和高等院校等国内海底热液硫化物资源研究的优势单位的科学家，针对位于国际管辖海域近40000 km长的大洋中脊和弧后扩张中心区域，开展现代海底热液硫化物成矿规律的系统研究和联合攻关，取得了大量原创性成果。在此基础上，按不同构造-岩浆成矿区带，进一步开展了大洋中脊、弧后盆地热液硫化物的区域成矿学及其全球对比和资源潜力研究，编写了《现代海底热液硫化物成矿地质学》专著，深化了全球海底热液硫化物资源分布与形成机制的认识，填补了该领域的空白。同时，该书的出版，也将为我国在国际海底区域开展多金属硫化物新矿区的申请提供科学依据，推动洋壳演化、物质循环、极端生境，以及与陆地同类资源对比等重大科学问题的深化与发展。

中国工程院院士

2017年7月26日

前　言

21世纪，人类进入深度探索的新时代。"深空、深海、深地"这些人类的认知边界正在不断被突破，新的知识不断涌现，为人类探索未知空间和资源提供了新的机遇。现代海底热液硫化物的发现和勘查，已成为全球深海资源环境研究的科学前沿和热点领域。

2005年，在庆祝郑和下西洋600周年之际，中国海洋地质学家开始思考新的科学探索方向——大洋中脊是调查最少的、全球连通的、活动的巨型海底山脉，对发育其中的热液系统、硫化物成矿、基因资源和极端环境等问题认识十分有限，中国科学家有可能在该领域弯道超车，布局未来。有鉴于此，当时唯一领导我国深海调查研究的中国大洋协会，启动了新的研究计划"我国大洋中脊与硫化物资源综合调查研究"，我有幸担任首席科学家亲历了我国大洋中脊研究的起步和发展。经过10年连续两期计划的调查研究，我国已在全球各大洋开展工作并取得重要发现，从而为全球各类洋中脊及其硫化物分布特征和成矿规律的综合对比研究创造了条件。

本书是项目组10年研究的结晶，汇集了相关课题的成果。所涉及的资料不仅包括项目组新获取的数据，而且还包括笔者自己的研究资料。本书第1章由李家彪、王叶剑、李小虎和余星共同执笔；第2章由李家彪、李小虎、王叶剑和陈灵共同执笔；第3章3.1节由李小虎和王巍执笔，3.2节由曾志刚和牛雄伟执笔，3.3节由牛雄伟执笔，3.4~3.6节由李小虎和李正刚执笔，由王叶剑对部分图件进行绘制，李家彪对各节修改成稿；第4章4.1、4.2节由王叶剑执笔，4.3节由牛雄伟执笔，4.4节由王叶剑和宗统执笔，4.5、4.6节由王叶剑执笔，李家彪对各节修改成稿；第5章5.1、5.2节由李洪林执笔，5.3节由牛雄伟执笔，5.4~5.6节由李小虎和李正刚执笔，李家彪对各节修改成稿；第6章6.1节由李家彪执笔，6.2节由梁裕扬执笔，6.3节由李家彪和牛雄伟执笔，6.4节由陈灵执笔，6.5节由陈灵和李小虎执笔，6.6节由李小虎、王巍和王建强执笔，李家彪对各节修改成稿；第7章由李正刚执笔，王叶剑和牛雄伟提供了部分图件，李家彪进行了修改；第8章8.1~8.5节由于志腾执笔，8.6节和8.7节由王叶剑、杨达和范维佳执笔，李家彪对各节修改成稿；第9章由李正刚、李小虎和王巍执笔，余星和陈灵对部分图件进行绘制，李家彪对各节修改成稿；附件由马乐天和李家彪执笔。全书最后由李家彪、王叶剑和李小虎负责汇总和统稿。本书封面图片由中国大洋38航次第一航段科考队拍摄于西北印度洋卧蚕1号热液区。

感谢中国大洋矿产资源研究开发协会"多金属硫化物调查区资源评价"重大项目

（DY125-12-R）的资助。感谢重大项目所属课题负责人初凤友研究员、韩喜球研究员无私地提供了他们主持的相关课题成果和资料。本书在编写过程中与李裕伟研究员、李文渊研究员、黄永样教授级高级工程师进行了有益的交流，在此特别表示感谢！

  本书不足之处，恳请各位读者斧正。

李家彪
2017 年 7 月
于杭州西溪河畔

目 录

序
前言

第1章　绪论 ··· 1
　1.1　调查历史 ··· 1
　1.2　研究活动 ··· 2
　1.3　数据基础 ··· 3
　1.4　研究框架 ··· 5
　参考文献 ·· 6

第2章　海底热液硫化物成矿系统 ··· 8
　2.1　成矿构造环境 ·· 8
　　　2.1.1　大洋中脊 ··· 8
　　　2.1.2　弧后盆地 ··· 12
　2.2　成矿物质环境 ·· 12
　　　2.2.1　地幔部分熔融 ·· 13
　　　2.2.2　岩浆迁移聚集 ·· 14
　　　2.2.3　热点与洋脊相互作用 ·· 15
　2.3　海底热液硫化物分布特征 ··· 16
　　　2.3.1　海底热液喷口 ·· 16
　　　2.3.2　海底硫化物矿床 ··· 18
　2.4　海底热液硫化物成矿作用 ··· 21
　　　2.4.1　控矿因素 ··· 21
　　　2.4.2　成矿过程 ··· 24
　　　2.4.3　地质模型 ··· 26
　参考文献 ·· 28

第3章　快速扩张洋脊热液硫化物矿床 ·· 34
　3.1　洋脊扩张 ··· 34
　3.2　构造地貌 ··· 35
　　　3.2.1　勘探者洋脊、胡安德富卡脊和戈达洋脊 ·· 35
　　　3.2.2　加利福尼亚湾瓜伊马斯盆地 ·· 36
　　　3.2.3　东太平洋海隆 13°N ·· 37
　　　3.2.4　东太平洋海隆 9°~10°N ·· 39
　　　3.2.5　东太平洋海隆叠接扩张中心 ·· 41
　3.3　深部结构 ··· 43

3.3.1　东太平洋海隆9°30′N ··· 43
　　3.3.2　东太平洋海隆17°S ·· 45
3.4　岩浆作用 ·· 47
3.5　热液硫化物矿床 ·· 48
　　3.5.1　贫沉积物覆盖典型区硫化物矿床 ·· 48
　　3.5.2　沉积物覆盖典型区硫化物矿床 ·· 55
3.6　热液硫化物成矿特征 ··· 58
　　3.6.1　岩石和沉积物地球化学特征 ·· 58
　　3.6.2　硫化物矿床成矿元素分布特征 ·· 60
　　3.6.3　硫化物矿床成矿机制 ·· 65
参考文献 ··· 67

第4章　中速扩张洋脊热液硫化物矿床 ··· 76
4.1　洋脊扩张 ··· 76
4.2　构造地貌 ··· 77
　　4.2.1　中印度洋脊23°~25°S ··· 77
　　4.2.2　中印度洋脊18°~20°S ··· 79
4.3　深部结构 ··· 80
　　4.3.1　布格重力异常 ·· 80
　　4.3.2　地震深部探测 ·· 80
　　4.3.3　三维层析成像 ·· 81
4.4　岩浆作用 ··· 83
4.5　热液硫化物矿床 ·· 84
　　4.5.1　中印度洋脊Kairei热液区 ··· 86
　　4.5.2　中印度洋脊Edmond热液区 ·· 87
　　4.5.3　中印度洋脊MESO热液区 ··· 87
4.6　热液硫化物成矿特征 ··· 88
　　4.6.1　中印度洋脊Kairei热液区 ··· 88
　　4.6.2　中印度洋脊Edmond热液区 ·· 96
　　4.6.3　中印度洋脊MESO热液区 ··· 103
参考文献 ··· 105

第5章　慢速扩张洋脊热液硫化物矿床 ··· 110
5.1　洋脊扩张 ··· 110
5.2　构造地貌 ··· 113
　　5.2.1　大西洋中脊13°~15°N ·· 113
　　5.2.2　大西洋中脊TAG热液区 ··· 117
　　5.2.3　大西洋中脊Rainbow热液区 ··· 118
5.3　深部结构 ··· 119
　　5.3.1　大西洋中脊35°20′N和23°20′N ··· 120

5.3.2	大西洋中脊 Lucky Strike 热液区	120
5.3.3	大西洋中脊 TAG 热液区	123

5.4 岩浆作用 125
5.5 热液硫化物矿床 126
 5.5.1 玄武岩型硫化物矿床 128
 5.5.2 超镁铁质岩型硫化物矿床 130
5.6 热液硫化物成矿特征 134
 5.6.1 典型区岩石地球化学特征 134
 5.6.2 典型区元素地球化学特征 137
 5.6.3 典型区硫化物矿床成矿机制 141
参考文献 144

第 6 章 超慢速扩张洋脊热液硫化物矿床 150
6.1 洋脊扩张 150
6.2 构造地貌 153
 6.2.1 西南印度洋脊分段 153
 6.2.2 岩浆段与非岩浆段 155
 6.2.3 西南印度洋脊岩浆段（49°～51°E） 157
 6.2.4 西南印度洋脊非岩浆段（61°～66°E） 160
6.3 深部结构 164
 6.3.1 西南印度洋脊 50°E 地壳结构 164
 6.3.2 西南印度洋脊 57°E 和 66°E 地震探测 168
 6.3.3 超慢速扩张洋脊的地壳结构对比 172
6.4 岩浆作用 174
 6.4.1 西南印度洋脊 49°～52°E 175
 6.4.2 西南印度洋脊 61°～70°E 176
6.5 热液硫化物矿床 178
 6.5.1 西南印度洋脊 49°～52°E 180
 6.5.2 西南印度洋脊 61°～66°E 181
 6.5.3 西南印度洋脊 10°～25°E 182
6.6 热液硫化物成矿特征 184
 6.6.1 西南印度洋脊 49°～52°E 184
 6.6.2 西南印度洋脊 61°～66°E 186
参考文献 190

第 7 章 弧后盆地热液硫化物矿床 195
7.1 构造演化 196
7.2 岩浆作用 197
 7.2.1 构造作用与岩浆供给 197
 7.2.2 演化趋势与演化程度 198

7.2.3 岩石类型与空间分布 ··· 199
7.3 洋内型弧后盆地热液硫化物矿床 ··· 201
7.3.1 劳盆地 ··· 201
7.3.2 马努斯盆地 ··· 207
7.3.3 硫化物矿床地球化学特征 ··· 209
7.3.4 岩浆演化及岩浆流体贡献 ··· 214
7.4 陆缘型弧后盆地热液硫化物矿床 ··· 220
7.4.1 冲绳海槽 ·· 220
7.4.2 硫化物矿床地球化学特征 ··· 224
参考文献 ··· 226

第8章 大陆裂谷环境多金属软泥 234
8.1 构造地貌 ·· 234
8.2 沉积环境 ·· 237
8.3 深部结构 ·· 238
  8.3.1 反射和折射地震 ·· 238
  8.3.2 重力异常 ·· 242
  8.3.3 磁力异常 ·· 245
8.4 岩浆作用 ·· 245
  8.4.1 溢流玄武岩 ··· 245
  8.4.2 岩浆活动的深部特征 ·· 247
8.5 大陆张裂与红海演化 ··· 248
  8.5.1 红海张裂 ·· 248
  8.5.2 红海演化历史 ··· 251
8.6 红海 Atlantis Ⅱ 深渊多金属软泥 ·· 253
  8.6.1 卤水层结构 ··· 254
  8.6.2 层序地层 ·· 255
  8.6.3 多金属软泥成矿特征 ·· 258
8.7 红海 Atlantis Ⅱ 深渊成矿机制 ··· 262
  8.7.1 卤水层的金属富集过程 ··· 262
  8.7.2 铁锰矿物的形成机制 ·· 264
  8.7.3 硫化物与硫酸盐沉淀 ·· 264
  8.7.4 微量金属元素的富集 ·· 265
参考文献 ··· 265

第9章 全球洋中脊热液硫化物资源潜力 277
9.1 成矿单元的划分原则 ··· 277
9.2 成矿单元的基础地质信息 ··· 277
9.3 成矿单元的基底岩石类型 ··· 281
  9.3.1 太平洋中脊 ··· 281

	9.3.2 大西洋中脊	285
	9.3.3 印度洋中脊	285
9.4	各成矿单元的基底岩石成矿元素含量	287
9.5	各成矿单元的热液硫化物成矿特征	292
	9.5.1 太平洋中脊	293
	9.5.2 大西洋中脊	297
	9.5.3 印度洋中脊	299
参考文献		300
附录 国际大洋中脊协会第三个十年科学计划（2014~2023年）		304

第1章 绪　　论

　　人类社会的发展，离不开对各种资源的开发和利用。在陆地资源逐渐枯竭的今天，人们把目光投向了深海大洋。除了多金属结核和富钴结壳资源以外，深海大洋还蕴藏着丰富的热液硫化物资源。海底热液硫化物资源主要分布于大洋中脊（Mid-Ocean Ridge）、弧后扩张中心（Back-arc Spreading Center）和岛弧（Arc）等主要区域，水深分布范围在数百米到数千米，富含Cu、Pb、Zn、Au和Ag等多种金属元素，具有矿体富集程度高、成矿快、赋存浅和易开采等特点。它不仅是21世纪可供人类开发的重要矿产资源，也是研究深海和地球内部各种地质、生物、化学作用，以及地质历史时期陆地上类似矿床成因和分布规律的天然实验室。

1.1　调查历史

　　1972年美国国家海洋和大气管理局（NOAA）执行TAG（Trans-Atlantic Geotraverse）计划时，在大西洋中脊（Mid-Atlantic Ridge，MAR）发现了第一个热液区，并命名为TAG热液区（Scott et al., 1974）。1977年，美国科学家乘坐"Alvin"号载人深潜器在东太平洋加拉帕戈斯（Galapagos）扩张中心首次发现了海底热泉和热液生物群落（Corliss et al., 1979）。1978年，由法国、美国、墨西哥科学家组成的考察队利用法国"Cyana"号载人深潜器在东太平洋海隆（East Pacific Rise，EPR）21°N首次发现海底热液硫化物（Francheteau et al., 1979；Hékinian et al., 1980），直接观察到了硫化物丘状体。1979年，"Alvin"号载人深潜器在东太平洋海隆21°N再度下潜，发现此处喷出的热液温度高达350℃（Spiess et al., 1980）。这些活动正式拉开了人类对海底热液系统及其硫化物与生物资源调查研究的序幕。

　　之后，以美国Peter Rona博士为首的科学家，迅速开展了东太平洋海隆（13°S~21°N）和中大西洋脊（26°S~23°N）区域的海底热液活动调查。法国国家海洋勘探开发研究院（IFREMER）的科学家在加强东太平洋和中大西洋部分海域调查的同时，还进军西南太平洋，并取得了重大进展。德国科学家虽然起步较晚，但是后来者居上，与法国和日本科学家在西南太平洋岛弧和弧后盆地（Back-Arc Basin）发现了多处海底热液活动和硫化物矿床。日本地学界以浦辺徹郎（Tetsuro Urabe）博士为首的科学家立足西南太平洋并取得突破后，又转战太平洋超快速扩张脊，1995年发现全球最大的热液羽状流（Urabe et al., 1995）。2000年，日本科学家在中印度洋脊（Central Indian Ridge，CIR）发现了Kairei热液区（Hashimoto et al., 2001）。俄罗斯科学家在大西洋中脊长期调查中发现了多处热液区，包括1993年发现的Logatchev热液区（Batuyev et al., 1994），2003年发现的Ashadze热液区（Bel'Tenev et al., 2004），2007年发现的Semenov热液区（Bel'Tenev et al., 2009），2008年发现的Zenit-Victory热液区（Cherkashov et al., 2008）。2004年美国和日本的科学家合作，使用水下自主机器人（ABE）等设备在东劳盆地（East Lau Basin）扩张中心发现了四处新的热液喷口分布区（German et al.，2006）。2005~2009年德国和英国的科学家合作，在南大西洋脊（South Mid-Atlantic Ridge）5°S和9°S附近发现了Turtle Pits、Red Lion和Liliput三处新的热液区（Haase et al.，2007，2009）。2006年德国、美国、英国和新西兰的科学家合作，在南大西洋脊8°S附近证实了Nibelungen热液区的存在（Melchert et al.，2008）。

除美国、英国、日本、德国、法国、俄罗斯等国家长期持续地对海底热液硫化物资源进行调查研究外，大型矿业公司如加拿大的鹦鹉螺矿业公司（Nautilus Minerals Niugini Limited）、美国的海王星矿业公司（Neptune Minerals Inc.）和沙特阿拉伯的马纳法国际贸易公司（Al Manafa Group）已经分别着手对西太平洋巴布亚新几内亚、新西兰领海和红海的多金属硫化物和多金属软泥矿床进行商业性勘查活动（Petersen et al.，2016）。

我国对热液硫化物的调查和研究起步较晚，1988年中德合作"SO-57航次"对马里亚纳（Mariana）海槽区热液硫化物的分布情况和形成机理进行了调查研究。1992年在国家自然科学基金委员会的支持下，中国科学院海洋研究所对冲绳海槽热液活动区进行了调查采样。2003年由中国大洋矿产资源研究开发协会（以下简称大洋协会）组织的大洋航次首次在东太平洋海隆13°N附近用拖网获得了少量的热液产物。2005年大洋协会组织了我国首次针对大洋中脊的环球科学考察，对东太平洋海隆、大西洋中脊和印度洋中脊的重点海域进行了热液硫化物资源探查，在三大洋中脊的一些已知热液活动区中获取了大量热液硫化物、围岩和沉积物等地质样品，采集了地球物理资料，并在东太平洋海隆和印度洋中脊发现了一些新的热液异常区。2007年大洋协会在环球航次调查成果基础上，再次对印度洋中脊进行了调查，在西南印度洋脊（Southwest Indian Ridge，SWIR）49°39′E首次发现海底黑烟囱并取得了热液硫化物样品，这也是世界上首次在超慢速扩张洋中脊发现正在活动的海底热液区（Tao et al.，2012）。至今，经过短短的10多年时间，我国已经在东太平洋海隆、大西洋中脊和印度洋中脊先后发现了42处热液区（中国大洋矿产资源研究开发协会办公室，2016），约占全球海底热液系统总发现量的8%。

除大洋中脊区域以外，位于各国专属经济区范围内的弧后盆地也蕴藏着丰富的热液硫化物资源，而且由于其特殊的成矿环境，所产出的热液硫化物资源一般富含Au、Ag和Pb等金属元素，加上水深较浅、邻近大陆，是热液硫化物资源开发利用的理想区域。

2010年5月，国际海底管理局《"区域"多金属硫化物资源勘探与探矿规章》（以下简称《勘探规章》）获得通过，我国率先提交了西南印度洋硫化物资源勘探区申请，成为国际上海底硫化物资源调查的后起之秀。继中国递交了勘探区申请几个月之后，俄罗斯也提交了北大西洋多金属硫化物勘探区的申请。截至2016年4月，已有中国、俄罗斯、法国、德国、韩国和印度6个国家取得了国际海底管理局核准的多金属硫化物勘探申请。全球多金属硫化物成矿规律、勘探区遴选、资源环境的研究与评价，既是科学前沿，又关乎国家利益，是未来深海研究的热点方向和前沿领域。

1.2 研究活动

1979年，关于海底热液硫化物的研究论文"Massive deep-sea sulphide ore deposits

discovered on the East Pacific Ridge" 发表于 Nature 杂志（Francheteau et al., 1979），从此开启了一个全新的研究领域。为阐述海底热液、岩浆、构造活动及其硫化物成矿这一主题的研究历史，项目组开展了以国际海底区域为重点的全球文献统计分析，其中涉及北大西洋脊、东太平洋海隆、中印度洋脊和西太平洋弧后地区等全球海底热液硫化物主要分布区域。使用 Elsevier、Springer Link、AGU、CNKI 和 GSW 等主要文献数据库进行检索，通过 Note Express 和 Endnote 文献管理软件编辑和分析，最终确定硫化物相关文献 2000 余篇，文献时间跨度为 1959~2014 年，主要发表在 *Geology*、*Economic Geology*、*Ore Geology Reviews*、*Chemical Geology*、*Geochemistry Geophysics Geosystems*、*Journal of Geophysical Research*、*Earth and Planetary Science Letters*、*Geochimica et Cosmochimica Acta* 和 *Marine Geology* 等国际期刊。

按年度对文献进行统计发现，从 20 世纪 70 年代以来，围绕海底热液硫化物的研究论文数量逐渐增加。特别是近 20 年以来，热液硫化物的研究成为热点，研究成果大幅上升（图 1-1）。从区域上看，太平洋硫化物研究程度相对较高，文献占到 60%，大西洋次之，印度洋的研究程度最低，只占到 5%。

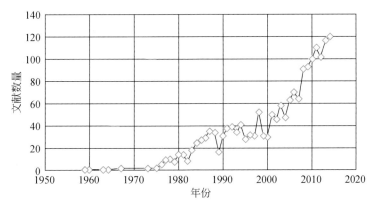

图 1-1 1959~2014 年各年度的海底热液硫化物/多金属软泥等相关文献统计

按航次年份对全球大洋科学考察航次调查数据统计发现，全球海洋调查工作的 90% 以上是在 20 世纪 60~90 年代完成的，70~80 年代处于高峰阶段。而到了 21 世纪初，大洋调查呈现放缓趋势，但这仅仅反映西方发达国家的调查活动情况。由于某些原因，俄罗斯和中国航次数据没有公开，而这一时期中俄两国是全球硫化物调查较活跃的国家。按区域来分，太平洋区有 3092 个航次，大西洋区有 2056 个航次，印度洋区最少，只有 749 个航次，这在一定程度上反映了全球硫化物相关调查活动在全球不同洋区分布的差异。

1.3 数据基础

为阐明全球海底热液硫化物成矿环境、分布规律和控矿因素，对全球不同洋区海底地形、重力、磁力、沉积物、岩石、矿物、岩浆、构造及调查测站测线等信息进行了系统收集和整理。目前涉及全球海底资源相关的公开数据库达 50 多个，其中最主要的有国际海底管理局（ISA）、国际大洋中脊协会（InterRidge）、海底岩石地球化学数据库（PetDB）、海洋和陆地岩石地球化学数据库（GEOROC）、综合大洋钻探计划（IODP）、美国国家海洋和大气管理局（NOAA）、美国国家地球物理数据中心（NGDC）、美国海洋地质数据系统（MGDS）、美国伍兹霍尔海洋研究所（WHOI）、美国斯克里普斯海洋研究所（SIO）、英国国家海洋研究中心（NOC）、英国海洋数据中心（BODC）、德国亥姆霍兹基尔海洋研究中心（GEOMAR）、德国联邦地学与自然资源研究院（BGR）、德国亥姆霍兹极地与海洋研究中心（AWI）、法国海洋开发研究院（IFREMER）、日本海洋科学技术中心数据库（DARWIN）、日本国际海洋情报中心（GODAC）、印度国家海洋研究所（NIO）、澳大利亚地球科学组织（GA）和澳大利亚联邦科学与工业组织（CSIRO）等。使用公开数据库客户端软件 GeoMapApp、Virtual Ocean 进行了系统校验，剔除部分错误数据，补充学术文献数据并进行矢量化分类处理，构建了全球海底热液硫化物数据库。其中，全球热液硫化物数据库主要包括国际海底管理局、国际大洋中脊协会、鹦鹉螺矿业公司的钻孔数据和 GeoMapApp 数据库以及部分来自美国 Ridge 2000 项目、国际文献和航次报告的数据。共记录了大西洋、太平洋、印度洋、地中海、红海等地的海底热液系统及相关的矿床，共 1015 个点位数据，554 个热液喷口数据。

ISA 的全球海底硫化物数据（图 1-2）：主要包括硫化物采样点、样品编号、分析方法、金属含量（Au、Ag、Co、Ni、Cu、Pb、Zn 和 Fe）、样品类型、描述、矿物组成、采样位置、位置经纬度、水深和参考文献 11 项内容。区域分布在太平洋中脊、大西洋中脊、太平洋岛弧及弧后盆地、印度洋中脊、地中海和红海；还包含东太平洋海隆、大西洋中脊

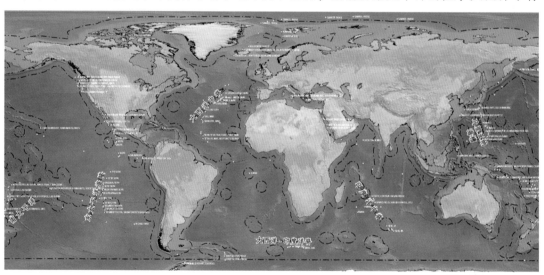

图 1-2　全球海底热液喷口研究区分布（据 ISA 官方网站①修改）

① https://www.isa.org.jm.

和印度洋中脊三大洋区 20 个单个喷口硫化物完整数据，可用于全球典型硫化物主要金属元素分析统计。

GeoMap App 客户端由哥伦比亚大学拉蒙特-多尔缔地球观测站（Lamont-Doherty Earth Observatory，LDEO）海洋地球科学数据系统支持，可以用来浏览全球海洋地形数据和其他类型数据，包括海底地震、热流、沉积物、岩石、海底火山等，还链接了 NGDC、Ridge 2000 等多个数据库的入口，并可以进行查询和下载。GeoMap App 热液喷口和硫化物相关数据，包括全球热液喷口点分布、全球海底板块边界、全球海底热流等全球背景数据，以及 EPR 9°N 所有喷口点位置分布、岩石样品采样站位、流体样品采样站位、生物样品采样站位、火山玻璃采样站位和岩石化学数据。

世界上已有加拿大的鹦鹉螺矿业公司等正在积极勘探离大陆较近、水深较浅的弧后盆地区域的海底块状硫化物矿床，探索性开采使得水深在 2000 m 以上的马努斯（Manus）盆地的海底硫化物及 Au 等资源的开发成为现实。本书也收集了来自鹦鹉螺矿业公司研究区技术报告[①]（2010~2012 年）中的大量钻孔和硫化物金属含量数据。

1.4 研究框架

从 20 世纪 70 年代开始，国际上对深海热液活动这一新兴研究领域注入了极大的热情，开展了以海底热液地质过程认知、热液硫化物资源和生物基因资源发现和研究为目的的综合调查研究。国际大洋中脊协会第二个十年计划（2004~2013 年）建议全球科学家加强超慢速扩张洋脊、洋脊-热点相互作用、弧后扩张系统、大洋中脊的生态系统、海底监测与观察、地球深部取样和全球性调查等领域的联合研究。

我国从 2005 年开始了全球洋中脊的科学调查研究，在西南印度洋脊、南大西洋脊、西北印度洋卡尔斯伯格脊（Carlsberg Ridge）和东太平洋海隆等区域开展了以多金属硫化物探矿为主要目标的综合调查，为全球海底多金属热液硫化物成矿规律与资源评价奠定了重要基础。本书在中国大洋"十二五"重大项目"多金属硫化物调查区资源评价"及其相关课题研究的基础上进行了综合集成，主要研究内容包括以下四个方面。

1）大洋中脊热液硫化物区域成矿学

开展全球不同扩张速率（快速、中速、慢速、超慢速）洋脊热液硫化物成矿特征与成矿条件分析。重点对我国在快速扩张的东太平洋海隆、中速扩张的中印度洋脊、慢速扩张的卡尔斯伯格脊和南大西洋脊及超慢速扩张的西南印度洋脊 5 个区域获得的调查研究成果进行集成分析，总结分析上述区域洋中脊的扩张机制、构造地貌、深部结构、岩浆作用，以及热液硫化物矿床的分布规律和成矿机理，从区域典型矿床地质出发，建立成矿地质模型，评估成矿潜力。

2）大陆边缘热液硫化物（软泥）区域成矿学

弧后盆地和大陆裂谷分别是大陆边缘汇聚和离散边界的代表，也是海底热液硫化物和多金属软泥产出的重要区域。开展岛弧后盆地和大陆裂谷地形地貌、沉积环境、岩浆作

---

① Nautilus Minerals INC. AIM Admission，168-218.

用、构造演化、深部结构及热液硫化物（软泥）分布规律和成矿特征研究，旨在揭示这两种构造区域热液成矿作用与特殊地质过程的关系，阐明热液硫化物（软泥）成矿控制因素和资源特色，掌握弧后盆地热液硫化物矿床和大陆裂谷多金属软泥矿床成矿规律。

3）全球海底热液硫化物成矿地质对比

在建立全球海底热液硫化物地质数据库的基础上，从海底热液硫化物的成矿构造环境（离散板块边界与汇聚板块边界）、成矿物质环境（岩浆供给与地幔柱影响），到海底热液活动（海底热液喷口与硫化物矿床），系统对比、分析洋中脊不同扩张速率、大陆边缘不同动力边界成矿区域的地质特征、控矿要素和成矿规律，总结全球海底热液硫化物资源类型、区域特色及其空间分布。

4）全球洋中脊海底热液硫化物资源潜力

从全球、区域和典型矿床3个级次开展资源综合潜力评价，重点研究全球洋中脊的构造分段、基岩元素组成、成矿单元划分和矿床地质类型，探讨海底大规模成矿作用机理和找矿方向，揭示全球洋中脊热液硫化物资源成矿机制、分布规律和成矿潜力。

参 考 文 献

中国大洋矿产资源研究开发协会办公室. 2016. 中国大洋海底地理实体名录（2016）. 北京：海洋出版社.

Batuyev B N, Krotov A G, Markov V F, Cherkashev G A, Krasnov S G, Lisitsyn Y D. 1994. Massive sulfide deposits discovered and sampled at 14°45′N, Mid-Atlantic Ridge. Bridge Newsletter, 6: 6-10.

Bel'Tenev V, Nescheretov A, Ivanov V, Shilov V, Rozhdestvenskaya I, Shagin A, Stepanova T, Andreeva I, Semenov Y, Sergeev M, Cherkashev G, Batuev B, Samovarov M, Krotov A G, Markov V. 2004. A new hydrothermal field in the axial zone of the Mid-Atlantic Ridge. Doklady Earth Sciences, 397（1）: 690-693.

Bel'Tenev V, Ivanov V, Rozhdestvenskaya I, Cherkashov G, Stepanova T, Shilov V, Davydov M, Layba A, Kaylio V, Narkevsky E, Pertsev A, Dobretzova I, Gustaytis A, Popova Y, Evrard C, Amplieve Y, Moskalev L, Gebruk A. 2009. New data about hydrothermal fields on the Mid-Atlantic Ridge between 11°–14°N: 32nd Cruise of R/V Professor Logatchev. InterRidge News, 18: 13-17.

Cherkashov G, Bel'Tenev V, Ivanov V, Lazareva L, Samovarov M, Shilov V, Stepanova T, Glasby G P, Kuznetsov V. 2008. Two New Hydrothermal Fields at the Mid-Atlantic Ridge. Marine Georesources & Geotechnology, 26（4）: 308-316.

Corliss J B, Dymond J, Gordon L I, Edmond J M, von Herzen R P, Ballard R D, Green K, Williams D, Bainbridge A, Crane K, van Andel T H. 1979. Submarine Thermal Sprirngs on the Galápagos Rift. Science, 203（4385）: 1073.

Francheteau J, Needham H D, Choukroune P, Juteau T, Seguret M, Ballard R D, Fox P J, Normark W, Carranza A, Cordoba D, Guerrero J, Rangin C, Bougault H, Cambon P, Hékinian R. 1979. Massive deep-sea sulphide ore deposits discovered on the East Pacific Rise. Nature, 277（5697）: 523-528.

German C, Yoerger D, Shank T, Jakuba M, Bradley A, Billings A, Catanach R, Duester A, Nakamura K, Langmuir C, Parson L, Koschinsky A. 2006. Hydrothermal Exploration by AUV: ABE in the Lau Basin and South Atlantic. American Geophysical Union, Fall Meeting, abstract OS33A-1681.

Haase K M, Petersen S, Koschinsky A, Seifert R, Devey C W, Keir R, Lackschewitz K S, Melchert B, Perner M, Schmale O, Süling J, Dubilier N, Zielinski F, Fretzdorff S, Garbe-Schönberg D, Westernstöer U, German C R, Shank T M, Yoerger D, Giere O, Kuever J, Marbler H, Mawick J, Mertens C, Stöber

U, Walter M, Ostertag-Henning C, Paulick H, Peters M, Strauss H, Sander S, Stecher J, Warmuth M, Weber S. 2007. Young volcanism and related hydrothermal activity at 5°S on the slow-spreading southern Mid-Atlantic Ridge. Geochemistry, Geophysics, Geosystems, 8 (11): Q11002.

Haase K M, Koschinsky A, Petersen S, Devey C W, German C, Lackschewitz K S, Melchert B, Seifert R, Borowski C, Giere O, Paulick H. 2009. Diking, young volcanism and diffuse hydrothermal activity on the southern Mid-Atlantic Ridge: the Lilliput Field at 9°33′S. Marine Geology, 266: 5264.

Hashimoto J, Ohta S, Gamo T, Chiba H, Yamaguchi T, Tsuchida S, Okudaira T, Watabe H, Yamanaka T, Kitazawa M. 2001. Firsthydrothermal vent communities from the Indian Ocean discovered. Zoological Science, 18: 717-721.

Hékinian R, Fevrier M, Bischoff J L, Picot P, ShanksIII W C. 1980. Sulfide deposits from the East Pacific Rise near 21°N. Science, 207 (4438): 1433-1444.

Melchert B, Devey C W, German C R, Lackschewitz K S, Seifert R, Walter M, Mertens C, Yoerger D R, Baker E T, Paulick H, Nakamura K. 2008. First evidence for high-temperature off-axis venting of deep crustal/mantle heat: The Nibelungen hydrothermal field, southern Mid-Atlantic Ridge. Earth and Planetary Science Letters, 275 (1-2): 61-69.

Petersen S, Krätschell A, Augustin N, Jamieson J, Hein J R, Hannington M D. 2016. News from the seabed-geological characteristics and resource potential of deep-sea mineral resources. Marine Policy, (70): 175-187.

Scott R B, Rona P A, McGregor B A, Scott M R. 1974. The TAG hydrothermal field. Nature, 251 (5473): 301-302.

Spiess F N, Macdonald K C, Atwater T, Ballard R, Carranza A, Cordoba D, Cox C, Garcia V M D, Francheteau J, Guerrero J, Hawkins J, Haymon R, Hessler R, Juteau T, Kastner M, Larson R, Luyendyk B, Macdougall J D, Miller S, Normark W, Orcutt J, Rangin C. 1980. East Pacific Rise: Hot springs and geophysical experiments. Science, 207 (4438): 1421-1433.

Tao C, Lin J, Guo S, Chen Y J, Wu G, Han X, German C R, Yoerger D R, Zhou N, Li H, Su X, Zhu J. 2012. First active hydrothermal vents on an ultraslow-spreading center: Southwest Indian Ridge. Geology, 40 (1): 47-50.

Urabe T, Baker E T, Ishibashi J, Feely R A, Marumo K, Massoth G J, Maruyama A, Shitashima K, Okamura K, Lupton J E, Sonoda A, Yamazaki T, Aoki M, Gendron J, Greene R, Kaiho Y, Kisimoto K, Lebon G, Matsumoto T, Nakamura K, Nishizawa A, Okano O, Paradis G, Roe K, Shibata T, Tennant D, Vance T, Walker S L, Yabuki T, Ytow N. 1995. The effect of magmatic activity on hydrothermal venting along the superfast-spreading East Pacific Rise. Science, 269 (5227): 1092-1095.

第 2 章　海底热液硫化物成矿系统

20 世纪 60 年代红海轴部及中央盆地热液多金属软泥的发现揭开了海底热液活动研究的序幕。1978 年，在东太平洋海隆 21°N 发现了正在活动的高温热泉和海底热液喷口生物群落，自此掀起了研究现代海底热液成矿的热潮。目前，美国、法国、德国、英国、日本、俄罗斯和中国等各国科学家开展了多学科的综合调查研究，对海底热液硫化物成矿系统的研究区域涵盖全球各大洋构造活动带进行分析，包括大洋中脊、火山岛弧、弧后盆地、板内热点和大陆裂谷。

2.1　成矿构造环境

海底热液硫化物是洋壳深部含矿热液向外释放，并在海底冷却、沉淀的产物，因此，需要特殊的构造环境——海底岩石圈拉张构造带。这些大型拉张构造带主要由海底扩张产生，在离散板块边界对应大洋中脊，在汇聚板块边界对应弧后盆地，其他还有板内的大陆裂谷、海山链、海底火山及地幔热点区等。

2.1.1　大洋中脊

大洋中脊，作为地壳初生、岩浆构造活动最为强烈的地带之一，造就了地球上规模最大的全球贯通的海底山脉。它高出深海平原 2~3 km，中央是一条线状地堑（称轴部裂谷，Axial Valley），代表新生洋壳产生的地方，其宽度和深度大致与大洋中脊的扩张速率成反比，裂谷内地壳遭受强烈伸展和火山作用，是全球巨型火山构造带的表现。

扩张速率是控制大洋中脊地质过程——岩浆、构造的动力演化的重要因素。根据海底全扩张速率（full spreading rate），人们将大洋中脊分为快速扩张洋脊（>80 mm/a）、中速扩张洋脊（80~40 mm/a）、慢速扩张洋脊（40~20 mm/a）和超慢速扩张洋脊（<20 mm/a）。快速扩张与慢速-超慢速扩张是大洋中脊演化的两个地质端元。洋中脊地球物理观测（Dick et al., 2003）和数值模拟（Buck et al., 2005）表明，洋中脊岩浆过程、构造作用与洋脊扩张速率之间具有密切的联系。

快速扩张洋脊岩浆作用强劲，岩浆供给沿洋脊较为均匀、连续，造成洋脊轴部隆起，轴部裂谷浅小，常被活动火山充填（图2-1）；构造作用相对微弱，同生断裂密度和错距均不显著，即对扩张的贡献不占主导地位。慢速-超慢速扩张洋脊构造作用强烈，不仅造成洋脊轴部发育大型构造地堑，甚至出现深大基底断裂，将下地壳和上地幔直接拆离至海底表面（图2-2），形成大洋核杂岩，又称海洋核杂岩（Oceanic Core Complexes, OCCs）；岩浆供给不足，不能满足整个洋脊的供应，从而形成了沿洋脊出现岩浆段（Magmatic Segment）和非岩浆段（Amagmatic Segment）交替分布的鲜明特色。

图 2-1 快速扩张洋脊的脊轴区三维地形
地形数据来源于 MGDS 数据库

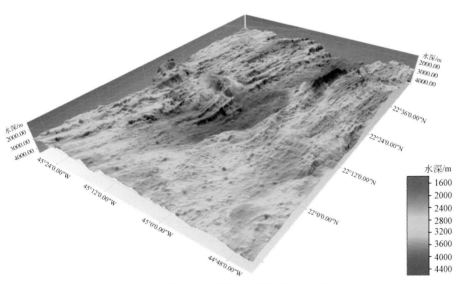

图 2-2 慢速扩张洋脊的脊轴区三维地形
地形数据来源于 MGDS 数据库

大洋中脊是全球分布的一级构造单元,在四大洋中它们彼此相连,形成了洋壳年龄由中央裂谷处向两边逐渐变老的演化格局(图 2-3),主要包括东太平洋海隆、大西洋中脊、西南印度洋脊、东南印度洋脊、中印度洋脊和北冰洋加克洋脊(Gakkel Ridge)。

东太平洋海隆,位于太平洋的东侧,是南北向横跨太平洋的大洋中脊。北端开始于加利福尼亚湾(Golfo de California),南端延伸到新西兰以南的麦夸里(Macquarie)三联点与东南印度洋脊(Southeast Indian Ridge)相连,长约 15000 km,洋脊南部在复活节岛

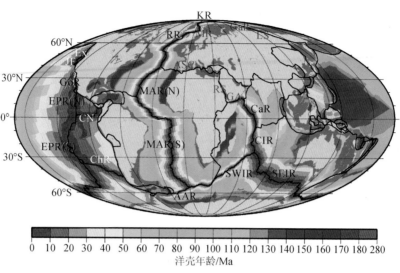

图 2-3　全球海底岩石圈年龄分布（Müller et al., 2008）

AAR. 美洲-南极洲洋脊；ASC. 亚速尔扩张中心；CaR. 卡尔斯伯格脊；ChR. 智利海隆；CIR. 中印度洋脊；CN. 科科斯-纳斯卡扩张中心；EPR（S）. 东太平洋海隆（南）；EPR（N）. 东太平洋海隆（北）；Ex. 勘探者洋脊；GA. 亚丁湾；GoR. 戈达洋脊；GaR. 加克洋脊；JF. 胡安德富卡脊；KR. Kolbeinsey 洋脊；LS. 拉普捷夫海裂谷；MAR（S）. 北大西洋脊（南）；MAR（N）. 北大西洋脊（北）；MR. Mohns 洋脊；RR. 雷克雅内斯洋脊；RS. 红海；SEIR. 东南印度洋脊；SWIR. 西南印度洋脊

（Easter Island）向东分支成为智利海隆（Chile Rise）。东太平洋海隆分隔了太平洋板块（Pacific Plate）和北美洲板块（North American Plate）、里韦拉板块（Rivera Plate）、科科斯板块（Cocos Plate）、纳斯卡板块（Nazca Plate）和南极洲板块（Antarctic Plate）。东太平洋海隆扩张速率从北到南逐渐增大，其全扩张速率平均为 140 mm/a，属快速扩张洋脊。

大西洋中脊位于大西洋中部，南北跨越整个大西洋，从 82°N 延伸到 54°S 的布韦岛，全长超过 20000 km。北端与北冰洋加克洋脊相连，南端向东与西南印度洋脊连接，向西与斯科舍（Scotia）海脊相接。北大西洋脊分隔了北美板块和欧亚板块，南大西洋脊则分隔了南美板块和非洲板块。大西洋中脊的扩张开始于三叠纪，其全扩张速率为 20~40 mm/a，属于慢速扩张洋脊。

印度洋中脊，总体呈"入"字形，中间连接点为罗德里格斯（Rodrigues）三联点，三支洋脊分别为中印度洋脊、西南印度洋脊和东南印度洋脊，三个交汇板块为南极洲板块、非洲板块和印度-澳大利亚板块。中印度洋脊北起 2°N，南到罗德里格斯三联点，全长约 4000 km。从 2°N 至欧文断裂带被称为卡尔斯伯格脊，呈北北西走向，长约 1500 km。扩张速率从北向南逐渐增大，平均扩张速率为 20~50 mm/a，属慢速扩张洋脊。西南印度洋脊北起罗德里格斯三联点，南至布韦（Bouvet）三联点，长约 8000 km，扩张始于 100 Ma 前，分隔了非洲板块和南极洲板块，扩张速率为 14~16 mm/a，属超慢速扩张洋脊。东南印度洋脊从北端的罗德里格斯三联点延伸到新西兰南部的麦夸里三联点，长约 9000 km，南段有近 500 km 洋脊被大量断层破碎，又称澳大利亚-南极洲急变带（Australia-Antarctic Discordance，AAD），分隔了南极洲板块和印度-澳大利亚板块。其扩张开始于 53 Ma 前后，全扩张速率为 50~80 mm/a，属中速-快速扩张洋脊。

北冰洋加克洋脊位于北冰洋的中部，扩张始于 65~59 Ma，连接了大西洋中脊北端和拉普捷夫海（Laptev Sea）裂谷，代表全球最北端的大洋中脊系统。全长约 1800 km，分隔了北美板块和欧亚板块。其全扩张速率小于 10 mm/a，一般为 3~7 mm/a，是全球最慢速的扩张洋脊，也是世界上水深最深（最大的深度将近 6 km）、洋壳最薄的洋中脊。

大洋中脊的分段性是全球洋脊的一个普遍构造现象，也是球面板块不均匀扩张的动力调节结果。大洋中脊可以分为不同分段等级（Macdonald et al., 1991）。在全球尺度上，大型转换断层（transform fault）无疑是最为重要的一级分段标志，它一般长度可达 1000 km，使洋脊错断距离大于 30 km，活动寿命可达 10 Ma。在区域尺度上，叠接扩张中心（Overlapping Spreading Centers, OSC）和非转换不连续带（Non-Transform Discontinuities, NTD）是分别代表快速扩张洋脊和慢速-超慢速扩张洋脊的具有普遍意义的二级分段标志，它们出现在转换断层之间，规模、寿命和洋脊错断距离均要比一级分段的转换断层大为减少（图 2-4）。叠接扩张中心和非转换不连续带还可以在次一级层次上出现，成为进一步划分分段性的重要标志。此外，还有诸如斜向剪切带、火山间隔和横向断错等也可以成为次一级或更次一级的分段标志。分段性等级越低，对应的洋脊段长度将越来越小，活动寿命也越来越短。

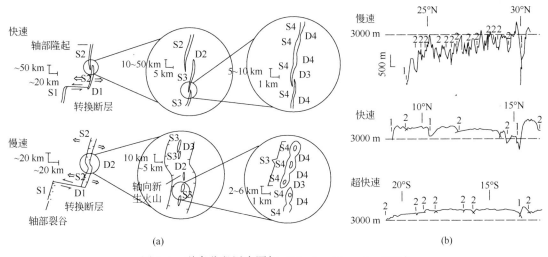

图 2-4 洋脊分段层次图解（Macdonald et al., 1991）

(a) 不同扩张速率洋脊分段性划分特征，其中 S1~S4 分别对应洋中脊一级—四级分段，对应 D1~D4 四级间断，对于快速扩张洋脊和慢速扩张洋脊，一级分段间断均为转换断层；(b) 不同扩张速率洋脊轴部地形剖面（慢速扩张洋脊、快速扩张洋脊和超快速扩张洋脊），数字 1、2 分别对应一级和二级分段间断，快速扩张洋脊一级洋脊段比慢速扩张洋脊更长更平滑

虽然目前对洋脊分段尤其是二级及以下洋脊分段的成因机制还不是十分清楚，但不同扩张速率洋脊下不同的构造动力和岩浆供给应该是主要控制因素。一级的转换断层是岩石圈板块不同速率扩张所需动力调节的必然产物，而二级的叠接扩张中心和非转换不连续带应该主要受岩浆供应方式及动力状态调节的制约。慢速扩张洋脊和超慢速扩张洋脊岩浆供

给不足，通常通过沿洋脊岩浆聚焦作用形成岩浆段和非岩浆段相间分布的构造格局，在存在洋脊斜向扩张情况下，各洋脊段要保持与扩张方向一致，从而洋脊段之间要求由非转换不连续带来调节。同理，快速扩张洋脊由于岩浆供应充足，沿洋脊形成了一系列密集的岩浆中心，这些岩浆中心沿洋脊段向外发展，与相邻洋脊段重叠，从而形成一系列叠接扩张中心，用以调节洋脊段之间的错位。

2.1.2 弧后盆地

弧后盆地是俯冲板片后撤过程中引起地幔上涌，并在岛弧或弧后区域发生拉伸、张裂和海底扩张的产物。弧后盆地通常发育一系列与海沟走向近似平行，但与海沟之间的距离不等的扩张中心。距海沟较远的扩张中心通常经历了较长时期的海底扩张，其形成时间要早于那些距海沟更近的扩张中心。因此，弧后扩张中心在空间上逐渐远离海沟的同时，也在时间上实现了从幼年（不成熟期）向壮年（成熟期）的构造演化（Martinez et al., 2007）。

新生的不成熟扩张中心由于距岛弧较近，其在地幔熔融程度、俯冲组分加入、岩浆演化趋势、岩石类型组合及岩石地球化学特征等诸多方面都与岛弧非常类似（Sinton and Fryer, 1987；Pearce et al., 1994；Fretzdorff et al., 2002；Sinton et al., 2003）。相反，那些距海沟足够远的成熟型扩张中心，其地幔动力过程和岩浆作用方式则与洋中脊比较类似（Martinez and Taylor, 2002, 2003）。因此，与大洋中脊一样，成熟型弧后扩张洋脊的轴部地形形态、扩张方式的对称性，以及地壳厚度等地质特征也主要受扩张速率的一级控制。但对于不成熟的弧后扩张中心而言，以上地质特征除了受扩张速率的影响以外，更多地受俯冲作用的控制（Dunn and Martinez, 2011；Arai and Dunn, 2014）。例如，劳盆地中的东部扩张中心（Eastern Lau Spreading Center, ELSC）的扩张速率由北向南逐渐递减，但地壳厚度却逐渐加大（Martinez and Taylor, 2002）。原因是 ELSC 的南段比北段距俯冲带更近，受到俯冲流体影响的程度更高，而俯冲流体对地幔熔融程度的影响要强于扩张速率（Turner et al., 1999；Jacobs et al., 2007）。

需要强调的是，弧后扩张中心的地壳厚度和地壳结构会因其成熟度的不同而存在显著的差异。成熟度较低的扩张中心比成熟度更高的扩张中心地幔熔融程度高，产生的岩浆量大，进而形成的地壳厚度也更大。此外，由于前者的岩浆比后者更富水，岩浆会朝着更富 SiO_2、Al_2O_3 和更贫 TiO_2、FeO_t 的趋势演化，进而形成密度小、富 Si-Al 而贫 Fe-Mg 的上地壳（李正刚，2015）。

2.2 成矿物质环境

大洋中脊是板块扩张、岩石圈新生的地方。对流驱动下的地幔物质在沿大洋中脊上涌过程中，由于压力降低而导致减压部分熔融。这些部分熔融的岩浆将迅速上升，侵入早先形成的洋壳之中或喷出海底形成大洋玄武岩。作为地球上最重要的海底火山带，全球约多达 75% 的岩浆均在大洋中脊形成，造就了覆盖地球表面 65% 以上的玄武岩（Morgan and Chen, 1993）。

2.2.1 地幔部分熔融

大洋中脊下发生地幔熔融是板块扩张导致的必然结果。由于板块分离,地幔上涌以填补板块分离形成的空间,当上涌地幔温压条件低于地幔固相线时,地幔开始熔融。组成地幔橄榄岩的矿物具有不同的熔点,所以地幔熔融以部分熔融的形式进行。地幔部分熔融产生的熔体上升聚集形成岩浆并最终喷出洋底形成新的洋壳。因此,地幔部分熔融是洋脊岩浆作用的主要机制。

洋脊地幔中存在两个温度边界层。顶部冷的温度边界层由地幔在近地表的传导热损失所致,位于上地幔顶部,而底部热的温度边界层则是由高温地核对地幔的加热导致,位于核幔边界。地幔在经过这两个温度边界层时温度发生了巨大的变化,而这两个温度边界层之间的地幔上涌可以被认为是一个绝热过程,温度变化很小。这种温度沿绝热线的少量变化不是由热量的损失造成,而是源自压力(深度)的变化。因此,地幔在绝热上涌期间随着压力的下降,固相线温度降低,而地幔实际温度变化不大,当实际温度高于固相线温度时,地幔开始熔融(Whitehead et al., 1984; Niu, 1997)。

大洋中脊下大范围的地幔部分熔融一般始于 120~60 km 深度(Klein and Langmuir, 1978),既可始于尖晶石地幔稳定区(80~30 km),也可始于石榴子石地幔稳定区(>80 km),其具体深度与影响地幔部分熔融的三大因素有关。深海橄榄岩和大洋中脊玄武岩(MORB)的研究表明,地幔潜在温度的差异、板块扩张速率的变化及地幔源区组分是决定地幔部分熔融程度的三个最主要因素(Dick et al., 1984; Niu et al., 1997)。

橄榄岩的原始矿物模式和矿物组分研究表明,受热点影响的洋脊地幔部分熔融程度大于正常洋脊(Dick et al., 1984),因为受热点影响的洋脊地幔潜在温度高,部分熔融开始的深度大。石榴子石地幔压力大,需要很高的热量才能使地幔开始部分熔融,因此受热点影响的洋脊可能经历石榴子石地幔部分熔融。

洋脊扩张速率能够对地幔部分熔融程度造成影响。地幔部分熔融区域的大小由地幔开始熔融和停止熔融的深度决定,不受热点影响的洋脊一般具有相近的地幔起始熔融深度,而地幔停止熔融的深度取决于地幔在近地表的传导热损失量。相比于慢速扩张洋脊,快速扩张洋脊由于地幔上涌速度较快,地幔通过近地表热边界层时的热损失较少,导致更浅的地幔停止熔融深度,从而获得更大的地幔熔融区域,表现出更大的地幔部分熔融程度(图 2-5)(Niu et al., 1997)。快速扩张东太平洋海隆深海橄榄岩与慢速扩张大西洋中脊和超慢速扩张西南印度洋脊深海橄榄岩的研究发现,东太平洋海隆深海橄榄岩极度亏损玄武岩组分,表明其所经历的地幔部分熔融程度远高于慢速扩张洋脊(Niu and Hékinian, 1997)。

此外,地幔源区组分也可能对地幔部分熔融程度造成影响。西南印度洋脊 52°~68°E 深海橄榄岩矿物化学成分的研究发现,橄榄岩矿物化学成分的变化由不同的源区成分导致,部分区域橄榄岩源区可能遭受早期地幔部分熔融影响而表现出高度亏损的特征(Seyler et al., 2003)。

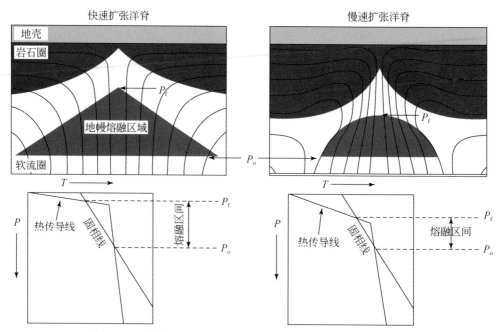

图 2-5 不同扩张速率洋脊地幔熔融机制图 （Niu et al., 1997）

P_o 和 P_f 分别指地幔开始熔融和停止熔融的压力

2.2.2 岩浆迁移聚集

岩浆作用强度在不同扩张速率洋脊中具有明显的差异，形成不同的洋脊地形、洋壳厚度和洋壳结构（图 2-6）。快速扩张洋脊岩浆供应充足，洋脊下具有稳定的长周期的岩浆房，对应平坦的轴部地形，缺失洋脊中央裂谷；洋壳很厚且在洋脊轴向上呈连续分布，具有完整的层状洋壳结构（Sinton and Detrick，1992）[图 2-6（a）、（b）]。随着洋脊扩张速率的降低，岩浆作用强度减弱，在慢速扩张洋脊和超慢速扩张洋脊中，洋脊下缺失岩浆房，洋壳厚度明显减薄，对应崎岖的轴部地形和很深的中央裂谷（Cannat et al., 1999）。洋壳结构在洋脊轴向上呈不连续状态，在洋脊段中心相对较厚，而在洋脊段两端的转换断层和洋脊不连续带相对较薄甚至缺失洋壳 [图 2-6（c）、（d）]。由于岩浆作用强度减弱，构造活动的比例增加，转换断层和拆离断层的密度增大，洋脊轴部发育大量的正断层 [图 2-6（c）]。在洋脊段末端的转换断层处，原本就很薄的洋壳遭到构造破坏，缺失完整的层状结构，地幔物质和地壳物质混杂出露地表 [图 2-6（d）]。在垂直洋脊轴向上，扩张中心两侧拆离断层的发育也使地幔物质大量出露地表 [图 2-6（c）]。受海水下渗影响，地幔发生蛇纹石化，具有类似地壳的地震波速，可能使蛇纹石化的锋面成为地震莫霍面的界线，影响洋壳厚度的识别（Minshull et al., 1998）。总之，随着洋脊扩张速率的降低，岩浆作用强度减弱，构造活动比例增加，使慢速-超慢速扩张洋脊在洋壳厚度降低的同时，洋壳结构在沿洋脊轴向和垂直洋脊轴向上都表现出明显的不均一性（图 2-6）。

利用地球物理探测已在东太平洋海隆的多个洋脊段发现了轴部岩浆房（Axial Magma

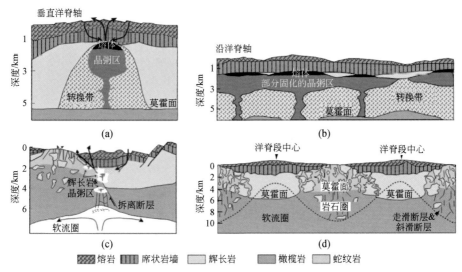

图 2-6 岩浆作用强度和洋壳结构随洋脊扩张速率的变化示意图（Bach and Früh-Green，2010）
(a)、(b) 快速扩张洋脊；(c)、(d) 慢速扩张洋脊

Chamber，AMC），岩浆房的埋深较浅，火山喷发周期为 50~500 a，表明快速扩张洋脊有充分的岩浆供给，即岩浆上涌形成新洋壳的速度基本跟得上板块分离的速度。充足的岩浆供应表明快速扩张洋脊以岩浆作用为主，而构造作用有限，因此在地形上较为平坦，缺失中央裂谷。

慢速扩张洋脊的构造拉张作用占据主要地位，岩浆供给明显不足，洋脊轴部即使有岩浆房，可能也是短暂的、不稳定的，岩浆房深度大而规模小，火山喷发周期为 1000~10000 a。显著的拉张导致慢速扩张洋脊轴部出现大量的深大断裂和裂谷构造。

超慢速扩张洋脊岩浆作用更弱、更复杂。西南印度洋脊岩浆供应非常局域化，既有岩浆强烈聚集形成的富岩浆段，也有岩浆作用很弱的贫岩浆段（Dick et al.，2003）。在贫岩浆段，由于强烈拉张，洋壳很薄甚至缺失，洋底出露大量地幔橄榄岩。北冰洋加克洋脊是全球扩张最慢的洋脊，不仅岩浆作用表现出不均匀性，贫岩浆段两端也分布着火山活动强烈的岩浆段，而且缺失转换断层，被非转换不连续带替代。这些特征表明超慢速扩张洋脊在岩浆供给不足的情况下，岩浆在上升过程中除了向洋脊扩张中心运移外，还存在沿洋脊轴向的运移，并在局部强烈聚集，形成岩浆段和贫岩浆段。研究发现，超慢速扩张洋脊在分段边界的转换断层或非转换不连续带，地壳厚度较薄，而岩石圈地幔厚度较大，厚的岩石圈使地幔部分熔融停止的深度更深，并在洋脊段的中心与边缘之间的岩石圈底部产生压力梯度，导致转换断层和非转换不连续带下产生的岩浆向洋脊段中心迁移（Sauter et al.，2001）。

2.2.3 热点与洋脊相互作用

热点指地幔深部热物质上涌而成的地幔柱，至岩石圈表面的炽热岩石的露头。大量的地幔柱位于板块内部和离散板块边缘。作为地球中两个主要的动力系统，洋中脊和地幔柱之间的相互联系对全球岩浆与构造作用具有重要的影响。

全球大洋中脊系统的大部分地区都遭受过或正在遭受热点的影响，热点大多位于洋脊的拐点或三联点处。与洋脊地幔相比，热点物质来源于深部地幔柱，具有更高的热量，富集挥发分和不相容元素，因此受热点影响的洋脊具有更高的地幔部分熔融程度和更强的岩浆作用。岩石地球化学研究显示，靠近热点的洋脊玄武岩表现出 E-MORB 的特性；深海橄榄岩指示，受热点作用的洋脊有更高的地幔部分熔融程度（Zhang and Tanimoto，1992；Niu and Hékinian，2004）。

热点的影响往往在地形上可以得到直接体现。当洋中脊和热点这两个岩浆单元相互作用时，热点的活动强度会得到放大，形成范围宽广的海台，使洋脊地形趋于平滑。冰岛以南的雷克雅内斯海岭（北大西洋脊北段）虽然属慢速扩张洋脊，由于受邻近冰岛地幔柱的影响（该海岭的火成岩化学分析表明有地幔柱岩浆加入，向南逐渐减小消失），其岩浆供给比较充分，从而缺失中央裂谷，代之以轴部高地，且横向转换断层间距较大，地形变得平坦，这与岩浆供应充分的东太平洋海隆的特点十分相似，而与其南延的高断裂作用、低岩浆供给的大西洋中脊的崎岖地形形成明显的对照。印度洋克洛泽（Crozet）热点使西南印度洋脊在 Indomed 转换断层（46°E）和 Gallieni 转换断层（52°20′E）之间的地幔更热，地壳厚度更厚，洋脊水深明显低于其他区域（Cannat et al.，1999）。

洋中脊的地幔对流在洋脊-热点相互作用过程中起着主动作用，这种作用称为洋脊吸力（ridge suction force）。洋中脊地幔上涌为洋壳的形成提供物质基础，随着岩浆的抽提，洋脊下软流圈地幔形成一个低压区，从而在地幔柱和洋脊之间形成压力梯度，产生洋脊吸力，这驱使地幔柱物质向洋脊偏移，加入并成为洋脊岩浆活动的物质来源。洋脊吸力的大小随洋脊扩张速率的增大而增大，因为更快的洋脊扩张速率在单位时间内需要更多的地幔物质支持新生洋壳的形成（Niu and Hékinian，2004）。大西洋中脊已发现的地幔柱数量［如冰岛（Iceland）、亚速尔群岛（Azores）、阿森松岛（Ascension）、特里斯坦-达库尼亚岛（Tristan de Cunha）、戈夫岛（Gough）、绍纳岛（Shona）和布韦岛（Bouvet）等］明显多于东太平洋海隆。这似乎暗示大西洋中脊应该比东太平洋海隆 MORB 更富集，但是玄武岩成分显示两个洋脊的平均玄武岩成分（如不相容元素）和 Sr-Nd-Pb 同位素比值等具有相似的特征，表明地幔柱对东太平洋海隆和大西洋中脊具有相似的贡献量。因此，东太平洋海隆较少的热点数量可能是因为其扩张速率更快，洋脊吸力更大，驱使地幔柱物质向洋脊之下更宽的区域上涌，从而抑制了地幔柱以热点的形式在地表显示。这些地幔柱物质的加入使东太平洋海隆玄武岩表现出和大西洋中脊相似的富集程度，并使洋脊轴部地形更加平滑。

2.3 海底热液硫化物分布特征

2.3.1 海底热液喷口

自全球首个海底热液喷口发现后，海底热液活动受到世界各国的普遍关注。40 多年来开展了遍布全球洋中脊系统、火山岛弧和弧后盆地等各种构造环境、涉及地质地球物理和生物环境等多学科的综合调查研究,并发现这些海底热液活动主要分布在不同扩张速率的洋中脊(65%)、弧后扩张中心(22%)、火山弧和板内火山(13%)等构造环境(Hannington et al.,2005)。在水深上,洋中脊热液喷口主要分布在2000～3000 m,而弧后盆地和火山弧系统热液喷口主要分布在0～800 m,相对较浅(图2-7)。

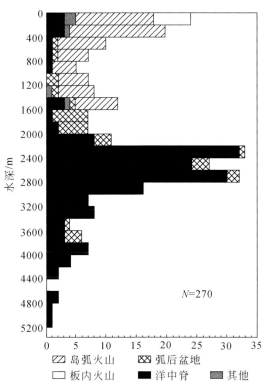

图 2-7 全球海底热液喷口水深分布(Hannington et al.,2005)

洋中脊喷口频率是反映海底热液活动强度的重要指标。高温热液从海底喷发后,在海水中形成羽状流,厚层的羽状流比同层海水具有更高的温度及浊度,这些异常是寻找海底热液喷口的重要指示标志。基于对不同扩张速率扩张中心的调查研究表明,热液喷口的出现频率(F_s)与洋脊扩张速率(U_s)具有线性正相关关系(Baker and German,2004; Beaulieu et al.,2015)。图2-8显示这一关系可以适用于除低于20 mm/a超慢速扩张洋脊外的所有洋中脊,反映海底热液活动与扩张速率有着直接的联系。扩张速率快慢反映的是地幔上涌的速率,扩张速率越快,地幔熔融区终止的深度越浅,从而对应更大范围的熔融区间和更多的岩浆量(Niu and Hékinian,1997)。对东太平洋海隆的调查发现热液羽状流集中出现在轴部地形膨胀或者说具有脊轴岩浆房的洋脊段,而羽状流在脊轴岩浆房不连续或缺失的地方不太发育(Baker and Urabe,1996)。由此可见,对于慢速扩张洋脊和快速扩张洋脊,热液活动强度差异的实质与脊轴的热通量有关,即与岩浆活动强度有关。

图2-8显示超慢速扩张洋脊热液喷口的出现平均频率(F_s)接近1个/100 km,慢速扩张北大西洋脊调查结果显示其F_s值略高于超慢速扩张洋脊(1.2个/100 km)。相反,在快速扩张洋脊F_s值约3.5,即每100 km洋脊平均发育3.5个热液喷口(Beaulieu et al.,

2015)。喷口出现频率在慢速扩张洋脊的大幅下降是洋脊热通量大幅降低的直接体现。这与慢速扩张洋脊下伏地幔上涌速率低，地幔熔融区的终止深度加大，地幔熔融程度低，岩浆量少有关（Niu and Hékinian，1997）。

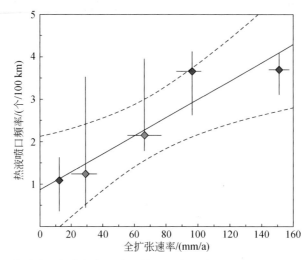

图 2-8　热液喷口频率与扩张中心扩张速率的关系（Beaulieu et al.，2015）

按照热液喷口与热通量的关系来看，超慢速扩张洋脊的热液活动强度应该最低，甚至可能不会有热液活动，但事实并非如此。German 等于 2001 年首次对超慢速扩张的西南印度洋脊进行调查发现，200 km 长的洋脊段发现了至少 6 个热液羽状流。而随后对超慢速扩张的北冰洋加克洋脊调查同样发现了异常高的热液羽状流频率，1100 km 长的洋脊段至少发现了 9~12 个热液羽状流（Edmonds et al.，2003）。

2.3.2　海底硫化物矿床

1. 快速扩张洋脊

快速扩张洋脊有最强的岩浆活动，并对应强烈的热液活动，但形成的硫化物矿床规模往往不大（Fouquet，1997；Hannington et al.，2011）(图 2-9)。可能的原因包括：①较快的扩张速率使得单个热液循环系统存活时间短暂，不能形成多期次的海底矿化；②强烈的岩浆活动使熔岩喷发频率高，容易破坏正在形成的硫化物矿床；③较浅的岩浆房使热液循环的深度小，限制了热液循环的尺度。但是，稍大规模的矿床在离轴的海山及沉积物覆盖的区域也有发现。例如，在东太平洋海隆 12.7°N 离轴的位置发现了大型硫化物矿床（Fouquet et al.，1996），硫化物形成与离轴海山处的熔岩湖有关，热液依靠熔岩湖驱动，能够支撑更长时间尺度的热液循环。另外，有沉积物覆盖的洋脊，海底沉积物起到盖层的作用，使得绝大多数的热液都被封闭在沉积层下方矿化，如位于胡安德富卡脊 Middle Valley 的 Bent Hill 硫化物矿床，矿体底部直径和高度都有近 100 m（Zierenberg et al.，1998）。

贫沉积物覆盖洋脊的硫化物以 Cu-Zn 型为主，而沉积物覆盖洋脊硫化物除了含有 Cu-Zn

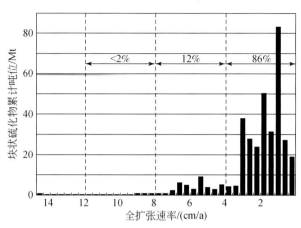

图 2-9 不同扩张速率洋脊硫化物矿床规模预测值（Hannington et al., 2011）

以外还富 Pb，这与热液在沉积层淋滤了沉积物中的金属有关（Fouquet et al., 1996）。沉积物覆盖型硫化物较无沉积物覆盖更贫 Cu 和 Zn，但这一特征并不是由沉积物贫 Cu 和 Zn 造成的，而是热液与富含有机质的沉积物发生反应后具有高的 pH 和低的 Eh 有关，这种性质会明显降低热液溶解金属的能力（Seyfried and Ding, 1993）。但沉积物覆盖型硫化物矿床下方也可能存在富 Cu 的矿层，ODP 钻孔（Leg 139）在 Middle Valley 的 Bent Hill 硫化物矿床下方 200 m 处发现了富 Cu 的硫化物矿体（质量分数为 8.0%～16.6%）（Ziernberg et al., 1998），富 Cu 矿体被认为是在沉积层中形成硅化层后，海底热液与沉积物层发生隔离，热液在玄武岩层中形成的高温流体对沉积层进行蚀变形成的，这有别于海底喷流沉积形成的块状硫化物（Bjerkgard et al., 2000）。沉积物覆盖型硫化物另一个重要特点是比贫沉积物覆盖洋脊硫化物更富 Au。例如，埃斯卡纳巴（Escanaba）海槽产出的硫化物 Au 含量可达 12 ppm[①]，远高于东太平洋海隆（<0.5 ppm）（Törmänen and Koski, 2005）。Au 在埃斯卡纳巴海槽硫化物中主要与 Bi 以合金的方式伴生，实验结果表明 Au 在 Bi 熔体和热液流体中的分配系数可以高达 107（pH=5，300 ℃）（Tooth et al., 2008）。当热液循环至海底时，含矿热液会与早期形成的磁黄铁矿发生反应，促使 Bi 熔体的沉淀，发生 Au 的富集。

2. 慢速扩张洋脊

慢速扩张洋脊形成的硫化物矿床规模更大（图 2-9），这与慢速扩张使得单个热液循环系统存活时间更长，能够形成多期次的矿化；较深的岩浆房使得热液能够下渗到更大的深度，增加了热液循环的尺度；拆离断层的发育使得慢速扩张洋脊具有独特的成矿模式等因素有关（Fouquet, 1997；Fouquet et al., 2010）。拆离断层在慢速扩张洋脊作为重要的控矿因素，直接证据是大型硫化物矿床都位于离轴的位置，而非在新火山中心，如北大西洋脊 TAG、Rainbow、Logatchev、Ashadze、Zenith Victory、Krasnov 等均位于离轴几千米到十

---

① 1 ppm = 10^{-6}。

几千米的位置。当然慢速扩张洋脊的硫化物也会在脊轴新火山中心形成,如 Snake Pit 和 Broken Spur 等,但它们的矿床规模远小于以上离轴的硫化物矿床。这反映拆离断层在慢速扩张洋脊硫化物形成过程中扮演着举足轻重的角色（Mccaig et al.,2007,2010）。

慢速扩张洋脊由于拆离断层的发育,深部的下地壳甚至地幔物质会被拆离出海底,形成大洋核杂岩（Escartín et al.,2008）。由于拆离断层效应,海水淋滤的围岩就不单局限于玄武岩、辉长岩等壳层岩石,还包括地幔橄榄岩。受到超镁铁质岩影响的热液区在北大西洋脊较为普遍,包括 Rainbow、Logatchev 和 Ashadze 等热液区,另外在中印度洋脊的 Kairei 热液区也有发现（Wang et al.,2014）。有超镁铁质岩参与的热液硫化物较镁铁质岩主导的硫化物更富集 Cu 和 Zn,比如北大西洋 Rainbow、Logatchev 和 Ashadze 三个以橄榄岩为基底的硫化物区的 Cu+Zn 质量分数为 20%~30%,而其他以镁铁质岩为基底的硫化物 Cu+Zn 质量分数在 10% 左右,这与受蛇纹石化橄榄岩更富集 Cu 和 Zn 有关（Fouquet et al.,2010）。超镁铁质岩为主导的热液体系的另外一个特点是硫化物异常富 Au,如北大西洋 Logatchev 和 Rainbow 区最高的金含量达到 50 ppm 以上（Fouquet et al.,2010）。这种富集程度仅次于岛弧型热液硫化物,远高于其他构造环境,包括沉积物覆盖洋脊（Hannington et al.,2005）。值得一提的是 TAG 和 Snake Pit 等以玄武岩为主导的热液区也相对富 Au,但与超镁铁岩富 Au 的情况不同,前者 Au 主要与低温的闪锌矿伴生,被认为与硫化物丘体内部早期沉淀的 Au 受到后期热液的再淋滤和活化作用重新进入流体在硫化物丘喷流沉淀有关（Hannington et al.,1988,1995;Hannington,1999）。而后者与高温的黄铜矿伴生可能是由于蛇纹石化作用使得热液 Cl 和 pH 降低,Au 发生由 $Au(HS)_2^-$ 向 $AuCl_2^-$ 的络合形式的转变,从而促使其在高温环境下就能在热液流体中达到饱和,进而发生沉淀。

3. 超慢速扩张洋脊

目前在超慢速扩张洋脊发现的硫化物矿床规模同样很大,如在加克洋脊发现的 Loki's Castle 热液区发现了两个 20~30 m 高的硫化物丘,丘体横向直径可达 150~200 m,这种规模可与北大西洋脊 TAG 区的超大型硫化物矿床相当（Pedersen et al.,2010）。我国在西南印度洋脊发现的龙旂硫化物矿床规模甚至可能大于 TAG 区（Tao et al.,2012）。这一发现与 Hannington 等（2011）的预测较为一致。超慢速扩张洋脊硫化物具有较大的矿床规模,其预示着超慢速扩张环境是较为有利的成矿环境。超慢速扩张洋脊硫化物矿床的分布并不像慢速扩张洋脊处于离轴的位置,而是主要位于脊轴裂谷一侧断层发育的地方（Baker and German,2004）或在零散的新火山中心（Edmonds et al.,2003;Pedersen et al.,2010）。

由于超慢速扩张洋脊硫化物矿床的发现并不多,对少量已报道的硫化物数据分析并不能诠释整个超慢速扩张环境产出的硫化物矿床特点。基于对西南印度洋脊龙旂热液区的分析发现,硫化物并没有富 Cu 的情况（Tao et al.,2011）。由于处于岩浆作用较强的洋脊段,即使有拆离断层的发现（Zhao et al.,2013）,但可能拆离程度不高,地幔岩没有上升到热液下渗的地方。龙旂热液区硫化物比无沉积物覆盖的其他洋脊更富 Pb,这与西南印度洋脊玄武岩源区的"Dupal"异常有关,形成了较其他洋盆更富 Pb 的玄武岩（Hart,1984）。除此之外,西南印度洋脊硫化物比快速扩张洋脊更富 Au（1~10 ppm）（Tao et al.,

2011），虽然与太平洋有沉积物覆盖的埃斯卡纳巴海槽硫化物相当，但远低于北大西洋脊硫化物的富 Au 程度。其富 Au 的机制可能与北大西洋脊情况类似，多期矿化作用造成富 Au，但由于岩浆作用较强及断层发育不如北大西洋脊，该富集机制不如北大西洋脊完善。

2.4 海底热液硫化物成矿作用

海底扩张中心岩石破碎，海水不断下渗，在深部岩浆热量的驱动下，在壳内较大的范围内持续对流循环，反复淋滤围岩、不断富集多种金属元素，也吸收岩浆分异出的流体成分，最后喷出海底形成富含多金属的硫化物堆积物。这一过程持续进行，硫化物堆积物的规模就不断扩大、元素不断富集，在存在硬石膏壳层保护，不被氧化的条件下，从而形成海底热液硫化物矿床。海底热液硫化物成矿构成了一个复杂的多元系统，被认为是目前海底正在活动的天然实验室。

2.4.1 控矿因素

金属矿床的形成演化一般被认为主要受构造、岩浆和围岩等因素的直接控制，而对海底热液硫化物矿床而言，影响其类型、规模及分布的控制因素可分为三个层次。一级控制因素是大地构造位置，分大洋中脊扩张和弧后盆地扩张，直接影响硫化物矿床的类型。二级控制因素在大洋中脊是扩张速率，控制着具体区域的构造、岩浆甚至围岩。洋中脊快速扩张区域岩浆供应强烈、构造作用较弱，围岩一般是镁铁质岩类，慢速扩张区域岩浆作用较弱、构造活动强烈，围岩以镁铁质和超镁铁质岩类为主；弧后盆地是岛弧所处的洋陆位置，亦即是陆缘弧或洋内弧，主要涉及有无陆壳成分的加入，也受到弧后扩张速率（反映弧后扩张的演化阶段）的影响。三级控制因素是构造和岩浆活动，决定了海底热液循环的规模、通道系统和矿床形态等特征。

从洋中脊硫化物矿床区域尺度控制因素来看，慢速扩张洋脊构造作用强烈，火山作用集中在狭窄的裂谷中心，新生火山洋脊、裂谷壁的底部和顶部、离轴断裂带、转换断层和非转换不连续带等区域是控制硫化物矿床产出和堆积的主要部位（Fouquet，1997）（图 2-10）。局部控制因素反映了构造作用、火山作用在更小尺度上控制（图 2-11），与区域控制因素不

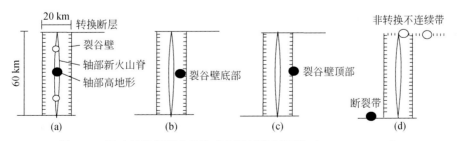

图 2-10　慢速扩张洋脊硫化物矿床区域控制要素（Fouquet，1997）

（a）~（d）分别表示在区域尺度上矿床产出的有利位置为轴部高地形、裂谷壁底部、裂谷壁顶部和断裂带

同，如果区域控制要素以构造作用为主，则局部控制要素以火山作用为主；而区域控制要素以火山作用为主，局部控制要素以构造作用为主。快速扩张洋脊岩浆作用强烈，在两个转换断层之间，重叠洋脊中心、轴部高地形和洋脊火山中心是主要的区域控矿部位，而局部控制因素主要对应洋脊段的不同发展阶段（图2-12）。

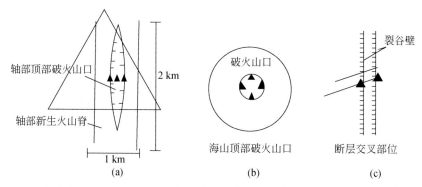

图2-11 慢速扩张洋脊硫化物矿床局部控制要素（Fouquet，1997）

（a）~（c）分别表示在局部尺度上洋脊轴部顶部破火山口、海山顶部破火山口和断层交叉部位对矿床产物的控制

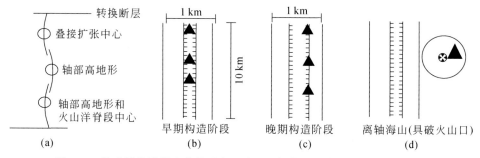

图2-12 快速扩张洋脊硫化物矿床区域和局部控制要素（Fouquet，1997）

（a）表示区域控制要素，主要包括叠接扩张中心、轴部高地形、火山洋脊段中心；

（b）~（d）分别表示局部控制要素，包括早期构造阶段、晚期构造阶段和离轴海山

洋中脊硫化物矿床形态和大小受到地质、物理和化学因素的控制（Fouquet，1997），岩石渗透性、混合作用、热液系统稳定性、构造形态和地质盖层等因素对硫化物矿床的形成具有重要作用（图2-13）。快速混合过程导致硫酸盐的大量沉淀，而在裂谷壁高渗透岩石或高孔隙度火山岩盖层中的有限混合过程可以形成较大的矿床。慢速扩张洋脊发育的断层和角砾岩使得对流系统上部具有很好的渗透性，而快速扩张洋脊晚期构造阶段洋壳也具有发育的裂隙和高渗透性，良好的渗透性条件为热液流体与海水混合过程提供了通道。就热液系统稳定而言，慢速扩张洋脊相对快速扩张洋脊具有较少的岩浆构造事件，成矿环境相对稳定，同一热液排泄区域多期次热液混合沉淀有利于形成较大规模的矿床。不同类型的地质盖层如沉积物或不同类型的岩石导致热液循环系统沉淀方式的差异，热液流体在网脉状和上覆硫化物丘体中的再循环过程影响着硫化物矿床的形态和组成结构，如图2-13中阶段Ⅲ和阶段Ⅳ所示。

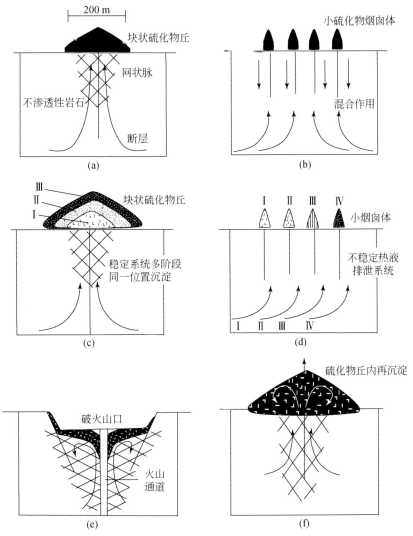

图 2-13 慢速和快速扩张洋脊硫化物矿床岩石渗透性、混合作用、热液系统稳定性、
几何形态和地质盖层等控制要素（Fouquet，1997）
(a) 和 (b) 为阶段Ⅰ；(c) 和 (d) 为阶段Ⅱ；(e) 为阶段Ⅲ；(f) 为阶段Ⅳ

慢速扩张的大西洋中脊 Lucky Strike 洋脊段位于亚速尔热点和北美洲板块、非洲板块和欧亚板块三联点之间，全扩张速率为 20~25 mm/a，洋脊中央裂谷宽度和深度较大，其下的地壳较薄（Escartín et al., 2001）。中央裂谷下部 3.5 km 处存在轴部岩浆房，沿轴长约 6 km，宽约 4 km（Singh et al., 2006）。热液喷口沿着中央裂谷的断层分布，出现在地堑边缘（Langmuir et al., 1997；Humphris et al., 2002；Ondréas et al., 2009），面积为 1 km², 是已知的最大热液区之一。断层模式沿洋脊发生变化，在洋脊段中心，地堑受内倾断层控制，与火山侵位相关。在洋脊段两端，断层成扇形散开，内外倾向都存在，且无规律。这与岩浆房影响的轴部区域和周围非影响区域岩石圈厚度变化巨大，形成不同的断层机制有关。因此，与位于火山高地的内倾断层控制的变形不同，洋脊段两端区域的断层

和伸展活动主要与岩墙侵位相关,从而造成了断层倾向不确定的断层模式。

快速扩张的东太平洋海隆9°~10°N区域,热液活动喷口位于轴部扩张槽(AST)侧壁或底部的裂隙上。一般AST连续、发育垂直的岩墙,由海底坍塌演化而来。宽度变化大,典型的宽度和深度分别为70~200 m和8~15 m。在超快速扩张区域,AST规模将逐步减小。Wright等(2002)发现在东太平洋海隆17°35′~17°40′S区域的断裂密度与热液喷口数量呈正相关,而在东太平洋海隆17°25′S区域,新的熔岩流对裂隙的覆盖,使得断裂的密度与热液喷口呈负相关。研究表明,在岩浆供应充足,海底被新鲜的岩浆覆盖,岩浆覆盖的海底还没有坍塌的区域,热液活动与裂隙的密度呈负相关关系(Haymon et al.,1991,1993),并认为只有喷发或者岩墙侵入诱发的裂隙才与大多数热液喷口有关,因为沿着这些裂隙可以延伸到足够的深度,直达岩浆房,成为热液活动的通道。

2.4.2 成矿过程

尽管不同构造环境的热液流体化学、热传输及形成的硫化物类型可能存在重要差异,但基本的热液作用过程是类似的,即由扩张中心及其附近岩浆热源驱动海水在海底循环,加热的海水与渗透性围岩发生反应后形成的含矿热液在海底释放。通过现代和古代热液硫化物的对比,可以总结出硫化物形成、矿化应具有以下5个基本要素(侯增谦和莫宣学,1996):①成矿的热液流体,主要源自海水,但不排除有岩浆水的贡献;②岩浆热源,岩浆房或高位侵入体或脉岩系加热热水流体并使之在壳层物质(火山-沉积岩系)内发生对流循环;③断裂裂隙系统,使得被热水循环的物质具有高度渗透性,从而促进大规模的水-岩反应;④有效的沉淀机制,促进硫化物堆积沉淀;⑤快速及时的埋藏条件,以使硫化物免遭氧化和破坏。就洋脊环境而言,初期的研究认为,高温热液活动和块状硫化物堆积体要求一个中速至快速扩张的热边界条件,如东太平洋海隆。然而,高温烟囱体、硫化物堆积体及喷口热液生物群在慢速扩张的北大西洋脊TAG区的发现,证明扩张速率不是决定硫化物堆积体形成与否的首要条件。在东太平洋海隆和北大西洋脊,尽管硫化物堆积体矿物组合、流体化学和热液温度无明显差别,但含金属堆积体的规模及分布特点仍有显著差异,揭示其受洋脊扩张速率制约(Rona and Scott,1993)。在慢速扩张洋脊,由于超镁铁质围岩的元素供给、强烈断裂活动造成的高渗透性、广泛存在的大型基底拆离断层所提供的矿液输运通道和相对稳定的成矿环境,含金属堆积体在相对较宽的轴部地堑内成群分布且规模较大。在快速扩张的东太平洋海隆,海底扩张与洋脊形成主要由岩浆供给而不是断裂活动维持,围岩渗透性相对较差,水-岩反应不畅,缺乏大型基底拆离断层提供长期、集中的成矿环境,因而热液活动和硫化物丘状体及烟囱相对平均地沿宽度较窄的轴部中央裂谷呈线性分布,局部大规模富集的可能性降低。

硫化物中成矿金属的来源是经济地质学界非常关注的科学问题,目前主要有两种不同的观点:一是围岩及其下伏基底物质的淋滤(Hannington,2014);二是深部岩浆房挥发分的直接释放(Yang and Scott,1996,2002;侯增谦等,1999)。不过这两种观点是基于同位素示踪的研究结果提出的,仍需要其他研究手段的进一步佐证。基于对各种金属的热液活动性及不同热液相携运金属能力的研究,有人认为较易溶元素(如Pb、Zn、Ag等)主要来自淋滤，而较难溶元素（如 Cu、Sn、Bi、Mo 等）主要直接来自岩浆（Large，1992）。但是，岩浆体系直接向块状硫化物热液成矿体系提供成矿物质的观点一直缺乏有力的直接证据。利用熔融包裹体对岩浆去气和流体-熔体不混溶过程中各种金属的活动性及分配情况的研究（Yang and Scott，1996，2002；Kamenetsky et al.，2002）表明，岩浆演化过程中能够形成富含各种成矿金属的独立流体相，岩浆体系对硫化物形成过程中活化物质可能存在直接贡献。

硫化物形成过程中的流体循环与硫化物的堆积机制这两个科学问题在现代海底热液硫化物研究中占有很重要的地位，但流体循环的研究在很大程度上仍然限于模式探讨的层次。目前很明确的是，黑烟囱流体与海水是硫化物堆积成矿过程中最主要的两种流体端元。黑烟囱流体是一种高温（200~350℃）、酸性、富含多种金属元素（如 Cu、Zn、Pb、Mn、Ba、K、Fe 等）的还原性流体，其盐度和溶解的气体组分通常与海水有明显的差别（Gamo et al.，2001；Gallant and Von Damm，2006）。目前被广泛引用的流体循环模式是双扩散对流循环模式（Bischoff and Roserbauer，1989），该模式认为热液循环体系由两个垂向分离的对流循环胞组成，下部的高密度卤水层加热并驱动上部海水为主的热液流体对流循环；卤水层的形成与下渗到深部的流体的相分离有关，还可能有岩浆流体的参与。卤水层因高热和高盐度可作为稳定介质，并通过其与海水层界面进行热和物质（盐和金属组分）扩散。卤水层的高盐度部分是由于海水在临界下发生相分离的结果，部分来自岩浆水贡献；热卤水的性状类似于壳下玄武岩浆，在稳态条件下，因其密度较大，而稳定地处在上部低盐低温海水单元之下（侯增谦和莫宣学，1996）。岩浆或构造事件，可扰乱卤水与海水的双扩散状态，海水向卤水注入势必导致卤水密度降低而出现重力不稳定，向上运移并与循环海水混合，形成较高盐度富含金属物质的热液流体。双扩散对流循环模式尽管还有许多问题有待进一步完善解决，但至少可以对已观察到的许多地质事实给出较为合理的解释。

流体循环对硫化物的沉积和堆积成矿有着重要的作用。热液流体自洋底喷出后，与周围的海水发生混合，在骤变的物理化学环境（硫逸度、氧逸度、Eh、pH、温度、压力等）下而析出大量金属硫化物。由于从喷口喷溢的热液流体物理化学性质和化学组成及产出的构造环境等方面的差异，它们在析出固体相后沉积会产生多种形态，如烟囱体与丘状体。硫化物的堆积过程实际上是烟囱体生长、倒塌堆积和热液流体在其开放空间充填与交代的过程（Humphris et al.，1995；Zierenberg et al.，1998）。最初发育的烟囱体可能形成于高渗透性的火山-沉积岩系顶部、热液喷口及其附近。晚期发育的烟囱体则生长于硫化物丘状体之上。硫化物烟囱体的生长通常从硬石膏沉淀而始，高温矿物组合淀积而终。因硬石膏溶解度随温度降低而增大，因此在上浮热液与冷海水间的高热梯度的热界面上沉淀硬石膏。随着高温热液活动的进行，硬石膏壁向上向外增长。在烟囱壁内外温度、物化梯度下，不同温度矿物组合相继从烟囱壁向烟囱通道中央沉淀，形成特殊的环状分带，内部带以黄铜矿为主，外部带以闪锌矿、方铅矿为主，边缘以重晶石和非晶硅为主。当烟囱生长至一定高度后，便崩塌形成碎屑丘状体，其结果既阻止了热液流体高速、聚集式喷射，又促使热液流体在烟囱体内对流循环，同时在丘状体之上形成新的弥散式热液排放点，发育诸如黑烟囱和白烟囱等，在丘状体顶部发育热液羽状流散落物，降低丘状体渗透性，并胶结烟囱体碎屑，形成低渗透性外壳。在碎屑丘状体之内，低渗透壳抑制流体外流，导致高温热液流体在丘状体内平流–循环，自外向内沉淀从低温至高温的矿物组合（侯增谦和莫宣学，1996）。但上述关于硫化物堆积机制的认识是始自于大西洋中脊和胡安德富卡脊硫化物矿床大洋钻探研究结果，类似的硫化物烟囱体和丘状体的完整结构并不容易被观测到，较完善的硫化物堆积机制应建立在对现代洋壳的构造、流体在其中的分布和活动规律及热液循环体系活动过程有更加深刻认知的基础上，并且对硫化物矿物自流体相沉淀的地质和地球化学过程有明晰的与地质事实相符的理论解释。烟囱体物理性质的研究有可能为烟囱体或丘状体的生长过程提供有力证据。不过可以肯定的是，有的热液喷口处硫化物烟囱体形成的最初阶段是硬石膏的沉积，之后，多金属硫化物在烟囱体间隙内沉淀充填（Tivey，2007）。

2.4.3 地质模型

现代海底热液硫化物矿床含有丰富的 Cu、Zn、Pb、Ag 和 Au 等金属资源，是现代海底热液活动的重要产物。现代海底"黑烟囱"的发现和研究揭示了硫化物矿床的形成过程和机制，硫化物烟囱体的生长通常从硬石膏沉淀开始，由于烟囱壁内外温度梯度变化，不同温度矿物组合由烟囱壁向中心内部生长，内部带以黄铜矿为主，外部带以闪锌矿、方铅矿为主，边缘以重晶石、非晶硅为主。当烟囱体生长到一定高度后，便崩塌形成烟囱碎屑丘体，阻止了热液流体的聚集喷发，在烟囱体内部形成对流循环，并在丘体上形成弥散式热液排泄点（如白烟囱），热液物质逐渐在丘体表面胶结烟囱碎屑形成低渗透壳，抑制热液流体外流，使丘体内充分进行循环，形成完整的不同温度的矿物组合，表现为底部浸染状、网脉状与上覆块状硫化物相伴生或叠生，以及网脉状矿体之上块状矿体的特点（图2-14）。

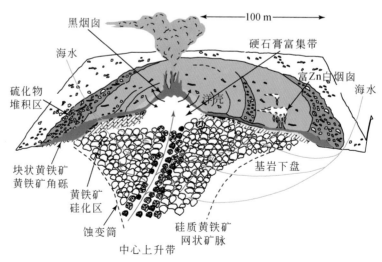

图2-14　大西洋中脊 TAG 区海底热液硫化物矿床模型示意图（Tivey，2007）

鹦鹉螺矿业公司等相继开展了商业性资源勘探工作，为海底硫化物矿床模型和资源评价研究提供了重要参考。例如，目前在巴布亚新几内亚东海岸俾斯麦海（Bismarck Sea）

Solwara 1 区的勘探进一步揭示了热液硫化物矿床的分布和深部模型（图 2-15）。Solwara 1 海底块状硫化物资源区位于俾斯麦海（3°47′25″S，152°05′41″E），Solwara 1 矿床发育在延伸 150~200 m 的火山岩丘之下的块状-半块状硫化物矿化层状带，矿床平均深度在海平面以下 1550 m，坡度一般为 15°~30°，局部陡峭（Lipton，2008）。钻孔和瞬变电磁异常表明块状硫化物矿体比主要烟囱区域具有更宽的范围，矿体显示出明显的层带结构，由于钻孔的最深深度不足 20 m，而且多数钻孔均终止在块状硫化物矿体中，模型中将钻孔已知的块状硫化物底界作为整个块状硫化物层的底界，因此，矿体更为详细的层带结构和金属含量还有待进一步对钻孔的验证和控制。

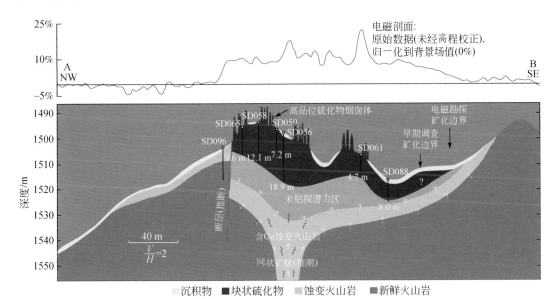

图 2-15　巴布亚新几内亚 Solwara 1 区热液硫化物矿床模型（Lipton，2008）

Solwara 1 模型地质序列（图 2-15）从顶部到底部可以总结如下：①松散沉积物，主要由灰黑色黏土和粉砂组成，厚度为 0~2.7 m，平均为 1.4 m。②成岩化沉积岩，主要由灰白色到黑灰色，细粒到中粒火山碎屑砂岩层组成，厚度为 0~5.4 m，平均为 0.5 m，具有层状或带状结构。③块状和半块状硫化物，主要为水平矿体，厚度为 0~18 m（钻孔数据），块状硫化物带最厚达 18 m。块状硫化物带主要由黄铁矿和黄铜矿组成，黄铜矿通常接近表面，但随着深度的增加而减小，主要变为黄铁矿。硫化物矿体呈块状、晶簇和多孔隙，通常为混合物。硬石膏和重晶石以浸染状分布在硫化物或脉中，特别是接近基底时更为明显。④蚀变火山岩，矿化底盘由蚀变火山岩组成，多数原生矿物已蚀变为黏土或交代为硬石膏和浸染状黄铁矿脉。块状硫化物带与下伏蚀变火山岩呈现十分明显的突变接触。

大西洋中脊 TAG 热液区硫化物矿床是目前研究程度最高的洋中脊型硫化物矿床模型，通过对硫化物矿床钻孔数据和表层数据的分析，进行了初步的储量估算。大西洋中脊 TAG 丘分布于直径 200 m 范围内，通过 ODP Leg 158 钻孔（17 个钻孔，最深达 125 m）分析（Hannington et al.，1998），表层块状硫化物含量为 2.7 Mt，Cu 质量分数平均为 2%，海底以下网脉状矿体硫化物含量为 1.2 Mt，Cu 质量分数平均为 1%。吨位和品位模型是矿产资源定量评价的基础,TAG区储量估计参考了古代陆地火山成因块状硫化物吨位和品位模型(图2-16),由于现代海底热液硫化物矿床作为古代火山成因块状硫化物矿床的现代类比物,其吨位和品位数据变化不会影响全球统计数据模型,因此可以将洋中脊型热液硫化物矿床与镁铁质岩块状硫化物矿床相类比(Singer et al.,1986;Hannington and Monecke, 2009),虽然多数海底矿床规模太小或品位太低未能包含在模型中,但吨位-品位模型依然适用于海底硫化物资源评估(Hanningtong et al.,2011)。

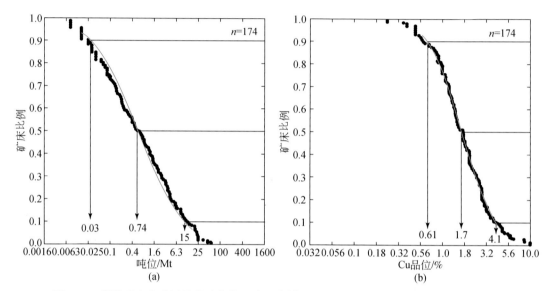

图2-16 镁铁质火山成因块状硫化物矿床吨位模型和Cu品位模型(Singer et al.,1986)
(a) 吨位模型;(b) Cu品位模型

不同类型矿床发育在不同地质背景,不同类型矿床的吨位和品位也存在显著变化,因此,矿床模型和吨位-品位模型对于资源勘查和定量资源评估具有十分重要的作用。近年来,随着美国地质调查局Singer等提出三步式矿产资源评价方法,对矿床吨位-品位的研究取得了一系列进展(Singer et al.,2011;Singer,2014),开发了MARK3等软件。通过对全球已知矿床特征的总结来建立不同类型矿床模型,结合多种地质信息(如地质、地球物理和地球化学等)来约束模型边界条件是进行资源勘探和评价的基础。

参 考 文 献

侯增谦,莫宣学. 1996. 现代海底热液成矿作用研究现状及发展方向. 地学前缘,3 (3-4):263-273.

侯增谦,艾永德,张琦玲,唐绍华. 1999. 岩浆流体对冲绳海槽海底成矿热水系统的可能贡献. 地质学报,73 (1):57-65.

李正刚. 2015. 西南太平洋Lau盆地弧后岩浆作用及地幔动力学研究. 浙江大学博士学位论文.

Arai R, Dunn R A. 2014. Seismological study of Lau back arc crust: Mantle water, magmatic differentiation, and a compositionally zoned basin. Earth and Planetary Science Letters, 390: 304-317.

Bach W, Früh-Green G L. 2010. Alteration of the Oceanic Lithosphere and Implications for Seafloor Processes. Elements, 6 (3): 173-178.

Baker E T, German C R. 2004. On the global distribution of hydrothermal vent fields. American Geophysical

Union, Geophysical Monograph Series, 148: 245-266.

Baker E T, Urabe T. 1996. Extensive distribution of hydrothermal plumes along the superfast spreading East Pacific Rise, 13°30′-18°40′ S. Journal of Geophysical Research, 101 (B4): 8685-8695.

Beaulieu S E, Baker E T, German C R. 2015. Where are the undiscovered hydrothermal vents on oceanic spreading ridges. Deep Sea Research Part II Topical Studies in Oceanography, 121: 202-212.

Bischoff J L, Rosenbauer R J. 1989. Salinityvariations in submarine hydrothermal systems by layered double-diffusive convection. The Journal of Geology, 97 (5): 613-623.

Bjerkgard T, Cousens B L, Franklin J M. 2000. The Middle Valley sulfide deposits, northern Juan de Fuca Ridge: radiogenic isotope systematics. Economic Geology, 95 (7): 1473-1488.

Buck W R, Lavier L L, Poliakov A. 2005. Modes of faulting at mid-ocean ridges. Nature, 434 (7034): 719-723.

Cannat M, Rommevaux-Jestin C, Sauter D, Deplus C, Mendel V. 1999. Formation of the axial relief at the very slow spreading Southwest Indian Ridge (49° to 69 °E). Journal of Geophysical Research: Solid Earth, 104 (B10): 22825-22843.

Dick H J B, Fisher R L, Bryan W B. 1984. Mineralogic variability of the uppermost mantle along mid-ocean ridges. Earth and Planetary Science Letters, 69 (1): 88-106.

Dick H J B, Lin J, Schouten H. 2003. An ultraslow-spreading class of ocean ridge. Nature, 426 (6965): 405.

Dunn R A, Martinez F. 2011. Contrasting crustal production and rapid mantle transitions beneath back-arc ridges. Nature, 469 (7329): 198-202.

Edmonds H N, Michael P J, Baker E T, Connelly D P, Snow J E, Langmuir C H. 2003. Discovery of abundant hydrothermal venting on the ultraslow-spreading gakkel ridge in the arctic. Nature, 421 (6920): 252-256.

Escartín J, Hirth G, Evans B. 2001. Strength of slightly serpentinized peridotites: Implications for the tectonics of oceanic lithosphere. Geology, 29 (11): 1023-1026.

Escartín J, Smith D K, Cann J, Schouten H, Langmuir C H, Escrig S. 2008. Central role of detachment faults in accretion of slow-spreading oceanic lithosphere. Nature, 455 (7214): 790-794.

Fouquet Y. 1997. Where are the large hydrothermal sulphide deposits in the oceans? Philosophical Transactions of the Royal Society of London. Series A: Mathematical, Physical and Engineering Sciences, 355 (1723): 427-441.

Fouquet Y, Knott R, Cambon P, Fallick A, Rickard D, Desbruyeres D. 1996. Formation of large sulfide mineral deposits along fast spreading ridges. example from off-axial deposits at 12°43′N on the east pacific rise. Earth & Planetary Science Letters, 144 (1): 147-162.

Fouquet Y, Cambon P, Etoubleau J. 2010. Geodiversity of hydrothermal processes along the Mid-Atlantic Ridge and ultramafic-hosted mineralization: A new type of oceanic Cu-Zn-Co-Au volcanogenic massive sulfide deposit. Geophysical Monograph Series, 188: 321-367.

Fouquet Y, Pierre C, Etoubleau J, Charlou J L, Ondréas H, Barriga F J A S, Cherkashov G, Semkova T, Poroshina I, Bohn M, Donval J P, Henry K, Murphy P, Rouxel O. 2013. Geodiversity of hydrothermal along the Mid-Atlantic Ridge andultramafic-hosted mineralization: A new type of oceanic Cu-Zn-Co-Au volcanogeic massive sulfide deposit. American Geophysical Union, Geophysical Monograph Series, 188: 321-367.

Fretzdorff S, Livermore R A, Devey C W, Leat P T, Stoffers P. 2002. Petrogenesis of the back-arc east Scotia Ridge, South Atlantic Ocean. Journal of Petrology, 43 (8): 1435-1467.

Gallant R M, Von Damm K L. 2006. Geochemical controls on hydrothermal fluids from the Kairei and Edmondvent fields, 23°-25°S, Central Indian Ridge. Geochemistry, Geophysics, Geosystems, 7: Q6018.

Gamo T, Chiba H, Yamanaka T, Okudaira T, Hashimoto J, Tsuchida S, Ishibashi J, Kataoka S, Tsunogai U, Okamura K, Sano Y, Shinjo R. 2001. Chemical characteristics of newly discovered black smoker fluids and associated hydrothermal plumes at the Rodriguez Triple Junction, Central Indian Ridge. Earth and Planetary Science Letters, 193 (3-4): 371-379.

Hannington M D. 1999. Volcanogenic gold in the massive sulfide environment Volcanic-associated massive sulfide deposits: Processes and examples in modern and ancient settings. Reviews in Economic Geology, 8: 325-356.

Hannington M D. 2014. Volcanogenic Massive Sulfide Deposits. Oxford: Elsevier, Treatise on Geochemistry (Second Edition), 463-488.

Hannington M, Monecke T. 2009. Global exploration models for polymetallic sulphides in the Area: An assessment of lease block selection under the Draft Regulations on prospecting and exploration for polymetallic sulphides. Marine Georesources and Geotechnology, 27 (2): 132-159.

Hannington M D, Thompson G, Rona P A, Scott S D. 1988. Gold and native copper in supergene sulphides from the Mid-Atlantic Ridge. Nature, 333 (6168): 64-66.

Hannington M D, Tivey M K, Larocque A C. 1995. The occurrence of gold in sulfide deposits of the TAG hydrothermal field, Mid-Atlantic Ridge. Canadian Mineralogist, 33: 1285-1310.

Hannington M D, Galley A G, Herzig P M, Petersen S. 1998. Comparison of the TAG mound and stockwork complex with cyprus-type massive sulfide deposits. Proceedings of the Ocean Drilling Program, Scientific Results, 158: 389-451.

Hannington M D, de Ronde C E J, Petersen S. 2005. Sea-floor tectonics and submarine hydrothermal systems. Society of Economic Geologists, Economic Geology 100th Anniversary Volume, 111-141.

Hannington M, Jamieson J, Monecke T, Petersen S, Beaulieu S. 2011. The abundance of seafloor massive sulfide deposits. Geology, 39 (12): 1155-1158.

Hart S. 1984. A large-scale isotope anomaly in the Southern Hemisphere mantle. Nature, 309: 753-757.

Haymon R M, Fornari D J, Edwards M H, Carbotte S, Wright D, Macdonald K C. 1991. Hydrothermal vent distribution along the East Pacific Rise crest (9°09′-54′N) and its relationship to magmatic and tectonic processes on fast-spreading mid-ocean ridges. Earth and Planetary Science Letters, 104 (2-4): 513-534.

Haymon R, Fornari D, Von Damm K. 1993. Volcanic eruption of the mid-ocean ridge along the East Pacific Rise at 9°45′-52′N: Direct submersible observation of seafloor phenomena associated with an eruption event in April, 1991. Earth and Planetary Science Letters, 119: 85-101.

Humphris S E, Herzig P M, Miller D J, Alt J C, Becker K, Brown D, Brugmann G, Chiba H, Fouquet Y, Gemmell J B, Guerin G, Hannington M D, Holm N G, Honnorez J J, Iturrino G J, Knott R, Ludwig R, Nakamura K, Petersen S, Reysenbach A, Rona P A, Smith S, Sturz A A, Tivey M K, Zhao X. 1995. The internal structure of an active sea-floor massive sulphide deposit. Nature, 377 (6551): 713-716.

Humphris S E, Fornari D J, Scheirer D S, German C R, Parson L M. 2002. Geotectonic setting of hydrothermal activity on the summit of Lucky Strike seamount (37°17′N, Mid-Atlantic Ridge). Geochemistry, Geophysics, Geosystems, 3 (8): 1-25.

Jacobs A M, Harding A J, Kent G M. 2007. Axial crustal structure of the Lau back-arc basin from velocity modeling of multichannel seismic data. Earth and Planetary Science Letters, 259 (3): 239-255.

Kamenetsky V S, Davidson P, Mernagh T P, Crawford A J, Gemmell J B, Portnyagin M V, Shinjo R. 2002. Fluid bubbles in melt inclusions and pillow-rim glasses: High-temperature precursors to hydrothermal fluids? Chemical Geology, 183 (1): 349-364.

Klein E M, Langmuir C H. 1987. Global correlations of ocean ridge basalt chemistry with axial depth and crustal thickness. Journal of Geophysical Research: Solid Earth, 92 (B8): 8089-8115.

Langmuir C, Humphris S, Fornari D, Van Dover C, Von Damm K, Tivey M K, Colodner D, Charlou J L, Desonie D, Wilson C, Fouquet Y, Klinkhammer G, Bougault H. 1997. Hydrothermal vents near a mantle hot spot: The Lucky Strike vent field at 37°N on the Mid Atlantic Ridge. Earth and Planetary Science Letters, 148 (1-2): 69-91.

Large R R. 1992. Australian volcanic-hosted massive sulfide deposits: Features, styles, and genetic models. Economic Geology, 87 (3): 471-510.

Lipton I T. 2008. Mineral Resource Estimate, Solwara 1 project, Bismark Sea, Papua New Guinea. Canadian NI43-101 Technical Report for Nautilus Minerals Inc: 277.

Macdonald K C. 2001. Mid-ocean ridge tectonics, volcanism and geomorphology. Encyclopedia of Ocean Sciences, 1798-1813.

Macdonald K, Scheire D, Carbotte S. 1991. Mid-Ocean Ridges-Discontinuities, segments and giant cracks. Science, 253 (5023): 986-994.

Martinez F, Taylor B. 2002. Mantle wedge control on back-arc crustal accretion. Nature, 416 (6879): 417-420.

Martinez F, Taylor B. 2003. Controls on back-arc crustal accretion: Insights from the Lau, Manus and Mariana basins. Geological Society, London, Special Publications, 219 (1): 19-54.

Martinez F, Okino K, Ohara Y, Reysenbach A L, Goffredi S, Shana K. 2007. Back-arc basins. Oceanography, 20 (1): 116-127.

Mccaig A M, Cliff R A, Escartin J, Fallick A E, Macleod C J. 2007. 38-oceanic detachment faults focus very large volumes of black smoker fluids. Geology, 35 (10): 935-938.

Mccaig A M, Delacour A, Fallick A E, Castelain T, Frühgreen G L. 2010. Detachment fault control on hydrothermal circulation systems: interpreting the subsurface beneath the tag hydrothermalfield using the isotopic and geological evolution of oceanic core complexes in the atlantic. Geophysical Monograph, 188 (1): 207-239.

Michael P J, Langmuir C H, Dick H J B, Snow J E. 2003. Magmatic and amagmatic seafloor generation at the ultraslow-spreading Gakkel Ridge, Arctic Ocean. Nature, 423 (6943): 956.

Minshull T A, Muller M R, Robinson C J, White R S, Bickle M J. 1998. Is the oceanic Moho a serpentinization front? Geological Society, London, Special Publications, 148 (1): 71-80.

Morgan J P, Chen Y J. 1993. Dependence of ridge-axis morphology on magma supply and spreading rate. Nature, 364 (6439): 706-708.

Niu Y. 1997. Mantle melting and melt extraction processes beneath ocean ridges: Evidence from abyssal peridotites. Journal of Petrology, 38 (8): 1047-1074.

Niu Y, Hékinian R. 1997. Spreading-rate dependence of the extent of mantle melting beneath ocean ridges. Nature, 385 (6614): 326.

Niu Y, Hékinian R. 2004. Ridge Suction Drives Plume-Ridge Interactions. Berlin: Springer.

Niu Y, Langmuir C H, Kinzler R J. 1997. The origin of abyssal peridotites: A new perspective. Earth and Planetary Science Letters, 152 (1): 251-265.

Ondréas H, Cannat M, Fouquet Y, Normand A, Sarradin P M, Sarrazin J. 2009. Recent volcanic events and the distribution of hydrothermal venting at the Lucky Strike hydrothermal field, Mid-Atlantic Ridge. Geochemistry, Geophysics, Geosystems, 10 (2): Q2006.

Pearce J A, Ernewein M, Bloomer S H, Parson L M, Murton B J, Johnson L E. 1994. Geochemistry of Lau Basin volcanic rocks: influence of ridge segmentation and arc proximity. Geological Society, London, Special Publications, 81 (1): 53-75.

Pedersen R B, Rapp H T, Thorseth I H, Lilley M D, Barriga F J, Baumberger T, Jorgensen S L. 2010. Discovery of a black smoker vent field and vent fauna at the Arctic Mid-Ocean Ridge. Nature communications, 1: 126.

Rona P A, Scott S D. 1993. A special issue on sea-floor hydrothermal mineralization: New perspectives. Economic Geology, 88 (8): 1935-1976.

Sauter D, Patriat P, Rommevaux-Jestin C, Cannat M, Briais A. 2001. The Southwest Indian Ridge between 49°15′E and 57°E: Focused accretion and magma redistribution. Earth and Planetary Science Letters, 192 (3): 303-317.

Seyfried Jr W E, Ding K. 1993. The effect of redox on the relative solubilities of copper and iron in Cl-bearing aqueous fluids at elevated temperatures and pressures: an experimental study with application to subseafloor hydrothermal systems. Geochimica et cosmochimica acta, 57 (9): 1905-1917.

Seyler M, Cannat M, Mével C. 2003. Evidence for major-element heterogeneity in the mantle source of abyssal peridotites from the Southwest Indian Ridge (52° to 68°E). Geochemistry, Geophysics, Geosystems, 4 (2): 9101.

Singer D A. 2014. Base and precious metal resources in seafloor massive sulfide deposits. Ore Geology Reviews, 59: 66-72.

Singer D A, Mosier D L, Cox D P. 1986. Grade-tonnage model of porphyry copper. U. S. Geological Survey Bulletin, 1693: 77-81.

Singer D A, Berger V I, Mosier D L. 2011. Effects of intrusions on grades and contents of gold and other metals in volcanogenic massive sulfide deposits. Ore Geology Reviews, 39 (1-2): 116-118.

Singh S C, Crawford W C, Carton H, Seher T, Combier V, Cannat M, Cannat M, Canales J P, Dusunur D, Escartín J, Miranda J M. 2006. Discovery of a magma chamber and faults beneath a Mid-Atlantic Ridge hydrothermal field. Nature, 442: 1029-1032.

Sinton J M, Detrick R S. 1992. Mid-Ocean Ridge magma chambers. Journal of Geophysical Research Solid Earth, 97 (B1): 197-216.

Sinton J M, Fryer P. 1987. Mariana Trough lavas from 18°N: Implications for the origin of back arc basin basalts. Journal of Geophysical Research: Solid Earth, 92 (B12): 12782-12802.

Sinton J M, Ford L L, Chappell B, Mcculloch M T. 2003. Magma genesis and mantle heterogeneity in the Manus back-arc basin, Papua New Guinea. Journal of Petrology, 44 (1): 159-195.

Tao C H, Li H M, Huang W, Han X Q, Wu G H, Su X, Zhou N, Lin J, He Y H, Zhou J P. 2011. Mineralogical and geochemical features of sulfide chimney from the 49°39′E hydrothermal field on the Southwest Indian Ridge and their geological significance. Chinese Science Bulletin, 56: 2828-2838.

Tao C, Lin J, Guo S, Chen Y J, Wu G, Han X. 2012. First active hydrothermal vents on an ultraslow-spreading center: southwest Indian ridge. Geology, 40 (1): 47-50.

Taylor B, Goodliffe A, Martiniez F, Hey R. 1995. Continental rifting and initial sea-floor spreading in the Woodlark Basin. Nature, 374 (6522): 534.

Tivey M K. 2007. Generation of seafloor hydrothermal vent fluids and associated mineral deposits. Oceanography, 1 (20): 50-65.

Turner S P, Peate D W, Hawkesworth C J, Eggins S, Crawford A J. 1999. Two mantle domains and the time scales of fluid transfer beneath the Vanuatu arc. Geology, 27 (11): 963-966.

Törmänen T O, Koski R A. 2005. Gold enrichment and the Bi-Au association in pyrrhotite-rich massive sulfide deposits, Escanaba Trough, Southern Gorda Ridge. Economic Geology, 100 (6): 1135-1150.

Wang Y, Han X, Petersen S, Qiu Z, Jin X, Zhu J. 2014. Mineralogy and geochemistry of hydrothermal precipitates from Kairei hydrothermal field, Central Indian Ridge. Marine Geology, 354 (3): 69-80.

Whitehead J A, Dick H J B, Schouten H. 1984. A mechanism for magmatic accretion under spreading centres. Nature, 312 (5990): 146-148.

Wright D J, Haymon R M, White S M, Macdonald K C. 2002. Crustal fissuring on the crest of the southern East Pacific Rise at 17°15′-40′S. Journal of Geophysical Research: Solid Earth, 107 (B5): 1-5.

Yang K, Scott S D. 1996. Possible contribution of a metal-rich magmatic fluid to a sea-floor hydrothermal system. Nature, 383 (6599): 420.

Yang K, Scott S D. 2002. Magmatic degassing of volatiles and ore metals into a hydrothermal system on the modern sea floor of the eastern Manus back-arc basin, western Pacific. Economic Geology, 97 (5): 1079-1100.

Zhang Y S, Tanimoto T. 1992. Ridges, hotspots and their interaction as observed in seismic velocity maps. Nature, 355 (6355): 45.

Zhao M, Qiu X, Li J, Sauter D, Ruan A, Chen J, Cannat M, Singh S, Zhang J, Wu Z, Niu X. 2013. Three-dimensional seismic structure of the Dragon Flag oceanic core complex at the ultraslow spreading Southwest Indian Ridge (49°39′E). Geochemistry, Geophysics, Geosystems, 14 (10): 4544-4563.

Zierenberg R A, Fouquet Y, Miller D J, Bahr J M, Baker P A, Bjerkgard T, Brunner C A, Duckworth R C, Gable R, Gieskes J, Goodfellow W D, Groschel-Becker H M, Guerin G, Ishibashi J, Iturrino G, James R H, Lackschewitz K S, Marquez L L, Nehlig P, Peter J M, Rigsby C A, Schultheiss P, Shanks III W C, Simoneit B R T, Summit M, Teagle D A H, Urbat M, Zuffa G G. 1998. The deep structure of a sea-floor hydrothermal deposit. Natrue, 392 (2): 485-488.

第 3 章　快速扩张洋脊热液硫化物矿床

东太平洋海隆是大洋中脊快速扩张的典型代表，岩浆供给丰富，洋脊轴部表现为隆起的正地形，中央裂谷没有表现或规模很小。东太平洋海隆特殊的地质特征和构造类型，以及发育较为广泛的热液活动，自 20 世纪 80 年代以来就一直受到地学界的关注，被认为是海底热液生命系统和热液成矿作用研究的摇篮。

3.1　洋 脊 扩 张

东太平洋海隆位于太平洋东部，其全扩张速率自北向南从 55 mm/a 变化为 180 mm/a（Choukroune et al., 1984），呈现出中速-快速-超快速的变化趋势（Dick et al., 2003）。东太平洋海隆向西南经过澳大利亚与南美洲之间的太平洋与印度洋中脊相连，向东北延伸，直至隐没于加利福尼亚湾（图3-1）。

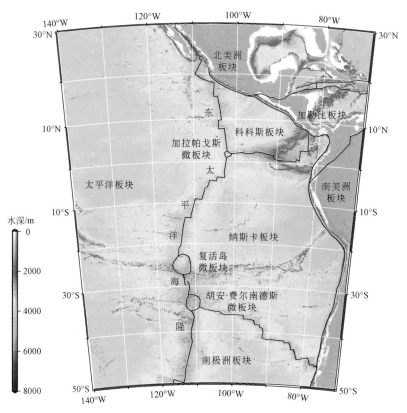

图 3-1　东太平洋海隆构造简图

地形数据来源于 MGDS 数据库，投影方式为 Lambert

东太平洋海隆板块格局西侧简单，为太平洋板块。东侧复杂，自北向南分别主要为科科斯板块、纳斯卡板块和南极洲板块，洋脊上还分布着数个由多板块相遇而构成的三联点区域（图 3-1），这些三联点区域本身又呈微板块的形式存在。例如，太平洋板块、科科斯板块和纳斯卡板块相遇构成的三联点区域，即加拉帕戈斯微板块，以及太平洋板块、纳斯卡板块和南极洲板块相遇构成的三联点区域，即胡安·费尔南德斯（Juan Fernandez）微板块。

3.2 构 造 地 貌

东太平洋海隆轴部总体上呈隆起的正地形，具有两侧平缓、海隆附近高差变化较小的特点（Macdonald et al., 1992）。东太平洋海隆的隆起地形，空间分布不连续，常被转换断层所切割，分成一系列洋脊段，切割海隆的转换断层长度可超过 30 km，主要的转换断层有西凯罗斯（Siqueiros）、克利珀顿（Clipperton）、奥罗斯科（Orozco）和里韦拉（Rivera）等（Macdonald et al., 1988）。北部的勘探者洋脊、胡安德富卡脊、戈达洋脊、东太平洋海隆 13°N 洋脊段和 9°~10°N 洋脊段与热液活动关系密切，研究较为详细。考虑到构造上的连贯性，本章将慢速至中速扩张的勘探者洋脊、胡安德富卡脊和戈达洋脊与快速扩张的东太平洋海隆一并讨论。

3.2.1 勘探者洋脊、胡安德富卡脊和戈达洋脊

勘探者洋脊（Explorer Ridge）长约 110 km，北部为戴乌德（Dellwood）海山，南部以 Sovanco 断裂带为界，位于 49°~51°N，水深 1850~2000 m，呈北浅南深的水深变化特点（Tunnicliffe et al., 1986）。勘探者洋脊南部和北部地形有明显的区别。其中，勘探者洋脊南部为底部平坦的谷地，宽 5~8 km，长约 65 km，两侧为高达 800 m 的悬崖，外侧则为大片的平原。在海脊中心存在一系列小型地堑和断裂，构成了一个宽 1 km、深 100 m 的扩张中心，全扩张速率约为 40 mm/a。据不完全统计，南勘探者洋脊轴部裂谷内的热液丘状体超过 60 个（Tunnicliffe et al., 1986；Hannington et al., 1991），表明其热液活动频繁。

胡安德富卡脊（Juan de Fuca Ridge），位于 44°~48°N，总长约 525 km（Baker and Hammond, 1992），全扩张速率为 55.4~56.3 mm/a，属中速扩张洋脊（Sharma et al., 2000）。胡安德富卡脊南北两侧分别以布兰科（Blanco）断裂带和 Sovanco 断裂带为界，由于转换断层的切割及错动，自北向南被分割为 Middle Valley、West Valley、Endeavour、Cobb、CoAxial、Axial、Vance 和 Cleft 八个洋脊段，各洋脊段轴部地貌截然不同，均局部发育热液活动，并分布着热液硫化物堆积体。例如，Middle Valley 位于胡安德富卡脊的最北端，其轴部为一宽广海槽，与典型的中、慢速扩张洋脊类似（Davis and Villinger, 1992；Urbat and Brandau, 2003）；Endeavour 位于 47°56′N 附近，轴部有一宽 1 km、长 3 km 的狭长裂谷，热液活动区大多分布于隆起的地垒或裂谷边缘地区；Axial Volcano 位于胡安德富卡脊中部，火山活动强烈，其轴部分布着三个热液喷口。

戈达洋脊（Gorda Ridge）长约 300 km，被分为三段，南、北分别以门多西诺

(Mendocino)断裂带和布兰科断裂带为界，位于40°～43°N，水深为2600～3500 m（Zierenberg et al.，1995）。洋脊全扩张速率为56 mm/a，与胡安德富卡脊的Cleft洋脊段类似。戈达洋脊北部具有慢速扩张洋脊的典型地貌形态，轴谷为3 km宽的地堑，两侧为陡峭的正断层，宽约10 km，从北部到南部呈瓶颈收束状。整个洋脊地震活跃，震中位于壳下深部，破碎断裂延伸至上地幔。该洋脊段热液活动也相当发育，热液活动主要发生于北部的海崖（Sea Cliff）区和南部的埃斯卡纳巴海槽内（图3-2）。

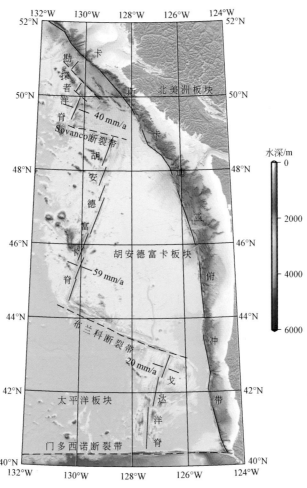

图3-2 勘探者洋脊、胡安德富卡脊和戈达洋脊构造简图
地形数据来源于MGDS数据库，投影方式为Lambert

3.2.2 加利福尼亚湾瓜伊马斯盆地

瓜伊马斯（Guaymas）盆地位于狭窄的加利福尼亚湾中部，被转换断层分割为两个洋段，是一个活动的扩张盆地（图3-3）。瓜伊马斯盆地的大陆张裂发生在约6 Ma前，现今的扩张中心被1～2 km厚的富含有机质的沉积物所覆盖，沉积速率达到1～2 mm/a。其火

山活动与洋中脊系统不同，底部的岩浆喷发被大量的低密度沉积物所抑制，而在未固结的沉积物丘中形成的岩浆侵入体是该盆地主要的岩浆活动（Einsele et al., 1980）。盆地内高的热流值表明热液活动的存在，在北部海槽，没有发现羽状流，而在南部海槽发现了20个热液羽状流。在南部海槽，热液活动集中出现在层状杂岩（sill complex）的边缘，测得的喷口流体温度高达270～315 ℃。

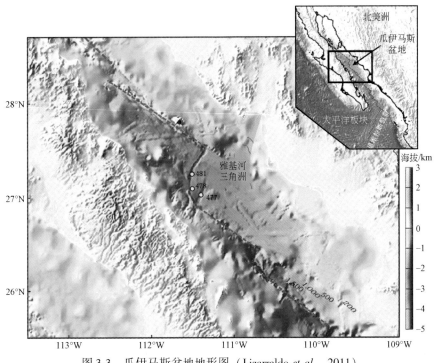

图3-3 瓜伊马斯盆地地形图（Lizarralde et al., 2011）
黄色点为DSDP 64航次钻孔位置

南部海槽较长，约30 km，表现为斜向扩张（图3-4）。轴部裂谷高度不对称，西北侧裂谷壁在一些断层处抬升50～60 m，而东南侧裂谷壁更高，分布着蜿蜒的断层崖，这些断层崖在27°01′N处与转换断层斜交（Lonsdale and Becker, 1985）。侵入体抬升形成的沉积岩丘主要集中在裂谷附近，分布于平坦的洼地内，面积为0.1～1.0 km²。

3.2.3 东太平洋海隆13°N

东太平洋海隆13°N洋脊段位于奥罗斯科断裂带和克利珀顿断裂带之间，呈一个宽约8 km，高250 m的非对称的脊状隆起高地，其东西两侧分别为科科斯板块和太平洋板块，扩张速率为100～110 mm/a，属快速扩张洋中脊。Hékinian和Bideau（1985）、Antrim等（1988）均对该区域的地形、地貌和构造特征进行了较详细的调查。该洋脊北端存在一个主要的不连续带（12°52′～12°54′N），两段洋脊交错长度为1.6 km，被伸长80 m的深盆地分开，重叠长度为5 km。两段洋脊高度相当，两翼均交错延长直至轴部地堑消亡。轴部

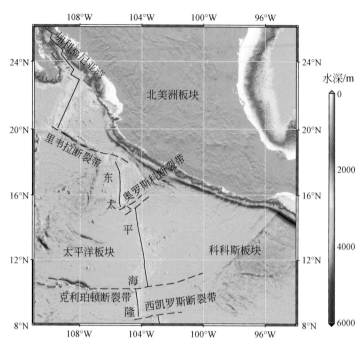

图 3-4 东太平洋海隆 13°N 附近水深及构造简图
地形数据来源于 MGDS 数据库，投影方式为 Mercator

隆起带存在强烈的断层和裂隙，裂隙密度向海隆末端逐渐增加。断层推覆规模变化于 0~30 m，平均为 8.5 m。断层和裂隙的走向与海隆轴大致相同，主要发育于离轴 5 km 以内，并受到产生弯曲扩张轴的作用力影响（Sempéré and Macdonald, 1986）。东太平洋海隆 12°50′~12°51′N，可见四种主要的熔岩地貌：①塌陷熔岩湖；②在熔岩湖两侧边缘分布的新近产生的叶片状熔岩流；③在地堑底部、断层崖附近及洋脊顶部分布的枕状熔岩；④断层崖脚部位广泛分布的玄武岩碎块堆（Fouquet et al., 1996）。将两段洋脊分开的盆地内几乎不存在线性构造带，最主要的特征为火山构造，边界为火山坡，而没有形成 80 m 深盆地的正断层证据。在该叠接洋中脊末端附近，沉积物覆盖面积有所增加。最年轻的熔岩位于叠接扩张中心的西端。研究区南端（12°37′N）也存在一个叠接扩张中心（不连续带），但与北端不同的是，该处叠接的两个扩张中心为右行（Langmuir et al., 1986）。地形调查研究指出，以上两个叠接扩张脊之间的地形最高处位于 12°47′N 处。

Choukroune 等（1984）根据构造特征和基底地形将东太平洋海隆 13°N 附近的海隆分为四个部分：①位于中部地堑的活动火山带；②构成中央地堑并向隆起两侧延伸 2 km 的活动构造带；③距海隆 2 km 以外由不连续的地垒和地堑构成的非活动构造带；④距海隆轴部两侧各 20 km 以内的离轴火山（海山）。该洋脊北端存在一个小型海山（直径 750 m，高度 80 m）。整个区域呈南北向条带形隆起，洋脊轴部呈地堑结构，地堑宽度为 200~600 m，深度为 20~50 m，地堑底部平均水深 2630 m，其中分布有许多裂隙，海隆内部主要由玄武岩组成，沉积物覆盖区很少（Ballard et al., 1984；曾志刚等，2007）。

3.2.4 东太平洋海隆 9°~10°N

东太平洋海隆 9°~10°N 洋脊段位于西凯罗斯断裂带和克利珀顿断裂带之间,在洋脊中部的 9°03′N 发育一个大型的叠接扩张中心(图 3-5),全扩张速率平均为 117 mm/a。Escartín 等(2007)利用海底声呐数据研究了 9°25′~9°58′N 洋段轴部 6 km 宽范围内断层的分布和密度,识别出该区域被熔岩重新覆盖的"新"的洋壳和被沉积覆盖的"老"的洋壳。"新""老"洋壳具有截然分明的界面,大多数界面是由地形因素形成的,主要为断崖、火山和熔岩流坝,"新""老"洋壳的边界同时是熔岩流的延伸边界。分析"新""老"海底断层和裂隙的特点(表 3-1,图 3-6、图 3-7),发现内倾断层和外倾断层虽然在断层长度上相近,但内倾断层比外倾断层在分布密度上要占优势。裂隙的平均长度为 200 m 左右,是平均断层长度 390 m 的一半左右。在断层崖的平均高度方面,"老"洋壳明显高于"新"洋壳。

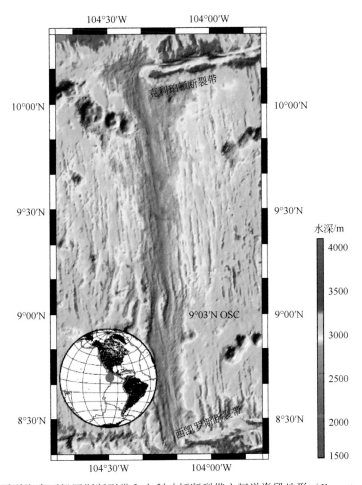

图 3-5 东太平洋海隆西凯罗斯断裂带和克利珀顿断裂带之间洋脊段地形(Escartín et al., 2007)

表 3-1 东太平洋海隆 9°25′~9°58′N 洋段轴部地区 "新" "老" 洋壳构造参数

构造	参数	总体特征	年轻地壳[b]	年老地壳[b]	AST
裂隙	长度[c]/m	196±132（1318）	191±120（514）	200±139（804）	—
	密度[d]/(km/km²)	0.8	0.4	2.05	3.49
全部断层	长度[c]/m	392±390（936）	379±329（361）	402±424（575）	—
	密度[d]/(km/km²)	1.12	0.59	2.77	4.24
内倾断层	长度[c]/m	392±405（632）	383±352（239）	398±434（393）	—
	高度[c]/m	5.61±4.2（30）	4.7±2.1（20）	11.37±9.65（30）	4.1±2.41（53）
	密度[d]/(km/km²)	0.36	0.19	1.87	3.08
外倾断层	长度[c]/m	393±356（304）	371±280（122）	408±400（182）	—
	高度[c]/m	5.61±4.2（30）	4.7±2.1（20）	7.4±6.5（10）	3.2±1.6（1.6）
	密度[d]/(km/km²)	0.36	0.19	0.9	0.19
内倾断层%[e]	断层数量/%	68	66	68	
	断层长度/%	68	68	68	
	应力/%	80	71	89	
应力[f]	总应力/%	0.7±1.0	0.5±1.0	2.1±2.3	
	内倾应力/%	0.6±1.0	0.4±1.0	1.6±1.8	
	外倾应力/%	0.1±0.2	<0.1±0.1	0.5±0.7	

资料来源：Escartín et al.，2007。

a. 断层、裂隙长度、断崖高度、密度、内倾断层的百分比、构造伸展量参数；b. 距 AST（Axial Summit Trough）中心大于 250 m 以外区域的构造伸展变形特征；c. 平均长度和断层崖的高度±标准差，观察数据（断层和裂隙）在括号里；d. 累计的断层长度（km）/表面积（km²）；e. 内倾断层占总断层的百分比，断层长度所占的百分比；f. 统计 31 条剖面中断层的断崖的高度而获得的伸展量，断层的倾角设定为 45°。

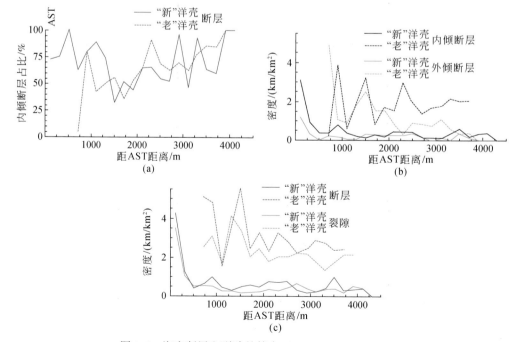

图 3-6 海底断层和裂隙的特点（Escartín et al.，2007）

（a）内倾断层所占百分比；（b）内倾断层和外倾断层的密度；（c）断层和裂隙的密度变化

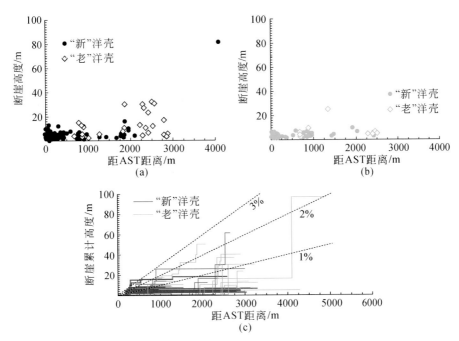

图 3-7　断崖高度和累计高度与距 ATS 距离的变化关系（Escartín et al., 2007）
（a）内倾断层断崖高度与距 AST 距离的变化关系图；（b）外倾断层断崖高度与距 AST 距离的变化关系图；
（c）断崖累计高度与距 AST 距离的变化关系。（c）中虚线表示断层的倾角是 45°，平均构造伸展量是 1%、2%、3%

3.2.5　东太平洋海隆叠接扩张中心

叠接扩张中心在快速扩张洋中脊的分段性和岩浆运移模型中占重要地位。Macdonald 和 Fox（1983）定义这种有两个叠接的新生火山岩脊相向弯曲且包围着一个狭长凹陷的正在增长的地形为叠接扩张中心（图 3-8），并在洋脊分段层次划分的四级结构中把它划分在第二等级，位于两个转换断层之间。

叠接扩张中心中，与洋脊走向垂直方向上同时存在两个扩张的洋中脊，其叠接长度（L）从 1 km 到几十千米不等，其间距（W）在标准形态下约为其叠接轴长（L）的 1/3，两支洋中脊中间围着一个凹陷盆地（overlapping basin）。较小的叠接扩张中心（如 11°15′N、12°37′N、12°54′N、13°43′N）的两个扩张分支的高程近似相等，而较大的叠接扩张中心（如 9°03′N、11°45′N、14°08′N）的两个分支的高程会有高低。不同规模的叠接扩张中心凹陷盆地深度不同，规模由小到大，深度为 60~350 m，凹陷盆地更比周围新火山脊深达到 600 m。

Macdonald 等（1982）在东太平洋海隆 8°20′~18°30′N 区域进行了地形探测，发现叠接扩张中心的结构和位置不稳定，演化迁移很快，一支持续活动而另一支停止。Macdonald 和 Fox（1983）提出了叠接扩张中心演化的渐变模型（WAX 模型）：两个相邻洋脊段相向延伸，不能直接对接汇合，两个扩张洋脊弯曲延伸并发生叠接；占优势的一支继续延伸连到另外一支上，形成贯通的一支扩张洋脊，叠接盆地和被抛弃的另一支扩张

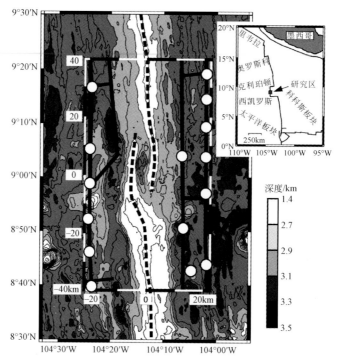

图 3-8　东太平洋海隆 9°03′N 附近大型叠接扩张中心的地形图（Dunn and Toomey，2001a）

图中的黑色虚线为洋中脊的两支，等高线间距为 100 m

洋脊随着板块扩张而远离。随后，Macdonald 等（1987）对叠接扩张中心演化的进一步研究，提出了洋中脊末端"自断头"（self-decapitate）模式（如东太平洋海隆 20°40′S）（图 3-9）。

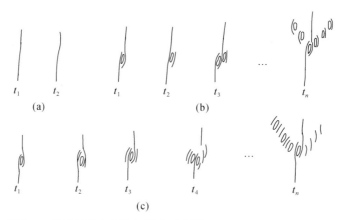

图 3-9　叠接扩张中心演化模式示意图（Macdonald et al.，1987）

(a) 为第 1 种情况：间断的洋中脊相向延伸直接汇合，产生马鞍状汇合点；(b) 为第 2 种情况：洋中脊延伸路径开始不能相连，但最后相连并且岩浆供给较少一支被切断；(c) 为第 3 种情况：洋中脊延伸路径不能相连，洋中脊末端"自断头"，此过程不断重复，当断距变化时重叠盆地也向某个方向偏移（如 t_1）。图中箭头代表洋中脊沿走向延伸方向，黑色线代表洋中脊，椭圆形代表叠接盆地，t_1、t_2 等代表随时间叠接扩张中心的演化通常认为叠接扩张中心发育在岩浆供给减少的区域，可能与两个较宽的地幔上升流的边界相对应。Macdonald 等（1984）认为叠接扩张中心的岩浆供给是由于地幔上涌高度集中变成地幔底辟，叠接扩张中心是洋脊轴上缺少岩浆的区域，两支下面有小的不连续的岩浆房。然而在东太平洋海隆 9°03′N 进行的三维反射和折射地震研究，反映出此处叠接扩张中心下的岩浆直接就从其下方上涌（Kent et al., 2000）。在此处并没有发现地幔低速带在形状或尺度上的减少，从而说明该叠接扩张中心处的下地壳和地幔是连续的，不存在间断（Dunn et al., 2001b）。因此，叠接扩张中心的形成与其下部岩浆供给的不连续性无关，而是要考虑受构造作用和局部应变的影响（Lonsdale, 1983, 1986, 1989; Macdonald et al., 1984），岩浆上升流可能呈二维片状，其下的热结构是连续的，叠接扩张中心两支的岩浆供给源相同。

在太平洋板块与科科斯板块边界的大多数叠接扩张中心都是向右的侧向位移，指示出在扩张方向上发生了逆时针旋转的变化（Carbotte and Macdonald, 1992, 1994）。Toomey 等（2007）利用地震成像各向异性结构反映出的橄榄石快波对称轴定向排列方向与扩张轴方向的不同，推断东太平洋海隆 9°03′N 的叠接扩张中心下的地幔对流上涌与洋脊扩张轴方向存在近 10°的逆时针旋转。

3.3 深部结构

对于快速扩张洋脊下活动岩浆房的特征和分布的认知主要来自地震研究。20 世纪 80 年代以来，在东太平洋海隆开展了多个有代表性的大型海底地震实验。

3.3.1 东太平洋海隆 9°30′N

东太平洋海隆 9°30′N 海底三维地震实验的目的是探测快速扩张洋脊轴部岩浆房的分布特征和深部结构。1988 年在洋中脊 30 km×40 km 范围内，使用 13 台水听器和 2 台三分量海底地震仪（ocean bottom seismograph, OBS）开展了实验研究（图 3-10），该洋脊段是加拉帕戈斯三联点以北具有代表性的东太平洋海隆区域。研究表明，扩张轴正下方存在明显的低速区，揭示了活动岩浆房的存在（Dunn et al., 2000）。

P 波三维速度异常模型表明（图 3-11、图 3-12），莫霍面埋深在 7 km 左右，岩浆熔融的低速分布在两个区域内：一个在地壳中，宽度约 5 km，深度为 1.5~7.0 km（从海底面算起），平均速度约 5.5 km/s，但熔融体积小，速度异常最大值出现在顶部，深度在 1.5 km 左右，代表此处熔融程度最高；另一个在莫霍面过渡带和上地幔顶部，熔融体宽度至少是地壳异常的一倍，熔融量大，比地壳熔融量多 40%，但熔融程度低。洋中脊轴部熔融体的这一分布特征不仅得到 S 波速度模型的印证（Crawford et al., 1999; Crawford and Webb, 2002），而且与中上地壳 10%~40% 熔融、下地壳 2%~8% 熔融和莫霍面附近 3%~12% 熔融的结果相一致（Dunn et al., 2000）。认为这是由于海底热液系统进入离轴很深的区域，下地壳变冷，从而导致地壳熔融体变窄（Dunn et al., 2000; Cherkaoui et al., 2003）。

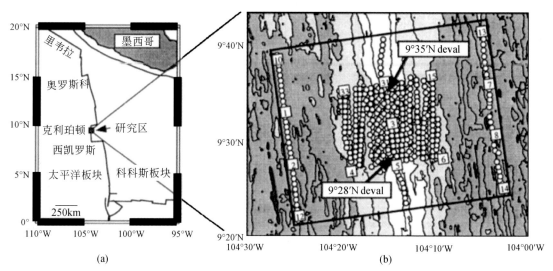

图 3-10 东太平洋海隆 9°30′N 的三维海底地震探测示意图（Dunn et al., 2000）
白色方块为海底地震仪位置，白色圆圈为炮点位置

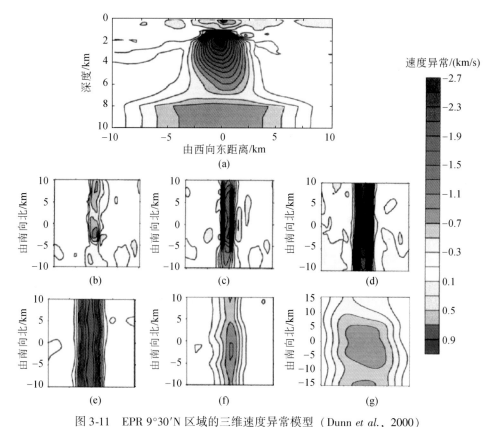

图 3-11 EPR 9°30′N 区域的三维速度异常模型（Dunn et al., 2000）
(a) 三维速度异常模型垂直切片；(b) 1.2 km 深度切片；(c) 1.4 km 深度切片；
(d) 2.0 km 深度切片；(e) 4.0 km 深度切片；(f) 6.0 km 深度切片；(g) 8.0 km 深度切片

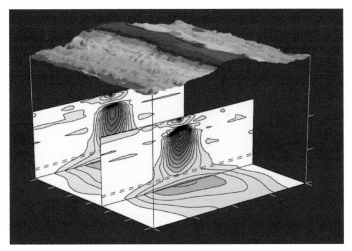

图 3-12 东太平洋海隆 9°30′N 区域的三维 P 波层析成像（Dunn et al., 2000）

该区的多道地震剖面也揭示出地壳顶部存在一个小的熔融透镜体，宽约 1 km，厚 10~50 m（Detrick et al., 1987；Mutter et al., 1988；Kent et al., 1993）。在这种熔融透镜体顶部通常存在一个有渗透性和黏度的阻碍带，从而导致与浮力有关的上升岩浆流体的累积（Hooft and Detrick, 1993）。熔融透镜体的深度与下部岩浆供给的热输入率和上部热液循环的热输出率有关。扩张速率变小，下部的热量输入变小，其深度便会加深。最近的地震结果显示在地壳-地幔过渡区域或者莫霍面附近，岩浆也在迁移累积（Garmany, 1989；Crawford et al., 1999；Crawford and Webb, 2002；Nedimović et al., 2005），莫霍面的密度差同样也形成了岩浆迁移的阻碍带（Ildefonse et al., 1993）。

3.3.2 东太平洋海隆 17°S

东太平洋海隆 17°S 地壳和上地幔结构电磁和层析成像（MELT），旨在揭示超快速扩张洋脊的岩浆房特征和深部结构。东太平洋海隆 17°S 洋脊段位于 Garrett 转换断层和 Pito 转换断层之间，轴部宽度在深部变化较大，17°26′S 是 Garrett 转换断层以南轴部最浅的位置（<2590 m）。该洋脊段的平均全扩张速率为 145 mm/a，为不对称扩张，洋脊东侧扩张速率大于西侧。该洋脊段有近 1150 km 长的区域内缺乏转换断层（Lonsdale, 1989），只有一些小型非转换不连续带（如叠接扩张中心）形成的偏移（Villinger et al., 2002）。试验于 1995~1996 年进行，使用 17 台海底地震仪记录了 6 个月的天然地震数据，同时同步开展了电磁法剖面探测（图 3-13）。该试验试图了解东太平洋海隆南部更快扩张速率洋脊下活动岩浆的特征和变化。

S 波速度结构模型结果表明（图 3-14），东太平洋海隆 17°S 上地幔存在明显的相对于扩张轴不对称的低速区，到地壳逐渐变得对称；地幔速度最低值位于扩张轴正下方地壳和地幔分界面（莫霍面）附近；太平洋板块下方的上地幔速度比纳斯卡板块低 1%~2%，表明太平洋板块下方有更高的温度和更多的熔融物。

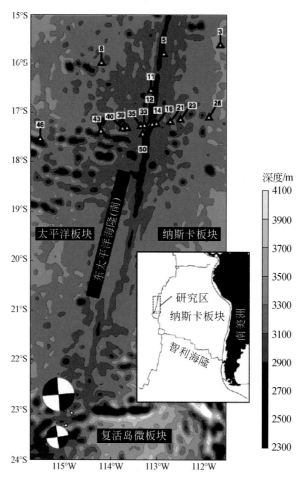

图 3-13 东太平洋海隆 17°S 的 MELT 地震实验区（Dunn and Forsyth，2003）

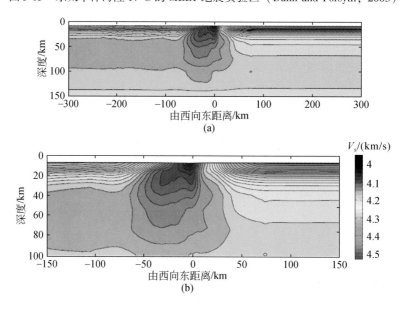

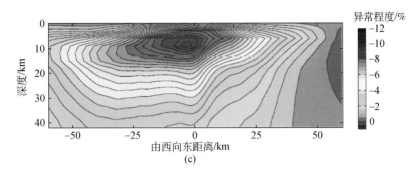

图 3-14 东太平洋海隆 17°S 区域的垂直扩张洋脊的地壳和上地幔 S 波速度结构及
速度扰动结构（Dunn and Forsyth，2003）
(a) 地壳 S 波速度结构；(b) 上地幔 S 波速度结构；(c) 速度扰动结构

综合两个实验结果表明，快速扩张洋脊在轴部下方的上地幔通常具有明显的低速区，是熔融岩浆的表现，最低速度异常位于莫霍面梯度变化带附近。同时在地壳浅部还存在异常规模较小但强度更大的低速熔融体，形成从下到上的双熔融岩浆结构。

3.4 岩浆作用

快速扩张洋脊具有更高的地幔部分熔融程度，提供了更大的岩浆供应量，从而形成更厚的洋壳。充足的岩浆使大量的玄武岩在洋底喷出，覆盖了下地壳辉长岩和地幔橄榄岩，加上快速扩张洋脊转换断层和拆离断层等构造活动带较少，深部岩石无法通过构造裂隙出露洋底，因此快速扩张洋脊岩石类型以玄武岩为主，只出现少量的辉长岩和橄榄岩。高程度的地幔熔融使洋脊下地幔持续亏损，因此形成的玄武岩主要表现出正常洋中脊玄武岩（N-MORB）的特性。高的岩浆供应量使快速扩张洋脊下形成稳定的岩浆房，岩浆演化程度较高，结晶分异较充分，使玄武岩表现高度演化的成分特征。

1991~1992 年，科学家在东太平洋海隆 9°50′N 观察到强烈的岩浆活动（Haymon et al.，1993；Gregg et al.，1996）。2006 年在同样的区域，强烈的地震活动表明存在岩墙事件，而水柱异常和摄像拖体也观察到新的火山喷发现象（Tolstoy et al.，2006）。熔岩流在内部以席状和叶状熔岩为主，枕状熔岩发育在边部，熔岩流的体积大约有 $22\times10^6\,m^3$。地球化学研究表明分异结晶和岩浆混合过程，轴部岩浆房优先喷发，大量岩浆估计在地幔上部 6 km 内发生了部分结晶作用（Goss et al.，2010）。除了轴部岩浆房喷发的熔岩，离轴达 4 km 喷发的熔岩流被薄的沉积物覆盖，这些熔岩主要由枕状丘和枕状脊组成，高 30 m，长约 1 km，具有相对新鲜的露头、年轻的放射性年龄和不同的地球化学特征（Hékinian et al.，1989；Reynolds et al.，1992；Goldstein et al.，1994；Perfit et al.，1994；Sims et al.，2003）。

对于快速扩张洋脊下地壳的形成，许多学者提出了不同的模型：①辉长岩残留透镜体或者传送带模型，辉长岩首先在一个很小的岩浆透镜体区域结晶形成岩墙，减弱后形成下地壳（Henstock et al.，1993；Nicolas et al.，1993；Morgan and Chen，1993a，1993b；Quick and Denlinger，1993）；②片状岩床模型，在莫霍面和岩脉/辉长岩之间不同深度存在的薄的岩床将岩浆连到一起，然后在原地形成了下地壳的结晶（Boudier et al., 1996; Kelemen et al., 1997）；③混合模型，认为辉长岩流与位于岩脉/辉长岩和莫霍面之间的岩浆透镜体的岩床侵入共同导致了下地壳的产生（Boudier et al., 1996; Chenevez et al., 1998; Chen, 2001）。Macdonald等（1988）根据轴部存在岩浆房及岩浆房的深度认为快速扩张洋脊具有三角、穹窿和矩形3种端元地貌形态。狭长三角洋脊段轴部岩浆房较深或者缺失，而宽阔矩形洋脊段与较浅的轴部岩浆房有关，穹窿状洋脊介于二者之间。

3.5 热液硫化物矿床

1989年美国伍兹霍尔海洋研究所采用深海海底拖曳照相系统在东太平洋海隆9°~10°N附近发现了热液活动现象的存在。随后，1991年，"Alvin"号载人深潜器在该区证实了热液活动的存在，并进行了现场观测和样品采集（Haymon et al., 1991）。Pierre（2006）依托Ridge 2000项目在太平洋海隆综合调查中发现成群的喷口位于东太平洋海隆9°50′N轴部顶塌陷槽2 km长的区域，并且定名了Bio9和P两个喷口群。Bio9喷口群的喷口热液流体充沛，喷口温度非常高，其至少有3个黑烟囱组成，即Bio9、Bio9′和Bio9″，其中Bio9″在2002年第一次取得样品，是最活跃的喷口。P喷口群在2002年第一次取得样品，有6个高温喷口区域（Biovent、M、Q、Tica、Ty和Io）。这个区域在过去的几十年里不断有新的喷口形成和老的喷口（TWP）死亡，热液活动一直非常强烈。目前，在东太平洋海隆9°~10°N已发现18个高温热液喷口点。热液流体既有高温流体（温度可达403℃），也有低温流体（温度小于20℃）。研究发现，与其他相对较稳定热液活动区的热液系统相比，热液流体的温度和化学成分随时间变化显著，是该区热液活动的显著特征（Von Damm et al., 1997）。

东太平洋北部的洋中脊距北美大陆较近，受哥伦比亚河陆源物质输入的影响比较明显（Zuffa et al., 2000）。其中，包括勘探者洋脊、胡安德富卡脊及戈达洋脊等接受了自上更新世以来的半远洋沉积和浊流沉积。因此这里的洋中脊被数百米甚至上千米厚的沉积物覆盖。相比而言，东太平洋海隆距陆地较远，基本不受陆源物质的直接影响，如贫沉积物覆盖洋脊东太平洋海隆9°~10°N、11°N、13°N和21°N等区域。因此，重点对产于沉积物覆盖洋脊环境的硫化物矿床（如Middle Valley、埃斯卡纳巴海槽和瓜伊马斯盆地）和产于贫沉积物洋脊环境的硫化物矿床（东太平洋海隆11°N、13°N和21°N）（图3-15）进行热液硫化物矿床特征对比研究，结合硫化物产出环境赋矿层（岩石+沉积物）的地球化学特征，以及典型硫化物矿床附近大洋钻探计划（ODP）及深海钻探计划（DSDP）岩心中沉积物的成矿元素组成，探讨这两种不同成矿环境下硫化物的成矿作用（图3-15、表3-2）。

3.5.1 贫沉积物覆盖典型区硫化物矿床

1. 东太平洋海隆9°~10°N区域

东太平洋海隆9°~10°N海底出露大面积熔岩，主要由玄武岩组成，形态类型丰富，从枕状到流纹状玄武岩，反映了海底火山喷发强度逐渐增加（Gregg and Fink, 1995），玄武岩中富含MgO，平均含量到达9.2%（质量分数），同时也富集Cr等微量元素，含量分

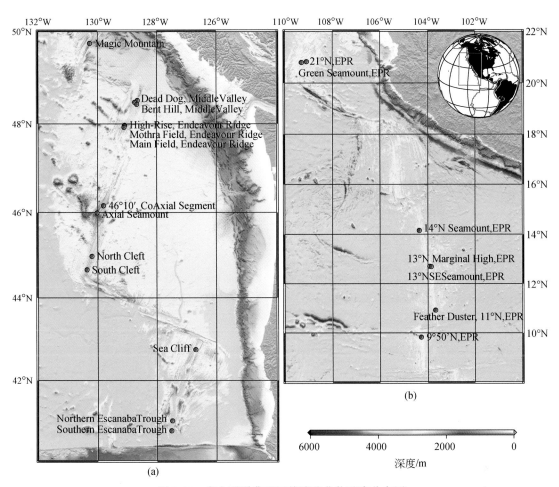

图 3-15 东太平洋典型区热液硫化物矿床分布图

(a) 胡安德富卡脊；(b) 东太平洋海隆 9°～22°N；红色圆圈表示典型硫化物矿床所在位置。
地形数据来源于 MGDS 数据库

别达到 460 ppm 和 240 ppm，并以富集轻稀土元素（LREE）和 La、Sm 等不相容元素为特征（Allan et al., 1989）。根据沉积物厚度判断该区的相对地质年龄，将该区划分成 10 个地质单元（A-F）（图 3-16），其中 B 区是最年轻的，向南到 F 区岩石呈现逐渐变老的趋势，直到 9°17′N 岩石年龄再次变新（Haymon et al., 1991）。

东太平洋海隆 9°～10°N 热液喷口流体具有多个类型，既有高温（>335 ℃）、较强酸性，也有相对低温、较弱酸性、低 Fe 富 Zn 的还原性流体，流体中富含 Fe、Co、Se、Cu、Pb 和 Cd 等元素（Peng and Zhou, 2005）。Yao 等（2015）使用 Sr 同位素和 REEs 元素对该区"L"喷口的硬石膏进行分析，报道了流体富集 LREE 和正 Eu 异常，并且具有较高浓度的 Si、H_2S、Fe、CO_2、CH_4 和 H_2，而在扩散流体中相对具有更高的 H_2S、H_2 和 CH_4 等挥发性气体（Von Damm and Lilley, 2004）。东太平洋海隆 9°～10°N 区域不同喷口热液流体的组成不同，就算是同一喷口的热液流体特征也不是稳定不变的（Von Damm and Lilley,

表 3-2 东太平洋中脊无沉积物覆盖和有沉积物覆盖典型硫化物矿床特征

热液区	位置	水深/m	构造位置	构造背景	容矿岩石	活动性	矿物组成	特征描述
Middle Valley, Bent Hill	128°44′58″W 48°28′21″N	2400	胡安德福卡脊	沉积物覆盖的裂谷	N-MORB E-MORB 沉积物	不活动	方黄铜矿、黄铜矿、磁黄铁矿、黄铁矿/白铁矿、痕量方铅矿	离裂谷轴部 9 km。大型的不活动硫化物矿床，存在于浊积沉积物中。有限的热液活动
Middle Valley, Dead Dog	128°39′27″W 48°30′48″N	2450	胡安德福卡脊	沉积物覆盖的裂谷	N-MORB E-MORB 沉积物	活动		存在于浊积沉积物中。活跃喷发，热液流体贫金属
埃斯卡纳巴海槽	127°28′41″W 40°57′46″N	3300	南戈达洋脊	沉积物覆盖的裂谷	MORB 沉积物	活动	磁黄铁矿、闪锌矿、黄铜矿、黄铁矿/白铁矿、重晶石、硬石膏	存在于浊流沉积物中。Central Hill 西侧硫化物矿床分布广泛。Central Hill 西侧和东南侧有活跃喷发的硫化物结构
东太平洋海隆 13°N	103°56′54″W 12°52′03″N	2630	北东太平洋海隆	脊轴	N-MORB	活动	黄铜矿、闪锌矿、黄铁矿/白铁矿、二氧化硅、硬石膏	轴部喷口，许多大型的活动和不活动的硫化物结构
Feather Duster (东太平洋海隆 11°N)	103°44′00″W 10°54′10″N	2520	北东太平洋海隆	脊轴	N-MORB	活动	黄铁矿/白铁矿、闪锌矿/纤锌矿、硬石膏	两个主要的热液活动区，位于轴部地堑东壁的 65 m×45 m 范围内。主要区域位于一个断裂系统中，硫化物-硫酸盐烟囱喷出温暖的 (5~47 ℃) 和热的 (347 ℃) 热液流区

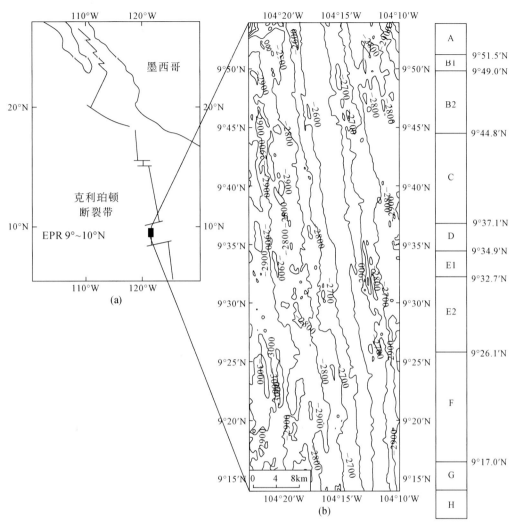

图 3-16 东太平洋海隆 9°~10°N 区域地质图及地质细节图（Haymon et al., 1991）
(a) 区域地质图；(b) 地质细节图

2004；Ding et al., 2005）。在高温高压下，热液流体到达沸腾的临界值将产生相分离，使热液流体的化学作用发生变化。在 1991~1994 年对东太平洋海隆 9°~10°N 最年轻的 "F" 喷口持续取样和观测，观察到当温度在 388℃，压力达到 258 bar①时，流体发生相分离现象，气相将随着火山喷发在早期排出，而液相氯水将存储在洋壳中，在之后的时间排出（Van Damm et al., 1997）。

东太平洋海隆 9°~10°N 热液区矿物类型主要是富 Cu 的烟囱体、富含 Fe-Zn 的堆积体和富 Fe 的块状硫化物，硫化物烟囱体的样品主要来自 K-Vent、Bio9″、Tica 和 Biovent 四个喷口（图 3-17）。

---

① 1 bar = 10^5 Pa。

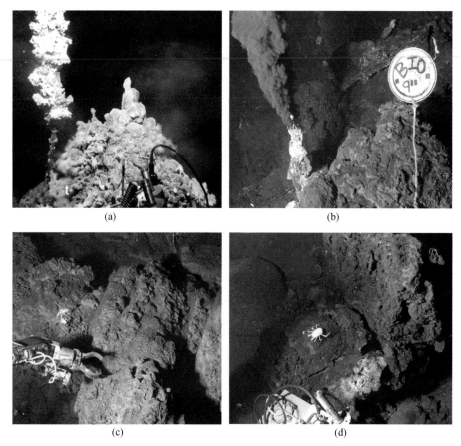

图 3-17 东太平洋海隆 9°~10°N 活动烟囱 K-Vent、Bio9″和非活动烟囱照片（Rouxel et al., 2008）
(a) K-Vent 由许多小的喷口组成的一个热液流体喷口，生长庞贝蠕虫和海葵。样品 ALV-4053-M1 来自约 1 m 长的烟囱体顶部；(b) Bio9″烟囱在 383 ℃的温度下剧烈喷发，样品 ALV-4057-M1 代表顶部 40~50 cm 黑色烟囱体；(c) 样品 ALV-4057-M2 取自 Bio9″正北方向已熄灭的硫化物残留结构，喷口管道内壁残留黄铁矿和闪锌矿，表明样品可能与富 Zn 热液喷口类型相关；(d) 样品 ALV-4059-M2 来自被广泛的氧化铁结壳覆盖的熄灭的硫化物结构，缺乏独特的烟囱结构，表明这些富 Fe 块状硫化物是由海底塌陷的烟囱碎片的后期再矿化形成的

富 Cu 烟囱体采自典型的 Bio9″高温喷口，主要由黄铜矿组成。样品 ALV-4507-M1 被分成下上两部分（图 3-18），并在样品中分别取样（A1~A6 和 B1）。烟囱壁横截面具有良好矿物分带，其厚度为 1~4 cm，内层形成自形黄铜矿。硬石膏在烟囱壁内与黄铜矿普遍相关，反映了海水的主动渗入并且与烟囱内部高温水热流体混合。外部烟囱体壁由黄铁矿、白铁矿和闪锌矿组成（Rouxel et al., 2008）。

富 Fe-Zn 烟囱体以大量的黄铁矿、白铁矿和闪锌矿为主，具有大量的流通通道，矿石含有较高的孔隙度。在活动的烟囱体 K-Vent 采集的样品达 73 cm 长，外部被生物厚厚的包围，并在生物作用下形成蜂窝状构造，主要由闪锌矿、黄铁矿和镁橄榄石等矿物组成，而在弯曲的管道中生长有细粒的闪锌矿。将样品 ALV-4053-M1（图 3-18）从下至上分成 5 个部分（A1~A5）。薄的烟囱壁（5 mm）由自形的片状黄铁矿和闪锌矿组成，沿着裂隙分布黄铜矿和方铅矿，而在外壁发育细颗粒状的黄铁矿、闪锌矿和少量的方铅矿。在烟囱体

图 3-18 Bio9″热液喷口的烟囱体样品照片（Rouxel et al., 2008）
(a) ALV-4053-M1；(b) ALV-4057-M1

蜂窝状的内壁由自形的闪锌矿、细粒方铅矿集合体、黄铁矿和方解石组成。相比活动的烟囱体，已经熄灭的烟囱体结构相对简单，在管道中心由自形的粗粒闪锌矿与松软的不定型物质组成，可能是 Fe-羟基氧化物与二氧化硅的混合物，也指示了烟囱体的"熄灭"是由后期成矿作用所致，导致烟囱体管道的堵塞，烟囱体的外壁主要由颗粒晶型良好的闪锌矿/白铁矿和二氧化硅组成（Haymon, 1983; Tivey, 1998; Tivey and Delaney, 1986）。

富 Fe 块状硫化物 [图 3-17 (d)] 中主要是由半自形-自形黄铁矿组成，样品中观察到被黄铁矿矿化的管蠕虫，指示矿物形成受到生物作用的影响。烟囱体外壁由 Fe-氧化物和少量的二氧化硅组成，块状硫化物是由后期的海底坍塌的烟囱体再矿化作用形成。

富 Zn 热液烟囱体强烈富集 Pb（质量分数达到 16%），表明烟囱壁闪锌矿与方铅矿共存，非活动烟囱体由于缺乏闪锌矿而亏损 Pb。微量元素 As 和 Se 虽然在矿物中具有较低的浓度，但是它们各具有独特的地质意义。As 富集在低温喷发的流体中（Metz and Trefry, 2000），富 Zn 的沉积物中 As 常以微量替代物或者包裹体的形式存在于闪锌矿、方铅矿和黄铁矿等（Tivey et al., 1999）矿物中。在 Bio9″烟囱体中，Se 微量元素富含在黄铜矿和白铁矿/黄铁矿中，并且主要富集在黄铜矿中，指示了 Se 倾向富集于高温金属硫化物中（Rouxel et al., 2004）。

2. 东太平洋海隆 13°N 区域

东太平洋海隆 13°N 热液区围岩以玄武岩为主，沉积物覆盖很少。早在 1981 年克利珀顿航次首次使用拖网作业，取得硫化物样品，此后又进行了超过 100 次的载人深潜，硫化物主要分布在四个构造带上（Fouquet et al., 1996）。玄武岩中包含橄榄岩和斜长石斑晶，通过对高 Mg#橄榄石包裹体的研究，东太平洋海隆 MORB 形成于不同熔融深度和程度的岩浆混合作用（张国良，2010）。在东太平洋海隆 13°N 附近生长有 Fe-Si-Mn 羟基氧化物结壳，主要成分是隐晶质的，由少量闪锌矿微晶，以及生物碎屑、硬石膏、绿脱石和长石颗粒组成（Wang et al.，2014），与硫化物相比具有较高的 Fe、Cu 和 Co，热液柱颗粒物的快速沉淀导致 REE 含量较低、Mn 含量偏高（曾志刚等，2007）。

1982 年，"Cyana"号载人深潜器下潜作业发现数十个喷口的热液流体具有中高温、强酸性的特征，pH 最低达 3.8，流体中具有 H_2、CO、CO_2、CH_4 和 He 等多种挥发组分（Merlivat et al.，1987；Jean-Baptiste and Fouquet，1996），富含多种金属元素 Fe、Cu、Zn、Ba、Mn，其中 Fe、Mn 的浓度较高，是正常海水的 7~8 个数量级，热液硫化物在喷口处的沉淀作用将剧烈降低 Fe、Cu、Zn 的浓度（王晓媛等，2007）。在该热液点同样观察到变化异常的盐度，相分离明显在东太平洋海隆 13°N 发生，富氯的流体往往指示着最高的温度和压力，低氯流体中具有相对高的 CO_2 浓度（Pester et al.，2011）。

东太平洋海隆 13°N 硫化物主要分布在四种构造背景：①中央地堑的中间段；②中央地堑的顶部；③边缘高地海山的西侧和顶部；④离轴 6 km 的东南海山侧翼，这是该区最重要的矿床位置。大致将热液硫化物分成富 Cu 硫化物和富 Fe 硫化物两种类型，矿物主要以烟囱体（图 3-19）、脉状硫化物和块状硫化物的形式出现（Fouquet et al.，1988）。根据烟囱体中矿物组成和金属含量，将烟囱体分成富 Cu 型烟囱体、富 Cu-Zn 型烟囱体和富 Zn-Fe 型烟囱体。

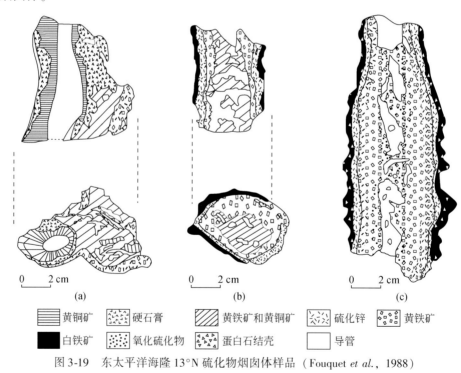

图 3-19 东太平洋海隆 13°N 硫化物烟囱体样品（Fouquet et al.，1988）

富 Cu 型烟囱体可将其细分为两类，一类烟囱体顶部主要沉淀大颗粒的硬石膏，烟囱壁较厚，硫化物矿物以浸染状的黄铜矿和黄铁矿为主，烟囱体的中心富集黄铜矿，远离烟囱体中心富集磁黄铁矿，并生长有闪锌矿，但被黄铜矿替代。另一类烟囱体矿物主要由黄铜矿组成，形成约 1 cm 厚的烟囱壁，并具有一层较薄（1~10 mm）的硬石膏。

富 Zn 型烟囱体出现了三层矿物分带，第一层主要是由孔隙度较小，自形的黄铁矿晶体组成，黄铁矿中观察到微细（<10 μm）的黄铜矿包裹体，在裂隙中可见氧化的磁黄铁矿晶体。这种矿物组合表明烟囱体矿物形成时具有较高的温度，以及在还原的环境下，该层往往被后期低温流体氧化蚀变形成铁的氢氧化物。第二层以含 Zn 的矿物为主，并且黄铁矿含量较少，向外黄铁矿和含锌的硫化物粒径和结晶程度逐渐减小，并生长有少量的方铅矿，并以斑点状分布在含锌的硫化物之间。第三层厚度较薄，主要由胶状黄铁矿和白铁矿组成，白铁矿中生长有其他的硫化物矿物。

富 Cu-Zn 型烟囱体显示富 Cu 型和富 Zn 型烟囱体之间的矿物学特征，可分为四个矿物带。中部通道轮廓分明，其中三个矿物带与富 Zn 型烟囱体的相似，另一个矿物带位于烟囱体核部，形成了一层厚的黄铜矿（1~20 mm），向内和向外均被硫化物替代。在该类烟囱体中黄铁矿层减至几毫米，自形黄铁矿显示了 Cu 硫化物和 Zn 硫化物的接触边界。

富 Cu 型烟囱体主要富集由大量的 Cu（质量分数为 2.6%~32.20%）、Ca（质量分数为 0.01%~17.90%）、Fe（质量分数为 10.15%~31.90%）和 S（质量分数为 25.50%~34.50%）组成，高的 Sr（0~2070 ppm）、Se（61~1095 ppm）和较低的 As、Ag、Pb、Cd。Ca 和 Sr 具有较高的相关性（$R_{Ca-Sr}=0.94$），Cu 和 Se 也具有良好的相关性（$R_{Cu-Se}=0.84$）。富 Zn 型烟囱体矿物具有相似含量的 Fe（质量分数为 10.60%~39.75%）和 Ca（质量分数为 0.04%~19.10%），然而，S 值可以更大（质量分数为 31.70%~45.85%），并且 Zn 含量变化较大（质量分数为 2.59%~46.90%）。除了 Zn 含量的差异，富 Zn 型烟囱体相比富 Cu 型烟囱体具有较高浓度的 Cd、Pb、As 和 Ag。

3.5.2 沉积物覆盖典型区硫化物矿床

在沉积物覆盖的洋脊，火山喷发很少见，但是海底以下的侵入作用在沉积物覆盖的洋中脊很常见。在沉积物覆盖的洋中脊，上部几百米的破碎玄武岩的渗透性，比下伏的沉积物高出若干个数量级，这种破碎玄武岩可以为大规模的流体流动提供通道。沉积物盖层阻止金属散失到热液羽状流中，还阻止硫化物矿床被风化和氧化（Goodfellow，2003），硫化物矿床通常比贫沉积物洋中脊上的硫化物矿床规模要大。

1. Middle Valley

Middle Valley 位于中速扩张（58 mm/a）的胡安德富卡脊，与 Sovanco 断裂带和 Nootka 断裂带形成了不稳定的洋脊-转换断层-转换断层三联点（Davis and Villinger，1992），更新世海平面下降，导致 Middle Valley 扩张中心堆积了 200~1000 m 的浊流沉积和远洋沉积物，且沉积物厚度向北增加。因此，Middle Valley 有丰富的陆源沉积供应。

在 Middle Valley 发现一个富金属（Cu-Zn）的 Bent Hill 块状硫化物矿床（BHMS），含量约 9 Mt，位于水深 2400 m。BHMS 是一个直径约 400 m、厚约 100 m 的侧边陡峭的矿体（图 3-20）。ODP 856H 钻孔资料显示，BHMS 下面的玄武岩，包括侵入固化沉积物中的狭窄的岩席、在沉积物顶部喷发的火山熔岩流、位于最底部的沉积物下面的枕状熔岩。在岩席和熔岩流中都出现了相似的蚀变类型，说明蚀变是由大规模热液上升流作用所主导的，而不是由于单个与喷发或侵入相关的热液活动所主导（Zierenberg and Miller，2000）。BHMS 矿床虽有部分被沉积物埋藏，但已普遍风化，该矿床是半深海沉积、浊流沉积、火山活动和热液循环等综合作用的结果（Zierenberg and Miller，2000）。BHMS 矿床包括富 Fe 和 Zn 的块状和半块状硫化物。位于 BHMS 矿床顶部的 856H 钻孔贯穿该矿体最厚的部分，将该钻孔作为 BHMS 矿床和围岩垂直和横向变化的对比参照（图 3-21）。从顶部至底部钻孔贯穿：块状硫化物（距海底 0~103.6 m）、硫化物供给区（距海底 103.6~210.6 m）、浊积岩夹层和远洋沉积（距海底 210.6~431.7 m）、39.4 m 的玄武质基岩和沉积物叠层，28.9 m 的玄武质熔岩流。Middle Valley 站位的成矿作用是一个结构上集中的、长寿的热液系统的结果。这导致了在 Bent Hill 至少 100 m 的块状硫化物沉积，形成了 3 个层层堆叠的块状硫化物透镜体。海底以下的硅化带形成了一个顶盖岩，顶盖岩驱使热液流体流到可渗透的砂质区内，通过交代沉积物而在砂质区内形成高品位的铜矿（Zierenberg and Miller，2000）。

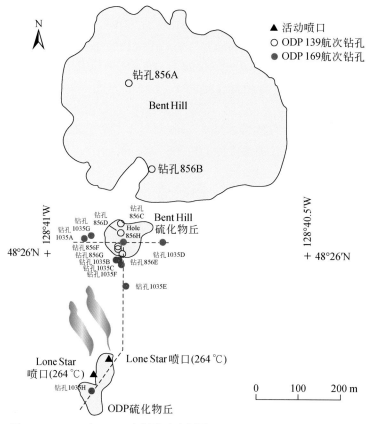

图 3-20　BHMS 与 ODP 矿床平面示意图（Zierenberg and Miller，2000）

2. 埃斯卡纳巴海槽

埃斯卡纳巴海槽是戈达洋脊的最南端部分。戈达洋脊扩张中心位于美国俄勒冈和北加利福尼亚州的离岸近海，南北两端分别以门多西诺断裂带和布兰科断裂带为界。在 41°40′N 的

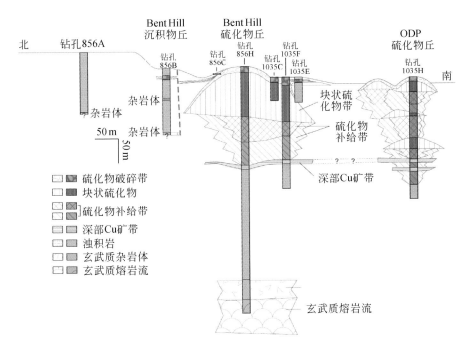

图 3-21　BHMS 和 ODP 矿床北–南向剖面示意图（Zierenberg and Miller，2000）

扩张轴处有小偏离，标志着埃斯卡纳巴海槽的北端（Zierenberg and Miller，2000）。埃斯卡纳巴海槽的扩张速率约 24 mm/a，其地形与慢速扩张速率一致。中央轴谷深 3300 m，北端宽大约 5 km，南端与门多西诺断裂带相交处宽大于 15 km。从 41°17′N 向南，埃斯卡纳巴海槽的轴谷充满几百米厚的浊流沉积物。沉积盖层向南增厚，在门多西诺断裂带附近达到 1 km 甚至更多。浊流沉积物从南端进入海槽，沿着轴谷壁向北（Brunner et al.，1999）。沉积作用在更新世的低海平面时期相对快速（达到 10 m/ka），整个海槽充填沉积物很可能是在最近的 100 ka 中沉积的（Brunner et al.，1999）。

在埃斯卡纳巴海槽中的若干个抬升的沉积物山丘周围，出现热液上升流。这种山丘直径为 3~6 km，高达 120 m，是由沿着扩张轴的岩墙、岩床、岩株形成的（Morton et al.，1987）。最大的硫化物矿床（270 m×100 m）出现在埃斯卡纳巴海槽北部的两个山丘附近，热液喷发温度最高 217℃。钻孔指示块状硫化物的形成主要局限在浅部沉积物中，深度达 5~15 m。中央丘的沉积物覆盖的西侧部分，是埃斯卡纳巴海槽中硫化物矿床最广泛分布的地方。在中央丘的西侧和东南侧的块状硫化物矿床正在活跃地喷发热液流体，在北侧有非常近期的热液活动的迹象。研究表明，两个相距 275 m 的正在活跃喷发的喷口，其热液流体端元的主要元素组成相同，说明这个大型的矿化区实际上是一个单一的热液系统（Zierenberg and Miller，2000）。

矿床表面采集的硫化物样品，主要是磁黄铁矿，还有不同数量的闪锌矿、等轴古巴矿、黄铜矿，以及少量方铅矿、斜方砷铁矿、含砷黄铁矿和硫锑铅矿。硫酸盐以重晶石外壳和烟囱、活动喷口中的共生重晶石–硬石膏的形式出现（Zierenberg and Miller，2000）。与 Middle Valley 相比，埃斯卡纳巴海槽的硫化物中重晶石丰度高，富集 Pb、As、Sb 和 Bi

等金属元素，指示了来自沉积物源岩的广泛贡献（Koski et al., 1994）。

3.6 热液硫化物成矿特征

3.6.1 岩石和沉积物地球化学特征

本节利用 PetDB 岩石数据库，对太平洋中脊 6 个典型热液硫化物矿床及其周围出露的岩石进行了统计和分析。这些热液区包括无沉积物覆盖的东太平洋海隆 11°N、13°N 和 21°N 热液区，以及有沉积物覆盖的 Middle Valley、埃斯卡纳巴海槽和瓜伊马斯盆地中的典型热液区。其中，把切穿沉积层的火山岩作为后面 3 个热液区的基底岩石，并把 DSDP 174 钻孔沉积物（Prytulak et al., 2006）作为洋脊上覆沉积物的地球化学组成。

太平洋中脊 6 个典型热液区基底玄武岩 MgO 的含量具有很大差异（图3-22），其中瓜伊马斯盆地玄武岩中 MgO 平均含量最低，反映最高的岩浆演化程度；而 Middle Valley 玄武岩中 MgO 平均含量最高，反映最低的岩浆演化程度。另外，这 6 个典型区岩浆演化程度均高于全球洋脊玄武岩的平均值，因为这些玄武岩的球粒陨石标准化后的重稀土含量基本都高于 N-MORB，这可能与东太平洋海隆较快的扩张速率有关（Niu and O'Hara, 2008）。

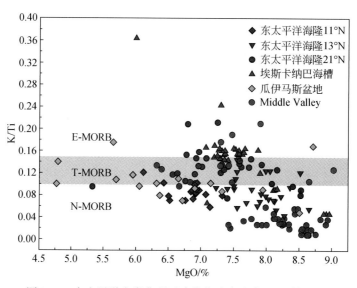

图 3-22 东太平洋中脊典型区硫化物矿床基岩 K/Ti 值分布

绝大多数埃斯卡纳巴海槽玄武岩都属于 E-MORB（K/Ti>0.15）（图3-22），少量为 N-MORB。从玄武岩球粒陨石标准化后的稀土配分模式来看（图3-23），这些玄武岩大部分具有轻稀土富集模式，少量为轻稀土亏损模式。这与从 K/Ti 得出的结果一致。前人研究表明这些富集的玄武岩是由于玄武岩在上升过程中受到沉积物混染的影响（Davis et al., 1998），因此并不能反映富集的地幔性质。而那些少量的亏损型 N-MORB 可能才反映的是真实的地幔性质，因此沉积物下方的基底岩石很可能为 N-MORB 而非 E-MORB。与埃斯卡纳巴海槽相似，另一个沉积物覆盖区 Middle Valley 的玄武岩大部分为 N-MORB，而少量为 E-MORB，很可能也是受到沉积物混染的影响。

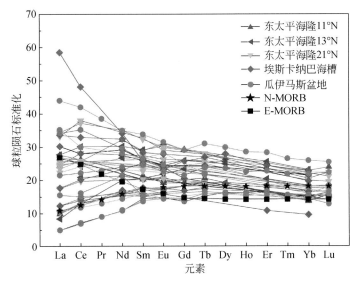

图 3-23　东太平洋中脊典型区硫化物基岩稀土元素球粒陨石标准化图

太平洋加利福尼亚湾以北的洋脊由于距陆地较近，受到了强烈的陆源物质输入影响，其主要途径是由哥伦比亚河输入（Zuffa et al., 2000）。沉积物覆盖洋脊附近的 DSDP 174 钻孔沉积物（Prytulak et al., 2006）为典型陆源碎屑物（图 3-24），与北美页岩具有相似的微量元素配分模式。这反映生物碎屑沉积对沉积物的全岩组分没有明显的影响。与玄武

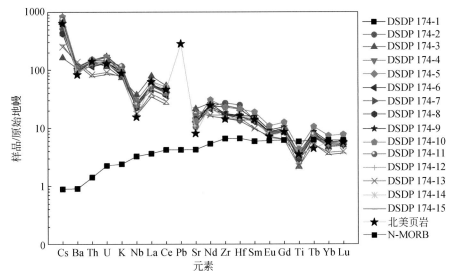

图 3-24　东太平洋海隆典型区沉积物微量元素配分图

DSDP 174 沉积物来自 Prytulak 等（2006），北美页岩来自 Li 和 Schoonmaker（2014），
N-MORB 来自 Sun 和 McDonough（1989）的研究

岩相比，这些陆源沉积物明显富集碱金属（Cs、Rb、K）、U、Th、Ba、Pb 和轻稀土，其中碱金属的含量比 N-MORB 高几百倍，轻稀土也有几十倍的富集。除此之外，沉积物较基底玄武岩更富集 As、Sb、Sn、Te 和 Bi 等元素（Li and Schoonmaker，2014）。因此，与沉积物反应后的成矿热液将会比单纯玄武岩热液体系更富集这些元素。

相比东太平洋海隆单一的成矿物质来源（玄武岩层），沉积物覆盖洋脊的成矿物质除了来自玄武岩基底以外，覆盖在玄武岩基底上的沉积物也会对热液有金属贡献（Fouquet et al.，1993；Stuart et al.，1999；Bjerkgard et al.，2000）。通过对东太平洋海隆典型热液区附近的钻孔包括 DSDP 054、DSDP 064、DSDP 065 和 ODP 142，以及沉积物覆盖型 Middle Valley 热液区的 ODP 139 钻孔中玄武岩的 Cu、Zn 和 Pb 元素含量变化进行分析，结果发现：除了 ODP 139 钻孔中玄武岩的 Cu 含量具有较大变化范围以外，其他几个钻孔的玄武岩 Cu 含量比较集中（50~100 ppm），并且 Cu 含量与 MgO 值存在正相关性（图 3-25）。由于在低氧逸度和低 S 含量的情况下，Cu 在岩浆演化过程中表现为轻度的相容性，其相容性与 Sc 相似（Salters and Stracke，2004）。这与在俯冲带岩浆中高氧逸度和高 S 含量情况不同，Cu 表现为轻度的不相容性（与 Yb 相似）（Sun et al.，2004）。因此，Cu 会随着岩浆结晶分异的进行而逐渐从岩浆中分离，且分异程度越高的岩石越亏损 Cu。对于 ODP 139 钻孔中的玄武岩，其大部分样品的 Cu 含量与正常的 MORB 相当，但有一定数量的样品在相同 MgO 值时比正常 MORB 更富集 Cu 或亏损 Cu（图 3-25）。对于具有较低 Cu 含量的异常 MORB，我们认为 Cu 的亏损与热液淋滤作用有关。对于具有异常高 Cu 含量的样品，其 Cu 的富集最有可能是由含矿热液矿化造成的。这种情况与北大西洋脊 TAG 区 ODP 158 资料相似。

对于 Zn 和 Ba，它们在岩浆演化过程中表现出了明显的不相容性，即其含量随着 MgO 含量的降低而增高。另外 ODP139 钻孔中玄武岩也出现了异常 MORB，表现为异常高的 Zn 和 Ba 含量，其富集机理与 Cu 的情况相似，都是由含矿热液矿化玄武岩造成的。而对于正常 MORB，随着岩浆演化程度的增加（MgO 质量分数从 9% 降至 6%），Cu 含量从大约 100 ppm 降低到 50 ppm，而 Zn 从 50 ppm 上升到 100 ppm，Ba 则从 10 ppm 上升到 40 ppm。由此可见，MORB 中 Cu、Zn 和 Ba（Pb 与 Ba 类似）的含量在一定程度上主要受岩浆演化程度的控制。

对于陆源沉积物而言，其 Cu 和 Zn 含量应该介于深海黏土和北美页岩之间。深海黏土之所以比北美页岩具有更高的 Cu 和 Zn 含量是由于黏土矿物对重金属的吸附作用，因此 Cu 和 Zn 在沉积物中的含量与在基岩中的含量并没有量级差别。但对 Ba、Pb 及碱金属而言（图 3-25），它们在沉积物中的含量比基底玄武岩高出多个数量级。因此，沉积物对热液中成矿元素丰度的影响不体现在 Cu 和 Zn 等主成矿元素中，更多地集中在 Ba、Pb、Cs、K、Rb、As、Sb、Li、B 和 Bi 等元素上（James et al.，1999，2003）。

3.6.2 硫化物矿床成矿元素分布特征

1. 硫化物中 Cu、Zn 元素分布

与贫沉积物型洋脊相比，沉积物覆盖型洋脊产出的硫化物矿床更亏损 Cu 和 Zn（图 3-26）。例如，Middle Valley 和瓜伊马斯盆地硫化物矿床的 Cu 质量分数<1%，Zn 质量分数<3%，

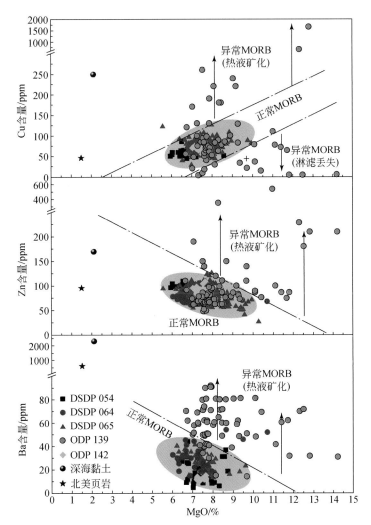

图 3-25 太平洋典型热液区附近钻孔玄武岩、深海黏土及北美页岩的 Cu、Zn 和 Ba 含量
ODP 及 DSDP 钻孔中玄武岩数据来自 PetDB 岩石数据库,深海黏土及北美页岩数据来自 Li 和 Schoonmaker(2014)的研究

而埃斯卡纳巴海槽硫化物的 Cu 和 Zn 含量虽然要高于前两者,但仍远低于东太平洋海隆 11°N、13°N 和 21°N 的硫化物矿床。不过,尽管沉积物覆盖区硫化物具有贫 Cu 和 Zn 的特征,但其 Fe 含量与无沉积物覆盖环境产出的硫化物矿床相近(图 3-26)。因此在 Fe-Cu-Zn 三角图上,沉积物覆盖环境产出的硫化物会相对更富集 Fe。

2. 硫化物中 Ba、Pb 元素分布

与 Cu 和 Zn 的情况相反,沉积物覆盖型洋脊产出的硫化物矿床中的 Ba 和 Pb 含量要远高于贫沉积物洋脊产出的硫化物矿床(图 3-27)。例如,东太平洋海隆 11°N、13°N 和 21°N 硫化物矿床的 Pb 和 Ba 含量都小于 0.1%,而 Middle Valley、埃斯卡纳巴海槽和瓜伊马斯盆地的 Pb 含量是它们的几倍甚至 10 倍以上,而 Ba 甚至可高达 100 倍,这与沉积物中 Ba 和 Pb 含量远高于玄武岩的情况相符。此外,从 Cu-Zn-Pb [图 3-28(b)] 和 Cu-Zn-Ba

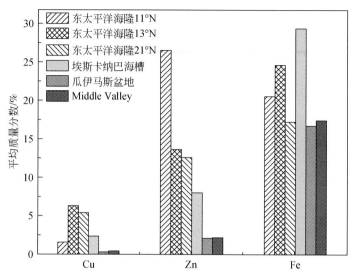

图 3-26 东太平洋典型区硫化物矿床主量元素含量分布

[图 3-28（c）] 的三角图上同样可以看出，埃斯卡纳巴海槽和瓜伊马斯盆地相对东太平洋海隆 11°N、13°N 和 21°N 产出的硫化物矿床具有更高的 Ba 和 Pb 含量（相对含量）。

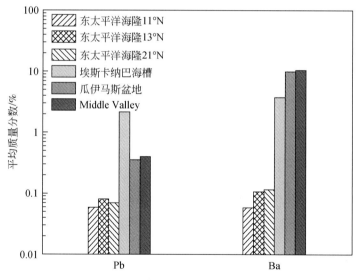

图 3-27 东太平洋典型区硫化物矿床 Pb 和 Ba 含量分布

综上所述，沉积物覆盖型洋脊比贫沉积物洋脊产出的硫化物矿床贫 Cu 和 Zn，但更富集 Ba 和 Pb。这一特征在 Cu+Zn 和 Pb+Ba 图解中（图 3-29）更为显著。埃斯卡纳巴海槽和瓜伊马斯盆地的硫化物样品主要分布在低 Cu+Zn、高 Pb+Ba 的区间内，而东太平洋海隆 11°N、13°N 和 21°N 的硫化物样品则主要分布在高 Cu+Zn、低 Pb+Ba 的区间内。由于沉积物中 Cu 和 Zn 的含量与玄武岩相比并没有很大的差异，这说明沉积物覆盖型洋脊硫化物矿床贫 Cu 和 Zn 的特征并非简单地受围岩控制。例如，同为沉积物覆盖环境的埃斯卡纳巴海

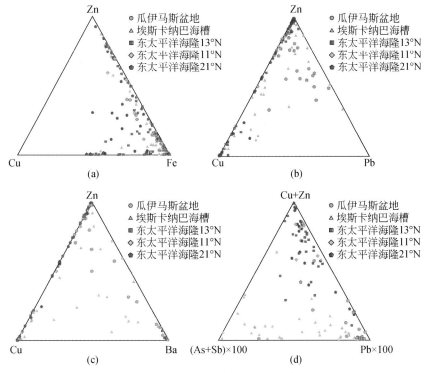

图 3-28 东太平洋典型区硫化物矿床成矿元素的相对含量分布图
(a) Cu-Zn-Fe；(b) Cu-Zn-Pb；(c) Cu-Zn-Ba；(d) Cu+Zn-As+Sb-Pb

槽硫化物矿床的 Cu 和 Zn 含量却要远高于同为沉积物覆盖的 Middle Valley 和瓜伊马斯盆地产出的硫化物矿床。不过沉积物覆盖洋脊硫化物矿床富集 Ba 和 Pb 的特征，则与沉积物较高的 Pb-Ba 含量有着密切的关系。As 和 Sb 在沉积物中富集但在玄武岩中亏损，沉积物覆盖洋脊产出的硫化物矿床富集 As 和 Sb [图 3-28（d）]也进一步证明了沉积物的贡献。

3. 硫化物中 Au 元素的分布特征

在东太平洋海隆的 3 个典型热液区中，13°N 比 11°N 和 21°N 更富集 Au，后者 Au 含量普遍低于 500 ppb[①]（图 3-30），而前者个别样品的 Au 含量高达 4000 ppb，且 500～1500 ppb 样品的累积频率大于 20%。相比而言，沉积物覆盖洋脊产出的硫化物矿床总体更富 Au，如埃斯卡纳巴海槽，其中有些样品的 Au 含量在 10000 ppb 以上（远比东太平洋海隆 13°N 更富集）；瓜伊马斯盆地硫化物矿床的 Au 含量却远低于埃斯卡纳巴海槽（<400 ppb），与贫沉积物的东太平洋海隆 11°N 和 21°N 相当。以上分布特征说明 Au 可在不同成矿环境下发生富集，并且在同一环境表现出差异性的富集特征。

---

① 1 ppb = 10^{-9}。

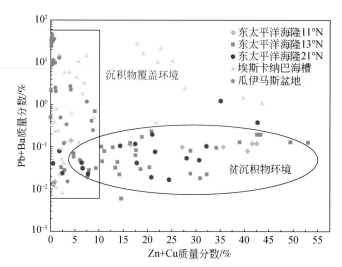

图 3-29 东太平洋典型区硫化物矿床 Zn+Cu 与 Ba+Pb 变化关系图

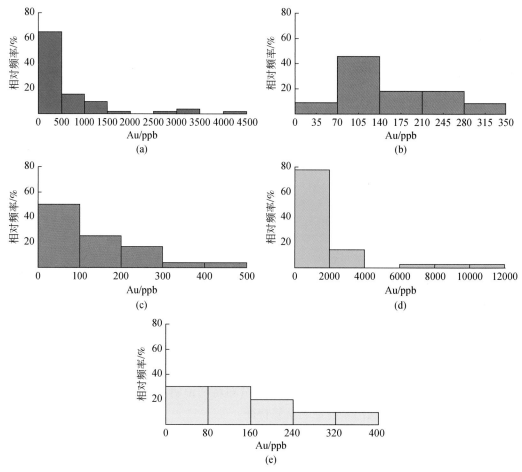

图 3-30 东太平洋脊典型区硫化物矿床 Au 的频率分布图
(a) 东太平洋海隆 13°N；(b) 东太平洋海隆 11°N；(c) 东太平洋海隆 21°N；
(d) 埃斯卡纳巴海槽；(e) 瓜伊马斯盆地

3.6.3 硫化物矿床成矿机制

1. 成矿物质来源

现代海底热液硫化物的成矿物质主要来源于海水淋滤围岩，以及岩浆物质的直接贡献（Hannington et al., 2005; Yang and Scott, 2006）。岩浆对海底热液系统的直接金属贡献往往发生在汇聚板块边界，原因是该构造环境岩浆的氧逸度和含水量比洋中脊玄武质岩浆更高，从而能够促进岩浆不断向酸性端元演化。在此过程中岩浆会发生前喷发去气作用，金属元素会更倾向于与酸性挥发分（HCl、HF 及 SO_2 等）发生络合，并进入热液循环系统（Kamenetsky et al., 2002; Yang and Scott, 2006）。对于洋中脊环境，岩浆流体的直接金属贡献则鲜有报道，仅有与热点发生相互作用的洋脊热液系统，如 Lucky Strike（Marques et al., 2009），但这种机制仍不成熟。因此，目前普遍认为大洋中脊发育的热液系统，其成矿物质来源仅局限于围岩。

对于贫沉积物的洋脊热液系统，都是通过淋滤基底岩石萃取成矿物质。大洋中脊出露的基底岩石有亏损型玄武岩、富集型玄武岩，甚至还有深部的辉长岩和蛇纹石化橄榄岩。这些由不同类型基底岩石主导的热液体系在成矿物质类型和含量上都有着明显的差异，一些特征元素，如 Co、Ni 和 Ba 等能够很好地指示热液淋滤的岩石类型。例如，富 Co 和 Ni 的硫化物能够指示超镁铁质岩石基底，而富 Ba 的硫化物能够指示富集型玄武岩基底。东太平洋海隆 11°N、13°N 和 21°N 产出的硫化物矿床具有较窄的 Pb 同位素变化范围，并且落在围岩的 Pb 同位素变化范围之内（Fouquet and Marcoux, 1995），这说明成矿物质全部来自基底岩石。

沉积物覆盖型洋脊产出的硫化物矿床普遍存在沉积物贡献的印记，从微量元素的角度来看，Middle Valley、埃斯卡纳巴海槽和瓜伊马斯盆地硫化物矿床会明显比东太平洋海隆 11°N、13°N 和 21°N 等无沉积物覆盖洋脊发育的硫化物矿床更富集 Ba、Pb、As、Sb 等。这些元素在玄武岩中都是比较亏损的，而在沉积物中富集。从同位素的角度来看，Middle Valley、埃斯卡纳巴海槽和瓜伊马斯盆地硫化物具有更高的 Pb 同位素比值，$^{206}Pb/^{204}Pb$ 的变化范围介于周围沉积物和玄武岩两个端元之间，表明是由这两个端元物质不同比例混合的结果（Fouquet and Marcoux, 1995; Stuart et al., 1999）。除此之外，Middle Valley 硫化物中 $^{206}Pb/^{204}Pb$ 与 Pb、Ba、Mo 等在沉积物中富集的元素有着很好的相关性（Bjerkgard et al., 2000），这些元素的相关变化进一步说明沉积物对热液系统的物质贡献。

沉积物提供物质贡献的间接证据还包括热液流体的 pH 及 Eh。沉积物覆盖洋脊的硫化物往往具有高 pH 和低 Eh。例如，Middle Valley、埃斯卡纳巴海槽和瓜伊马斯盆地喷口热液流体的 pH 基本都在 5~6，而东太平洋海隆喷口热液流体的 pH 则在 2.5~4（图 3-31）。高的 pH 主要是由于沉积物中含氮有机组分的分解，促发 $NH_3+H^+ \Longrightarrow NH_4^+$ 反应造成的。另外，沉积物中的细菌发酵会降低沉积物孔隙的氧逸度，以及甲烷的释放（$CH_4+2H_2O \Longrightarrow CO_2+4H_2$）使得整个环境具有更强的还原性（Hannington et al., 2005）。

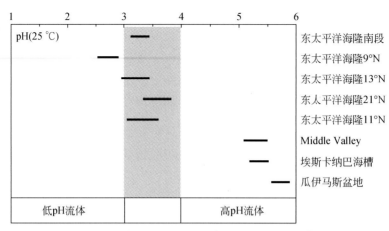

图 3-31 沉积物覆盖型与贫沉积物型洋脊热液喷口热液流体的 pH 对比图

2. 典型区硫化物 Au 富集机制

实验研究表明，400 ℃时，当热液的 pH 从 5 降低到 3.8，Cu 和 Fe 在热液中溶解度分别提升了 159% 和 169%（Seyfried and Ding，1993）。另外，在相同温度、压力、pH 及 Cl⁻ 浓度的条件下，氧逸度较高（$f_{O_2}=10\sim24$，400 ℃）的赤铁矿-磁铁矿-黄铁矿氧化还原缓冲液的 Cu 含量，是氧逸度更低（$f_{O_2}=10\sim26$，400 ℃）的黄铁矿-磁黄铁矿-磁铁矿缓冲液的 2~6 倍（Seyfried and Ding，1993）。因此，沉积物覆盖区的热液流体高 pH 和低 Eh 可能是硫化物亏损 Cu、Zn 等贱金属的主要原因之一。

东太平洋海隆 13°N 热液区硫化物的富 Au 程度与 TAG 区相当，基底岩石均为玄武岩，其 Au 的富集机制很有可能与 TAG 区一致：早期沉积的 Au 受到后期热液的再活化，当热液中 Au 饱和时发生沉淀并形成低温的富 Au 矿物。但对于沉积物覆盖的埃斯卡纳巴海槽来说，Au 富集既不与高温的黄铜矿伴生，也不与低温的闪锌矿伴生，而是与富 Fe 的磁黄铁矿伴生（Törmänen and Koski，2005）。这反映该热液区 Au 的富集机制有别于东太平洋海隆 13°N 以及以超铁镁质岩为主导的热液系统。另外，虽然埃斯卡纳巴海槽的硫化物具有富 Au 的特征，但其他沉积物覆盖区，如 Middle Valley 和瓜伊马斯盆地的硫化物并没有富 Au 的特征。它们三者的最大区别是埃斯卡纳巴海槽比后者具有更多的沉积物贡献，且流体温度也相对更低（217 ℃），这说明埃斯卡纳巴海槽区热液在沉积层中的循环作用可能才是其富 Au 的关键。

Törmänen 和 Koski（2005）发现埃斯卡纳巴海槽的硫化物中 Au 主要与 Bi 以合金的方式伴生，且 Au 往往在 Bi 单质中以疱疹状出熔。已有数据表明磁黄铁矿中的 Au 和 Bi 有着较好的相关性（图 3-32），这说明 Bi 在 Au 的富集过程中起着重要的作用。Au-Bi 除了在海底热液硫化物矿床中有着较好的伴生关系外，在造山带型金矿（Ciobanu et al.，2006）和夕卡岩型金矿（Meinert et al.，2000）同样具有这种特征。这些构造环境的一个共同特征是有沉积物的参与提高了成矿流体中 Bi 的含量，以及热液与沉积物中有机质反应营造了相对还原的环境。

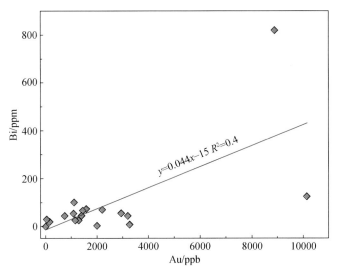

图 3-32　埃斯卡纳巴海槽硫化物矿床中磁黄铁矿中 Au 和 Bi 的变化关系

Bi 是一种低熔点金属，单质 Bi 的熔点只有 271 ℃，而 Bi-Au 合金的熔点温度甚至可以低达 241 ℃。因此，当成矿流体温度高于 Bi 的熔点时就会形成 Bi 熔体，Bi 熔体最大的特点是能够源源不断地从流体中获取 Au 元素（Tooth et al.，2008，2011）。实验结果表明，Au 在 Bi 熔体和热液流体中的分配系数可以高达 107（pH=5，300℃）（Tooth et al.，2008）。Au 在热液中主要以 Au(HS)$_2^-$ 和 AuCl$_2^-$ 两种形式存在，当流体中富 S^{2-} 时，Bi 熔体可以通过反应（3.2）来获取流体中的 Au；而当流体中富 Cl$^-$ 时，Bi 熔体可以通过反应（3.2）来获取流体中的 Au（Tooth et al.，2008）。由此看来，即便在原岩并不富集 Au，成矿流体也不富 Au 的情况下，Bi 熔体也可以实现 Au 的富集。

$$4Au(HS)_2^- + 4H^+ + 2H_2O = 4Au(存在于 Bi 熔体中) + 8H_2S(aq) + O_2(g) \quad (3.1)$$

$$4AuCl_2^- + 2H_2O = 4Au(存在于 Bi 熔体中) + 8Cl^- + 4H^+ + O_2(g) \quad (3.2)$$

Törmänen 和 Koski（2005）认为埃斯卡纳巴海槽富 Au 机制主要与 Bi 熔体有关，沉积物提供了大量 Bi 进入热液系统，当热液温度高于 Bi 的熔点时形成 Bi 熔体，随后 Bi 熔体不断地从热液中源源不断地吸取 Au。当热液循环至海底时，含矿热液会与早期形成的富铁硫化物磁黄铁矿发生反应，促使 Bi 熔体的沉淀。

参 考 文 献

王晓媛，曾志刚，刘长华，殷学博，余少雄，袁春伟，张国良，汪小妹. 2007. 东太平洋海隆 13°N 附近热液柱的地球化学异常. 中国科学 D 辑：地球科学，37（7）：974-989.

曾志刚，王晓媛，张国良. 2007. 东太平洋海隆 13°N 附近 Fe-氧羟化物的形成：矿物和地球化学证据. 中国科学 D 辑：地球科学，37（10）：1349-1357.

张国良. 2010. 东太平海隆 13°N 附近玄武岩特征及其对岩浆作用的指示意义. 中国科学院研究生院博士学位论文.

Allan J, Batiza R. Perfit M, Fornari D, Sack R. 1989. Petrology of lavas from the Lamont Seamount Chain and adjacent East Pacific Rise, 10°N. Journal of Petrology, 30（5）：1245-1298.

Antrim L, Sempéré J, Macdonald K C, Spiess E N. 1988. Fine scale study of a small overlapping spreading center system at 12°54′ N on the East Pacific Rise. Marine Geophysical Researches, 9 (2): 115-130.

Baker E T, Hammond S R. 1992. Hydrothermal venting and the apparent magmatic budget of the Juan de Fuca Ridge. Journal of Geophysical Research: Solid Earth, 97 (B3): 3443-3456.

Ballard R D, Hekinian R, Francheteau J. 1984. Geological setting of hydrothermal activity at 12°50′ N on the East Pacific Rise: A submersible study. Earth and Planetary Science Letters, 69 (1): 176-186.

Bazin S, Harding A J, Kent G M, Orcutt J A, Tong C H, Pye J W, Singh S C, Barton P J, Sinha M C, White R S, Hobbs R W, Van Avendonk H J A. 2001. Three-dimensional shallow crustal emplacement at the 9°03′N overlapping spreading center on the East Pacific Rise: Correlations between magnetization and tomographic images. Journal of Geophysical Research: Solid Earth, 106 (B8): 16101-16117.

Bazin S, Harding A J, Kent G M, Orcutt J A, Singh S C, Tong C H, Pye J W, Barton P J, Sinha M C, White R S, Hobbs R W, Van Avendonk H J A. 2003. A three-dimensional study of a crustal low velocity region beneath the 9°03′N overlapping spreading center. Geophysical Research Letters, 30 (2): 1039.

Bjerkgard T, Cousens B L, Franklin J M. 2000. The Middle Valley sulfide deposits, northern Juan de Fuca Ridge: Radiogenic isotope systematics. Economic Geology, 95 (7): 1473-1488.

Boudier F, Nicolas A, Ildefonse B. 1996. Magma chambers in the Oman ophiolite: Fed from the top and the bottom. Earth and Planetary Science Letters, 144 (1): 239-250.

Brunner C A, Normark W R, Zuffa G G, Serra F. 1999. Deep-sea sedimentary record of the late Wisconsin cataclysmic floods from the Columbia River. Geology, 27 (5): 463-466.

Carbotte S M, Macdonald K C. 1992. East Pacific Rise 8°-10° 30′ N: Evolution of ridge segments and discontinuities from SeaMARC II and three-dimensional magnetic studies. Journal of Geophysical Research, 97 (B5): 6959-6982.

Carbotte S M, Macdonald K C. 1994. Comparison of seafloor tectonic fabric at intermediate, fast, and superfast spreading ridges: Influence of spreading rate, plate motions, and ridge segmentation on fault patterns. Journal of Geophysical Research, 99: 13609-13631.

Chen Y J. 2001. Thermal effects of gabbro accretion from a deeper second melt lens at the fastspreading East Pacific Rise. Journal of Geophysical Research: Solid Earth, 106 (B5): 8581-8588.

Chenevez J, Machetel P, Nicolas A. 1998. Numerical models of magma chambers in the Oman ophiolite. Journal of Geophysical Research: Solid Earth, 103 (B7): 15443-15455.

Cherkaoui A S M, Wilcock W S D, Dunn R A, Toomey D R. 2003. A numerical model of hydrothermal cooling and crustal accretion at a fast spreading mid-ocean ridge. Geochemistry, Geophysics, Geosystems, 4 (9): 361.

Choukroune P, Francheteau J, Hekinian R. 1984. Tectonics of the East Pacific Rise near 12°50′N: A submersible study. Earth and planetary science letters, 68 (1): 115-127.

Ciobanu C L, Cook N J, Damian F, Damian G. 2006. Gold scavenged by bismuth melts: An example from Alpine shear-remobilizates in the Highiş Massif, Romania. Mineralogy and Petrology, 87 (3): 351-384.

Crawford W C, Webb S C. 2002. Variations in the distribution of magma in the lower crust and at the Moho beneath the East Pacific Rise at 9°-10°N. Earth and Planetary Science Letters, 203 (1): 117-130.

Crawford W C, Webb S C, Hildebrand J A. 1999. Constraints on melt in the lower crust and Moho at the East Pacific Rise, 9°48′N, using seafloor compliance measurements. Journal of Geophysical Research, 104 (B2): 2923-2939.

Davis A S, Clague D A, White W M. 1998. Geochemistry of basalt from Escanaba Trough: Evidence for sediment contamination. Journal of Petrology, 39 (5): 841-858.

Davis E E, Villinger H. 1992. Tectonic and thermal structure of the Middle Valley sedimented rift, northern Juan de Fuca Ridge. Proceedings of the Ocean Drilling Program, Initial Reports, 139: 9-41.

Detrick R S, Buhl P, Vera E E, Mutter J, Orcutt J, Madsen J, Brocher T. 1987. Multi-channel seismic imaging of a crustal magma chamber along the East Pacific Rise. Nature, 326 (6108): 35-41.

Dick H J B, Lin J, Schouten H. 2003. An ultraslow-spreading class of ocean ridge. Nature, 426 (6965): 405.

Ding K, SeyfriedJr W E, Zhang Z, Tivey M K, Von Damm K L, Bradley A M. 2005. The in situ pH of hydrothermal fluids at mid-ocean ridges. Earth and Planetary Science Letters, 237 (1): 167-174.

Dunn R A, Forsyth D W. 2003. Imaging the transition between the region of mantle melt generation and the crustal magma chamber beneath the southern East Pacific Rise with short-period Love waves. Journal of Geophysical Research, 108 (B7): 2352.

Dunn R A, Toomey D R. 2001. Crack-induced seismic anisotropy in the oceanic crust across the East Pacific Rise (9°30′N). Earth and Planetary Science Letters, 189 (1): 9-17.

Dunn R A, Toomey D R, Solomon S C. 2000. Three-dimensional seismic structure and physical properties of the crust and shallow mantle beneath the East Pacific Rise at 9°30′N. Journal of Geophysical Research, 105 (B10): 23537-23555.

Dunn R A, Toomey D R, Detrick R S, Wilcock W S D. 2001. Continuous mantle melt supply beneath an overlapping apreading center on the East Pacific Rise. Science, 291 (5510): 1955.

Einsele G, Gieskes J M, Curray J, Moore D M, Aguayo E, Aubry M, Fornari D, Guerrero J, Kastner M, Kelts K, Lyle M, Matoba Y, Molina-Cruz A, Niemitz J, Rueda J, Saunders A, Schrader H, Simoneit B, Vacquier V. 1980. Intrusion of basaltic sills into highly porous sediments, and resulting hydrothermal activity. Nature, 283 (5746): 441-445.

Escartín J, Soule S A, Fornari D J, Tivey M A, Schouten H, Perfit M R. 2007. Interplay between faults and lava flows in construction of the upper oceanic crust: The East Pacific Rise crest 9°25′-9°58′N. Geochemistry, Geophysics, Geosystems, 8 (6): Q6005.

Fouquet Y, Marcoux E. 1995. Lead isotope systematics in Pacific hydrothermal sulfide deposits. Journal of Geophysical Research, 100: 6025-6040.

Fouquet Y, Auclair G, Cambon P, Etoubleau J. 1988. Geological setting and mineralogical and geochemical investigations on sulfide deposits near 13°N on theEast Pacific Rise. Marine Geology, 84 (3): 145-178.

Fouquet Y, von Stackelberg U, Charlou J L, Erzinger J, Herzig P M, Muehe R, Wiedicke M. 1993. Metallogenesis in back-arc environments: The Lau Basin example. Economic Geology, 88 (8): 2154-2181.

Fouquet Y, Knott R, Cambon P, Fallick A, Rickard D, Desbruyeres D. 1996. Formation of large sulfide mineral deposits along fast spreading ridges. Example from off-axial deposits at 12°43′N on the East Pacific Rise. Earth and Planetary Science Letters, 144 (1-2): 147-162.

Garmany J D. 1989. Accumulations of melt at the base of young oceanic crust. Nature, 340 (6235): 628-632.

Goldstein S J, Perfit M R, Batiza R, Fornari D J, Murrell M T. 1994. Off-axis volcanism at the East Pacific Rise detected by uranium-series dating of basalts. Nature, 367 (6459): 157-159.

Goodfellow W D. 2003. Massive sulfide deposits at modern sedimented oceanic rifts: Geological setting and genetic processes. Geological Society of America Annual Meeting, 35 (8): 12.

Goss A R, Perfit M R, Ridley W I, Rubin K H, Kamenov G D, Soule S A, Fundis A, Fornari D J. 2010. Geochemistry of lavas from the 2005-2006 eruption at the East Pacific Rise, 9°46′N-9°56′N: Implications for ridge crest plumbing and decadal changes in magma chamber compositions. Geochemistry, Geophysics, Geosystems, 11 (5): Q5T-Q9T.

Gregg T K P, Fink J H. 1995. Quantification of submarine lava-flow morphology through analog experiments. Geology, 23 (1): 73-76.

Gregg T K P, Fornari D J, Perfit M R, Haymon R M, Fink J H. 1996. Rapid emplacement of a mid-ocean ridge lava flow on the East Pacific Rise at 9°46′-51′N. Earth and Planetary Science Letters, 144 (3): E1-E7.

Hannington M D, de Ronde C E J, Petersen S. 2005. Sea-floor tectonics and submarine hydrothermal systems. Society of Economic Geologists, Economic Geology 100th Anniversary Volume: 111-141.

Hannington M D, Herzig P M, Scott S, Thompson G, Rona P. 1991. Comparative mineralogy and geochemistry of gold-bearing sulfide deposits on the mid-ocean ridges. Marine Geology, 1 (1-4): 217-248.

Haymon R M. 1983. Growth history of hydrothermal black smoker chimneys. Nature, 301 (5902): 695-698.

Haymon R M, Fornari D J, Edwards M H, Carbotte S, Wright D, Macdonald K C. 1991. Hydrothermal vent distribution along the East Pacific Rise crest (9°09′-54′N) and its relationship to magmatic and tectonic processes on fast-spreading mid-ocean ridges. Earth and Planetary Science Letters, 104 (2-4): 513-534.

Haymon R M, Fornari D J, Von Damm K L, Lilley M D, Perfit M R, Edmond J M, Shanks III W C, Lutz R A, Grebmeier J M, Carbotte S, Wright D, McLaughlin E, Smith M, Beedle N, Olson E. 1993. Volcanic eruption of the mid-ocean ridge along the East Pacific Rise crest at 9°45′-52′N: Direct submersible observations of seafloor phenomena associated with an eruption event in April, 1991. Earth and Planetary Science Letters, 119 (1): 85-101.

Henstock T J, Woods A W, White R S. 1993. The accretion of oceanic crust by episodic sill intrusion. Journal of Geophysical Research: Solid Earth, 98 (B3): 4143-4161.

Hooft E E, Detrick R S. 1993. The role of density in the accumulation of basaltic melts at mid-ocean ridges. Geophysical Research Letters, 20 (6): 423-426.

Hékinian R, Bideau D. 1985. Volcanism and mineralization of the oceanic crust on the East PacificRise. In: Metallogeny of Basic and Ultrabasic Rocks. London: The Institute of Meterials Minerals and Mining. 1-20.

Hékinian R, Thompson G, Bideau D. 1989. Axial and off-axial heterogeneity of basaltic rocks from the East Pacific Rise at 12°35′N-12°51′N and 11°26′N-11°30′N. Journal of Geophysical Research: Solid Earth, 94 (B12): 17437-17463.

Ildefonse B, Nicolas A, Boudier F. 1993. Evidence from the Oman ophiolite for sudden stress changes during melt injection at oceanic spreading centers. Nature, 366: 673-675.

James R H, Rudnicki M D, Palmer M R. 1999. The alkali element and boron geochemistry of the Escanaba Trough sediment-hosted hydrothermal system. Earth and Planetary Science Letters, 171 (1): 157-169.

James R H, Allen D E, Seyfried Jr W E. 2003. An experimental study of alteration of oceanic crust and terrigenous sediments at moderate temperatures (51 to 350 ℃): Insights as to chemical processes in near-shore ridge-flank hydrothermal systems. Geochimica et Cosmochimica Acta, 67 (4): 681-691.

Jean-Baptiste P, Fouquet Y. 1996. Abundance and isotopic composition of helium in hydrothermal sulfides from the East Pacific Rise at 13°N. Geochimica et Cosmochimica Acta, 60 (1): 87-93.

Kamenetsky V S, Davidson P, Mernagh T P, Crawford A J, Gemmell J B, Portnyagin M V, Shinjo R. 2002. Fluid bubbles in melt inclusions and pillow-rim glasses: High-temperature precursors to hydrothermal fluids? Chemical Geology, 183 (1): 349-364.

Kelemen P B, Koga K, Shimizu N. 1997. Geochemistry of gabbro sills in the crust-mantle transition zone of the Oman ophiolite: Implications for the origin of the oceanic lower crust. Earth and Planetary Science Letters, 146 (3): 475-488.

Kent G M, Harding A J, Orcutt J A. 1993. Distribution of magma beneath the East Pacific Rise between the Clipperton Transform and the 9°17′N Deval from forward modeling of common depth point data. Journal of Geophysical Research, 98 (B8): 13945-13969.

Kent G M, Singh S C, Harding A J, Sinha M C, Orcutt J A, Barton P J, White R S, Bazin S, Hobbs R W, Tong C H, Pye J W. 2000. Evidence from three-dimensional seismic reflectivity images for enhanced melt supply beneath mid-ocean-ridge discontinuities. Nature, 406 (6796): 614-618.

Koski R A, Jonasson I R, Kadko D C, Smith V K, Wong F L. 1994. Compositions, growth mechanisms, and temporal relations of hydrothermal sulfide-sulfate-silica chimneys at the northern Cleft segment, Juan de Fuca Ridge. Journal of Geophysical Research, 99 (B3): 4813-4832.

Koski R A, Benninger L M, Zierenberg R A, Jonasson I R. 1995. Composition and growth history of hydrothermal deposits in Escanaba Trough, southern Gorda Ridge. Oceanographic Literature Review, 9 (42): 750.

Langmuir C H, Bender J F, Batiza R. 1986. Petrological and tectonic segmentation of the East Pacific Rise, 5°30′-14°30′N. Nature, 322 (6078): 422-429.

Li Y H, Schoonmaker J E. 2013. 7.01-chemical composition and mineralogy of marine sediments. Treatise on Geochemistry, 7: 1-35.

Li Y, Schoonmaker J E. 2014. Chemical composition and mineralogy of marine sediments. In: Turekian K K (eds.). Treatise on Geochemistry (Second Edition). Oxford: Elsevier. 1-32.

Lizarralde D, Soule S A, Seewald J S, Proskurowski G. 2011. Carbon release by off-axis magmatism in a young sedimented spreading centre. Nature Geoscience, 4 (1): 50-54.

Lonsdale P. 1983. Overlapping rift zones at the 5.5°S offset of the East Pacific Rise. Journal of Geophysical Research: Solid Earth, 88 (B11): 9393-9406.

Lonsdale P. 1986. Comments on: East Pacific Rise from Siqueiros to Orozco fracture zones: Along-strike continuity of axial neovolcanic zones and structure and evolution of overlapping spreading centers. Journal of Geophysical Research, 91 (B10): 10493-10499.

Lonsdale P. 1989. The rise flank trails left by migrating offsets of the equatorial East Pacific Rise. Journal of Geophysical Research, 94 (B1): 713-743.

Lonsdale P, Becker K. 1985. Hydrothermal plumes, hot springs, and conductive heat flow in the Southern Trough of Guaymas Basin. Earth and Planetary Science Letters, 73 (2): 211-225.

Macdonald K C. 1982. Mid-ocean ridges: Fine scale tectonic volcanic and hydrothermal processes within the plate boundary zone. Annual Review of Earth and Planetary Sciences, 10: 155-190.

Macdonald K C, Fox P J. 1983. Overlapping spreading centres: new accretion geometry on the East Pacific Rise. Nature, 302 (5903): 55-58.

Macdonald K C, Sempéré J, Fox P J. 1984. East Pacific Rise from Siqueiros to Orozco Fracture Zones: Along-strike continuity of axial neovolcanic zone and structure and evolution of overlapping spreading centers. Journal of Geophysical Research: Solid Earth, 89 (B7): 6049-6069.

Macdonald K C, Sempéré J C, Fox P J, Tyce R. 1987. Tectonic evolution of ridge-axis discontinuities by the meeting, linking, or self-decapitation of neighboring ridge segments. Geology, 15 (11): 993-997.

Macdonald K C, Fox P J, Perram L J, Eisen M, Haymon R M, Miller S P, Carbotte S M, Cormier M H, Shor A N. 1988. A new view of the mid-ocean ridge from the behaviour of ridge-axis discontinuities. Nature, 335 (6187): 217-225.

Macdonald K C, Scheirer D S, Carbotte S M. 1991. Mid-Ocean Ridges: Discontinuities, Segments and Giant Cracks. Science, 253 (5023): 986.

Macdonald K C, Fox P J, Miller S, Carbotte S, Edwards M H, Eisen M, Fornari D J, Perram L, Pockalny R, Scheirer D, Tighe S, Weiland C, Wilson D. 1992. The East Pacific Rise and its flanks 8-18° N: History of segmentation, propagation and spreading direction based on SeaMARC II and Sea Beam studies. Marine Geophysical Researches, 14 (4): 299-344.

Marques A F A, Scott S D, Gorton M P, Barriga F J, Fouquet Y. 2009. Pre-eruption history of enriched MORB from the Menez Gwen (37°50′ N) and Lucky Strike (37°17′ N) hydrothermal systems, Mid-Atlantic Ridge. Lithos, 112 (1): 18-39.

Mee L L, Girardeau J, Monnier C. 2004. Mantle segmentation along the Oman ophiolite fossil mid-ocean ridge. Nature, 432 (7014): 167-172.

Merlivat L, Pineau F, Javoy M. 1987. Hydrothermal vent waters at 13° N on the East Pacific Rise: Isotopic composition and gas concentration. Earth and Planetary Science Letters, 84 (1): 100-108.

Meinert L, Lentz D, Newberry R. 2000. Introduction to a special issue devoted to skarn deposits. Economic Geology, 95: 1183-1184.

Metz S, Trefry J H. 2000. Chemical and mineralogical influences on concentrations of trace metals in hydrothermal fluids. Geochimica et Cosmochimica Acta, 64 (13): 2267-2279.

Morgan J P, Chen J Y. 1993a. Dependence of ridge-axis morphology on magma supply and spreading rate. Nature, 364: 706-708.

Morgan J P, Chen Y J. 1993b. The genesis of oceanic crust: Magma injection, hydrothermal circulation, and crustal flow. Journal of Geophysical Research, 98 (B4): 6283-6297.

Morton J L, Holmes M L, Koski R A. 1987. Volcanism and massive sulfide formation at a sedimented spreading center, Escanaba Trough, Gorda Ridge, northeast Pacific Ocean. Geophysical Research Letters, 14 (7): 769-772.

Mutter J C, Barth G, Buhl P, Detrick R S, Orcutt J, Harding A. 1988. Magma distribution across ridge-axis discontinuities on the East Pacific Rise from multichannel seismic images. Nature, 336 (6195): 156-158.

Nedimović M R, Carbotte S M, Harding A J, Detrick R S, Canales J P, Diebold J B, Kent G M, Tischer M, Babcock J M. 2005. Frozen magma lenses below the oceanic crust. Nature, 436 (7054): 1149-1152.

Nicolas A, Freydier C, Godard M, Vauchez A. 1993. Magma chambers at oceanic ridges: How large? Geology, 21 (1): 53-56.

Niu Y, O'Hara M J. 2008. Global correlations of ocean ridge basalt chemistry with axial depth: A new perspective. Journal of Petrology, 49 (4): 633-663.

Peng X, Zhou H. 2005. Growth history of hydrothermal chimneys at EPR 9-10°N: A structural and mineralogical study. Science in China Series D Earth Sciences, 48 (11): 1891-1899.

Perfit M R, Fornari D J, Smith M C, Bender J F, Langmuir C H, Haymon R M. 1994. Small-scale spatial and temporal variations in mid-ocean ridge crest magmatic processes. Geology, 22 (4): 375-379.

Pester N J, Rough M, Ding K, Seyfried Jr W E. 2011. A new Fe/Mn geothermometer for hydrothermal systems: Implications for high-salinity fluids at 13°N on the East Pacific Rise. Geochimica et Cosmochimica Acta, 75 (24): 7881-7892.

Pierre C, Caruso A, Blanc-Valleron M M, Rouchy J M, Orzsag-Sperber F. 2006. Reconstruction of the paleoenvironmental changes around the Miocene-Pliocene boundary along a West-East transect across the Mediterranean. Sedimentary Geology, 188, 319-340.

Prytulak J, Vervoort J D, Plank T, Yu C. 2006. Astoria Fan sediments, DSDP site 174, Cascadia Basin: Hf-Nd-Pb constraints on provenance and outburst flooding. Chemical Geology, 233 (3): 276-292.

Quick J E, Denlinger R P. 1993. Ductile deformation and the origin of layered gabbro in ophiolites. Journal of Geophysical Research: Solid Earth, 98 (B8): 14015-14027.

Reynolds J R, Langmuir C H, Bender J F, Kastens K A, Ryan W B F. 1992. Spatial and temporal variability in the geochemistry of basalts from the East Pacific Rise. Nature, 359 (6395): 493-499.

Rouxel O, Fouquet Y, Ludden J N. 2004. Subsurface processes at the Lucky Strike hydrothermal field, Mid-Atlantic Ridge: Evidence from Sulfur, Selenium, and Iron isotopes. Geochimica et Cosmochimica Acta, 68 (10): 2295-2311.

Rouxel O, Shanks III W C, Bach W, Edwards K J. 2008. Integrated Fe- and S-isotope study of seafloor hydrothermal vents at East Pacific Rise 9-10°N. Chemical Geology, 252 (3): 214-227.

Rundquist D V, Sobolev P O. 2002. Seismicity of mid-oceanic ridges and its geodynamic implications: a review. Earth-Science Reviews, 58 (1): 143-161.

Salters V J M, Stracke A. 2004. Composition of the depleted mantle. Geochemistry, Geophysics, Geosystems, 5 (5): Q5B-Q7B.

Scheirer D S, Forsyth D W, Cormier M, Macdonald K C. 1998. Shipboard geophysical indications of asymmetry and melt production beneath the East Pacific Rise near the MELT experiment. Science, 280 (5367): 1221.

Sempere J, Macdonald K C. 1986. Deep-tow studies of the overlapping spreading centers at 9°03N on the East Pacific Rise. Tectonics, 5 (6): 881-900.

Seyfried Jr W E, Ding K. 1993. The effect of redox on the relative solubilities of copper and iron in Cl-bearing aqueous fluids at elevated temperatures and pressures: an experimental study with application to subseafloor hydrothermal systems. Geochimica et cosmochimica acta, 57 (9): 1905-1917.

Sharma M, Wasserburg G J, Hofmann A W, Butterfield D A. 2000. Osmium isotopes in hydrothermal fluids from the Juan de Fuca Ridge. Earth and Planetary Science Letters, 179 (1): 139-152.

Shen Y. 2002. Seismicity at the southern East Pacific Rise from recordings of an ocean bottom seismometer array. Journal of Geophysical Research: Solid Earth, 107 (B12): 2368.

Sims K W W, Blichert-Toft J, Fornari D J, Perfit M R, Goldstein S J, Johnson P, DePaolo D J, Hart S R, Murrell M T, Michael P J, Layne G D, Ball L A. 2003. Aberrant youth: Chemical and isotopic constraints on the origin of off-axis lavas from the East Pacific Rise, 9°-10°N. Geochemistry, Geophysics, Geosystems, 4 (10): 8621.

Singh S C, Harding A J, Kent G M, Sinha M C, Combier V, Bazin S, Tong C H, Pye J W, Barton P J, Hobbs R W, White R S, Orcutt J A. 2006. Seismic reflection images of the Moho underlying melt sills at the East Pacific Rise. Nature, 442 (7100): 287-290.

Stuart F M, Ellam R M, Duckworth R C. 1999. Metal sources in the Middle Valley massive sulphide deposit, northern Juan de Fuca Ridge: Pb isotope constraints. Chemical Geology, 153 (1): 213-225

Sun S S, McDonough W F. 1989. Chemical and isotopic systematics of oceanic basalts: implications for mantle composition and processes. Geological Society, London Special Publications, 42 (1): 313-345.

Sun W, Bennett V C, Kamenetsky V S. 2004. The mechanism of Re enrichment in arc magmas: Evidence from Lau Basin basaltic glasses and primitive melt inclusions. Earth and Planetary Science Letters, 222 (1): 101-114.

The MELT Seismic Team. 1998. Imaging the Deep Seismic Structure beneath a Mid-Ocean Ridge: The MELT Experiment. Science, 280 (5367): 1215.

Tivey M K. 1998. How to build a black smoker chimney. Oceanus, 41 (2): 22.

Tivey M K, Delaney J R. 1986. Growth of large sulfide structures on the endeavour segment of the Juan de Fuca

Ridge. Earth and Planetary Science Letters, 77 (3-4): 303-317.

Tivey M K, Stakes D S, Cook T L, Hannington M D, Petersen S. 1999. A model for growth of steep-sided vent structures on the Endeavour Segment of the Juan de Fuca Ridge: Results of a petrologic and geochemical study. Journal of Geophysical Research: Solid Earth, 104 (B10): 22859-22883.

Tolstoy M, Cowen J P, Baker E T, Fornari D J, Rubin K H, Shank T M, Waldhauser F, Bohnenstiehl D R, Forsyth D W, Holmes R C, Love B, Perfit M R, Weekly R T, Soule S A, Glazer B. 2006. A sea-floor spreading event captured by seismometers. Science, 314 (5807): 1920-1922.

Tong C H, Barton P J, White R S, Sinha M C, Singh S C, Pye J W, Hobbs R W, Bazin S, Harding A J, Kent G M, Orcutt J A. 2003. Influence of enhanced melt supply on upper crustal structure at a mid-ocean ridge discontinuity: A three-dimensional seismic tomographic study of 9°N East Pacific Rise. Journal of Geophysical Research: Solid Earth, 108 (B10): 2464.

Tong C H, Lana C, White R S, Warner M R, Group A W. 2005. Subsurface tectonic structure between overlapping mid-ocean ridge segments. Geology, 33 (5): 409.

Toomey D R, Jousselin D, Dunn R A, Wilcock W S D, Detrick R S. 2007. Skew of mantle upwelling beneath the East Pacific Rise governs segmentation. Nature, 446 (7134): 409-414.

Tooth B, Brugger J, Ciobanu C, Liu W. 2008. Modeling of gold scavenging by bismuth melts coexisting with hydrothermal fluids. Geology, 36 (10): 815-818.

Tooth B, Ciobanu C L, Green L, O'Neill B, Brugger J. 2011. Bi-melt formation and gold scavenging from hydrothermal fluids: An experimental study. Geochimica et Cosmochimica Acta, 75 (19): 5423-5443.

Tunnicliffe V, Botros M, De Burgh M E, Dinet A, Johnson H P, Juniper S K, McDuff R E. 1986. Hydrothermal vents of Explorer Ridge, northeast Pacific. Deep Sea Research Part A: Oceanographic Research Papers, 33 (3): 401-412.

Törmänen T O, Koski R A. 2005. Gold enrichment and the Bi-Au association in pyrrhotite-rich massive sulfide deposits, Escanaba Trough, southern Gorda Ridge. Economic Geology, 100 (6): 1135-1150.

Urbat M, Brandau A. 2003. Magnetic properties of marine sediment near the active Dead Dog Mound, Juan de Fuca Ridge, allow to refine hydrothermal alteration zones. Physics and Chemistry of the Earth, 28 (16): 701-709.

Villinger H, Grevemeyer I, Kaul N, Hauschild J, Pfender M. 2002. Hydrothermal heat flux through aged oceanic crust: where does the heat escape? Earth and Planetary Science Letters, 202 (1): 159-170.

Von Damm K L, Lilley M D. 2004. Diffuse flow hydrothermal fluids from 9°50′ N East Pacific Rise: origin, evolution and biogeochemical controls. American Geophysical Union, Geophysical Monograph Series, 144: 245-268.

Von Damm K L, Buttermore L G, Oosting S E, Bray A M, Fornari D J, Lilley M D, Shanks Ⅲ W C. 1997. Direct observation of the evolution of a seafloor 'black smoker' from vapor to brine. Earth and Planetary Science Letters, 149 (1): 101-111.

Wang X, Zeng Z, Qi H, Chen S, Yin X, Yang B. 2014. Fe-Si-Mn-oxyhydroxide encrustations on basalts at East Pacific Rise near 13° N: An SEM-EDS study. Jounary of Ocean University of China, 13 (6): 917-925.

Yang K, Scott S D. 2006. Magmatic fluids as a source of metals in seafloor hydrothermal systems. American Geophysical Union, Geophysical Monograph Series, 166: 163-183.

Yao H, Zhou H, Peng X, He G. 2015. Sr isotopes and REEs geochemistry of anhydrites from L vent black smoker chimney, East Pacific Rise 9°-10°N. Journal of Earth Science, 26 (6): 920-928.

Zierenberg R A, Miller D J. 2000. Overview of Ocean Drilling Program Leg 169: Sedimented ridges Ⅱ. Proceedings of the Ocean Drilling Program, Scientific Results, 169: 1-39.

Zierenberg R A, Schiffman P, Jonasson I R, Tosdal R, Pickthorn W, McClain J. 1995. Alteration of basalt hyaloclastite at the off-axis Sea Cliff hydrothermal field, Gorda Ridge. Chemical Geology, 126 (2): 77-99.

Zuffa G G, Normark W R, Serra F, Brunner C A. 2000. Turbidite megabeds in an oceanic rift valley recording jökulhlaups of late Pleistocene glacial lakes of the western United States. The Journal of Geology, 108 (3): 253-274.

第4章 中速扩张洋脊热液硫化物矿床

中速扩张洋脊的全扩张速率为 40~80 mm/a，代表性的中速扩张洋脊主要包括东太平洋的戈达洋脊、胡安德富卡脊和科科斯-纳斯卡扩张中心，以及中印度洋脊等。其中，中印度洋脊和胡安德富卡脊研究较为深入，前者为德国、韩国和印度等国的热液硫化物勘探区，日本、德国和中国已开展大量研究，后者地理位置靠近北美大陆西海岸，已成为多学科海底连续观测的实验区域。中速扩张洋脊地形横截面相对于慢速扩张洋脊较为平坦，轴部火山活动较为活跃，发育火山丘、熔岩流和枕状堆积等（Searle，2013）。本章将以我国大洋17A和19航次调查过的中印度洋脊为例。

4.1 洋脊扩张

中印度洋脊南起罗德里格斯三联点，与西南印度洋脊和东南印度洋脊相连，北止于 2°N 附近，与卡尔斯伯格脊相连，是非洲板块和澳大利亚板块的板块边界，长约 4000 km，其全扩张速率表现出北慢、南快的特征，中北段的扩张速率为 35~47 mm/a，往南至罗德里格斯三联点，其扩张速率增加至 50~60 mm/a（DeMets et al., 2010）。洋脊广泛发育轴部中央裂谷，整条洋脊被众多非转换不连续带和转换断层切割成若干条洋脊段（图4-1）。

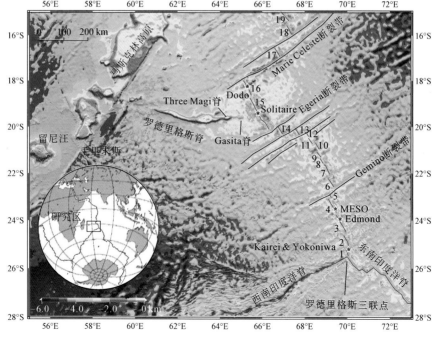

图4-1 中印度洋脊 16°~25°S 洋脊地形与海底热液活动分布图
地形资料源自 GEBCO；红色五角星代表热液区；数字 1~19 表示洋脊段序号

4.2 构造地貌

随着洋脊扩张速率的降低，地幔的温度也降低，输送至岩石圈的熔融岩浆和热量减少，岩石圈变冷强度变大。中速扩张洋脊即使仍然存在脊轴之下热物质的浮力，轴部也不再容易发生隆起，而更容易发生脆性的变形。这种变化使中速扩张洋脊轴部隆起更低更窄，很多中速扩张洋脊几乎是平的，且变得容易发生张裂，开始发育小的中央裂谷，沿轴部是小的轴部隆起或者胚胎期的中央裂谷。

中速扩张洋脊断面大多数倾向向轴，倾向离轴的较少发育，断裂走向延伸比快速扩张洋脊更长一些，但断距相似，可能受轴部岩石圈厚度控制。在中速扩张洋脊中，渐进式的张裂已成为洋脊错动的一种重要的模式，这是不同于快速扩张洋脊的一个重要变化。岩石圈强度已经足够支持轴部裂谷向着相邻裂谷的尖端渐进发育而逐渐相连，形成一对"V"字形的"假断层"，假断层与脊轴的交角大小跟洋脊的扩张速率及裂谷渐进发育的速度有关。

中印度洋脊广泛发育轴部中央裂谷，裂谷宽度为 5~8 km，并被非转换不连续带和转换断层分段。Briais（1995）根据中印度洋脊轴部地形特征，对其进行了系统的分段（图4-1）。整体上讲，中印度洋脊由最南端的 S1 脊段向北一直到 S17/S18 脊段，不断向西错动。S16 和 S17 脊段之间为大型的 Marie Celeste 断裂带，在此断裂带洋脊突然向东大距离错动。S15 和 S16 脊段也称为罗德里格斯脊段，位于 Marie Celeste 断裂带和 Egeria 断裂带之间，无论是轴部还是轴外，水深都比周围的正常洋段要浅。罗德里格斯脊段异常抬升而且地形光滑，认为可能是受到了热点的影响。

4.2.1 中印度洋脊 23°~25°S

中印度洋脊 23°~25°S 分布着 Kairei、Yokoniwa、Edmond、MESO 四个热液区，从南向北分为 S1 到 S4 四个二级洋脊段，区内未见转换断层。四个洋脊段向东逐渐错动，这种错动完全由非转换不连续带分割完成（图4-2）。洋脊轴部有裂谷发育，火山锥、平顶火山组成新火山中心，这些火山一般形态较小，未发生变形。S1 脊段长约 24 km，轴部为深裂谷。

S1 和 S2 之间的非转换不连续带向轴外延伸发育的深海丘陵，为一些表面光滑的穹窿。在穹窿上取到的样品为下地壳或上地幔物质，推测为与非转换不连续带轴外作用有关的大洋核杂岩。S2 相对于 S1 通过非转换不连续带的方式向东错动 34 km。24°50′S 附近的轴部水深浅，火山锥分布密集，轴部裂谷不对称，裂谷南侧出现圆形穹窿，这些地形特征说明 S2 正在经历不对称扩张。S2 轴外地形说明它原本由两个洋脊段组成，南边的洋脊段逐渐变短最终消失，北边的则逐渐变长。在南段洋脊消失前的最后阶段，在 25°S 处发育典型大洋核杂岩（Morishita et al., 2009；Sato et al., 2009）。S3 南端裂谷被 Knorr 海山填充，Knorr 海山为尖角沿轴指向南的等腰三角形，长约 40km。Knorr 海山为火山成因，顶部有一套平行的裂隙发育。轴外的地形特征暗示 S3 原本也由两个洋脊段组成。S4 相对于 S3 略向东错动,轴部向洋脊段中心变浅、变窄,这暗示了地幔的上涌,尽管离轴覆盖不足,深海丘在靠近现今洋脊中心的东部较浅。

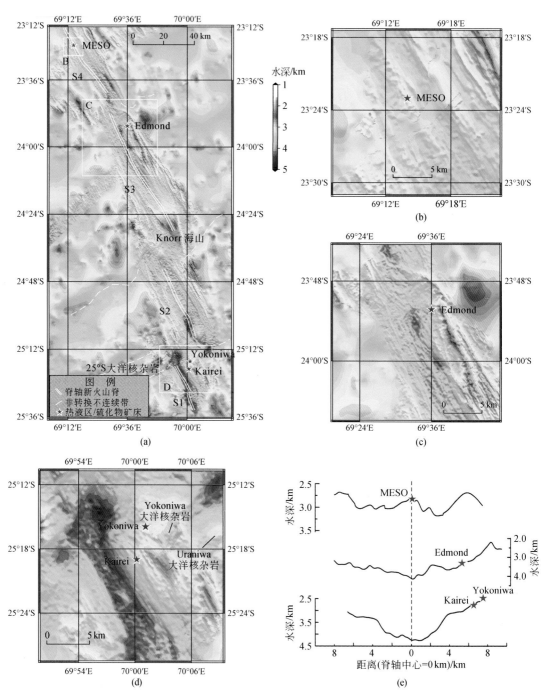

图 4-2 中印度洋脊 23°~25°S 海底地形及热液硫化物矿床分布

(a) S1~S4 洋脊段;(b) S4 洋脊段地形;(c) S3 洋脊段地形;(d) S1 洋脊段地形;
(e) 热液硫化物矿床离轴距离对比

4.2.2 中印度洋脊 18°~20°S

中印度洋脊 18°~20°S 位于中印度洋脊的西北部（图 4-1），区内发育 Solitaire 和 Dodo 热液区，该洋脊位于 Marie Celeste 断裂带和 Egeria 断裂带之间，轴部裂谷比较连续，从轴外的地形判断，可将其分为 S15 和 S16 两个洋脊段（图 4-3）。S15 长约 150 km，其轴部裂谷在三个位置发生弯曲，据此将其分为 S15A~S15D 四段，其中 S15A 呈现慢速扩张洋脊形态，具有轴部深裂谷和轴外较规则分布的深海丘陵，在裂谷中央能明显观察到新火山区。S15B 裂谷向中心变窄，似沙漏状，轴部水深比相邻洋脊段浅，可能具有较高的岩浆通量。裂谷两壁极不对称，东侧谷壁为陡峭的正断层，西侧谷壁则为较缓的阶梯状，且其上有小的火山锥发育。S15B 西侧的离轴区域，为东西走向的 Gasitao 洋脊，该洋脊可能是洋脊与热点相互作用的地形表现，所以该段比较强烈的岩浆活动可能跟热点影响有关。Gasitao 洋脊的延伸趋势和位置表明该洋脊的起源可能类似于罗德里格斯脊（Morgan，

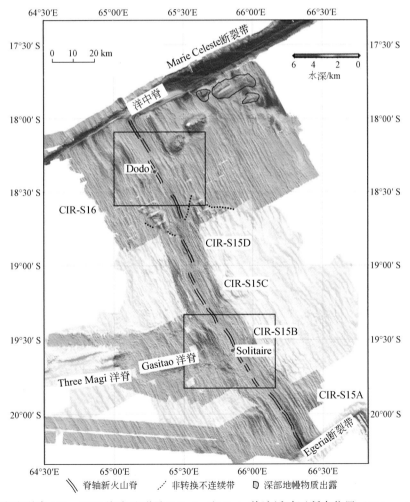

图 4-3 中印度洋脊 18°~20°S 海底地形及 Solitaire 和 Dodo 热液活动区所在位置（Okino et al., 2015）

1978),与留尼汪(Réunion)地幔柱相关(Dyment et al.,1999)。S15C 和 S15D 则比较对称,S15C 裂谷中心浅而窄,表明目前其岩浆活动剧烈。S16 也显示出其具有活跃的岩浆活动,由熔岩丘和堆积的熔岩丘组成的典型新火山区也在洋脊末端发育,轴部水深向洋脊中心变浅,这里可观察到光滑的席状熔岩将裂谷地形掩埋,这种地形更似快速扩张洋脊脊顶的特征,说明其具有较高的岩浆通量。在 S16 东翼则出现了大型的海山,直径达 15~20 km,山顶水深不足 700 m。因为火山物质覆盖了下伏的深海丘陵,并且没有发育与轴平行的正断层,说明该火山是在翼部喷发形成的,这可能跟转换断层附近海水下渗促进岩浆熔融有关(Okino et al.,2015)。而该大型海山继续往东,则又发现了大洋核杂岩,这是岩浆供应少的表征。大型海山与大洋核杂岩的出现,说明此处岩浆通量的变化十分剧烈。

4.3 深部结构

4.3.1 布格重力异常

中印度洋脊重力异常数据分析表明,扩张轴下方未达到重力均衡状态,存在低密度区域,密度偏低,为 $0.1 \sim 0.3 \ g/cm^3$,其形成可能受地幔热结构的影响。扩张轴两侧区域已达到重力均衡状态。布格重力异常揭示出沿洋脊段轴部高地形区域表现为负异常($-20 \sim -10 \ mGal$[①]),而在洋脊段两端布格重力异常为正值。沿洋脊段轴部的布格重力异常梯度为 $0.3 \sim 0.4 \ mGal/km$,位于慢速扩张大西洋中脊($0.4 \sim 1.0 \ mGal/km$)和快速扩张东太平洋海隆($0.1 \ mGal/km$)之间(Lin and Morgan,1992;Wang and Cochran,1995)。

中印度洋脊 S1~S4 洋脊段(23°~25°S)分布有 Kairei 和 Edmond 热液区,布格重力异常如图 4-4 所示。S1 和 S2 洋脊段轴部有较高的正布格重力异常,而 S3 和 S4 洋脊段轴部有较高的负布格重力异常,这表明 S1 和 S2 洋脊段的岩浆供给不如 S3 和 S4 洋脊段高,但构造作用更为强烈,有较多地壳深部物质被剥离到海底浅部。然而,不管是 S1、S2 洋脊段还是 S3、S4 洋脊段,它们在洋脊段两端均为高值的正布格重力异常。Kairei 和 Edmond 热液区正是分布在洋脊段两端的高值正布格重力异常分布区。

4.3.2 地震深部探测

RHUM-RUM(Réunion Hotspot and Upper Mantle-Réunions Unterer Mantel)是法国和德国联合进行的以留尼汪热点与中印度洋脊和西南印度洋脊相互作用的深部结构响应为目的的被动源地震探测计划,覆盖范围达 2000 km×2000 km。围绕留尼汪热点布设多台宽频带 OBS 和陆地地震仪,部分 OBS 也分布在中印度洋脊和西南印度洋脊,通过记录洋中脊附近发生的地震,揭示区域深部结构。

---

① 1 mGal=1 cm/s^2。

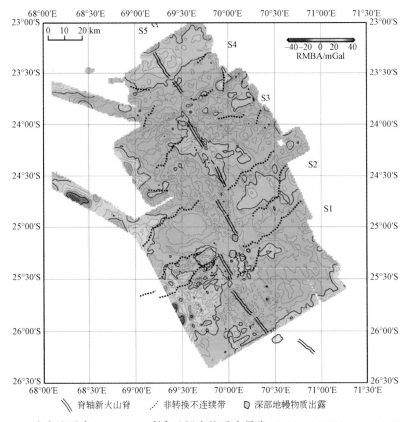

图 4-4　中印度洋脊 23°~25°S 剩余地幔布格重力异常 (RMBA)(Okino et al., 2015)

该研究区共投放 57 台 OBS，其中 48 台德国 DEPAS 宽频带 OBS，9 台法国 INSU 宽频带 OBS。2012 年 10 月，OBS 由法国 Marion-Dufresne 科学考察船投放，工作 13 个月后，2013 年 11 月由德国 Meteor 科学考察船全部回收，其中 46 台次 OBS 工作正常，53 台次 OBS 水听器工作正常（图 4-5）。

4.3.3　三维层析成像

Zhao（2001，2007）使用天然地震三维全球层析成像方法（TOMOG3D）获得了留尼汪热点与中印度洋脊的深部速度结构（图 4-6）。其方法具有以下特点：①考虑了莫霍面、410 km 和 660 km 速度间断面的起伏；②利用三维射线追踪方法；③用间断面-网格点表征三维速度结构；④利用多种震相，如直达 P 波、反射波和折射波，改善了射线交叉情况。采用的三维网格在水平方向为 5°，在深度方向为 15~300 km。

从水平速度切片可以看出（图 4-6）：110~550 km，留尼汪热点下方与中印度洋脊下方均为明显的低速异常，且低速异常区域连在一起。从垂向切片可以看出（图 4-7）：中印度洋脊上地幔顶部为低速，洋中脊和热点下方存在连通的低速区。速度结构表明留尼汪热点和中印度洋脊正在发生相互作用，热点为洋中脊供给岩浆。

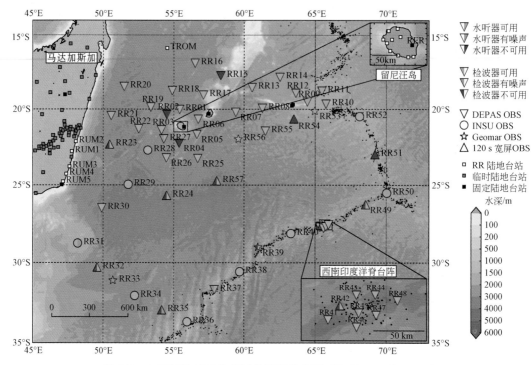

图 4-5 中印度洋 OBS 数据回收情况分布图（Stähler et al., 2016）

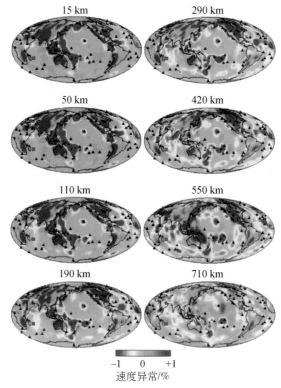

图 4-6 留尼汪热点深部速度异常结构（Zhao, 2001）

图上方的数字代表该速度切片的深度；红色代表低速异常，蓝色代表高速异常，均相对于 IASP91 1D 模型

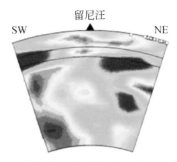

图 4-7　留尼汪热点与中印度洋脊深部速度结构垂向切片（Zhao，2007）

红色代表低速异常，蓝色代表高速异常，均相对于 IASP91 1D 模型。图上部两条黑色实线分别代表 410 km 和 660 km 地幔转换带的边界。模型最底端为核幔边界。热点右侧低速区为中印度洋脊，白色圆圈代表远离速度切片 100 km 内震级 $M>4.0$ 的地震

4.4 岩浆作用

与快速扩张洋脊相比，中速扩张洋脊的熔岩形态也发生变化，主要是发育席状熔岩的概率变小，而发育枕状熔岩的概率增加。枕状的熔岩丘可以汇聚成小的轴部火山脊（axial volcanic ridges，AVR），横跨洋脊可达数公里，沿洋脊延伸数十公里，有时候还可以发育规模较大的轴部火山脊，当然这需要有强度更大的岩石圈来支撑。

海底热液活动总是与岩浆作用相伴生，二者之间存在密切关系，主要表现在岩浆作用为热液活动提供了热源和物源。研究和了解中印度洋脊的岩浆作用过程对充分探究热液活动与岩浆作用的相互关系具有重要意义。前人对中印度洋脊的岩浆作用研究主要集中在罗德里格斯三联点附近的 S1~S4 脊段（23°~25°S）及 Marie Celeste 断裂带和 Egeria 断裂带之间的 S15~S16 脊段（18°~20°S）两个区域（图 4-1）。

据报道，N-MORB 和 E-MORB 在中印度洋脊均有出露，前者主要分布在 S1~S5 脊段内，后者主要分布在 S14~S16 脊段内。Mahoney 等（1989）发现中印度洋脊的玄武岩玻璃具有留尼汪热点型的同位素特征（低 $^{143}Nd/^{144}Nd$ 值，高 $^{87}Sr/^{86}Sr$、$^{207}Pb/^{204}Pb$ 和 $^{206}Pb/^{204}Pb$ 值），该地球化学异常只在 Marie Celeste 断裂带富集出现。Murton 等（2005）对 Marie Celeste 断裂带和罗德里格斯三联点之间（18°~25°S）的玄武岩进行了较为详细的地球化学研究，发现玄武岩的不相容元素含量和 La/Sm 值向南（逐渐远离留尼汪热点）呈现系统性的降低趋势（图 4-8），认为这些玄武岩的微量元素和同位素比值反映了富集地幔在 Marie Celeste 断裂带和南部 N-MORB 地幔中的存在。Nauret 等（2006）对中印度洋脊 18°~20°S 轴部和离轴的玄武岩进行了详细研究，证实了北部的玄武岩通常比南部的玄武岩具有更高的不相容微量元素比值。Cordier 等（2010）发现 S15 脊段两侧对称分布富集不相容微量元素的古老熔岩，而脊轴处的样品则是 N-MORB。Füri 等（2011）对 S14~S17 脊段 E-MORB He 同位素的研究发现样品具有较高的 He 同位素比值，介于 N-MORB 和留尼汪热点之间。Machida 等（2014）分析了来自 S15 和 S16 脊段的玄武岩后，提出两种熔体组成控制这两个脊段玄武岩的地球化学特征，其一为以罗德里格斯脊或毛里求斯（群）岛组分为特征的

放射性富集组分，其二为以 Gasitao 脊组分为特征的放射性亏损组分。

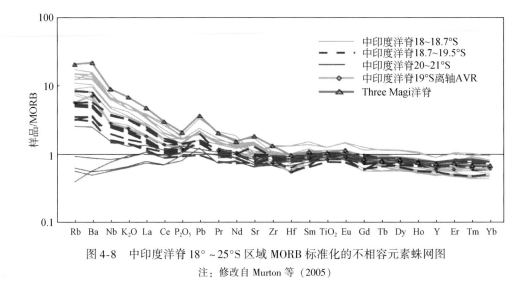

图 4-8　中印度洋脊 18°~25°S 区域 MORB 标准化的不相容元素蛛网图
注：修改自 Murton 等（2005）

目前关于中印度洋脊的 E-MORB 的成因还存在诸多争论，其成因主要解释为热点物质与洋中脊地幔的相互作用（Mahoney *et al.*，1989；Murton *et al.*，2005；Nauret *et al.*，2006；Füri *et al.*，2011），也有学者提出俯冲物质的加入和岩浆作用的周期性是形成 E-MORB 的主要原因（Nauret *et al.*，2006；Cordier *et al.*，2010；Machida *et al.*，2014）。

从地形上看（图 4-1），罗德里格斯脊、Three Magi 洋脊和 Gasitao 洋脊与留尼汪热点相关联，较浅的水深表明其具有较高的岩浆供应。Mahoney 等（1989）和 Murton 等（2005）均发现 S15 和 S16 脊段玄武岩的不相容元素含量和放射性同位素向北富集，但是并没有发现留尼汪热点物质进入洋脊地幔的证据，因此他们认为沿洋脊轴部形成的地球化学趋势与留尼汪热点物质并不相关，而罗德里格斯脊的地球化学异常是留尼汪热点与亏损地幔混合的结果。Füri 等（2011）根据留尼汪和中印度洋脊的 He 同位素特征认为中印度洋脊的地球化学组分变化是洋脊地幔和热点物质相互作用的结果。

Nauret 等（2006）发现中印度洋脊最南部玄武岩的富集特征与留尼汪热点相关，但是其他洋脊玄武岩的 Pb 同位素从南向北放射性增加，同位素比值也更加富集，因此认为留尼汪热点物质不是洋脊玄武岩 Pb 同位素和 Ba/Nb 值的合适端元，洋脊轴部的富集组分源自上地幔的交代富集或俯冲洋岛的古代碱性玄武岩循环。Cordier 等（2010）认为 S15B 脊段"零龄"玄武岩的地球化学变化主要反映的是岩浆作用的周期性过程而不是地幔不均一特征的空间分布。Machida 等（2014）认为源区地幔的不均一可以解释罗德里格斯脊的地球化学异常，但是并不需要地幔柱物质以通道形式进入洋脊地幔。

4.5　热液硫化物矿床

中印度洋脊是国际上海底热液活动研究和多金属硫化物勘探的热点区域。截止到 2016 年，已在该区域发现 6 处热液区，主要分布在 18°S 以南区域（图 4-1），在从南向北依次为 Kairei、Yokoniwa、Edmond、MESO、Solitaire 和 Dodo 热液区（Halbach et al., 1998; Van Dover et al., 2001; Nakamura et al., 2012; Fujii et al., 2016），其中 MESO 热液区为已经停止热液喷发的硫化物丘。此外，韩国学者在中印度洋脊 8°～17°S 区域还发现了多达 16 处的热液异常，包括近底水体化学、浊度和温度异常（Son et al., 2014）。中印度洋脊热液硫化物的资源前景受到各国高度关注，已成为德国、韩国和印度三个国家的多金属硫化物勘探合同区（Petersen et al., 2016）。此外，日本在 21 世纪初起持续投入了多个航次，对该洋脊的地质地球物理、热液活动和热液生物多样性等获得了重要认识（Ishibashi et al., 2015）。我国曾于 2005 年和 2007 年分别组织大洋 17A 和 19 航次赴中印度洋脊开展了热液硫化物资源调查，造访了 Kairei 和 Edmond 热液区，并对该区的硫化物成矿特征和热液羽状流分布等问题取得了初步认识（Zhu et al., 2008；陈帅，2012；王叶剑，2012；Wang et al., 2012, 2014, 2017; Wu et al., 2016）。

根据产出的构造位置，将中印度洋脊硫化物矿床分为三种类型（图 4-9）：其一为转换内角型，一般发育在洋脊段末端转换断层或非转换不连续带附近的海洋核杂岩之上，如 Kairei 和 Yokoniwa 热液区；其二为中央裂谷壁型，发育在洋脊中央裂谷壁附近的正断层周边，如 Edmond 和 Solitaire 热液区；其三为新火山脊型，一般发育在洋脊中央裂谷脊轴中央火山高地上，如 MESO 和 Dodo 热液区。本书选取研究程度较高的 Kairei、Edmond 和 MESO 作为三种类型的代表（表 4-1），分别阐述中印度洋脊硫化物矿床的围岩类型、构造地貌、流体特征及其成矿模式。

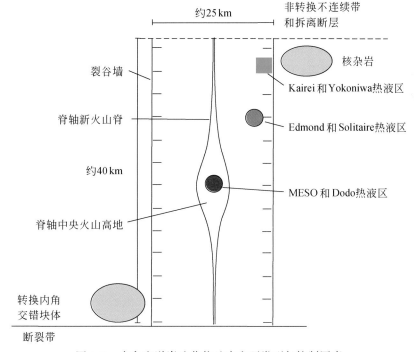

图 4-9　中印度洋脊硫化物矿床主要类型与控制因素

圆圈表示热液区的围岩为玄武岩，方框表示热液区的围岩为超镁铁质岩

表 4-1 中印度洋脊典型热液区概况

热液区	Kairei	Edmond	MESO
类型	转换内角型	中央裂谷壁型	新火山脊型
所处洋脊段	S1	S3	S4
离轴距离/km	7	6	0
围岩类型	橄榄岩+D-MORB	N-MORB	N-MORB
水深/m	2420~2452	3270~3303	约 2800
是否活动	是	是	否
喷口温度/℃	369	382	—
H_2/(mmol/L)	2.48~8.50	0.0556~0.1116	—
CH_4/(mmol/L)	0.123~0.203	0.233~0.415	—
Cl/(mmol/L)	571~623	926~973	—

4.5.1 中印度洋脊 Kairei 热液区

Kairei 热液区位于中印度洋脊 S1 洋脊段（图 4-2）。S1 洋脊段的轴部裂谷呈"V"字形，宽 15~25 km，水深为 4000~4200 m，裂谷的新火山脊平均相对高度达 200 m（Briais, 1995）。据地球物理资料，S1 洋脊段东西两侧由高的正磁异常体组成，磁异常最大值可达 300 nT，脊轴西侧正异常体面积远高于脊轴东侧（Honsho et al., 1996）。轴部峡谷显示负的自由空气重力异常（低至-30 mGal），两侧均显示正的异常值（高至 70 mGal），表明该洋脊段具有热地幔沿轴部上涌、在两侧冷却的典型洋中脊特征。根据重力反演计算，S1 洋脊段的地壳厚度较薄，在 6 km 以内（Honsho et al., 1996）。S1 洋脊段广泛发育平行于洋脊走向的北北西向高角度正断层。其中，洋脊东侧的北北西向正断层规模较大，切割深度较深，洋脊西侧的断层规模小，切割深度较浅。此外，洋脊段北端还发育一组受控于 25°10′S 非转换不连续带的北东东向正断层，与洋中脊走向近乎垂直。

2000 年，日本海洋科学与技术中心（JAMSTEC）所属的"Kairei"号科考船在 Hakuho 海山实施了地毯式的 TOW-YO 调查和深海照相。在锁定活动喷口的可能区域后，通过 ROV"Kaiko"号首次发现了正在冒黑烟的黑烟囱。喷口区位于内裂谷壁 Hakuho 海山西南侧 10°~30°的山坡上，离裂谷底部 1800 m，离裂谷中轴约 7 km，高温喷口区长约 80 m、宽约 30 m，喷口热液流体温度为 306~369℃，至少由九个活动喷口组成，烟囱体高达 10 m（Hashimoto et al., 2001）。Gamo 等（2001）对 Kairei 热液区"黑烟囱"热液流体的地球化学研究表明，其热液流体的 $^3He/^4He$ 值（7.9 R_a）与中央裂谷玄武岩极其相似，认为岩浆来源的流体对硫化物成矿有所贡献。洋脊两侧各发育一套海洋核杂岩，由蛇纹石化的橄榄岩或玄武岩、超镁铁质糜棱岩、糜棱状辉长岩和碳酸盐岩等组成。其中位于 Kairei 热液区东侧约 15 km 外的 Uraniwa 海山上的海洋核杂岩 [图 4-2 (d)]，被认为对 Kairei 热液区的流体性质产生重要影响，是造成该热液系统产出超镁铁质岩型硫化物矿床的原因之一（Kumagai et al., 2008）。

4.5.2 中印度洋脊 Edmond 热液区

Edmond 热液区位于中印度洋脊 S3 洋脊段（图 4-2），距 Kairei 热液区北北西向约 160 km。S3 洋脊段中央裂谷呈 "V" 字形，宽 25~35 km，中央裂谷的水深为 3600~4000 m。裂谷内发育两条新火山脊，平均高度为 100 m，构成峡谷内部的一组对称地堑（Briais, 1995）。从地形上看，脊轴峡谷东侧谷壁远陡于西侧谷壁（图 4-2），两侧断裂系统广泛发育。断裂走向呈北北西向，多平行于洋中脊走向，脊轴东侧断裂系统较西侧断裂明显发达。东侧断裂带断面有的近乎直立，最深处的正断层可在正地形上形成 1000~1600 m 的切割深度。洋中脊的向外扩张造成洋壳减薄，水平方向的强烈错断运动为深部地幔热源物质上涌构建了良好的通道，在较短的时间内大量岩浆物质沿构造裂隙上涌形成高地形。对地形特征综合分析认为，S3 洋脊段的地壳厚度厚于 S1 洋脊段。

2001 年，美国 KN162-13 航次使用 ROV "Jason" 号在 S3 洋脊段发现了 Edmond 热液区（Van Dover et al., 2001）。该热液区位于中央裂谷东侧，离裂谷轴部约 6 km，水深为 3290~3320 m，喷口区面积大小约 100 m×90 m，高温喷口表现为一个个独立的黑烟囱，喷口热液流体的温度为 273~382℃（Van Dover et al., 2001）。对喷口热液流体的化学分析发现，Edmond 与 Kairei 热液区在流体化学组成特征上具有显著差异（Gallant and Von Damm, 2006）。Edmond 热液区喷口热液流体 CO_2 和 CH_4 的含量是 Kairei 热液区的两倍左右，但 Edmond 热液区的 H_2 含量（0.2~0.4 mmol/kg）远低于 Kairei 热液区的 H_2 含量（8 mmol/kg）。通过流体特征分析认为，Edmond 热液区玄武岩的蚀变程度弱于 Kairei 热液区玄武岩（Statham et al., 2005）。

4.5.3 中印度洋脊 MESO 热液区

MESO 热液区（23°23.56′S，69°14.53′E）于 1993 年和 1995 年由德国科考船 "Meteor" 和 "Sonne" 号共同发现。该热液区是一个已经停止热液喷发的硫化物矿床，坐落于中印度洋脊 S4 洋脊段脊轴新火山脊之上（图 4-2），面积约为 1500 m×400 m，水深 2800 m 左右，距 Edmond 热液区北北西向约 65 km。S4 洋脊段整体呈北至北北西向，全长 85 km，水深为 3200~4000 m；其中央裂谷呈 "W" 形，宽 20~25 km，裂谷内发育宽 2~4 km 的地堑（Lalou et al., 1998），以及高 300 m、宽 4 km 的脊轴新火山脊（Halbach et al., 1998）。近底光学调查发现，脊轴新火山脊表层主要为新喷发的玄武质熔岩和火山玻璃，鲜见沉积物，断裂与裂隙多呈北东至东向发育，宽度最大为 5 m（Halbach et al., 1998）。热液区附近主要发育枕状玄武岩和玄武质碎屑堆积体，同时也可见席状和叶片状熔岩流发育。

MESO 热液区由 Talus-Tips-Site、Sonne Field 和 Smooth Ground 三部分组成。其中北部为 Talus-Tips-Site 区，其表层主要分布 Fe、Cu 硫化物，蛋白石和热液沉积物等。中部为 Sonne Field 区，其表层发育直径 1m、高 2m 左右的 Fe、Cu 硫化物烟囱体残余建造体，碧玉及热液沉积物，其外围分布呈层状半固结的铁的氢氧化物软泥，并采集到热液成因的锰结壳；南部为 Smooth Ground 区，主要分布热液沉积物。

4.6 热液硫化物成矿特征

4.6.1 中印度洋脊 Kairei 热液区

1. 围岩特征

Kairei 热液区及其附近的围岩类型以玄武岩和超镁铁质岩为主。在热液区附近区域均有深海橄榄岩的出露，一处位于 S1 洋脊段的西侧，即 25°S 大洋核杂岩（图 4-10）（Morishita et al., 2009），另一处在 S1 洋脊段东侧的 Uraniwa 海山。其中，Uraniwa 海山所发现的镁铁质–超镁铁质岩类包括含橄榄石辉长岩、橄长岩和含斜长石纯橄岩等（Nakamura et al., 2009），样品中的橄榄石晶体部分或全部发生蛇纹石化和磁铁矿化，认为 Kairei 热液区喷口流体中高的 H_2 和 Si 浓度是由橄长岩蛇纹石化及随后流体与玄武岩墙发生的热液反应造成的（图 4-10）。认为这些岩石属于岩石圈顶部莫霍面转换带的组成部分，直接来自于地幔熔融作用或者镁铁质岩浆房的底部（Nakamura et al., 2009）。

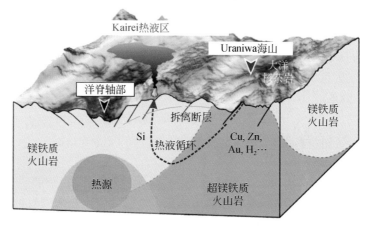

图 4-10　蛇纹石化过程对 Kairei 热液区的物质和热源贡献示意图（Nakamura et al., 2009）

Morishita 等（2015）利用载人深潜器对 Kairei 热液区开展了详细的地质调查，采集了橄榄岩和辉长岩等样品。他们通过对所采集橄榄岩所经历的部分熔融程度及该过程中熔体–岩石相互反应造成的地球化学特征变化的分析，认为橄榄岩中的中–高程度亏损组分来自相对高效率熔体产生后的残余或继承自其源区特征。此外，Kumagai 等（2008）对热液区的岩石学研究发现，Kairei 热液区的玄武岩（以 N-MORB 为主）具有亏损 K、Rb、Ba 等碱性元素的特征，部分具有方沸石化和伊丁石化现象，表明镁铁质火山岩中有蚀变现象发生，发生了轻微的水岩反应或热液蚀变。

2. 流体特征

洋中脊超镁铁质岩热液系统的热液流体组成以富含 H_2 和 CH_4 等气体成分，以及贫

H_2S、Si、Al 和 Li 等组分为特征（Schmidt et al.，2007），其根本原因是热液系统内的超镁铁质岩发生了蛇纹石化作用，超镁铁质岩内的含铁矿物橄榄石和斜方辉石发生水合作用，形成蛇纹石和铁的氢氧化物［式（4-1）］，铁的氢氧化物被海水进一步氧化形成磁铁矿并且释放出 H_2［式（4-2）］（Mevel，2003）：

$$5Mg_2SiO_4 + FeSiO_4 + 9H_2O \longrightarrow 3Mg_3Si_2O_5(OH)_4 + Mg(OH)_2 + 2Fe(OH)_2 \quad (4-1)$$
　　橄榄石　　　　　　　　　　　蛇纹石　　　　　　　　　铁氢氧化物

$$3Fe(OH)_2 \longrightarrow Fe_3O_4 + H_2 + 2H_2O \quad (4-2)$$
　　铁氢氧化物　　　磁铁矿

海底超镁铁质岩型热液系统中 CH_4 的生成被认为是溶解 CO_2 与体系内的 H_2 发生了 FTT 反应的结果（Berndt et al.，1996），其反应式如下：

$$4H_2 + CO_2 \longrightarrow CH_4 + 2H_2O \quad (4-3)$$

因此，超镁铁质岩型热液系统往往具有富 H_2 和 CH_4 的特点。

前人对 Kairei 热液区的流体成分与性质有过深入的研究报道（Gamo et al.，2001；Gallant and Von Damm，2006；Kumagai et al.，2008），发现其流体具有温度高（315~369℃）、pH 低（3.35~3.6）的特点。对 9 个热液喷口流体浓度的观测计算发现，流体富含 H_2，其浓度为 2.48~8.19 mM[①]，与典型超镁铁质岩型热液区，如 Logatchev（12 mM）、Rainbow（16 mM）、Ashadze I（19 mM）和 Lost City（7.8 mM）热液区相当或略小，但远高于铁镁质岩型热液系统，如 Edmond（0.02~0.25 mM）、TAG（0.37 mM）和 Lucky Strike（0.73 mM）等典型热液区。从 CH_4 含量来看，Kairei 热液区（0.08~0.2 mM）显著低于 Logatchev（2.1 mM）、Rainbow（2.5 mM）、Ashadze I（1.2 mM）和 Lost City（0.28 mM）等超镁铁质岩型热液系统，与 Edmond（0.23~0.42 mM）、TAG（0.147 mM）和 Lucky Strike（0.97 mM）等铁镁质岩系热液系统相当。因此，从热液流体的组分特征来看，超镁铁质岩的蛇纹石化作用在 Kairei 热液区影响有限，可能与 Kairei 热液区的蛇纹石化补给区与排泄区（即喷口区）的距离较远（约 15 km）有关。

3. 成矿特征

Kairei 热液区代表性矿石样品包括硫化物烟囱体、块状硫化物和含硫化物的矿化角砾样品（图 4-11）。硫化物烟囱体样品采自热液丘顶部喷口区附近，主要矿物为黄铁矿和闪锌矿，有明显的层状结构。块状硫化物样品分别采自热液丘体的东部、南部和中部，以富含铜的硫化物、低的孔隙率和无明显矿物分带性为特征，其表层常覆盖一层多色的含铜氧化壳。矿化角砾采自丘体的中部和南部，呈块状，以富硅质矿物为主，如石英、滑石等，含少量呈脉状或浸染状的黄铁矿和黄铜矿等硫化物。

1）矿物组合特征

块状硫化物矿石：块状硫化物的矿物成分以 Cu-Fe-S 相矿物为主，黄铜矿占主导（>70%），黄铁矿（约 15%）为次，少量蓝辉铜矿–斑铜矿–铜蓝（约 10%），此外，含

---

① 1 M = 1 mol/dm^3。

图 4-11　Kairei 热液区典型样品手标本照片（Wang et al., 2014）
(a) 富铜块状硫化物矿石（17A-IR-TVG7）；(b) 富锌烟囱体结构（17A-IR-TVG9）；(c) 风化程度较高的富铜块状硫化物矿石（19Ⅲ-TVG6）；(d) 采自丘体顶部的富铜块状硫化物矿石（19Ⅲ-TVG7）；(e) 硫化物风化壳（19Ⅲ-TVG6）；(f) 富铜次生矿物矿石（19Ⅲ-TVG7）；(g) 富含硫化物的矿石角砾（19Ⅲ-TVG7）；(h) 含黄铁矿角砾（17A-IR-TVG7）

微量闪锌矿和等轴古巴矿（<5%）。常具交代网状结构-骸晶结构，其中黄铜矿反射色呈黄铜色，结晶细小，常以他形粒状集合体形式出现。黄铁矿自形程度较好，多呈正方形、三角形、粒状等，晶体颗粒最大可达 0.3 mm×0.3 mm，常被其他富铜矿物交代［图 4-12 (a)］。等轴古巴矿呈粉红色至粉黄色，交织片状，具有出溶结构［图 4-12 (b)］。样品多含铜的次生矿物，如斑铜矿、蓝辉铜矿和铜蓝（铁铜蓝），一般呈浸染状沿矿物裂隙交代黄铜矿［图 4-12 (c)、(d)］。有些样品的表层和晶洞内还发育少量铜的氯化物，如氯铜矿和副氯铜矿。从 Cu-Fe-S 相矿物的化学组分分布图（图 4-13）看出，Kairei 热液区 Cu-Fe-S 相矿物经历了等轴古巴矿—黄铜矿—铁铜蓝—铜蓝—斑铜矿—蓝辉铜矿的演化过程，即从成矿初期形成富 Cu 的 Cu-Fe 硫化物，逐渐演化成 Cu 硫化物，指示了硫化物丘体由于受到持续的热液流体和海水叠加影响（Wang et al., 2014），矿床成熟度不断提高（Mozgova et al., 2005）。年代学研究发现，这种高温热液成矿作用始于 60 ka 前（Wang et al., 2012）。

富锌烟囱体矿石：富锌烟囱体矿石具有典型的烟囱结构，流体通道清晰可辨，高度可达 35 cm。矿物成分主要为闪锌矿和黄铁矿。烟囱体在结构上具有明显的矿物分带性：烟囱表层主要由重晶石、铁氧化物和非晶硅组成；烟囱体通道外层主要由闪锌矿组成，另含少量黄铜矿和具有胶状结构的黄铁矿；通道内层主要由黄铜矿组成，具有病毒型球状体结构，此外含少量的闪锌矿、黄铁矿和微量的白铁矿（图 4-14）。内层黄铁矿呈自形粒状而有别于外层黄铁矿形态。磁黄铁矿在本样品中缺失，表明该样品可能缺失 Fe-S 相的沉淀。

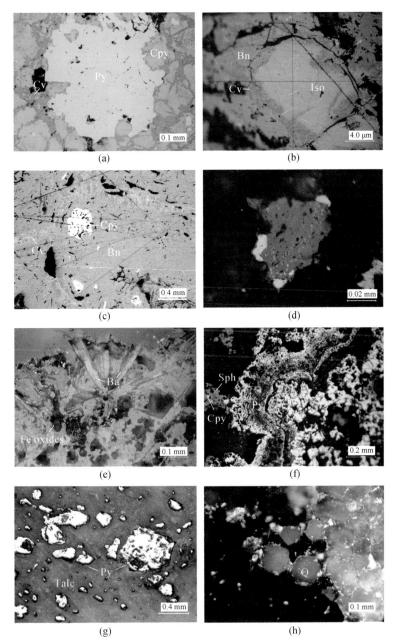

图 4-12 Kairei 热液区硫化物矿物组成与结构（Wang et al., 2014）
Cpy. 黄铜矿；Py. 黄铁矿；Sph. 闪锌矿；Bn. 斑铜矿；Cv. 铜蓝；Iso. 等轴古巴矿；
Q. 石英；Talc. 滑石；Ba. 重晶石；Fe oxides. 氧化物

硫化物矿石角砾：硫化物矿石角砾样品呈块状，浅灰绿色-砖红色，具有脉状、浸染状结构。主要成分为石英或滑石，含量>85%，它们主要呈基质或胶结物出现［图 4-12 (g)、(h)］。黄铁矿和黄铜矿等金属矿物的含量约占 15%，呈自形-半自形粒状结构和骸晶结构［图 4-12 (g)］。少数黄铁矿颗粒内部可见乳滴状黄铜矿和闪锌矿残余。黄铜矿呈

40
60
Cv
50
50
Cu/%
S/%
Ip
Cpy
Y
Iso
60
40
Bn
Dg
Ch
70
10
20
30
40
50
60
30
Fe/%
○ 矿物化学组成理论值
□ Kairei热液区矿物化学实测值

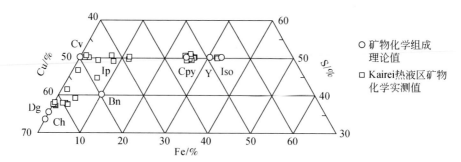

图 4-13 Kairei 热液区 Cu-Fe-S 矿物化学组成（Wang *et al.*, 2014）

半自形粒状–他形填晶集合体状，可见其溶蚀黄铁矿现象。闪锌矿微量，个别可见其沿黄铁矿边缘进行交代，当黄铁矿完全被交代时，闪锌矿成黄铁矿晶体形态，成为假象黄铁矿。铜的次生矿物（如铜蓝、蓝辉铜矿等）微量，常呈交织结构共生交代黄铜矿。铜的氯化物（如铜盐）在样品中偶见（图 4-14）。此类样品被认为是典型的海底硫化物矿床烟囱体的塌积产物（Petersen *et al.*, 2000）。

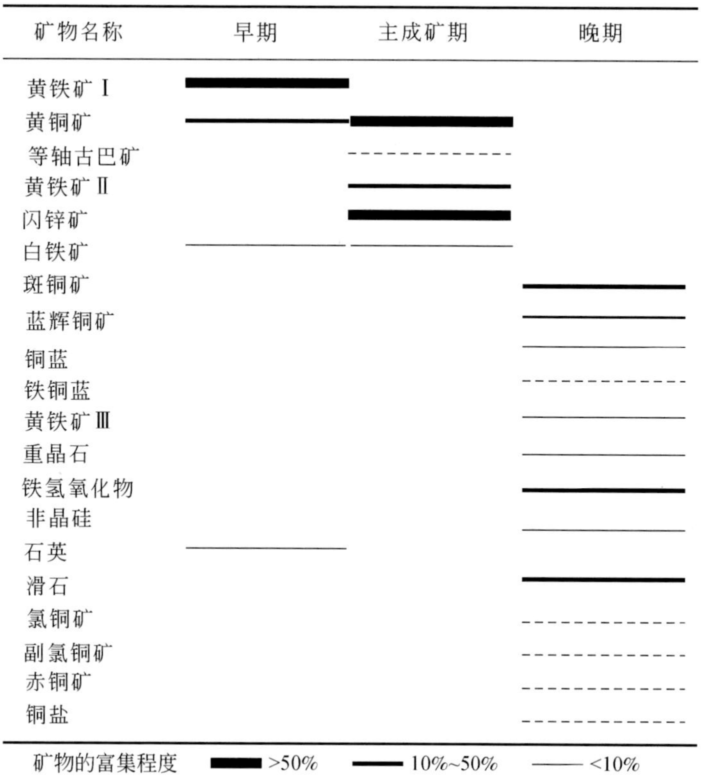

矿物名称
早期
主成矿期
晚期
黄铁矿 Ⅰ
黄铜矿
等轴古巴矿
黄铁矿 Ⅱ
闪锌矿
白铁矿
斑铜矿
蓝辉铜矿
铜蓝
铁铜蓝
黄铁矿 Ⅲ
重晶石
铁氢氧化物
非晶硅
石英
滑石
氯铜矿
副氯铜矿
赤铜矿
铜盐
矿物的富集程度
>50%
10%~50%
<10%

图 4-14 Kairei 热液区矿石矿物的共生组合序列

2）硫化物化学组成

块状硫化物矿石：块状硫化物矿石样品以富集 Cu 和 Fe 元素为特征，其最高质量分数分别可达 39.3% 和 30.63%（共 11 件）。样品还显示出高的 Cu/Zn 值，其中 Zn 的质量分数最高可达 0.5%。样品的元素富集特征与富集含铜矿物的矿物学特征是一致的。与高温热液活动相关的微量元素，如 Se 和 Co 元素含量较高，其中 Se 的平均含量可达 197 ppm，个别样品可达 753 ppm，Co 在个别样品富集，其平均含量可达 260 ppm。Cu 与 Se 元素呈较强的正相关关系（$R=0.68$），表明在高温成矿环境中黄铜矿中的 S 元素有部分可能被 Se 元素以类质同象取代，东太平洋海隆 13°N 热液区（Auclair et al., 1987）和中印度洋脊 MESO 热液区（Halbach et al., 1998; Münch et al., 1999）的富铜矿石样品也具有类似特征。其他微量元素，如 Mo（平均含量为 16.9 ppm）、Ni（平均含量为 9.6 ppm）、Cd（平均含量为 6 ppm）、Pb（平均含量为 10 ppm）、Au（平均含量为 907 ppb）和 Ag（平均含量为 16.4 ppm）的含量均较低。

硫化物烟囱体：硫化物烟囱体样品以富集 Zn 元素为特征，平均质量分数可达 18.02%（共 6 件），反映出样品富集大量的含锌矿物。与本区块状硫化物样品对比，烟囱体样品更富集 Co 和 Pb 等微量元素，其平均含量分别达 660 ppm 和 913.2 ppm。As、Cd 和 Ag 元素含量也较高，其含量分别为 46.7~691 ppm、1.7~694 ppm 和 9~249 ppm。Au 元素含量较低，只有一件样品的 Au 含量达到 15.8 ppm。其他微量元素，如 Se、Mo 和 Ni 元素含量普遍较低或低于检测限。

含硫化物矿化角砾：矿化角砾样品以富集 SiO_2 为特征，其质量分数为 33.20%~82.08%（共 6 件），这与其富含石英、滑石等富硅矿物是相吻合的。样品的金属元素含量较低，Cu、Fe 和 Zn 元素的质量分数分别为 0.07%~5.40%、0.62%~25.01% 和 0.04%~0.48%，Au 和 Ag 元素的平均含量分别为 18.74 ppb 和 9.01 ppm。其他微量元素如 Se、Ni、Sr 和 Sb 等元素均微量或低于检测限。

目前已获知的洋中脊超镁铁质岩型硫化物矿床多数分布在慢速扩张的大西洋中脊地区，如位于 36°14′N 的 Rainbow 热液区（German et al., 1996）、14°45′N 的 Logatchev 热液区（Batuyev et al., 1994）、13°N 附近的 Ashadze 热液区（Bel'Tenev et al., 2004），以及位于 8°18′S 的 Nibelungen 热液区（Melchert et al., 2008）。与上述矿床相比，Kairei 热液区同样显示出高的 Cu、Zn 含量，其矿石的 Cu 平均质量分数可达 22.8%，Zn 平均质量分数可达 6.5%，Cu/Zn 值达到 3.5（表 4-2）。从 Cu、Zn 和 Au 元素的富集特征来看，Kairei 热液区与上述超镁铁质岩硫化物矿床具有一致的特征（图 4-15）（Wang et al., 2014）。Fouquet 等（2010）对超镁铁质岩硫化物矿床 Cu 和 Zn 元素的富集机制给出了两种解释：①超镁铁质岩的蛇纹石化作用为成矿流体提供了丰富的 Cu 和 Zn；②高温热液喷口区范围较大，使得这些元素有较多的机会得到再活化富集。不同于上述典型的超镁铁质岩系硫化物矿床，Kairei 热液区的 Au、Ni 和 As 等元素的含量均较低。例如，Ni 的平均含量仅为 8.8 ppm，远小于上述矿床。Ni 一般直接来自于矿床的基底或围岩，蛇纹石化超镁铁质岩的 Ni 含量要远高于镁铁质岩的 Ni 含量，如 Rainbow 热液区的蛇纹石化超镁铁质岩 Ni 含量可达 2002 ppm，而镁铁质岩（E-MORB）的 Ni 含量则只有 152 ppm（Anderson, 1989）。这意味着 Kairei 热液区附近的海洋核杂岩蛇纹石化作用对 Kairei 热液区成矿过程有一定的影响，但程度有限。从有限的表层矿石元素数据来看，Kairei 热液区总体上以 Cu、Zn、Au 富集，Ni、Co 相对不富集为特征。

表 4-2 中印度洋脊 Kairei, Edmond 和 MESO 热液区的元素组成与全球洋中脊热液硫化物矿床对比

类型	热液区	构造位置	全扩张速率[1]/(mm/a)	n	Cu/%	Fe/%	Zn/%	Pb/%	Au/ppm	Ag/ppm	Ba/ppm	Co/ppm	Ni/ppm	As/ppm	Hg/ppm	Sb/ppm	Au/Ag	Cu/Zn	Cu+Zn/%	来源[2]
超铁镁质岩型	Kairei	中印度洋脊 25°S	49	17	22.8	20.0	6.5	0.03	5.28	67	12	401	9	113	1	13	0.079	3.5	29.3	1
	Logatchev	大西洋中脊 14°N	26	40	25.5	24.4	2.6	0.02	8.40	35	600	500	92	62	—	21	0.240	10.0	28.1	2
	Rainbow-1	大西洋中脊 36°N	22	116	12.4	28.6	15.0	0.03	5.10	188	2900	5086	490	214	—	34	0.027	0.8	27.4	2
	Ashadze-1	大西洋中脊 12°N	16	49	14.2	32.8	14.1	0.04	6.30	79	500	2882	973	231	11	29	0.079	1.0	28.3	1
铁镁质岩型	Edmond	中印度洋脊 23°S	48	26	6.8	22.4	11.5	0.06	3.34	206	8570	1035	10	197	—	32	0.016	0.6	18.3	3
	MESO	中印度洋脊 23°S	48	35	13.0	33.7	3.3	0.04	1.10	49	—	956	—	427	—	—	0.020	3.9	16.3	4
	东太平洋海隆[3]	东太平洋海隆 21°S~21°N	91~149	265	6.1	26.2	10.8	<0.1	0.33	70.4	<1000	692	101	205	10	10	0.005	0.6	16.9	4
	TAG	大西洋中脊 26°N	24	34	7.8	24.9	13.4	0.02	1.40	114	4700	643	22	62	1	229	0.012	0.6	21.2	2
	全球洋中脊沉积物饥饿型			890	4.3	23.6	11.7	0.20	1.20	113	17000	—	—	235	9	46	0.011	0.4	16.0	5
	全球洋中脊沉积物覆盖型			57	1.3	24.0	4.7	1.10	0.80	142	70000	—	—	3000	—	60	0.006	0.3	6.0	5

①洋中脊扩张速率引自 http://www.ldeo.columbia.edu/~menke/plates.html
②数据来源: 1. 本书; 2. Fouquet et al., 2010; 3. Münch et al., 1999; Halbach et al., 1998; 4. Hannington et al., 2005; 5. Herzig and Hannington, 1995
③东太平洋海隆 12 个热液区加权平均值

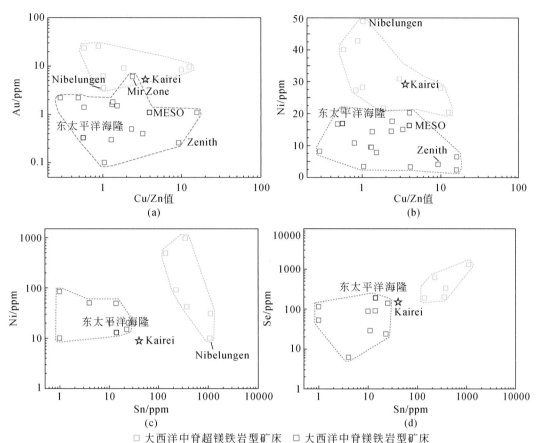

图 4-15 中印度洋脊 Kairei 热液区硫化物化学组成与全球洋中脊不同类型
硫化物矿床对比（Wang et al., 2014）

4. 成矿年代

对热液产物的年代学研究表明，近 100 ka 以来 Kairei 热液区至少存在四次幕式的热液成矿事件（图 4-16、表 4-3、表 4-4）(Wang et al., 2012)。热液区的热液成矿事件可能在 95±7 ka 率先在硫化物丘体的南端开启，伴随着角砾的热液矿化现象，称为事件Ⅰ，代表了一次低温热液活动事件或者硅化事件（Halbach et al., 2002）。经过较长时期的静默之后，在 59 ka 左右，热液活动再次被激活，称为事件Ⅱ。该事件以高温成矿作用为主，主要产出以富铜硫化物为主，热液活动范围具有率先从丘体顶端启动，向南端发展的趋势。紧随着的另一个高温热液成矿事件发生在丘体东侧，称为事件Ⅲ，其时间为 10.6 ~ 8.4 ka。最近的一次高温热液成矿事件，称为事件Ⅳ，发生在丘体顶端及西侧，从 180 a 开始一直延续至今。上述表明，Kairei 热液区的热液成矿事件具有以下两个特点：一是时间上具有幕式特点；二是空间上具有迁移特征。热液成矿作用先发生在热液区的南端，然后迁移至中部，再迁移至东部，最后迁移到中部与西部（图 4-17）。

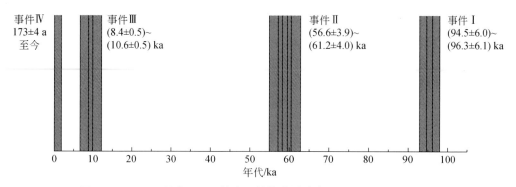

图 4-16 100 ka 以来 Kairei 热液区的热液活动史（Wang et al., 2012）

表 4-3　Kairei 热液区烟囱体样品 ^{210}Pb/Pb 测年结果

样品号	Pb /ppm	^{210}Pb * /(dpm/g)	^{210}Pb /(Bq/kg)	^{226}Ra /(Bq/kg)	^{210}Pb/Pb /(dpm/ppm)	年龄^a /a	年龄^b /a	年龄^c /a
17A-IR-TVG9A	1733	44.18±1.97	736.56±32.88	19.87±3.71	0.0377±0.0017	102±2	83±2	126±2
17A-IR-TVG9B	1300	14.90±0.80	248.36±13.37	60.55±6.63	0.0115±0.0006	149±4	130±4	173±4
17A-IR-TVG9C	1300	22.90±0.89	381.78±14.85	74.30±4.59	0.0176±0.0007	133±2	114±2	157±2

* ^{210}Pb 活度校正至采样时间（2005 年 12 月 17 日）

注：年龄 a、b 和 c 分别使用初始值的平均值 0.86 dpm/ppm、最小值 0.48 dpm/ppm 及最大值 1.80 dpm/ppm 计算得出，dpm 为每分钟衰变数。所有数据误差范围均为 1σ

表 4-4　Kairei 热液区硫化物与矿化角砾样品 ^{230}Th/^{234}U 测年结果

样品号	^{238}U /ppm	^{232}Th /ppm	^{234}U/^{238}U	^{230}Th/^{232}Th	^{230}Th/^{234}U	^{230}Th 年龄/ka
17A-IR-TVG7-3-1	3.157±0.123	0.057±0.009	1.140±0.055	113.780	0.601±0.026	96.3±6.1
17A-IR-TVG7-3-2	1.331±0.055	0.112±0.010	1.100±0.058	24.082	0.606±0.026	94.5±6.0
17A-IR-TVG7-1B	0.369±0.017	0.047±0.004	1.222±0.074	12.557	0.438±0.024	56.6±3.9
19Ⅲ-TVG7-2	1.023±0.053	0.083±0.008	1.208±0.078	20.594	0.453±0.024	61.2±4.0
19Ⅲ-TVG7-3	22.778±0.516	n.d.	1.103±0.020	n.d.	0.421±0.008	58.8±1.4
19Ⅲ-TVG6-3	7.485±0.277	0.019±0.003	1.087±0.040	119.709	0.094±0.004	10.6±0.5
19Ⅲ-TVG6-1	1.322±0.055	0.259±0.014	1.165±0.062	2.092	0.117±0.006	8.4±0.5

注：n.d. 为低于检测限；所有数据误差范围均为 1σ

4.6.2　中印度洋脊 Edmond 热液区

1. 围岩特征

Edmond 热液区围岩的岩性为橄榄拉斑玄武岩，为 N-MORB，未见超镁铁质岩。因热液蚀变，围岩发生了不同程度的方沸石化和伊丁石化，并富集 K、Na、Ti 等不相容元素（Kumagai et al., 2008）。从围岩性质与结构上看，Edmond 热液区缺少超镁铁质岩，决定了热液系统的流体元素富集特征。

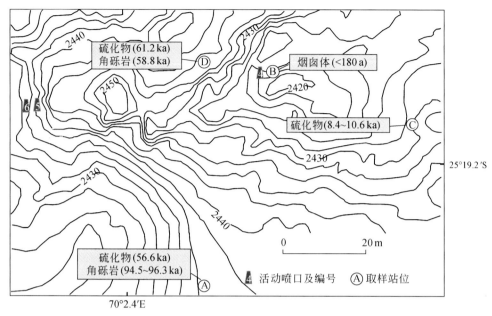

图 4-17　Kairei 热液区热液活动空间变化（Wang et al., 2012）
A. 17A-IR-TVG7；B. 17A-IR-TVG9；C. 19Ⅲ-TVG6；D. 19Ⅲ-TVG7

2. 流体特征

Edmond 热液区热液喷口的流体具有高温（273~382 ℃）和酸性（pH 为 2.97~3.3）特征（Gallant and Von Damm, 2006），热液流体中的 Na 和 Cl 浓度分别为 926~973 mM 和 697~733 mM。海水发生"沸腾"的临界点条件为 407 ℃ 和 298.5 ℃（Bischoff and Rosenbauer, 1988），而 Edmond 区水深为 3300 m，即压力 330 bar，高温、高浓度卤水的存在与 Edmond 热液区热液流体发生超临界相分离作用有关。发生相分离（沸腾）作用的深度位于 Edmond 热液区下部 30~300 m 处，即距海平面 3330~3600 m 处（Gallant and Von Damm, 2006）。

对 Edmond 热液区 7 个热液喷口的流体浓度观测计算发现（Gallant and Von Damm, 2006；Kumagai et al., 2008），Edmond 热液区流体显著亏损 H_2，其浓度为 0.022~0.25 mM，这与 TAG（0.37 mM）和 Lucky Strike（0.73 mM）等典型镁铁质岩系热液系统相当，但显著低于超镁铁质岩系热液系统，暗示本区未发生超镁铁质岩的蛇纹石化作用。此外，Edmond 热液区热液流体显著富集过渡金属元素，如 Fe、Mn、Cu、Zn、Cd 和 Pb 等元素，这是由热液流体高温、高盐度特质导致的，过渡金属元素常以氯合物的形式运移（Gallant and Von Damm, 2006）。该热液区发现的黑烟囱喷射流体被认为是极其"有活力"和"过黑"的，与富集这些过渡金属元素有关。

3. 成矿特征

Edmond 热液区的矿石类型主要由块状硫化物和烟囱体组成（图 4-18）。

图 4-18 Edmond 热液区代表性样品类型

(a) 多孔富 Fe-Zn 型块状硫化物矿石 (17A-IR-TVG12-1); (b) 多孔富 Fe-Zn 型富 Si 块状硫化物矿石 (17A-IR-TVG13); (c) 富 Cu 型块状硫化物矿石 (19III-TVG9-1); (d) 富 Cu 型次生矿物状硫化物矿石 (19III-TVG9-2); (e) 含重晶石烟囱体 (19III-TVG9-3); (f) 富 Cu 型次生矿物矿石 (19III-TVG9-4); (g) 烟囱体 (17A-IR-TVG12)

硫化物烟囱体样品采自热液丘顶部和北部喷口区。烟囱体顶端呈帽状，内部可见流体通道。纵剖面上可见分带结构，内部凹凸不平，较疏松，成分以黄铁矿和闪锌矿为主，往外过渡为以黄铁矿为主，重晶石在烟囱外层含量较高，外表覆有红褐色铁的氢氧化物。

块状硫化物样品采自丘体的中部和北部。矿石按矿物组成可分为三种类型，即富 Zn 型、富 Fe 型和富 Cu 型矿石，均呈块状，外表多覆盖低温氧化环境下形成的褐红色和黑褐色铁的氢氧化物薄层，局部还可见白色的硬石膏薄层。富 Zn 型矿石矿物以闪锌矿为主，黄铁矿次之，孔隙率较大。富 Fe 型矿石矿物以黄铁矿为主，多为自形粒状产出，闪锌矿次之，孔隙率较小。富 Cu 型矿石矿物以黄铜矿为主，内部可见黄铜矿斑块，紫色、绿色的次生铜硫化物较丰富。

1) 矿物组合特征

硫化物烟囱体：硫化物烟囱体具有明显的分层结构，矿物分带特征明显。内层厚 2 ~ 3 cm，内表面凹凸不平，较疏松，主要由结晶程度很差的闪锌矿和疏松多孔状沉淀的黄铜矿构成，并含少量的黄铁矿和白铁矿；中间层富含重晶石，含少量黄铁矿（约10%），重晶石呈针状和板状，局部呈现放射状；样品外层富含黄铁矿，厚约 2 mm，呈胶状结构，含少量的硅质沉淀物和针状重晶石，并有少量铜蓝出现，外表覆有红褐色铁的氢氧化物。其中烟囱壁中出现黄铁矿和白铁矿组合（图 4-19），反映当时物理化学条件的快速摆动（Graham et al., 1988）。

富 Fe-Zn 型矿石：富 Fe-Zn 型矿石是 Edmond 热液区最主要的矿石类型，主要矿物组成为闪锌矿、黄铁矿，并含少量黄铜矿和白铁矿。其中闪锌矿含量占60%以上，具胶状构造和集合体状，反射色较暗 [图 4-19 (d)、(e)、(g)]，胶状闪锌矿中的单颗晶体呈菱形十二面体，粒径最大不超过 30 μm。黄铁矿含量约占30%，具有自形立方体状和他形充填状两

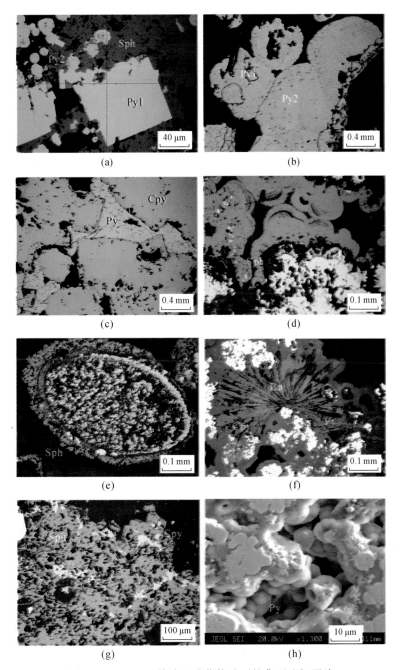

图 4-19 Edmond 热液区硫化物矿石的典型矿相照片

(a) 自形粒状黄铁矿与莓球状黄铁矿，黄铜矿浸染自形粒状黄铁矿，两者又被闪锌矿浸染；(b) 两期胶状黄铁矿；(c) 黄铁矿呈自形-半自形粒状结构，与黄铜矿共生；(d) 胶状黄铁矿与胶状闪锌矿，前者较后者先沉淀；(e) 黄铁矿细晶集合体充填在生物孔洞之中，外围被闪锌矿交代；(f) 长条状重晶石呈扇状聚集，穿插胶状细晶黄铁矿；(g) 闪锌矿内的"黄铜矿病"结构；(h) 块状硫化物表皮产出的莓球状黄铁矿集合体。Cpy. 黄铜矿；Py. 黄铁矿；Py1. 自形粒状黄铁矿；Py2. 莓球状黄铁矿；Sph. 闪锌矿；Ba. 重晶石种，并见黄铁矿颗粒残留在胶状闪锌矿中，偶见细晶集合体充填在椭圆状孔洞中，孔洞大小一般为 0.4 mm×0.6 mm，疑似矿化的虫管 [图 4-19（e）]，可能与生物矿化作用有关（Tivey et al., 1999）。黄铜矿少量，呈"黄铜矿病"结构出现在闪锌矿内部 [图 4-19（g）]，是热液后期交代作用的结果。白铁矿微量，主要沿黄铁矿晶体边缘分布。此外，还见少量黄铜矿他形分布在黄铁矿等矿物之间；长条状重晶石呈扇状聚集，可见其穿插胶状细晶黄铁矿现象 [图 4-19（f）]。在孔隙附近的黄铜矿表面可见少量铜蓝，表明后期富铜矿物的氧化蚀变作用。矿石表层为硬石膏、石膏、重晶石、非晶硅和铁的氢氧化物矿物组合。

富 Cu 型矿石：富 Cu 型矿石主要矿物为黄铜矿，含量在 70% 以上，具有自形-半自形粒状结构。黄铜矿晶体纯净，有些晶体自形程度好，有些则呈充填状 [图 4-19（b）]。次要矿物成分为黄铁矿和闪锌矿，其中黄铁矿含量约占 20%，常呈自形晶沉淀在孔洞中，具不等粒结构，颗粒最大可至 1 cm×1 cm，内部有黄铜矿交代的现象；而在孔洞发育的区域，黄铁矿晶粒相对较小，约 0.2 mm×0.2 mm。闪锌矿少量，呈灰色，他形充填状。铜的次生矿物少见（图 4-20），这一现象与 Kairei 热液区显著不同，表明 Edmond 热液区硫化物丘体成熟度较低。

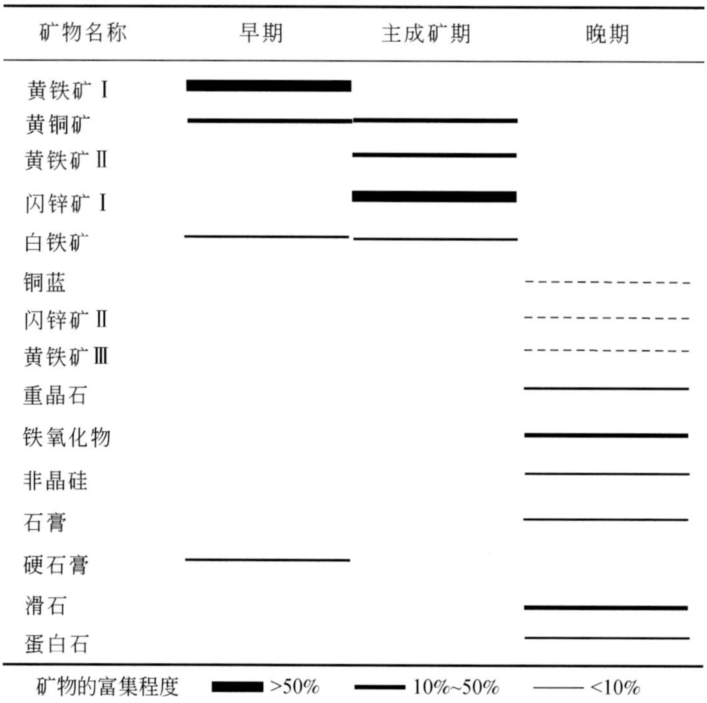

图 4-20 Edmond 热液区矿物的共生组合序列

2）硫化物化学组成

烟囱体：烟囱体样品的元素含量具有明显的分带性特征。由烟囱结构内部向外，Zn、Cu 含量发生显著变化，Cu 元素在烟囱内部通道富集，质量分数可达 13.9%，向外 Cu 含量减少，质量分数低至 0.06%，Zn 元素含量从内向外逐渐增加，质量分数从 7.67% 增加至 26.3%，再至 43.7%。烟囱体 Fe 的质量分数为 12.9%～25.3%，Si 的质量分数较高，最高可达 22.1%。Ba、Pb、Co、Cd、As 和 Ag 含量较高，最高值分别可达 11380 ppm、2260 ppm、304 ppm、2210 ppm、229 ppm 和 825 ppm。Au 含量最高至 9220 ppb，最低至 28 ppb。样品的 Cu/Zn 值和 Co/Ni 值平均分别为 0.6 和 43。

富 Fe-Zn 型矿石：富 Fe-Zn 型矿石中的块状硫化物矿石样品（共 13 件）以富集 Fe 和 Zn 元素为特征，其平均质量分数分别为 19.63% 和 16.72%，最高质量分数则可达到 43.06% 和 42.00%。Cu 含量较低，平均质量分数仅为 0.70%。微量元素以富集 Ba、Pb、Co、Sr、Cd、As 和 Ag 元素为特征，它们的平均含量分别可达 13937 ppm、655 ppm、653 ppm、546 ppm、747 ppm、236 ppm 和 261 ppm，这一特点与烟囱体样品非常相似。相比烟囱体样品，富 Fe-Zn 型矿石 Au 含量较高，平均含量可达 4012 ppb，个别可达 11400 ppb。Mo、Ni、In、Se、Sb 和 Sn 元素较亏损，其平均含量分别为 21 ppm、11 ppm、4 ppm、26 ppm、43 ppm 和 41 ppm。样品的 Cu/Zn 值和 Co/Ni 值平均分别为 0.84 和 129。

富 Cu 型矿石：不同于上述两类矿石，富 Cu 型矿石（共 10 件）以富集 Cu 元素为特征，其质量发数平均达 15.8%，最高达 26.6%，这与其富含铜矿物的矿物学观察结果是一致的。样品的 Fe 和 Zn 元素平均质量分数分别为 27.6% 和 0.3%。微量元素方面，富 Cu 型矿石以富集 Ba、Co、Mo、Se 和 Au 元素为特征，其平均含量分别达 2301 ppm、1784 ppm、118 ppm、33 ppm 和 2551 ppb。Pb 和 Sr 元素较富集，平均含量分别可达 309 ppm 和 105 ppm。Ag 的含量较低，平均值为 37 ppm。样品的 Cu/Zn 值和 Co/Ni 值平均分别为 136.55 和 339，均是三类矿石中的最高值。

与全球洋中脊硫化物矿床矿石元素含量的平均值相比（表 4-2），Edmond 热液区具有与其相接近的 Cu、Zn 和 Fe 含量，平均质量分数分别为 6.8%、22.4% 和 11.5%，Cu+Zn 总量为 18.3，Cu/Zn 值为 0.6，具有与镁铁质岩硫化物矿床较为一致的化学组成特征。贵金属 Au 和 Ag 的平均含量分别为 3.34 ppm 和 206 ppm，显示了 Edmond 热液区具有较高的 Au、Ag 含量的特征。此外，Edmond 热液区具有较高的 Pb 和 Co 含量，其平均质量分数分别可达 0.06% 和 0.1%，与位于东太平洋海隆 21°S 热液区（Marchig et al., 1990）相当，但高于镁铁质岩矿床类型的中印度洋脊 MESO 热液区（Halbach et al., 1998；Münch et al., 1999）、大西洋中脊 TAG 热液区（Fouquet et al., 2010）。总体上，Edmond 热液区表层硫化物以富集 Zn、Cu、Co、Ag 和 Au 为特征。

4. 成矿年代

年代学研究发现，Edmond 热液区硫化物丘体上的三个站位 5 件硫化物样品的形成时代较 Kairei 热液区年轻，均在 1000 年以内，多数形成于 200 年以内（表 4-5、表 4-6），与 Kairei 热液区的成矿事件Ⅳ处于一致的成矿年代。根据其矿物组合特征可知，Edmond 热液区的成矿事件属于一次高温热液成矿事件，与观测到的活动热液喷口应属同一时期的热液成矿事件。但从热液活动的分布范围上看（图 4-21），Edmond 热液区的成矿范围应比 Kairei 热液区稍大。

表 4-5 Edmond 热液区硫化物样品的 ^{210}Pb/Pb 测年结果

样品号	Pb /ppm	^{210}Pb* /(dpm/g)	^{210}Pb /(Bq/kg)	^{226}Ra /(Bq/kg)	^{210}Pb/Pb /(dpm/ppm)	年龄a /a	年龄b /a	年龄c /a
17A-IR-TVG12-1	1982	39.71±1.77	661.92±25.54	166.07±6.91	0.0200±0.0008	130±3	111±3	154±3
17A-IR-TVG12-4	848	58.99±2.01	983.42±29.00	577.77±9.93	0.0696±0.0021	108±4	88±4	133±4
17A-IR-TVG12-5	445	4.63±0.50	77.17±7.17	7.68±1.96	0.0104±0.0010	146±5	127±5	170±5
17A-IR-TVG13-3	241	58.04±1.88	967.50±31.34	955.40±13.60	0.2408±0.0078	172±6	142±6	>200

* ^{210}Pb 活度校正至采样时间（2005 年 12 月 20 日）

注：年龄 a、b 和 c 分别使用初始值的平均值 0.86 dpm/ppm、最小值 0.48 dpm/ppm 及最大值 1.80 dpm/ppm 计算得出。所有数据误差范围均为 1σ

表 4-6 Edmond 热液区块状硫化物样品 ^{230}Th/^{234}U 测年结果

样品号	U/ppm	Th/ppm	^{234}U/^{238}U	^{230}Th/^{232}Th	^{230}Th/^{234}U	^{230}Th 年龄/a
19III-TVG9-1	9.477±0.324	0.006±0.0006	1.205±0.034	50.016	0.0084±0.0005	906±55

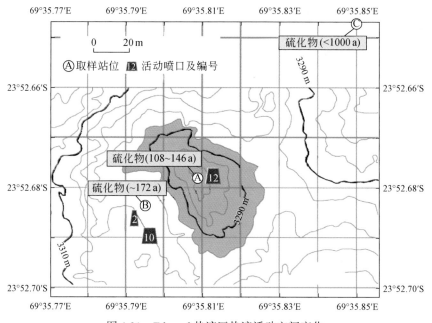

图 4-21 Edmond 热液区热液活动空间变化

A. 17A-IR-TVG12；B. 17A-IR-TVG13；C. 19III-TVG9。活动喷口坐标据 Gallant 和 Von Damm（2006）；地形资料据 DY105-17A 航次科学报告①

---

① 国家海洋局第二海洋研究所. 2008. 中国首次大洋环球科学考察：DY105-17A 航次科学报告. 杭州：381.

4.6.3 中印度洋脊 MESO 热液区

1. 围岩特征

MESO 热液区的围岩类型主要为新鲜和含沸石的拉斑玄武质熔岩（N-MORB），具有 LREE 和不相容元素（如 Zr 含量为 72 ppm；Hf 含量为 2.0 ppm）亏损的特征（Halbach et al.，1998）。调查发现，越接近热液区的中心区域，玄武岩的蚀变程度越高。对邻近热液区、位于脊轴新火山脊的枕状玄武岩研究发现，玄武岩的蚀变现象以绿泥石化和沸石化为主，蚀变矿物组合由方沸石+片沸石+钠沸石、绿泥石+蒙脱石和葡萄石组成。这种蚀变矿物组合的产生被认为是离轴的 Mg 亏损、Ca 和 ^{18}O 富集、高 pH、加热流体（100～250 ℃）与玄武质熔岩相互作用的结果（Halbach et al.，1998）。此外，在 MESO 热液区内观测到形成于绿片岩相温度环境（400～450 ℃）的蚀变矿物组合，包括钠长石+绿帘石+绿泥石+阳起石组合及普通角闪石+绿泥石+透闪石组合等（Halbach et al.，1998）。

2. 流体特征

由于 MESO 热液区是一个已经停止活动的热液系统，因此前人采用了流体包裹体测温法对形成于碧玉矿石内的透明和半透明矿物（闪锌矿、非晶硅和重晶石）进行了成矿古流体研究。研究发现，非晶硅形成于 200 ℃左右的温度及 3.5% $NaCl_{equiv.}$ 的盐度环境；而闪锌矿形成于>200 ℃的温度环境，闪锌矿流体包裹体的冰点温度低至−27 ℃，暗示了成矿流体受到了强烈的水岩反应及玄武岩蚀变产生的 K^+ 和 Ca^{2+} 加入的影响（Halbach et al.，2002）。重晶石的形成是冷海水与热液流体混合的结果，具有较低的均一温度（<160℃）和与海水接近的盐度值。闪锌矿和黄铁矿的硫同位素研究发现，其成矿流体主要源于地幔流体与海水不同程度的混合，其中地幔流体与海水的比值约为 7∶3。而重晶石的硫同位素接近海水，意味着硫同位素主要来源于海水中的还原硫。碧玉的氧同位素分析发现，δ^{18}O 值分布在 12.1‰～21.2‰，其形成温度在 65 ℃左右，暗示了碧玉形成于热液活动后期的消减阶段。

3. 成矿特征

前人在 MESO 热液区中心的 Sonne Field 区发现了三种类型的矿化样品，包括黄铜矿型块状硫化物、黄铁矿-白铁矿型块状硫化物和含闪锌矿碧玉角砾（Halbach et al.，1998；Münch et al.，1999）。

1）矿物组合特征

黄铜矿型块状硫化物：黄铜矿型块状硫化物为富 Cu 型烟囱体残余，主要矿物为块状黄铜矿，自形-半自形黄铁矿为次要矿物，主要构成了高温成矿阶段的成矿产物。在烟囱体的外壁分布着一层厚约 5 mm 的铜次生矿物组合，主要由斑铜矿+蓝辉铜矿+铜蓝组成，并认为是由低温成矿阶段或热液消解阶段成矿流体温度的降低、氧逸度和硫逸度的升高造成的。样品的表层孔隙中可见自形黄铁矿被重晶石和石膏交代，孔隙大部分被非晶硅覆盖充填。

黄铁矿-白铁矿型块状硫化物：黄铁矿-白铁矿型块状硫化物具有显著的层状结构，其主要矿物为黄铁矿，主要呈自形-半自形粒状，多与白铁矿交生，偶见白铁矿完全交代黄铁矿。次要矿物为闪锌矿和黄铜矿，以他形填充在黄铁矿颗粒之间。在孔隙中可见硬石膏等脉石矿物，未见其他硫酸盐矿物。此外，在矿物微裂隙间可见热液消解阶段沉淀的非晶硅及铁的氢氧化物或针铁矿。

上述两类块状硫化物是典型的烟囱体矿物组合，其在空间上的分布特征反映了硫化物烟囱体在不同成矿阶段的成矿特征。从黄铜矿过渡至斑铜矿和蓝辉铜矿，再至烟囱体内壁发育黄铁矿-白铁矿组合，代表了一个成熟烟囱体发育的整个过程。Halbach 等（1998）认为富 Cu 型硫化物的形成并不是由海底风化作用造成的，而是形成于热液活动的消解阶段。

含闪锌矿碧玉角砾：含闪锌矿碧玉角砾主要形成于硫化物丘体周边的基底附近，主要呈块状或角砾状。碧玉呈暗红色，具有胶状结构，由铁的氢氧化物组成层状构造，同时可见重结晶形成的针铁矿和赤铁矿。样品孔隙中充填了硫化物和硫酸盐矿物，以半自形闪锌矿为主，黄铜矿、黄铁矿和白铁矿少量。脉石矿物主要由重晶石和非晶硅组成，该矿化类型的形成被认为是最近一期低温热液循环的产物。

2）硫化物化学组成

黄铜矿型块状硫化物样品（$n=9$）以富集 Cu（质量分数为 7.4%～31.6%）和 Fe（质量分数为 20.3%～38.1%）为特征，微量元素 Se 和 Mo 的平均含量较高，分别达到 450 ppm 和 327 ppm。而黄铁矿-白铁矿型块状硫化物以富集 Fe（质量分数为 37.8%～48.7%；$n=10$）和 Au（平均为 1.3 ppm）为特征（Halbach et al., 1998）。该热液区的 Au 含量与其他中速和慢速扩张洋脊所报道的热液区 Au 含量大体一致。研究还发现，Au 与 Pb、Ag 和 Sb 等元素呈较好的正相关性，暗示了 Au 的富集过程与含 Pb-Sb-Ag 硫酸盐矿物的形成有关，Au 的这种富集过程常见于热液消解阶段，反映了低温环境下 Au-Pb-Sb-Ag 主要以硫的络合物形式迁移（Hannington et al., 1986）。含闪锌矿碧玉角砾则以富集 Zn（质量分数为 23.4%～31.1%）及相对较高的 Cd 含量（平均为 1399 ppm）和 Ba 含量（质量分数最高达 11%）为特征。此外，Pb 和 Sb 的含量分别可达 1130 ppm 和 150 ppm，但 Au 和 Ag 的含量远低于黄铜矿型和黄铁矿型块状硫化物样品。

4. 成矿年代

Lalou 等（1998）利用 $^{230}Th/^{234}U$ 放射性测年法对采自 MESO 热液区的 Sonne Field、Talus Tips Site 区的块状硫化物进行了年代学研究。结果显示，Sonne Field 的成矿年代主要集中在 18±2 ka 和 12.5±1.5 ka 两次成矿事件，Talus Tips Site 的成矿年代相对较老并且具有三个成矿事件，分别为 52±5 ka、22.7±3 ka 和 16±2 ka（图 4-22）。上述结果表明，两个区热液活动的停滞时间并不一致。假设 52～23 ka 间断热液活动完全停止，可以认为，在最近的成矿事件（23～10 ka）中，深部的热液循环持续进行，但热液流体的排泄区在 Talus Tips Site 和 Sonne Field 之间来回变换。Sonne Field 内含闪锌矿碧玉角砾的形成被认为是最近一期事件的成矿结果，也是整个 MESO 热液区最后的一期成矿事件（11 ka）。

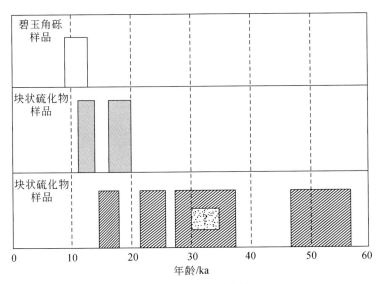

图 4-22 中印度洋脊 MESO 热液区成矿事件（Lalou et al., 1998）

参 考 文 献

陈帅. 2012. 中印度洋脊 Edmond 热液区热液产物的矿物学和地球化学研究. 中国科学院研究生院（海洋研究所）博士学位论文.

王叶剑. 2012. 中印度洋脊 Kairei 和 Edmond 热液活动区成矿作用对比研究. 浙江大学博士学位论文.

Anderson D L. 1989. Composition of the Earth. Science, 243 (4889): 367-370.

Auclair G, Fouquet Y, Bohn M. 1987. Distribution of selenium in high-temperature hydrothermal sulfide deposits at 13°N, East Pacific Rise. The Canadian Mineralogist, 25 (4): 577-587.

Batuyev B N, Krotov A G, Markov V F, Cherkashev G A, Krasnov S G, Lisitsyn Y D. 1994. Massive sulfide deposits discovered and sampled at 14°45′N, Mid-Atlantic Ridge. Bridge Newsletter, 6: 6-10.

Bel'Tenev V, Nescheretov A, Ivanov V, Shilov V, Rozhdestvenskaya I, Shagin A, Stepanova T, Andreeva I, Semenov Y, Sergeev M, Cherkashev G, Batuev B, Samovarov M, Krotov A G, Markov V. 2004. A new hydrothermal field in the axial zone of the Mid-Atlantic Ridge. Doklady Earth Sciences, 397: 690-693.

Berndt M E, Allen D E, SeyfriedJr W E. 1996. Reduction of CO_2 during serpentinization of olivine at 300 ℃ and 500 bar. Geology, 24 (4): 351-354.

Bischoff J L, Rosenbauer R J. 1988. Liquid-vapor relations in the critical region of the system $NaCl\text{-}H_2O$ from 380 to 415℃: A refined determination of the critical point and two-phase boundary of seawater. Geochimica et Cosmochimica Acta, 52 (8): 2121-2126.

Briais A. 1995. Structural analysis of the segmentation of the Central Indian Ridge between 20°30′S and 25°30′S (Rodriguez Triple Junction). Marine Geophysical Researches, 17 (5): 431-467.

Cordier C, Benoit M, Hémond C, Dyment J, Le Gall B, Briais A, Kitazawa M. 2010. Time scales of melt extraction revealed by distribution of lava composition across a ridge axis. Geochemistry, Geophysics, Geosystems, 11 (7): 138-139.

DeMets C, Gordon R G, Argus D F. 2010. Geologically current plate motions. Geophysical Journal International, 181 (1): 1-80.

Dyment J, Gallet Y, The Magofond 2 Scientific Party. 1999. The Magofond 2 cruise: A surface and deep tow survey on the past and present Central Indian Ridge. InterRidge News, 8: 25-31.

Fouquet Y, Pierre C, Etoubleau J, Charlou J L, Ondréas H, Barriga F J A S, Cherkashov G, Semkova T, Poroshina I, Bohn M, Donval J P, Henry K, Murphy P, Rouxel O. 2010. Geodiversity of hydrothermal along the Mid-Atlantic Ridge and ultramafic-hosted mineralization: A new type of oceanic Cu-Zn-Co-Au volcanogeic massive sulfide deposit. American Geophysical Union, Geophysical Monograph Series, 188: 321-367.

Fujii M, Okino K, Sato T, Sato H, Nakamura K. 2016. Origin of magnetic highs at ultramafic hosted hydrothermal systems: Insights from the Yokoniwa site of Central Indian Ridge. Earth and Planetary Science Letters, 441: 26-37.

Füri E, Hilton D R, Murton B J, Hémond C, Dyment J, Day J M D. 2011. Helium isotope variations between Réunion Island and the Central Indian Ridge (17°-21°S): New evidence for ridge-hot spot interaction. Journal of Geophysical Research, 116 (B2): B2207.

Gallant R M, Von Damm K L. 2006. Geochemical controls on hydrothermal fluids from the Kairei and Edmond vent fields, 23°-25°S, Central Indian Ridge. Geochemistry, Geophysics, Geosystems, 7: Q6018.

Gamo T, Chiba H, Yamanaka T, Okudaira T, Hashimoto J, Tsuchida S, Ishibashi J, Kataoka S, Tsunogai U, Okamura K, Sano Y, Shinjo R. 2001. Chemical characteristics of newly discovered black smoker fluids and associated hydrothermal plumes at the Rodriguez Triple Junction, Central Indian Ridge. Earth and Planetary Science Letters, 193 (3-4): 371-379.

German C R, Klinkhammer G P, Rudnicki M D. 1996. The Rainbow hydrothermal plume, 36° 15′ N, MAR. Geophysical Research Letters, 23 (21): 2979-2982.

Graham U M, Bluth G J, Ohmoto H. 1988. Sulfide-sulfate chimneys on the East Pacific Rise, 11° and 13° N latitudes; Part I, Mineralogy and paragenesis. The Canadian Mineralogist, 26 (3): 487-504.

Halbach M, Halbach P, Lüders V. 2002. Sulfide-impregnated and pure silica precipitates of hydrothermal origin from the Central Indian Ocean. Chemical Geology, 182 (2-4): 357-375.

Halbach P, Blum N, Münch U, Plüger W, Garbe-Schönberg D, Zimmer M. 1998. Formation and decay of a modern massive sulfide deposit in the Indian Ocean. Mineralium Deposita, 33 (3): 302-309.

Hannington M D, Peter J M, Scott S D. 1986. Gold in sea-floor polymetallic sulfide deposits. Economic Geology, 81 (8): 1867-1883.

Hannington M D, de Ronde C E J, Petersen S. 2005. Sea-floor tectonics and submarine hydrothermal systems. Society of Economic Geologists, Economic Geology 100th Anniversary Volume, 111-141.

Hashimoto J, Ohta S, Gamo T, Chiba H, Yamaguchi T, Tsuchida S, Okudaira T, Watabe H, Yamanaka T, Kitazawa M. 2001. Firsthydrothermal vent xommunities from the Indian Ocean discovered. Zoological Science, 18: 717-721.

Herzig P M, Hannington M D. 1995. Polymetallic massive sulfides at the modern seafloor a review. Ore Geology Reviews, 10 (2): 95-115.

Honsho C, Tamaki K, Fujimoto H. 1996. Three-dimensional magnetic and gravity studies of the Rodriguez Triple Junction in the Indian Ocean. Journal of Geophysical Research, 101 (B7): 15837-15848.

Ishibashi J, Okino K, Sunamura M. 2015. Subseafloor Biosphere Linked to Hydrothermal Systems: TAIGA Concept. Tokyo: Springer Japan.

Kumagai H, Nakamura K, Toki T, Morishita T, Okino K, Ishibashi J, Tsunogai U, Kawaguacci S, Gamo T, Shibuya T, Sawaguchi T, Neo N, Joshima M, Sato T, Takai K. 2008. Geologicalbackground of the Kairei and Edmond hydrothermal fields along the Central Indian Ridge: Implications of their vent fluids' distinct chemistry. Geofluids, 8 (4): 239-251.

Lalou C, Münch U, Halbach P, Reyss J. 1998. Radiochronological investigation of hydrothermal deposits from the MESO zone, Central Indian Ridge. Marine Geology, 149 (1-4): 243-254.

Lin J, Morgan J P. 1992. The spreading rate dependence of three-dimensional mid-ocean ridge gravity structure. Geophysical Research Letters, 19 (1): 13-16.

Machida S, Orihashi Y, Magnani M, Neo N, Wilson S, Tanimizu M, Yoneda S, Yasuda A, Tamaki K. 2014. Regional mantle heterogeneity regulates melt production along the Réunion hotspot-influenced Central Indian Ridge. Geochemical Journal, 48 (5): 433-449.

Mahoney J J, Natland J H, White W M, Poreda R, Bloomer S H, Fisher R L, Baxter A N. 1989. Isotopic and geochemical provinces of the western Indian Ocean Spreading Centers. Journal of Geophysical Research Atmospheres, 94 (B4): 4033-4052.

Marchig V, Puchelt H, Rosch H, Blum N. 1990. Massive sulfides from ultra-fast spreading ridge, East Pacific Rise at 18-21°S: A geochemical stock report. Marine Mining, 9: 459-493.

Melchert B, Devey C W, German C R, Lackschewitz K S, Seifert R, Walter M, Mertens C, Yoerger D R, Baker E T, Paulick H, Nakamura K. 2008. First evidence for high-temperature off-axis venting of deep crustal/mantle heat: The Nibelungen hydrothermal field, southern Mid-Atlantic Ridge. Earth and Planetary Science Letters, 275 (1-2): 61-69.

Mevel C. 2003. Serpentinization of abyssal peridotites at mid-ocean ridges. Comptes Rendus Géosciences, 335 (10-11): 825-852.

Morgan W J. 1978. Rodriguez, Darwin, Amsterdam, a second type of Hotspot Island. Journal of Geophysical Research: Solid Earth, 83 (B11): 5355-5360.

Morishita T, Hara K, Nakamura K, Sawaguchi T, Tamura A, Arai S, Okino K, Takai K, Kumagai H. 2009. Igneous, alteration and exhumation processes recorded in Abyssal Peridotites and related fault rocks from an oceanic core complex along the Central Indian Ridge. Journal of Petrology, 50 (7): 1299-1325.

Morishita T, Nakamura K, Shibuya T, Kumagai H, Sato T, Okino K, Nauchi R, Hara K, Takamaru R. 2015. Petrology of peridotites and related gabbroic rocks around the Kairei Hydrothermal Field in the Central Indian Ridge. In: Ishibashi J, Okino K, Sunamura M (eds.). Subseafloor Biosphere Linked to Hydrothermal Systems: TAIGA Concept. Tokyo: Springer Japan. 177-193.

Mozgova N N, Borodaev Y S, Gablina I F, Cherkashev G A, Stepanova T V. 2005. Mineralassemblages as indicators of the maturity of oceanic hydrothermal sulfide mounds. Lithology and Mineral Resources, 40 (4): 293-319.

Murton B J, Tindle A G, Milton J A, Sauter D. 2005. Heterogeneity in southern Central Indian Ridge MORB: Implications for ridge-hot spot interaction. Geochemistry, Geophysics, Geosystems, 6 (3): Q3E-Q20E.

Münch U, Blum N, Halbach P. 1999. Mineralogical and geochemical features of sulfide chimneys from the MESO zone, Central Indian Ridge. Chemical Geology, 155 (1-2): 29-44.

Nakamura K, Morishita T, Bach W, Klein F, Hara K, Okino K, Takai K, Kumagai H. 2009. Serpentinized troctolites exposed near the Kairei Hydrothermal Field, Central Indian Ridge: Insights into the origin of the Kairei hydrothermal fluid supporting a unique microbial ecosystem. Earth and Planetary Science Letters, 280 (1-4): 128-136.

Nakamura K, Watanabe H, Miyazaki J, Takai K, Kawagucci S, Noguchi T, Nemoto S, Watsuji T, Matsuzaki T, Shibuya T, Okamura K, Mochizuki M, Orihashi Y, Ura T, Asada A, Marie D, Koonjul M, Singh M, Beedessee G, Bhikajee M, Tamaki K. 2012. Discovery of new hydrothermal activity and chemosynthetic fauna on the Central Indian Ridge at 18°–20°S. PLoS ONE, 7 (3): e32965.

Nauret F, Abouchami W, Galer S J G, Hofmann A W, Hémond C, Chauvel C, Dyment J. 2006. Correlated trace element-Pb isotope enrichments in Indian MORB along 18 – 20°S, Central Indian Ridge. Earth and Planetary Science Letters, 245 (1-2): 137-152.

Okino K, Nakamura K, Sato H. 2015. Tectonic background of four hydrothermal fields along the Central Indian Ridge. In: Ishibashi J, Okino K, Sunamura M (eds.). Subseafloor Biosphere Linked to Hydrothermal Systems: TAIGA Concept. Tokyo: Springer Japan. 133-146.

Petersen S, Herzig P M, Hannington M D. 2000. Third dimension of a presently forming VMS deposit: TAG hydrothermal mound, Mid-Atlantic Ridge, 26°N. Mineralium Deposita, 35 (2): 233-259.

Petersen S, Krätschell A, Augustin N, Jamieson J, Hein J R, Hannington M D. 2016. News from the seabed-Geological characteristics and resource potential of deep-sea mineral resources. Marine Policy, 70: 175-187.

Sato T, Okino K, Kumagai H. 2009. Magnetic structure of an oceanic core complex at the southernmost Central Indian Ridge: Analysis of shipboard and deep-sea three-component magnetometer data. Geochemistry, Geophysics, Geosystems, 10 (6): Q6003.

Schmidt K, Koschinsky A, Garbe-Schönberg D, De Carvalho L M, Seifert R. 2007. Geochemistry of hydrothermal fluids from the ultramafic-hosted Logatchev hydrothermal field, 15°N on the Mid-Atlantic Ridge: Temporal and spatial investigation. Chemical Geology, 242 (1-2): 1-21.

Searle R. 2013. Mid-Ocean Ridge. Cambridge: Cambridge University Press.

Son J, Pak S, Kim J, Baker E T, You O, Son S, Moon J. 2014. Tectonic and magmatic control of hydrothermal activity along the slow-spreading Central Indian Ridge, 8°–17°S. Geochemistry, Geophysics, Geosystems, 15 (5): 2011-2020.

Statham P J, German C R, Connelly D P. 2005. Iron (II) distribution and oxidation kinetics in hydrothermal plumes at the Kairei and Edmond vent sites, Indian Ocean. Earth and Planetary Science Letters, 236 (3-4): 588-596.

Stähler S C, Sigloch K, Hosseini K, Crawford W C, Barruol G, Schmidt-Aursch M C, Tsekhmistrenko M, Scholz J R, Mazzullo A, Deen M. 2016. Performance report of the RHUM-RUM ocean bottom seismometer network around La Réunion, western Indian Ocean. Advances in Geosciences, 41: 43-63.

Tivey M K, Stakes D S, Cook T L, Hannington M D, Petersen S. 1999. A model for growth of steep-sided vent structures on the Endeavour Segment of the Juan de Fuca Ridge: Results of a petrologic and geochemical study. Journal of Geophysical Research, 104 (B10): 22859-22883.

Van Dover C L, Humphris S E, Fornari D, Cavanaugh C M, Collier R, Goffredi S K, Hashimoto J, Lilley M D, Reysenbach A L, Shank T M, Von Damm K L, Banta A, Gallant R M, Gotz D, Green D, Hall J, Harmer T L, Hurtado L A, Johnson P, McKiness Z P, Meredith C, Olson E, Pan I L, Turnipseed M, Won Y, Young C R I, Vrijenhoek R C. 2001. Biogeography andecological setting of Indian Ocean hydrothermal vents. Science, 294 (5543): 818-823.

Wang X, Cochran J R. 1995. Along-axis gravity gradients at mid-ocean ridges: Implications for mantle flow and axial morphology. Geology, 23: 29-32.

Wang Y, Han X, Jin X, Qiu Z, Ma Z, Yang H. 2012. Hydrothermal activity events at Kairei Field, Central Indian Ridge 25°S. Resource Geology, 62 (2): 208-214.

Wang Y, Han X, Petersen S, Jin X, Qiu Z, Zhu J. 2014. Mineralogy and geochemistry of hydrothermal precipitates from Kairei hydrothermal field, Central Indian Ridge. Marine Geology, 354: 69-80.

Wang Y, Han X, Qiu Z. 2017. Source and nature of ore-forming fluids of the Edmond hydrothermal field, Central

Indian Ridge: evidence from He-Ar isotope composition and fluid inclusion study. Acta Oceanologica Sinica, 36 (1): 101-108.

Wu Z, Sun X, Xu H, Konishi H, Wang Y, Wang C, Dai Y, Deng X, Yu M. 2016. Occurrences and distribution of "invisible" precious metals in sulfide deposits from the Edmond hydrothermal field, Central Indian Ridge. Ore Geology Reviews, 79: 105-132.

Zhao D. 2001. Seismic structure and origin of hotspots and mantle plumes. Earth and Planetary Science Letters, 192: 251-265.

Zhao D. 2007. Seismic images under 60 hotspots: Search for mantle plumes. Gondwana Research, 12: 335-355.

Zhu J, Lin J, Guo S, Chen Y. 2008. Hydrothermal plume anomalies along the Central Indian Ridge. Chinese Science Bulletin, 53 (16): 2527-2535.

第5章 慢速扩张洋脊热液硫化物矿床

慢速扩张洋脊的全扩张速率为 20～40 mm/a，代表性的主要包括大西洋中脊、卡尔斯伯格脊和亚丁湾（Gulf of Aden）扩张中心等。其中，北大西洋脊是西方海洋地质界最早开展调查研究的洋脊之一，同时也是俄罗斯和法国的多金属硫化物勘探区所在区域。与快速和中速扩张洋脊相比，慢速扩张洋脊地形的最显著特征是，洋脊大多发育数公里深、数十公里长的轴部峡谷。峡谷内火山作用较为活跃，可沿峡谷底部延伸数公里至十几公里长，形成新火山脊构造（Searle，2013）。本章的分析以国际上调查研究程度最高的大西洋中脊为例展开。

5.1 洋脊扩张

大西洋中脊是典型的对称慢速扩张洋脊（全扩张速率为 20～55 mm/a），是非洲板块、南美洲板块、北美洲板块及欧亚板块的主要板块构造分界线，并分为北大西洋脊、中大西洋脊和南大西洋脊（图 5-1）。大西洋中脊的扩张始于泛大陆的裂解，与非洲板块、南美洲板块、欧亚板块、北美洲板块及周边诸多次板块的运动有着密不可分的关系（Seton et al.，2012）。

普遍认为南大西洋的张开（裂谷的发育）是沿着晚三叠世—早侏罗世期间的构造线从南向北逐渐延展，并与非洲板块和南美洲板块的内部变形一致（Daly et al.，1998；Torsvik et al.，2009）。南大西洋最南端"Falkland"段的裂谷盆地向洋盆扩张的转换发生在 190 Ma 左右，从南美洲板块和非洲板块的南部边界开始，沿着构造线逐步向北延展；约晚侏罗世 150 Ma，南大西洋的张开扩展到了"Southern/Austral"段，并与科罗拉多次板块的运动相适应（Torsvik et al.，2009）（图 5-1）。研究表明，南大西洋的这种张开模式与科罗拉多次板块和巴拉那（Parana）次板块、科罗拉多次板块和非洲板块、巴拉那次板块和非洲板块从 150 Ma 开始的相对运动相适应，并伴随着巴塔哥尼亚/科罗拉多次板块与巴拉那次板块之间的右旋走滑运动（Eagles，2007）。向北发展，南大西洋的裂谷发育被认为是在 130～135 Ma（图 5-2）（Torsvik et al.，2009）。

在南大西洋张开的同时，西非和中非裂谷系也正在发育。非洲西缘的裂谷发育起始于 118 Ma，其上覆的洋壳扩张却很难界定准确的时间。盐盆地的年龄等研究表明，南大西洋脊要晚于 120 Ma 左右，并扩展到沃尔维斯脊—里奥-格兰德海隆（Torsvik et al.，2009）。"Equatorial"段是板块裂开最年轻的区域，洋壳的张开被认为发生于晚于 100 Ma 左右，并对应着南大西洋的大型断裂带（图 5-2）。83.5 Ma 之后的整个南大西洋扩张属于典型的对称扩张洋中脊（图 5-3）（Eagles，2007；Torsvik et al.，2009；Moulin et al.，2010）。

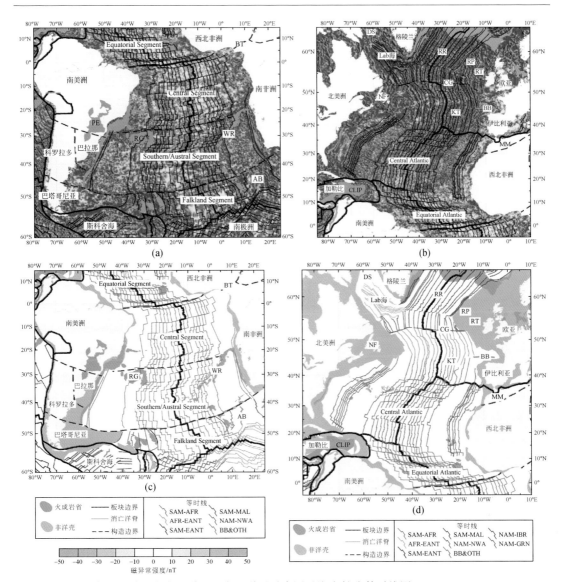

图 5-1 南大西洋、中大西洋和北大西洋磁异常图及海底扩张等时线图（Seton et al., 2012）
(a) 南大西洋磁异常图；(b) 中大西洋和北大西洋磁异常图；(c) 南大西洋海底扩张等时线图；(d) 中大西洋和北大西洋海底扩张等时线图。BB. 比斯开湾；CG. 查理-吉布斯断裂带；CLIP. 加勒比大火成岩省；DS. 戴维斯海峡；JFZ. 杰克逊维尔断裂带；KT. 金斯海槽；MM. 摩洛哥台地；NF. 纽芬兰；RR. 雷克雅未克脊；RP. 罗科尔洋底高原；RT. 罗科尔海槽；AB. 厄加勒斯盆地；BT. 本尼海槽；P-E. 巴拉那溢流玄武岩；RG. 里奥-格兰德海隆；WR. 沃尔维斯脊

中大西洋北起皮科-格洛里亚（Pico-Glória）断裂带，南至几内亚（Guinean）断裂带。中大西洋的张开起于泛大陆（Pangea）的裂解，涉及了北美洲板块、非洲板块和摩洛哥板块，最初的大洋裂谷发育受控于早期的北美洲板块和非洲板块北部之间的裂谷盆地（Seton et al., 2012）。基于磁异常重建，中大西洋扩张始于 190~175 Ma。初期扩张速率很慢（约 8 mm/a），高度不对称，于 170 Ma 扩张速率加快至约 17 mm/a，并对称扩张直至 120.4 Ma 左右（Labails et al., 2010）。新生代中大西洋脊的扩张速率很慢（Seton et al., 2012）。

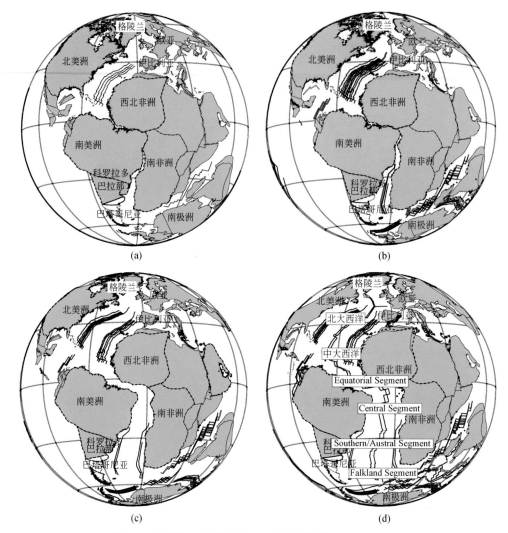

图 5-2 大西洋中脊扩张历史与古板块恢复（140~80 Ma）
(a) 140 Ma；(b) 120 Ma；(c) 100 Ma；(d) 80 Ma

北大西洋涵盖了纽芬兰-伊比利亚（Newfoundland-Iberia）和北冰洋的欧亚盆地，它包括活动扩张系统和先存洋脊扩张系统、洋中脊-热点相互作用系统（冰岛热点/地幔柱）及火山-贫岩浆和微陆块（Seton et al., 2012）。北大西洋经历了在二叠纪—三叠纪、晚侏罗世、早中白垩世的陆内伸展变形，以及伴随着早期拉普捷夫和波罗的-劳伦（Baltica-Laurentia）碰撞构造再活动（Kimbell et al., 2005）。洋壳的张开始于晚白垩世，由中大西洋脊的扩张延伸至北大西洋脊，并沿着现存构造线发育裂谷和洋壳，经历了 6 个独立的扩张阶段（Seton et al., 2012）。

大西洋中脊的扩张总体上来看，由南向北逐渐发育，且南大西洋脊扩张速率快于中大西洋脊和北大西洋脊。但南大西洋脊扩张速率在减慢，而中大西洋脊扩张速率在增加（图 5-2、图 5-3）。从磁异常条带可以看出，总体上讲大西洋中脊是典型的对称扩张洋中脊。

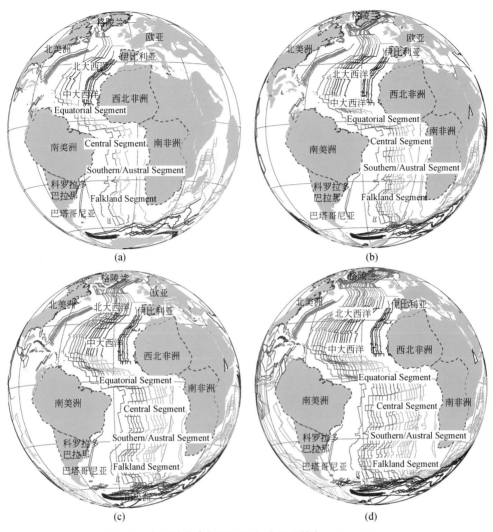

图 5-3 大西洋中脊扩张历史与古板块恢复 (60~0 Ma)
(a) 60 Ma; (b) 40 Ma; (c) 20 Ma; (d) 0 Ma

5.2 构 造 地 貌

5.2.1 大西洋中脊 13°~15°N

　　大西洋中脊 13°~15°N 洋脊段的南北分别受到 15-20 断裂带和 Marathon 断裂带错断，形成一级洋脊段，显示了典型的构造扩张的特征（图 5-4）。为了描述 15-20 断裂带到 Marathon 断裂带之间洋中脊段的特征，基于地形和地震特征将其分为三小段，分别为 15°N、14°N 和 13°N 洋脊段，其中，15°N 和 13°N 为段端，构造作用相对发育，14°N 洋脊段以岩浆作用为主（图 5-5）。

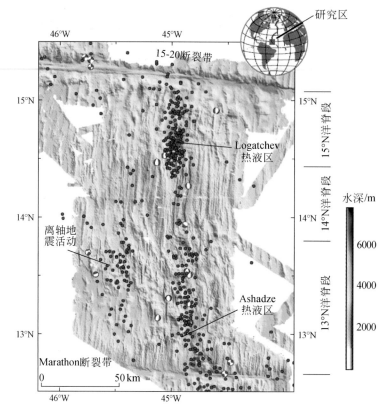

图 5-4 大西洋中脊 13°~15°N 段多波束测深图

14°N 以北地形数据来自 Fujiwara 等（2003）、Escartín 和 Cannat（1999）。基于其形态特征，洋脊轴被分为三段。震源机制解圆形图是哈佛大学 CMT 目录在 1976~2007 年的远震事件记录。红色实心点为记录的地震事件（Escartín et al., 2003; Smith et al., 2003）。图中标注了已知的热液活动区，据 Smith 等（2008）

从图 5-4 和图 5-5 可以看出，沿着洋脊段，远震事件和大洋核杂岩主要分布在区段端部区域，即 15°N 和 13°N 洋脊轴是主要的分布区。可以看出，大部分已识别出的大洋核杂岩与局部高地有关，在段中的洋中脊高度对称，东西两侧地形基本相同，而在区段的两个端部区域，核杂岩在洋脊轴的两侧呈不对称分布，15°N 东侧分布较多，13°N 西侧分布较多，反映了段端的洋脊轴不对称发育的特征。

15°N 洋脊段的地形以不规则断块山为主要特征。沿洋脊轴地形深度从 3600 m 加深到 4300 m，在洋脊段东翼已发现两个大型核杂岩（Escartín and Cannat, 1999; Fujiwara et al., 2003）。15°N 洋脊轴为地震活跃带，地震事件主要集中在 14°50'N 的断块附近，且可以一直延伸到 15°N 洋脊区段的端部。

14°N 洋脊段分布范围为 14°20'~13°45'N，两翼的特征为长期存在并与扩张中心平行的深海丘陵，有清晰的火山形态，并在面向扩张轴方向存在陡峭断崖（Escartín and Cannat, 1999; Fujiwara et al., 2003; Schroeder et al., 2007）。连续的高声波反向散射图显示出清晰的扩张轴形态，声波振幅在谷底内侧边界断层处的明显降低反映出洋脊轴被熔岩流覆盖。轴部中心地形较浅，为 2900 m，向两端变深（图 5-5）。14°N 洋脊段地形与大西洋中脊北部其他洋脊段类似，均存在强烈的岩浆作用（Sempéré et al., 1993; Thibaud et al., 1998）。

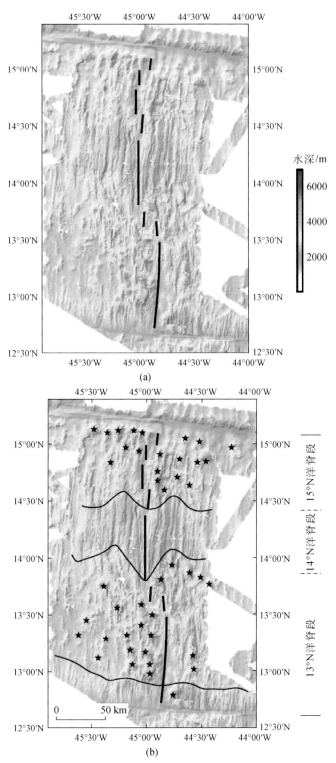

图 5-5 大西洋中脊 13°~15°N 段地形图（Smith et al., 2008）

黑线为扩张轴；黑色五星为大洋核杂岩。浅黑色线为 14°N 洋脊段界限和南部拆离断层控制的地形和火山地形在 13°N 段分界线

13°N洋脊轴分布范围从13°45′N到Marathon断裂带。13°N洋脊段两翼在地形上不规则，并发育断块山，与15°N洋脊段形态类似。洋脊轴沿轴深度有变化，北部洋脊轴平均深度为3300 m，南部平均深度为4600 m。13°30′N和13°20′N洋脊段声波反向散射值的高振幅区域分布范围更广，推测拆离断层的上盘并未发生大量的沉积作用，13°N洋脊段地震活动较为活跃，震中沿扩张轴广泛分布，推测这与拆离断层滑动有关（Smith et al., 2006）。

将13°N区域以洋脊轴和磁异常值为标准划分为南西、南东、北西、北东四个区域（图5-6），13°N发育的不对称体现在断层发育、构造应力和扩张速率等方面，在大洋核杂岩较多地分布在南西侧，断层密度最大，内倾断层大多发育于核杂岩对侧的洋脊上。白色虚线以上的14°N洋脊段形态相对对称，核杂岩不发育。

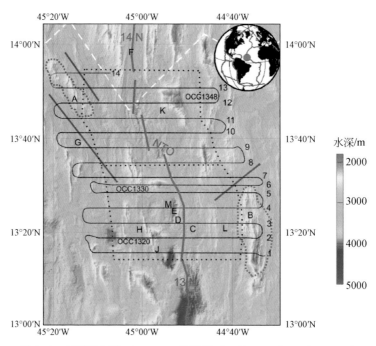

图5-6　大西洋中脊13°~14°N地形图（Mallows and Searle，2012）

黑线为TOBI测线位置，红线为洋脊轴部，白色虚线划分了界限明显的岩浆地形和构造地形，红色点线勾出了在构造地形中独立存在的线性岩浆地形，深蓝线为突出的斜向裂谷，黑色虚线和洋脊轴线将本区划分为四个象限，南北分界为NTO，东西分界为洋脊轴部

线性火山地形分布在14°N洋脊段、13°N洋脊段的南端和Marathon断裂带北部。15°N和13°N洋脊段的地形主要受到正断层旋转倾斜（洋脊扩张产生的外倾旋转）和核杂岩结构（低角度正断层面）的影响。拆离断层形成于岩浆供给较低的区域，当岩浆作用占总扩张作用的百分比降至50%以下，并仅作用于洋脊轴一侧时，对应的断层将长期活动，下盘旋转形成拆离断层。在拆离断层较为发育的13°N和15°N洋脊段，地壳较薄，而14°N洋脊段海底地形由火山作用主导，形成了规模较大线性延伸、两翼倾角较陡的轴部新火山。

新活动的火山区域（new volcanic zone，NVZ）通常地处最浅部位，岩浆活动活跃，两侧常常有边缘低地。NVZ通常中部强，端部变少、不连续，且地形加深。裂谷区段内形态和规模的变化反映了轴部岩石圈的三维热结构及扩张中心之下地幔上涌的几何形态。在每个洋脊段中部裂谷最浅部,地形主要受控于岩浆作用,相反,在每个洋脊段端部,构造作用(非岩浆作用)对于地形的控制更加重要。

5.2.2 大西洋中脊 TAG 热液区

TAG 热液区位于大西洋中脊 26°08′N,44°50′W(图 5-7),是发现慢速扩张洋脊的第一个热液区(Rona et al.,1986)。它位于洋中脊火山高地东侧 2.4 km,靠近北东-南西向的洋脊段裂谷东壁的谷底,洋脊段被 26°17′N 和 25°55′N 两个非转换不连续带分割。TAG 热液区平均水深为 3650 m,地壳年龄约 100 ka,轴部裂谷被长期活动的拆离断层控制(Canales et al.,2007)。

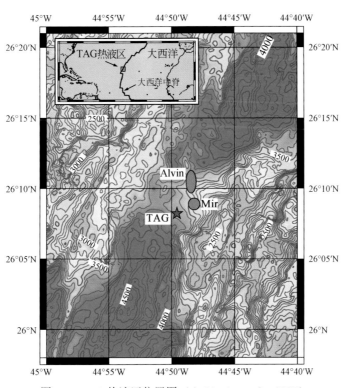

图 5-7 TAG 热液区位置图(de Martin et al.,2007)

TAG 热液区沉积物主要分布在低温、停止活动的 Mir 和 Alvin 区及正在活动的高温热液区。正在活动的大型热液硫化物丘(图 5-8),呈圆形,直径 200 m 左右,高 50 m,在 TAG 顶部中心的圆锥处发育高温(363℃)热液活动,烟囱体高 12 m。

Alvin 和 Mir 两个停止活动的热液区,位于裂谷东壁较低的区域。Alvin 区主要由几个不连续的硫化物丘状堆积体构成,Mir 区主要由一个大的硫化物堆积体构成,局部分布几个高达 25 m 的硫化物烟囱体。

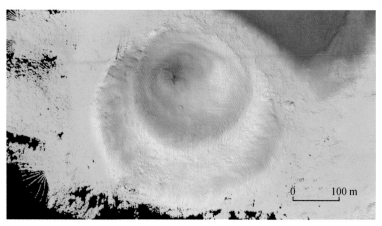

图 5-8 TAG 区高分辨率地形（Roman and Singh，2007）

5.2.3 大西洋中脊 Rainbow 热液区

Rainbow 热液区位于大西洋中脊 36°13.8′N，33°54.15′W（图 5-9），平均水深为 2300 m，平均扩张速率为 21.5 mm/a，存在长期活动的热液喷口，热流值可以达到 7×10^{20} J（German et al.，2004）。热液流体温度>300 ℃，pH 约为 2.8，富含氯元素（Seyfried et al.，

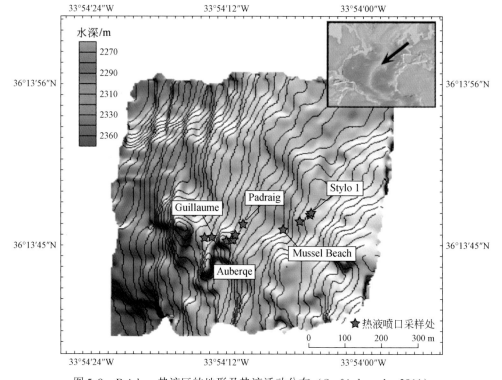

图 5-9 Rainbow 热液区的地形及热液活动分布（Seyfried et al.，2011）

2011）。Rainbow 热液区位于非转换断层和洋脊断层系统的交界处，构造控制作用强烈，导致活动热液喷口沿经度方向呈线性排列。Rainbow 热液区可以分为三个部分（图 5-10）：西侧的火山丘没有热液活动，沉积了大量的铁硫化物，代表残留的热液活动区；中间的火山丘发现大量烟囱体和强烈的热液及生物活动，代表成熟的热液活动区；东侧是分散的活动的烟囱体，没有大的火山丘，代表初期的热液活动区。

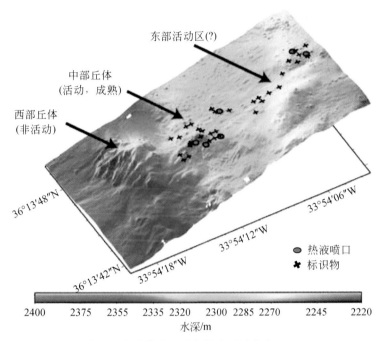

图 5-10　Rainbow 热液区高分辨率地形与热液活动分布（Dyment et al., 2009）

Rainbow 热液区主要由 10~15 个活动的热液烟囱体组成（Andreani et al., 2014），平均温度约 365 ℃，其东侧存在类似大洋核杂岩的块体（Rainbow massif）。Rainbow 热液区呈穹窿状，位于非转换断层的中心，地壳年龄超过 100 ka，存在至少 3 个活动的热液喷口。热液活动区面积约 200 m×100 m，出露蛇纹石化橄榄岩。在蛇纹石化橄榄岩区存在明显的局部正磁力异常，而玄武岩区域存在负磁力异常（Tivey and Dyment, 2010）。

5.3　深部结构

慢速扩张洋脊由于岩浆供应减少，其分布随着时空存在相对较高的变化。由于洋脊下的熔岩流控制着地壳厚度、岩石圈强度和板块扩张速率及构造和岩浆活动的分区（Tucholke and Lin, 1994; Cannat, 1996; Parsons et al., 2000），探明慢速扩张洋脊的深部结构和熔融体分布特征，是深化洋中脊演化认识的关键。对于慢速扩张洋脊，通常洋脊段的中部水深最浅、地壳最厚，而两侧末端容易呈现出更深和更宽的轴部裂谷形态，有更薄的地壳（Lin et al., 1990; Detrick et al., 1995; Hooft et al., 2000; Hosford et al., 2001; Dunn et al., 2005）。这是地幔的熔岩流被主要输送到了洋脊段的中心处（Whitehead et al.,

1984; Sparks et al., 1993; Rabinowicz et al., 1993; Magde et al., 1997)，使得洋脊段中部的岩石圈更薄、更热、更脆弱，而末端以构造作用为主导。

5.3.1 大西洋中脊 35°20′N 和 23°20′N

北大西洋脊 35°N 区域的研究较为详细。许多地震测线的结果表明洋脊段中部的岩浆更多，地壳厚度为 8.5±0.5 km（Canales et al., 2000a; Hooft et al., 2000; Hosford et al., 2001; Dunn et al., 2005），向南北两侧地壳厚度变薄，只有 4~5 km 厚，与 Oceanographer 断裂带的 3~4 km 地壳厚度一样薄（Hooft et al., 2000），但垂直洋脊的地壳厚度变化较小（<0.5 km）（图 5-11）。这说明一个洋脊段的岩浆供给并不是沿洋脊均匀分配的，而是集中在洋脊段的中央，造成沿洋脊地壳厚度的巨大变化。

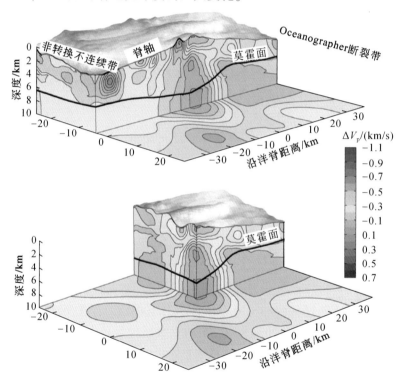

图 5-11 北大西洋脊 35°N 洋脊段地壳结构（Dunn et al., 2005）

大西洋中脊 23°20′N 的二维折射地震试验及 35°N 的三维地震试验（图 5-11）都探测到在中、下地壳存在低速带（图 5-12）（Canales et al., 2000a, 2000b）。通常在洋脊段中心，一个大的低速带从 4 km 深度延伸到地幔内（Hooft et al., 2000; Dunn et al., 2005）。

5.3.2 大西洋中脊 Lucky Strike 热液区

SISMOMAR 试验是对 Lucky Strike 热液区地壳结构进行三维折射地震研究（图 5-13），揭示热液区下方地壳厚度为 7~8 km，且具有向南北两侧减薄的趋势（Seher et al., 2010）。

第 5 章 慢速扩张洋脊热液硫化物矿床

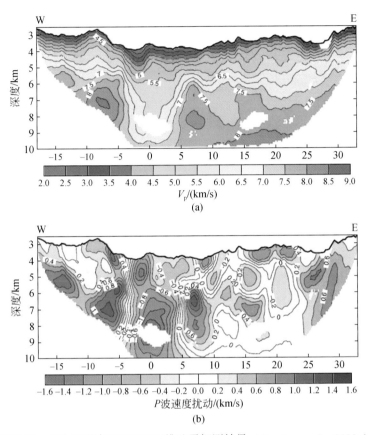

图 5-12 北大西洋脊 23°20′N 二维地震探测结果（Canales et al., 2000a）
(a) 速度结构；(b) 速度异常结构

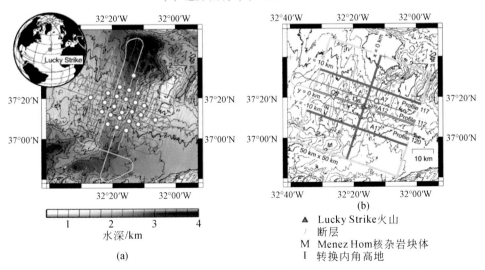

图 5-13 Lucky Strike 热液区 OBS 地震探测示意图（Seher et al., 2010）

(a) 中红色三角为 Lucky Strike 热液区，白色圆圈为 OBS 站位，红色细线为 150 m 炮间距的炸测航迹，黄色细线为 75 m 炮间距的炸测航迹，橙色细线为中央峡谷边界和新生成的穿过热液区的断层；(b) 中绿色和蓝色粗实线为图 5-14 中展示的地震剖面的位置在海底面以下 3 km 及更深处存在低速区,其速度比同一深度平均值低至少 0.6 km/s,是熔融物质上侵的表现。低速区的范围为从海底面下 3.5 km 到莫霍面,纵横剖面的结果一致 [图 5-14 (c)、(d)、(g)、(h)]。

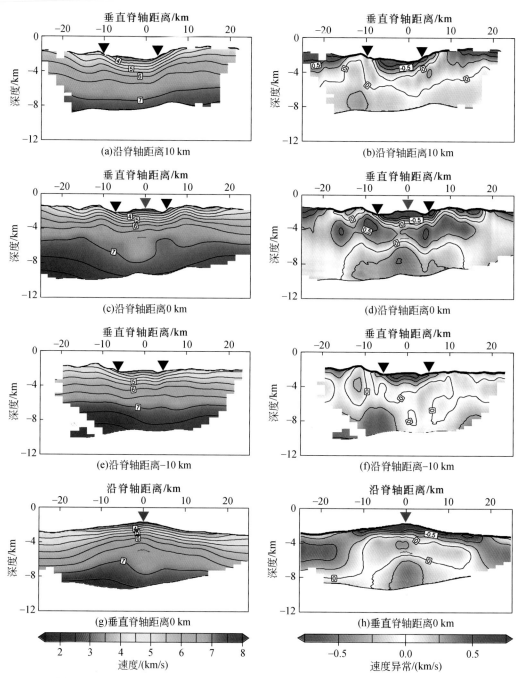

图 5-14 Lucky Strike 热液区地壳速度模型与速度异常结构 (Seher et al., 2010)

(a)、(c)、(e)、(g) 为地壳速度模型;(b)、(d)、(f)、(h) 为速度异常结构。剖面的位置见图 5-13

从垂直于扩张轴的剖面来看，Lucky Strike 热液区所处的中央裂谷区，上地壳存在低速区，海底面以下 1 km 处速度最低，并在海底面以下 2 km 处低速区消失。低速区与中央裂谷的断裂区一致 [图 5-14（a）~（f）]。中央裂谷带西侧地壳厚度比东侧厚 0.8 km，表明物质运移方向可能为从西向东。

5.3.3 大西洋中脊 TAG 热液区

TAG 热液区的深部结构与 Lucky Strike 热液区不同。Lucky Strike 热液区有深部岩浆源直接供给，但对 TAG 热液区的探测表明，其下方是代表基底隆起的高速区（Canales et al., 2007）。

在平行于扩张轴的剖面上，剖面 1 位于中央裂谷的东侧，穿过 TAG 热液区的正上方（图 5-15），最主要的特征是 TAG 热液区地形隆起区下方为明显的高速区域（平均速度>6.5 km/s），速度梯度大，海底面以下 1 km 处速度最大值达 6.7 km/s（图 5-16）。两个剖面对比可以看出，TAG 热液区下方地壳厚度整体偏薄（2~4 km）且有横向变化（图 5-16）。在垂直于扩张轴的剖面上，剖面 2 与剖面 1 和剖面 3 垂直，也穿过 TAG 热液区的正上方（图 5-15）。可以看出，TAG 热液区地形隆起区下方仍然对应高速区域，速度梯度大，地壳明显减薄（2~3 km 厚）；而中央裂谷轴部的新火山岩区域表层速度低（2.5 km/s），速度梯度小，地壳增厚（>3 km）（图 5-16）。

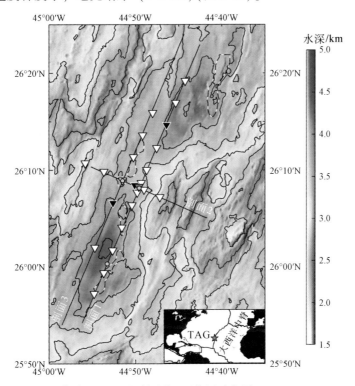

图 5-15　TAG 热液区 OBS 地震探测工区位置示意图（Canales et al., 2007）

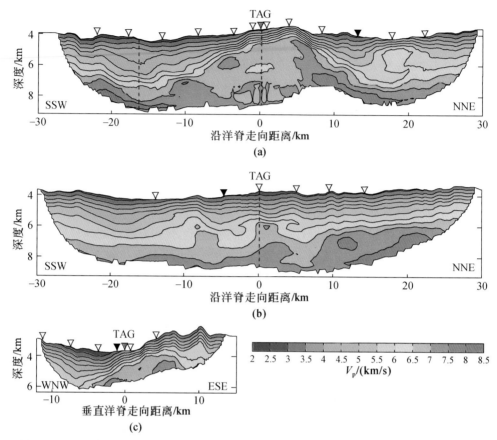

图 5-16 TAG 热液区沿扩张中心和垂直于扩张中心的地震速度剖面（Canales et al., 2007）
(a) 剖面1；(b) 剖面3；(c) 剖面2；剖面位置见图5-15

微震资料研究表明，TAG 热液区的热液活动与下部的大型基底拆离断层有关。基底拆离断层是连接中央裂谷轴部岩浆房与 TAG 热液区的通道，造成 TAG 热液区下方基底抬升，浅部出现高速层。

事实上，与快速扩张洋脊最显著的不同特征是，慢速扩张洋脊海底通常会出露下地壳或者上地幔的超镁铁质岩石。拆离断层表面，叫做窗棂构造，被认为是长期活动的低角度正断层的底盘（Canales et al., 2004），它们通常发育在洋脊段末端的转换断层的内角上，直接使大量下地壳和上地幔物质出露海底。

热点会对洋中脊岩浆动力过程产生较大影响。在北冰洋雷克雅内斯（Reykjanes）洋脊的地震调查表明，地壳内有一个浅的熔融透镜体显示出一个大范围的低速区域。虽然雷克雅内斯洋脊是慢速扩张洋脊，但其地壳结构与快速扩张洋脊的结构更为类似，岩浆供给充足，地幔温度更高。在大西洋中北部的亚速尔群岛也存在着热点，地震调查的结果显示出浅地壳的熔融透镜体（Singh et al., 2006），并为海底热液系统输送热量。

5.4 岩浆作用

慢速扩张洋脊存在大量的转换断层及拆离断层等构造活动带，构造拉张作用使洋壳破裂断开，深部地幔物质直接出露于洋底。此外，非岩浆洋脊段也为地幔物质的出露提供了有利条件。因此，深海橄榄岩一般沿着转换断层分布（如北大西洋脊 Kane 转换断层和西南印度洋脊 Atlantis II 转换断层等），或者出现在非岩浆洋脊段（如印度洋罗德里格斯三联点附近）内。由于地幔部分熔融程度较低，相比于快速扩张洋脊的方辉橄榄岩，慢速扩张洋脊出露的深海橄榄岩中含大量二辉橄榄岩。由于拆离断层广泛发育，大洋核杂岩也是慢速扩张洋脊的一种重要的岩石组合类型。大洋核杂岩一般与拆离断层相伴生，拆离断层的下盘能够暴露出地幔岩石或者次火山的物质，如辉长岩和蛇纹石化的橄榄岩。大洋钻探取得的岩心表明，大洋核杂岩的大部分为镁铁质的辉长岩和超镁铁质的蛇纹岩化橄榄岩和橄长岩，玄武岩少见（图5-17）。除了岩浆岩外，大洋核杂岩还含有与拆离断层作用相关的构造岩类，如糜棱岩、绿泥石化角砾岩、微角砾岩、断层角砾和断层泥等。

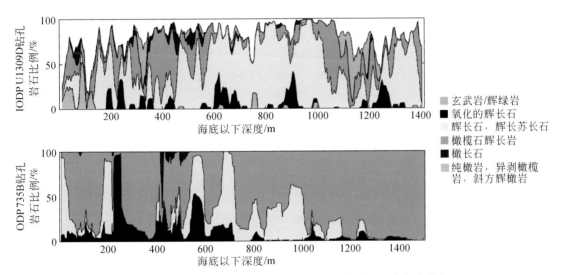

图 5-17 北大西洋脊 Atlantis Massif 核杂岩 IODP U1039D 钻孔和西南印度洋脊 Atlantis Bank 核杂岩 IODP 735B 钻孔的岩石类型变化图（Ildefonse et al., 2007）

TAG 热液区是目前已经发现的最大的热液区之一，由低温、高温热液区和不活动的热液区组成，该区火山岩主要是典型的 N-MORB。玄武岩玻璃微量元素研究指示由于海底多个原始岩浆源导致了岩浆多期次喷发，初始岩浆的演化主要在中高压的条件下结晶，并快速在海底表面喷出，表明该区热液循环体系下有更深层的热源（Meyer and Bryan, 2013），与该区的负重力异常相一致（Rona, 1993）。研究认为火山活动并不局限于轴向断裂，而是分散在整个裂谷中，发育的隐晶质和斑状玄武岩指示裂谷以下的岩浆房很小并具有间歇性活动（Bogdanov, 1989）。该热液区具有复杂的热液活动历史，主要受到大面积断层的控制，东部裂谷的活动和静止的交替可能与偶发的岩浆活动和热源的补充有关（Humphris and Tivey, 2000)。

Lcuky Strike 热液区位于三个火山锥之间的三角地带，其围岩类型为熔岩及渗透性的火山角砾岩，熔岩成分主要为新鲜的玄武岩玻璃（Radford-Knoery et al., 1998），局部出露蛇纹石化橄榄岩（Hamelin et al., 2013）。Hamelin 等（2013）利用"Nautile"号深潜器和"Victor"号 ROV 在热液区附近共采集了 18 个玄武岩样品，通过测试样品的微量元素和 Hf、Nd 同位素组成，发现 Hf 和 Nd 之间具有强相关性（Salters et al., 2011）。随着与亚速尔群岛距离的增加，其 Pb、Hf 和 Nd 同位素值逐渐变化（Agranier and Blichert, 2005; Gale et al., 2013），地幔中 Hf 的组分向亚速尔群岛具有富集的趋势，但地幔熔融过程中的动力学过程不能反映 Hf-Nd 系统的变化，而用局部的地幔中富集和亏损地幔的混合模式能更好地解释该趋势（Hamelin et al., 2013）。Gale 等（2013）对热液区岩石学进行研究，根据微量元素及主量元素特征将热液区熔岩分为两类：一类是 T-MORB，另一类是 E-MORB，二者在组分上具有明显的不同。E-MORB 样品来自于地幔低程度的部分熔融，而 T-MORB 样品则是该区域熔体与富集熔体混合的结果。最近在该区域的岩浆喷发事件及枕状熔岩和熔岩柱指示了下层具有大的岩浆房（Ondréas et al., 2009）。

Logatchev 热液区围岩主要为超镁铁质岩（由橄榄石、斜方橄榄石、辉石和蛇纹石组成），并多遭受蚀变，在洋脊边坡处可见枕状玄武岩。热液区蛇纹石化橄榄岩和辉长苏长岩等岩石的出露代表了该区活跃的热液活动，微量元素和 Sr-O 同位素特征表明，蛇纹石化作用使得橄榄岩的地球化学组成改变，TiO_2 和 CaO 亏损，微量元素 Cu、Nb、Ba、La、Sm、Eu、Th 和 U 含量增加（Augustin et al., 2008）。复杂构造形成的裂隙和断层为热液循环提供的良好通道，有利于热液矿床的形成，相邻裂谷或轴向的火山构造可能与下部岩浆汇聚息息相关，并造成了局部熔融的特征（曾志刚, 2011）。

5.5 热液硫化物矿床

截止到 2015 年，在大西洋中脊共发现热液硫化物矿床及热液异常点 89 处，其中 41 处已确认为活动的高温热液硫化物矿床，8 处为已停止活动的热液硫化物矿床，另有 40 处为热液活动异常点。在这些热液硫化物矿床或异常点中，分布于北大西洋脊的共有 66 处，约占全部大西洋中脊热液点总数的 74%。北大西洋脊硫化物矿床主要分布于 5.9°~65.8°N（图 5-18），硫化物矿床分布较为均一，矿床间距平均约 78 km。南大西洋脊热液活动调查始于 2005 年，在南大西洋脊已发现的硫化物矿床及热液异常点达 23 处，其中 11 处已确认为硫化物矿床，占当前全部大西洋中脊热液喷口点总数的 26%。

根据赋存岩石类型（N-MORB、E-MORB 和蛇纹石化橄榄岩），将北大西洋脊热液硫化物矿床分布划分为三个典型区（表 5-1）。

第一个典型区位于北大西洋脊 35°N 附近，在地质背景上该区域位于由亚速尔热点形成的亚速尔海底高原以南的洋脊段。由于洋脊与热点的相互作用，这段洋脊比其南部的北大西洋脊具有更强的岩浆活动和更厚的地壳厚度（洋脊平均水深在 2000 m 以内，且随着洋脊远离亚速尔海底高原，水深有逐渐变大的趋势）。因此该区热液活动强度也最大，喷口出现的频率最高。该区的基岩以 E-MORB 为主，包括 38°20′N、Menez Gwen 和 Lucky

Strike 三个典型硫化物矿床。该区 Rainbow 矿床的基底以蛇纹石化的橄榄岩为主,但也伴随有少量的 E-MORB。另外,除了 Rainbow 位于离轴的位置外,其他三个矿床都发育在脊轴。

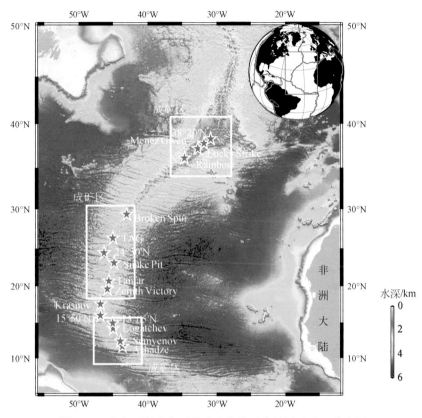

图 5-18 北大西洋脊典型热液硫化物矿床及活动喷口分布图

表 5-1 北大西洋脊典型硫化物矿床的主要特征

典型硫化物区	典型硫化物矿床	纬度	经度	水深/m	活动性	大小/m	基底岩石	离轴距离/km
典型区一	38°20′N	38°20′N	30°40′W	600	不活动	—	E-MORB	0
	Menez Gwen	37°50′N	31°31′W	820	活动	100×50	E-MORB	0
	Luck Strike	37°17′N	32°16′W	1650	活动	1000×1000	E-MORB	0
	Rainbow	36°14′N	33°54′W	2400	活动	400×100	橄榄岩	6
典型区二	Broken Spur	29°10′N	43°10′W	3050	活动	—	MORB	0
	TAG	26°08′N	44°49′W	3670	活动	250×250×45	MORB	7
	24°30′N	24°30′N	46°10′W	4000	不活动	—	MORB	4
	Snake Pit	23°22′N	44°57′W	3500	活动	300×150	MORB	0
	Tamar	20°30′N	45°39′W	1960	不活动	—	MORB	0
	Zenith Victory	20°00′N	45°38′W	2400	?	1000×600	MORB	9

续表

典型硫化物区	典型硫化物矿床	纬度	经度	水深/m	活动性	大小/m	基底岩石	离轴距离/km
典型区三	15°05′N	15°05′N	44°56′W	2600	不活动	—	橄榄岩	?
	Logatchev-1	14°45′N	44°58′W	3000	活动	400×150	橄榄岩	8
	Logatchev-2	14°43′N	44°56′W	2700	活动	100×200	橄榄岩	12
	Semyenov	13°31′N	44°55′W	3700	不活动	—	橄榄岩	2
	Ashadze-2	12°59′N	44°54′W	3250	活动	200	橄榄岩	9
	Ashadze-1	12°58′N	44°52′W	4040	活动	200	橄榄岩	4

第二个典型区位于北大西洋脊中部，该区洋脊出露的岩石以 N-MORB 为主，由北向南包括 Broken Spur、TAG、24°30′N、Snake Pit、Tamar 和 Zenith Victory 六个典型硫化物矿床。其中前四个硫化物矿床仍有热液活动，而后两个热液活动已经停止。这六个矿床中，除了 Snake Pit 和 Tamar 位于脊轴以外，其他几个都处于离轴的位置（表5-1）。

第三个典型区位于北大西洋脊南部，构造位置上主要位于 15°20′N 转换断层和 Marathon 转换断层之间。该区洋脊出露的岩石以橄榄岩为主，15°05′N、Logatchev、Semyenov 和 Ashadze 四个热液区均为超镁铁质岩系热液硫化物矿床，且都位于离轴的位置。

5.5.1 玄武岩型硫化物矿床

1. TAG 硫化物矿床

TAG 位于北大西洋脊离轴位置上（26°08′N，44°49′W），基底岩石为玄武岩，是一个由活动和非活动热液硫化物丘及 Fe-Mn 氧化物组成的 5 km×5 km 的大型硫化物矿床。硫化物矿床共包括一个正在活动的 TAG 硫化物丘（图5-19），以及两个停止活动的高温热液硫化物丘（Mir 和 Alvin）(Rona et al., 1993)。TAG 热液硫化物丘体中央为高温聚集流形成的黑烟囱，在黑烟囱东侧还存在低温的白烟囱。丘体表面为烟囱体崩塌形成的硫化物角砾及热液硫化物（图2-14）。丘体内部中央为石膏-黄铁矿角砾岩带，深部为呈网脉状的矿化的基底岩石，主要表现为硅化、黄铁矿化和黄铜矿化。

根据地形可以将硫化物丘状体分为三个部分：①喷口中心，主要由块状黄铜矿、黄铁矿组成，次为硬石膏；②台地，喷口周围的硫化物碎屑堆积物，含有完整保留的氧化壳；③边缘，局部覆盖着硫化物碎屑和多金属沉积物。各种热液产物主要围绕热液丘状体分布，这些热液产物可分为黑烟囱体、块状硫化壳、块状硬石膏、白烟囱体、富硫化物热液丘状体和赭色铁氧化物。非活动热液丘状体主要分布在裂谷底部近东壁的地段。Alvin 带水深 3400~3600 m，由几个似丘状特征的不连续硫化物矿床组成，规模类似于活动丘，由重结晶块状黄铁矿和少量黄铜矿、闪锌矿组成，表面附有铁的氢氧化物。Mir 带位于 Alvin 带的南部，产出在活动热液丘东—北东方向大约 2 km 处较低的东侧壁，水深为 3430~3575 m，这个区域包括烟囱碎屑，其矿物组成类似于活动丘的黑烟囱和白烟囱，还包括块状硫化物块体、Fe 氧化铁帽和 Mn 氧化物壳。

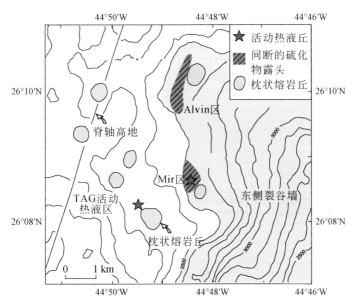

图 5-19　TAG 区硫化物丘的平面分布图（Hannington et al., 1998）

2. Lucky Strike 硫化物矿床

Lucky Strike（37°17′N，32°16′W）位于亚速尔三联点以南的大西洋中脊。该热液区位于脊轴之上，且热液喷口都集中分布在直径为 200 m 左右的熔岩湖（lava lake）四周（图 5-20）。该熔岩湖四周分布有三个锥形高地，大部分热液喷口都分布在熔岩湖与三个锥形高地的斜坡上，喷口的平均水深为 1650 m。该矿床的一个重要特点是除了发育高温热液喷口以外，在熔岩湖西侧还分布着低温的弥散流。在熔岩湖四周分布的热液硫化物包括高

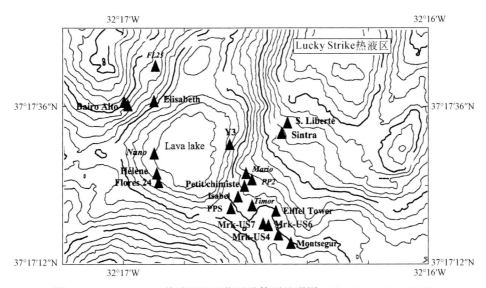

图 5-20　Lucky Strike 热液区地理位置及简要地形图（Charlou et al., 2000）

温（324℃）黑烟囱、低温扩散流沉淀形成的富重晶石及 Zn-Fe 硫化物（Fouquet *et al.*，1994）。该区的硫化物经历了热液活动的多期次作用，围绕圆形洼陷分布，空间上的分布受控于熔岩湖（图 5-21）。与这些硫化物有关的热液输出主要通过高温黑烟囱体实现，该黑烟囱体具有硬石膏凸缘，富集重晶石和 Zn-Fe 硫化物，且和低温扩散所在的喷口一样，有非晶硅的沉淀。

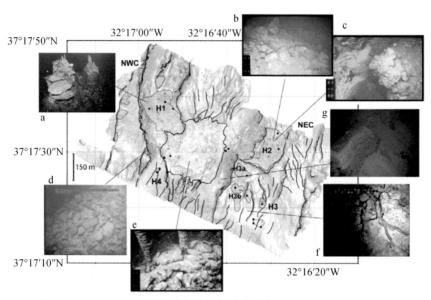

图 5-21 Lucky Strike 热液区内的各类地质现象（Ondréas *et al.*，2009）

a. 活动热液烟囱体；b. 硫化物碎屑；c. 死烟囱体；d. 枕状玄武岩；e. 熔岩筒；f. 裂隙；g. 火山角砾堆积体；
黄色覆盖区域为热液建造与硫化物碎屑，区内可观测到活动热液喷口及死烟囱体

5.5.2 超镁铁质岩型硫化物矿床

1. Logatchev 硫化物矿床

Logatchev 硫化物矿床（14°45′N，44°58′W）位于北大西洋脊 15°20′N 转换断层和 Marathon 转换断层之间的洋脊段（图 5-22），该洋段由岩浆与非岩浆增生段组成，大洋核杂岩主要出露在 13°N 和 15°N 两个非岩浆洋脊段，而中部的岩浆聚集段 14°N 鲜有出露（图 5-5）。

Logatchev 硫化物矿床主要包括 Logatchev-1 和 Logatchev-2 两个区域，水深分别为 2970 m 和 2700 m，产出在蛇纹石化超镁铁质岩体上，与裂谷壁东部局部辉长岩侵入体相伴生（Krasnov *et al.*，1995；Lein *et al.*，2003）。Logatchev-2 分布在离轴 8 km 和 12 km 的蛇纹石化橄榄岩体上，北西向延伸长 400 m，多数热液喷口点呈环形似火山口形状，直径为 10~15 m，深数米，复杂分布的断面和裂隙主要呈东西向和北东-南西向展布（Petersen *et al.*，2009）。Logachev-1 位于 350 m 高崖之下的一高地上，水深 2900~3060 m，围岩是辉长岩和橄榄岩，由烟囱区和弥散流区两部分组成，主要包括：①"Quest""Irina""Irina-II""Candelabra"

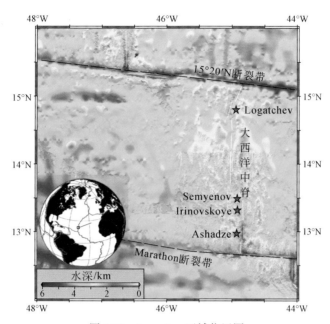

图 5-22 Logatchev 区域位置图
地形数据来源于 MGDS 数据库；★为硫化物矿床

"Anna-Louise""A"和"B"硫化物烟囱体群；②"F"弥散流区（图5-23）。热液区内高温酸性热液流体具有强还原性，流体的盐度与海水相近，热液流体中最大溶解 Fe 浓度为 60 mg/L，Mn 浓度为 2.3 mg/L，Cu 浓度为 0.1 mg/L。热液区内的热水化学组成受三个过程控制：①高温高压下进行的水与超镁铁质岩（蛇纹岩）的相互作用；②海底之下热液的相分离作用，产生富金属氯化物的卤水；③大洋水流入热液系统地下裂隙，降低溶液的温度和盐度组成并氧化 H_2S。

Logatchev-1 热液区沉积物以碳酸盐岩为主，包括方解石、文石和白云石，以及针铁矿、自生和碎屑硅酸盐矿物（Gablina et al., 2006），同时首次发现了菱镁矿和菱铁矿等矿物。含 Cu 矿物除了硫化物外，还包括氯铜矿和副氯铜矿。Logatchev-1 热液区硫化物矿石包括所有已知的硫化物矿物，辉铜矿和蓝辉铜矿系列等富 Cu 硫化物广泛分布，其次为 Fe 氧化物和铜蓝系列矿物。许多样品中硫铜矿和久辉铜矿相伴生，一些样品中也存在少量黄铜矿与硫铜矿和久辉铜矿相伴生。热液区中含黄铜矿和蓝辉铜矿系列的富 Cu 硫化物在矿体中普遍存在，而贫 Cu 硫化物主要分布于矿体外。来自 813 和 817 站位的岩心样品中含 Cu 硫化物被氯化物所替代，813 站位含 Cu 矿物以红色沉积物中的氯铜矿为代表，在沉积物以下存在铁的氢氧化物（Gablina et al., 2006）。817 站位中的岩心主要由黑色含矿沉积物组成，剖面下部含有丰富的硫化物，包括氯铜矿、副氯铜矿、黄铜矿、黄铁矿和闪锌矿，剖面上部含 Cu 硫化物含量减少，主要被贫 Cu 硫化物系列所替代，也存在一些氯铜矿、副氯铜矿、黄铁矿和闪锌矿。

Logatchev-2 热液区硫化物烟囱体存在显著分带现象，通道附近以黄铜矿矿化为主，而外部带以闪锌矿矿化为主。硫化物外部有一定数量（10%）的蛋白石生长（图5-24），部分样品也显示黄铜矿被辉铜矿所替代，偶尔发现斑铜矿和铜蓝（Lein et al., 2001）。矿物

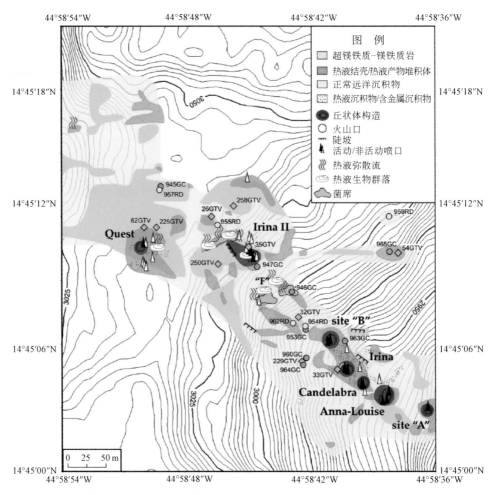

图 5-23 Logatchev-1 热液活动空间分布（Petersen et al., 2009）

发现大量的 Au 颗粒，在隐晶质的石英中存在显微颗粒的金和银金矿，粒度小于 5 μm，与闪锌矿共生，也存在于共生闪锌矿中的黄铜矿颗粒中。总体而言，Au 主要与硅质矿物有关，占据黄铜矿和闪锌矿之间的间隙位置，表明了晚期结晶相（Lein et al., 2001）。

图 5-24 Logatchev-2 热液区矿石中闪锌矿、Cu-Fe 硫化物和硅质矿物之间的关系（Lein et al., 2001）

Op. 蛋白石；Cpy. 黄铜矿；Sph. 闪锌矿

2. Rainbow 硫化物矿床

Rainbow 硫化物矿床位于大西洋中脊 36°14′N，33°53′W，亚速尔群岛南部，水深约 2300 m（图 5-25）。热液区位于轴部火山中心西侧 6 km 的位置，该热液区有 10 个活动的高温（365 ℃）热液喷口，呈东西向排列在约 200 m 的范围内（Douville et al., 2002）。Rainbow 热液区的基底岩石为蛇纹石化的橄榄岩，区内只有少量玄武岩出露在离活动喷口以东 1 km 的地方。热液区西部以低温弥散流为主，而东部存在活动的小烟囱体，表明高温热液活动向东延伸。Rainbow 热液区东部附近也存在沉积物石化现象和死亡的贻贝，可能与低温、富 CH_4 流体通过沉积物排泄有关（Fouquet et al., 2010）。

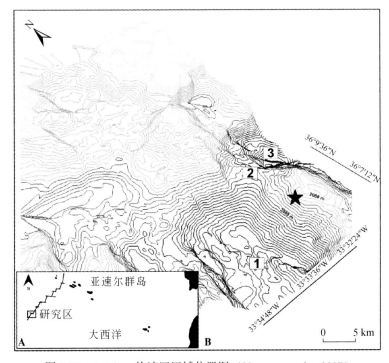

图 5-25　Rainbow 热液区区域位置图（Marques et al., 2007）
★为 Rainbow 热液区；1. AMAR 洋脊段（南）；2. 非转换不连续带；3. AMAR 洋脊段

Rainbow 热液区围岩以蛇纹石化橄榄岩为主。蛇纹石矿物假晶虽然具有蛇纹石特征，但已被纤蛇纹石取代（图 5-26）。最早形成的热液硫化物在细脉中分散生长，并被非假象的蛇纹石基质包围。蛇纹岩基质具有大量的球形或者细小的他形含黄铜矿的固溶体，在固溶体矿物边缘生长有少量自形的铜蓝，偶见少量自形层状的磁黄铁矿和闪锌矿晶体。蛇纹石化期间所形成的细粒磁铁矿消失，在晚期氧化条件下形成新的粗粒磁铁矿，并且常以单独和分散的形式替代自形粒状黄铁矿。热液蚀变的铬尖晶石残留物指示矿物边界具有"高 Fe"的特性（Marques et al., 2006）。

富 Cu 型块状硫化物中密集排列有低孔隙度的黄铜矿固溶体，无明显的矿物分带，是由半块状-块状黄铁矿硫化物和黄铜矿的中间固溶体硫化物所广泛替代而形成，部分具有低温退火的特征,指示了矿物具有重结晶的过程[图5-26(c)],黄铜矿固溶体中具有蚀变的铜蓝和少量破碎的硬石膏。富Zn型硫化物烟囱体具有多孔隙的特点,并且在排气孔周围显示出分带性,烟囱体富含闪锌矿[图5-26(d)、(e)]。类型Ⅰ为较低温度的硫化物组合,该硫化物集合体由自形的黄铁矿和胶状闪锌矿组成,并与黄铜矿固溶体共生[图5-26(e)]。类型Ⅱ包含层状晶体的磁黄铁矿聚合体,研究表明同源硫化物和矿物集合体形成在高温喷口(Lein *et al.*, 2001; Marques *et al.*, 2006)。

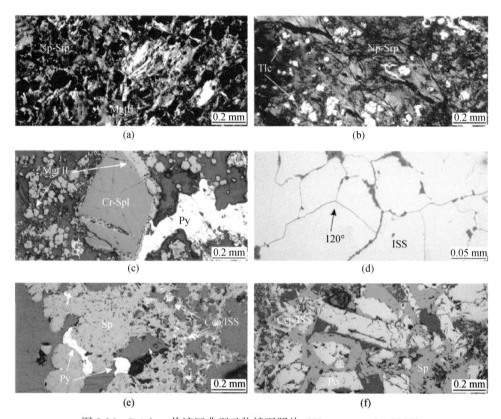

图5-26 Rainbow热液区典型矿物镜下照片(Marques *et al.*, 2006)

(a)矿化的蛇纹石网脉和非假晶特征的蛇纹石及粗粒的磁黄铁矿;(b)网脉状和滑石之间的过渡时期,非假象的蛇纹石逐渐被滑石替代;(c)半块状-块状硫化物残留物;(d)富Cu的块状硫化物的重结晶;(e)块状硫化物烟囱体具有富Cu的矿物组成(类型Ⅰ);(f)块状硫化物烟囱体(类型Ⅱ)具有富Zn的特点

5.6 热液硫化物成矿特征

5.6.1 典型区岩石地球化学特征

利用PetDB岩石数据库,对北大西洋脊典型热液硫化物矿床及其周围出露的岩石进行了统计和分析。选取了TAG、Lucky Strike、Broken Spur、Menez Gwen、Snake Pit、Logatchev、Rainbow和Ashadze八个以镁铁质(玄武岩)和超镁铁质岩(深海橄榄岩)为

基底的典型硫化物矿床，进行岩石类型和岩石地球化学特征对比。

从 SiO_2-K_2O 图解可以看出：Logatchev 和 Ashadze 两个矿床的基底岩石为超镁铁质岩（或超基性岩，SiO_2 质量分数<45%）[图5-27（a）]，且 Rainbow 热液区下伏岩石以超镁铁质岩为主，并有一定数量的镁铁质岩（SiO_2 质量分数>45%）。而其他几个硫化物矿床包括 Menez Gwen、Lucky Strike、Broken Spur、Snake Pit 和 TAG 的基底岩石均为镁铁质岩，它们均是玄武质岩浆经历低程度岩浆演化的产物（SiO_2 质量分数<54%）。另外，图5-27（b）显示超镁铁质岩均具有低K的特征，而镁铁质岩则表现出了不同程度的富K特征。利用 K/Ti 值对这些镁铁质玄武岩进行划分，通常以 K/Ti=0.1 和 0.15 为界将玄武岩划分为 E-MORB、T-MORB 和 N-MORB（Cushman et al., 2004）。本节将区内玄武岩划分为 E-MORB 和 N-MORB 两大类进行讨论。

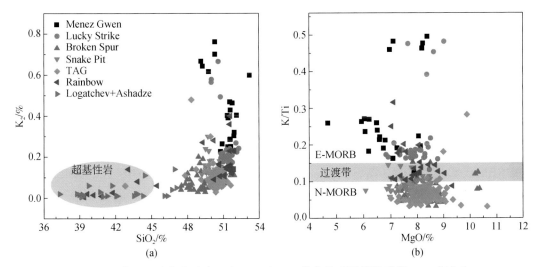

图5-27 典型区硫化物矿床基岩 K_2O 和 SiO_2 协变关系及镁铁质岩 K/Ti 值分布
（a）K_2O 和 SiO_2 协变关系；（b）镁铁质岩 K/Ti 值分布

Menez Gwen、Lucky Strike 和 Rainbow 区的少量玄武岩属于 E-MORB 类型[图5-27（b）]，并且随着距亚速尔热点的距离减小，即由南向北从 Rainbow 到 Lucky Strike 再到 Menez Gwen，MORB 富K的特征越来越明显[图5-27（b）]，这与由南向北洋脊热点相互作用逐渐增强有关。远离亚速尔热点的三个硫化物矿区（Broken Spur、Snake Pit 和 TAG）的岩石类型则为 N-MORB。

Menez Gwen、Lucky Strike 和 Rainbow 热液区玄武岩具有富集型稀土元素配分模式，而 Broken Spur、Snake Pit 和 TAG 的玄武岩则为亏损型稀土元素配分模式（图5-28）。值得一提的是，三个受热点影响区域的玄武岩除了具有向北富K的特征外，轻稀土的富集程度及轻重稀土分馏程度（Ce/Yb_N）也存在向北富集的特征。且离亚速尔热点最近的 Menez Gwen 的玄武岩的稀土配分模式与亚速尔群岛玄武岩非常接近。

北大西洋脊典型区内共有三类不同类型的岩石：超镁铁质的深海橄榄岩及镁铁质的 N-MORB 和 E-MORB。由于 Cu、Zn、Pb、Ba、Co、Ni、Au 和 Ag 等元素在地幔熔融过程中具有差异性的地球化学行为，在不同类型岩石中的丰度也存在不同程度的差别。因此，为

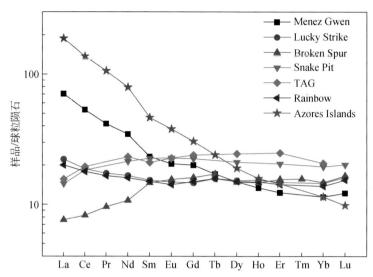

图 5-28　北大西洋脊典型硫化物矿床基底玄武岩稀土元素球粒陨石标准化图
数据来源于 PetDB 大洋岩石数据库；亚速尔群岛玄武岩数据引自 Genske 等（2012）

了揭示硫化物中成矿元素与基底岩石的关系，有必要对不同基底岩石中主要成矿元素的丰度特征进行研究。本书选择亚速尔热点附近的 DSDP 82（只有玄武岩）钻孔数据来代表 E-MORB 的成矿元素组成（图 5-29），而选择 TAG 区的 ODP 158（TAG 区下伏的玄武质基岩）钻孔数据来代表 N-MORB 的成矿元素组成。由于 Logatchev 和 Ashadze 附近的 ODP 209 钻孔岩心中橄榄岩受到过强烈的热液蚀变作用，造成部分成矿元素与岩石中元素含量不符（过高），因此该岩心数据未被采用。另外，选择 Rainbow 区附近的 DSDP 37 岩心数据来代表深海橄榄岩的成矿元素组成，且该岩心除了橄榄岩外还有辉长岩。

图 5-29 显示 DSDP 82 岩心中 E-MORB 与 ODP 158 中 N-MORB 具有相近的 Cu 含量，分布在 60~90 ppm，且两者都存在少量富 Cu 岩石样品（90~120 ppm）。而 DSDP 37 岩心中的橄榄岩相对玄武岩亏损 Cu（20~90 ppm），但其中的辉长岩微富 Cu，与 E-MORB 的 Cu 含量相近。Zn 与 Cu 类似，DSDP 37 岩心中的橄榄岩相对 DSDP 82 中 E-MORB 与 ODP 158 岩心中 N-MORB 更亏损 Zn，且 Zn 含量与 MgO 含量具有很好的负相关性，MgO 含量越大的辉长岩和橄榄岩含有最低的 Zn（<60 ppm）。另外 ODP 158 的 N-MORB 比 DSDP 82 的 E-MORB 稍富集 Zn。那些 Zn 含量达到几百 ppm 甚至几千 ppm 的数据应属于异常数据，因为与全球 MORB 平均 Zn 含量只有几十 ppm 明显不符（Anderson，1989）。

Ba 是一种强不相容元素，在 E-MORB 中强烈富集，而在 N-MORB 中相对亏损（图 5-29）。ODP 158 岩心中 N-MORB 的 Ba 含量低于 30 ppm，平均约为 15ppm，而 DSDP 82 岩心中 E-MORB 的 Ba 含量最高可达 150 ppm，而橄榄岩中 Ba 最为亏损，低于 N-MORB。DSDP 37 中部比 N-MORB 更高的 Ba 则是富集型辉长岩表现出来的特征。Ni 是一种典型的强相容元素，在地幔熔融过程倾向于富集在橄榄石中，因此岩石中 Ni 含量与 MgO 含量有着明显的正相关性。Ni 在 N-MORB 和 E-MORB 中的含量为 100~200 ppm，而在橄榄岩中可高达 1000 ppm 以上。

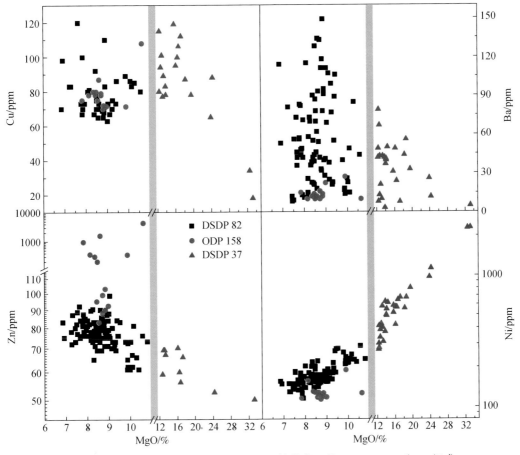

图 5-29　DSDP 82、ODP 158 和 DSDP 37 钻孔岩心的 Cu、Zn、Ba 和 Ni 组成

综上所述，Cu 在 MORB 中的含量相对比较集中，E-MORB 和 N-MORB 差异不明显，但 Cu 在橄榄岩中相对更亏损；而 Zn 比 Cu 具有更明显的不相容性，岩石中 Zn 含量与 MgO 含量具有很好的负相关性，橄榄岩具有最低的 Zn 含量，辉长岩次之，演化程度越高的岩石 Zn 含量越高。MORB 中 Ba 含量的高低主要取决于是否有富集组分的加入，受热点影响的 E-MORB 具有较高的 Ba 含量，而与亏损地幔有关的 N-MORB 及橄榄岩具有较低的 Ba 含量。Ni 不受富集组分加入的影响，它在岩石的含量取决于 MgO 的含量，这意味着镁铁质含量越高，Ni 的含量越高。

5.6.2　典型区元素地球化学特征

1. Cu、Zn 元素分布特征

对于以 E-MORB 为基底的硫化物矿床，它们都具有最低的 Cu 和 Zn 含量。例如，Menez Gwen 的 Cu+Zn 的质量分数<5%，且 Fe 的含量也很低（质量分数<10%），这反映出 Menez Gwen 具有贫金属的特征。而对于同以 E-MORB 为基底的 Lucky Strike，尽管比 Menez

Gwen 更富集 Cu、Fe 和 Zn，但其 Cu+Zn+Fe 的含量仍低于其他硫化物矿床（图 5-29）。以橄榄岩为基底的硫化物矿床（Rainbow、Logatchev 和 Ashadze），具有远高于其他硫化物矿床的 Cu、Fe 和 Zn 含量，它们的 Cu+Zn 的质量分数为 20%~30%，且 Logatchev 的 Cu 的质量分数在 25% 以上，这说明以橄榄岩为基底的硫化物具有富集金属的特征。

硫化物中 Cu 和 Zn 的含量与它们赋存岩石中 Cu 和 Zn 的含量不符，因为橄榄岩具有较 N-MORB 和 E-MORB 更低的 Cu 和 Zn 含量。另外，E-MORB 和 N-MORB 总体上具有相近的 Cu 和 Zn 含量，即使两者存在细微的含量差别，也难以解释以 E-MORB 为基底的硫化物贫金属的特征，这说明除了基底岩石本身的控制因素之外，还有其他因素影响硫化物矿床 Cu 和 Zn 的含量。

2. Si、Ba 元素分布特征

典型区以 E-MORB 为主导的硫化物较为富 Si 和 Ba，Menez Gwen 中，Si 的质量分数>25%，Ba 的质量分数约为 20%，而 Lucky Strike 中 Si 和 Ba 的质量分数都在 10% 以上。以 N-MORB 为主导的硫化物则相对亏损 Si 和极度亏损 Ba。除了 Broken Spur 缺乏 Ba 和 Si 的数据外，TAG 和 Snake Pit 中 Si 的质量分数为 3%~10%，而 Ba 的质量分数<1%。对于以橄榄岩为主导的硫化物则较 N-MORB 更亏损 Si 和 Ba，甚至不含 Ba。N-MORB 和橄榄岩都极度贫 Ba，平均在 10 ppm 以内（Anderson，1989），而 E-MORB 又相对极其富 Ba，最高可达 150 ppm（图 5-30）。由此可以看出，硫化物中 Ba 的含量主要受基底岩石 Ba 含量的控制。

对于 Si 而言，橄榄岩比玄武岩更贫 Si，但 E-MORB 并没有较 N-MORB 更富集 Si，两者富 Si 程度均取决于其岩浆的演化程度。由此看来，硫化物烟囱体 Si 的富集或亏损与基底岩石并没有直接的关系，相反，这可能与富 Si 石英发生饱和沉淀的部位有着直接的关系，非晶硅在海底热液喷发前发生饱和而沉积是烟囱体亏损 Si 的重要原因（Fouquet et al.，2010）。

3. Ni、Co 元素分布特征

Ni 和 Co 是典型的相容元素，两者主要赋存在橄榄岩当中，因此超镁铁质的橄榄岩会富集 Co 和 Ni，而镁铁质的玄武岩则更亏损这些元素。从图 5-31 可以看出：以橄榄岩为基底的 Rainbow、Logatchev 和 Ashadze 比以玄武岩为基底的硫化物矿床更富集 Co 和 Ni，尤其以 Ashadze 区最为典型。例外的是 Rainbow 区硫化物具有较低的 Co 含量，比以 N-MORB 为基底的硫化物矿床更低，而与以 E-MORB 为基底的硫化物矿床接近。在地理位置上，Rainbow 区所在洋脊与 Lucky Strike 和 Menez Gwen 一样都受到了亚速尔热点的影响，因此 Rainbow 热液区的热液可能不但淋滤橄榄岩，还与富集的辉长岩发生了水-岩反应。

4. Au 元素分布特征

北大西洋中脊三个典型区硫化物矿床的 Au 含量具有较大的差异，从 Au 的分布频率来看，以玄武岩为基底的硫化物矿床（如 Snake Pit 和 Broken Spur）的 Au 含量以<2 ppm 为主，并伴随有 2~10 ppm 的 Au 分布，但出现的频率较低。而同样以玄武岩为基底的 TAG

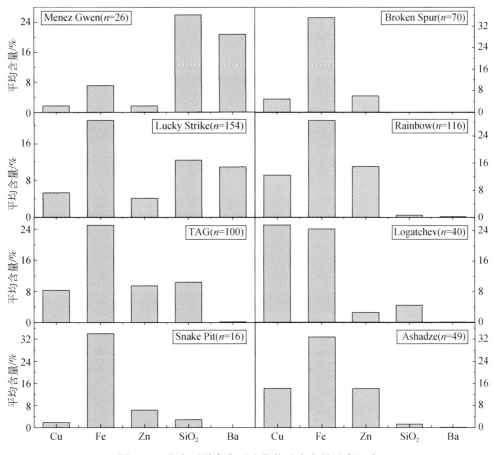

图 5-30　北大西洋脊典型硫化物矿床主量元素组成

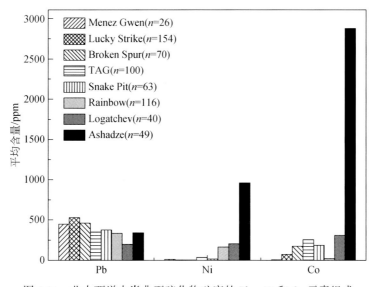

图 5-31　北大西洋中脊典型硫化物矿床的 Pb、Ni 和 Co 元素组成

区硫化物则具有相对较高的 Au 含量，个别矿石的 Au 含量达到了 10 ppm 以上，甚至有的矿石 Au 含量高达 40 ppm 以上。尽管如此，TAG 区<10 ppm 的 Au 分布频率仍在 90% 以上，80% 的矿石 Au 含量都在 3 ppm 左右（图 5-32）。对于以超镁铁质岩为基底的 Logatchev 区，其硫化物矿床的 Au 含量要远远高于以玄武岩为基底的硫化物矿床。首先体现在前者具有更高量级的 Au 含量，7 ppm 的 Au 含量约占 40%。其次，高 Au 含量（>15 ppm）的样品同样具有较高的频率（约占 20%），远高于 TAG 区（<5%）（图 5-32）。

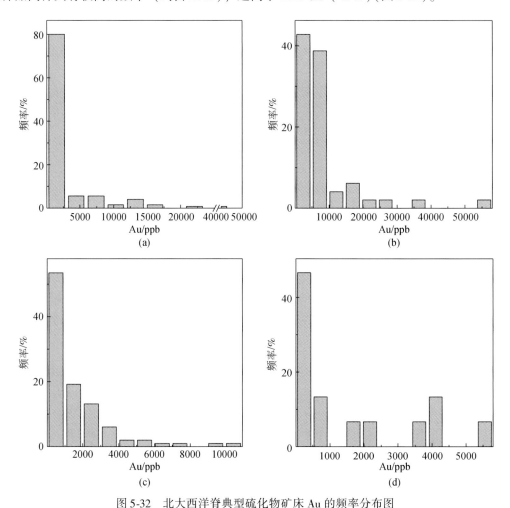

图 5-32 北大西洋脊典型硫化物矿床 Au 的频率分布图
(a) TAG 区（$n=125$）；(b) Logatchev 区（$n=49$）；(c) Snake Pit 区（$n=99$）；(d) Broken Spur 区（$n=15$）

实际上，超镁铁质岩本身并没有相对于镁铁质岩富 Au，加上以玄武岩为基岩的几个硫化物区表现出了差异性的 Au 含量，这说明对于产自洋中脊环境的硫化物矿床，其 Au 含量可能并不主要受基底岩石控制。图 5-33 显示 TAG 区低温的白烟囱比高温的黑烟囱更富 Au，且前者 Au 含量甚至比后者高一个数量级，这说明 Au 更倾向在低温沉淀物中富集，这与 Snake Pit 和 Broken Spur 高温黑烟囱不富 Au 的情况吻合，但这种规律并不适用于以超镁铁质岩为主导的热液区，如 Rainbow、Logatchev 和 Ashadze 三个热液区富 Cu（图 5-29）。

但已有的数据又表明它们同时富 Au（至少在 Logatchev），这表明 Au 和高温沉淀的 Cu 也能够具有很强的联系。

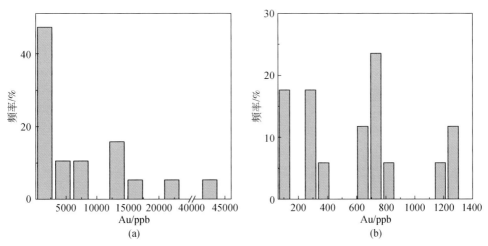

图 5-33　TAG 硫化物矿床烟囱体的 Au 含量频率分布图
（a）白烟囱样品（$n=19$）；（b）黑烟囱样品（$n=19$）

5.6.3　典型区硫化物矿床成矿机制

1. 成矿物质来源

北大西洋脊共存在三类基底岩石，包括超镁铁质的深海橄榄岩及两类基性的玄武岩（N-MORB 和 E-MORB）。"典型区一"的基底岩石以 E-MORB 为主，"典型区二"的基底岩石以 N-MORB 为主，而"典型区三"的基底岩石以橄榄岩为主。三个典型区的硫化物矿床的成矿元素组成与其基底岩石有着明显的成因联系，这些具有成因联系识别作用的特征元素包括 Ba 和 Ni 等。例如，E-MORB 中富集 Ba，而其他两类岩石则亏损 Ba，相应地，以 E-MORB 为基底岩石的"典型区一"的 Lucky Strike 和 Menez Gwen 的硫化物矿床则比以其他类型岩石为基底的成矿区中的硫化物矿床更富集 Ba（图 5-29）。另外，超镁铁质的橄榄岩与 MORB 相比，会明显富集 Ni（图 5-30），而相应地以橄榄岩为基底的"典型区三"则比另外两个成矿区的硫化物矿床更富集 Ni（图 5-30）。特征元素 Ba 和 Ni 在基底岩石及相应硫化物矿床中的良好对应关系，说明基底岩石在北大西洋脊硫化物的成矿物质来源方面起着重要作用。

2. 典型区硫化物矿床 Cu、Zn 和 Au 富集机制

北大西洋脊这类单一构造环境产出的硫化物矿床，金属元素来源主要受其基底岩石类型的控制。但是注意到三个典型区中的硫化物矿床的矿元素组成还是具有一定的差异。例如，Logatchev 区硫化物矿床以 Cu 型为主，Snake Pit 区硫化物以 Zn 型为主，而 TAG 区既有 Cu 型的高温型硫化物（黑烟囱），又有 Zn 型的低温型硫化物（白烟囱），这说明虽然成矿元素具有相同的来源，但成矿元素的赋存方式仍存在很大的差异。另外，同样以玄武岩为基底的硫化物矿床（"典型区二"），在 Au 的频率分布上也具有相当大的差异（图5-32），这说明基底岩石的类型即使能够控制硫化物的金属来源，但热液流体中金属的富集机制不单单只与基底岩石的化学组成有关。

基底为超镁铁质岩的硫化物矿床比基性岩主导的硫化物矿床更富集 Cu 和 Zn，然而，这种富集并非通过淋滤且不富 Cu 和 Zn 的超镁铁质岩来实现，因为橄榄岩的 Cu 和 Zn 含量都是低于镁铁质的 E-MORB 和 N-MORB 的（图5-28）。但出露在大洋中脊的深海橄榄岩基本都发生了不同程度的蛇纹石化作用，而这种海底风化作用往往会对岩石的元素组成产生不同程度的改变。例如，出露在 Rainbow 区的蛇纹石具有较高的 Cu 含量（248 ppm）和 Zn 含量（273 ppm）（Fouquet et al., 2010），分别是镁铁质玄武岩 Cu、Zn 含量的两倍以上，这可能是以超基性岩为主导的硫化物矿床富集 Cu 和 Zn 的深层原因。另外，诸如 Logatchev 极其富 Cu、贫 Zn 的现象，可能是由热液区没有受到海水混入的影响、喷出海底的热液流体都为高温流体造成的。

北大西洋脊富 Au 的硫化物矿床主要出现在超镁铁质岩区，其中 Logatchev 和 Rainbow 硫化物矿床的 Au 含量高达 50 ppm 以上（图5-32）。这说明除了不成熟弧后盆地环境的热液硫化物矿床具有富 Au 的特征外，大洋中脊环境也具有产出富 Au 硫化物的潜力，尤其是以超镁铁质岩为基底的热液区（Hannington et al., 2005；Fouquet et al., 2010）。

TAG 区是发现较早的现代海底富 Au 硫化物矿床。Au 往往与富 Zn 的闪锌矿伴生（Hannington et al., 1995），含 Au 量最高的样品 Au 含量高达 42 ppm（图5-32），而高温的黄铜矿则相对贫 Au。例如，TAG 区富黄铜矿的黑烟囱贫 Au，而富闪锌矿的白烟囱富 Au（图5-32）。另外，TAG 区非活动硫化物丘 Mir 区的 Au 平均含量约为 7.6 ppm，且 Au 往往以自然金的形式出现在富 Zn 的矿石中，直径达 4 μm（Hannington et al., 1995）。这种经典的 Au-Zn 组合在现代海底热液硫化物及在陆地上古代硫化物矿床中都极为普遍，这种现象通常被解释为 Au 在低温环境下以 $Au(HS)_2^-$ 的形式发生络合和沉淀。TAG 区硫化物矿床的富 Au 机制被认为与硫化物丘体内部早期沉淀的 Au 受到后期热液的再淋滤和活化作用后，重新进入流体在硫化物丘喷流沉淀有关（Hannington et al., 1988, 1995；Hannington, 1999；Murphy and Meyer, 1998）。

然而在 Rainbow 和 Logatchev 发现了 Au-Cu 组合，即 Au 和高温的黄铜矿伴生，而并未与 Zn 伴生。尽管陆地上 VMS 矿床中 Au 主要出现在富 Zn 的矿石中，但也有少量出现在富 Cu 的矿石中。Large 等（1989）对澳大利亚某 VMS 矿床的描述 "Au 主要以 Au-Zn 的形式在上部的矿体中出现，而下部矿体仍能见到以 Au-Cu 形式出现的富 Au 矿体"，说明 Au 具有两种富集模式，即低温的 Au-Zn（普遍）和高温的 Au-Cu（较少）。前人对这种高温的富 Au 机制解释为 Au 不是以 $Au(HS)_2^-$ 的形式而是以 $Au(HS)$ 的形式络合和沉淀，另外也有人主张 $AuCl_2^-$ 的络合形式，原因是以超镁铁质岩石为主导的热液体系具有更低的 pH 且富含 Cl^-（Gammons and Williams-Jones, 1997），如在 Rainbow 热液区，热液流体具有高温、富 Cl^- 和低 pH 的特点（Douville et al., 2002）。另外值得一提的是，在富 Au 的黄铜矿中 Ag 的含量不如在富 Au 的闪锌矿中高，即具有更低的 Ag/Au 值（Hannington, 1999）。Au 和 Ag 这种在低温体系下伴生，而在高温体系下解耦的特征，进一步暗示在高温体系下 Au 和

Ag 的络合形式发生了改变，即 Au 改变而 Ag 未改变。

综上所述，以镁铁质玄武岩为主导的热液系统，Au 在高温的黑烟囱中不会发生富集，原因是 $Au(HS)_2^-$ 的络合形式只有在热液处于低温时才能达到饱和发生沉淀，因此 Au 的富集往往以低温的 Au-Zn 组合形式出现。另外 Au 的富集也与早期沉淀的 Au 受到后期热液的再淋滤和活化并重新进入流体并在硫化物丘喷流沉淀有关。对于以超镁铁质橄榄岩为主导的热液系统，由于蛇纹石化作用，热液具有富 Cl^- 和低 pH 的特点。在此条件下，Au 发生由 $Au(HS)_2^-$ 向 $AuCl_2^-$ 的络合形式的转变，从而促使其在高温环境下就能在热液流体中达到饱和，进而发生沉淀。

3. 拆离断层对热液循环和成矿的控制作用

在慢速和超慢速扩张洋脊中，拆离断层在洋壳增生和热液循环过程中起到的作用越来越受到海洋地质界的关注（McCaig et al.，2010）。拆离断层被认为是慢速-超慢速扩张中心一种重要的海底扩张模式，即通过拆离断层面的滑移来弥补扩张伸展量。这种低角度的拆离面被认为是一种重要的热界面，有利于热液的传导和循环（McCaig et al.，2007；McCaig and Harris，2012）。这与海底观测发现的慢速-超慢速扩张洋脊热液活动往往发育在拆离断层附近是一致的，如北大西洋脊的 Rainbow、TAG、Logatchev 等热液区（Petersen et al.，2009），以及西南印度洋脊龙旂热液区（Zhao et al.，2013）均与拆离断层有关。北大西洋脊以 E-MORB 主导的几个热液区（Menez Gwen 和 Lucky Strike）主要发育在洋脊轴部，这些热液区的热液循环作用与拆离断层没有直接的联系。而橄榄岩主导的几个热液区包括"典型区三"的所有热液区（15°05′N、Logatchev、Semyenov 和 Ashadze）以及"典型区一"的 Rainbow 热液区都毫无例外地位于离轴的位置（表 5-1）。另外，"典型区二"中部分热液区包括 TAG、24°30′N 和 Zenith-Victory 也同样处于离轴的位置。这些远离轴部新火山中心发育的硫化物矿床显然无法得到轴部岩浆的热供给，因此，这些矿床热液循环的驱动力则被认为与拆离断层有着直接的联系（McCaig et al.，2007；McCaig and Harris，2012）。

发育在拆离断层形成初期的硫化物矿床以 TAG 区最为典型，形成于这个阶段的硫化物矿床往往位于拆离断层的上盘，其基底岩石以洋壳上层的玄武岩为主，成矿物质也主要来源于玄武岩层。驱动热液循环的热源并非来自轴部的新火山中心，而是与辉长岩侵入体有关。尽管拆离断层往往发育在贫岩浆的洋脊段，但数值模拟结果表明拆离断层的发育也需要一定的岩浆供给，因为过低的岩浆供给会使拆离断层发生断裂（Tucholke et al.，2008）。正是由于辉长岩体在拆离断层下盘的侵入才使得断层面具有挤压变形特征（如大洋核杂岩穹窿体的形成）（Tucholke et al.，2008），以及断层面岩石存在变质作用特征（McCaig et al.，2010）。

发育在拆离断层形成中期的硫化物矿床以 Rainbow、Logatchev 和 Ashadze 为代表。形成于这个阶段的硫化物矿床已经位于拆离断层的下盘，其基底岩石为深海橄榄岩，成矿物质也主要来源于橄榄岩，另外下伏的辉长岩侵入体也存在一定的物质贡献（McCaig et al.，2007；Petersen et al.，2009）。例如，距脊轴更远的 Logatchev-2 比距脊轴更近的 Logatchev-1 具有更低的热液温度及更多的辉长岩物质贡献（Petersen et al.，2009）。随着拆离断层进一步发育

（后期），辉长岩侵入体逐渐失去供热的能力，此时热量则完全来源于蛇纹石化作用，并形成以 Lost City 为典型代表的低温、不含金属的富 Ca-Mg 烟囱体（McCaig et al., 2007）。

参 考 文 献

曾志刚. 2011. 海底热液地质学. 北京：科学出版社.

Agranier A, Blichert J. 2006. The spectra of isotopic heterogeneities along the mid-atlantic ridge. Earth & Planetary Science Letters, 238 (1): 96-109.

Anderson D L. 1989. Composition of the Earth. Science, 243 (4889): 367-370.

Andreani M, Escartín J, Delacour A, Ildefonse B, Godard M, Dyment J, Fallick A E, Fouquet Y. 2014. Tectonic structure, lithology, and hydrothermal signature of the Rainbow massif (Mid-Atlantic Ridge 36°14′N). Geochemistry, Geophysics, Geosystems, 15 (9): 3543-3571.

Augustin N, Lackschewitz K S, Kuhn T, Devey C W. 2008. Mineralogical and chemical mass changes in mafic and ultramafic rocks from the logatchev hydrothermal field (mar 15°n). Marine Geology, 256 (1-4): 18-29.

Bogdanov Y A. 1989. Hydrothermal phenomena in the mid-atlantic ridge at lat. 26°N (TAG hydrothermal field). International Geology Review, December, (12): 1183-1198.

Canales J P, Collins J A, Escartín J, Detrick R S. 2000a. Seismic structure across the rift valley of the Mid-Atlantic Ridge at 23°20′N (MARK area): Implications for crustal accretion processes at slow spreading ridges. Journal of Geophysical Research, 105 (B12): 28411-28425.

Canales J P, Detrick R S, Lin J, Collins J A. 2000b. Crustal and upper mantle seismic structure beneath the rift mountains and across a non-transform offset at the Mid-Atlantic Ridge (35°N). Journal of Geophysical Research, 105 (B2): 2699-2719.

Canales J P, Tucholke B E, Collins J A. 2004. Seismi reflection imaging of an oceanic detachment fault: Atlanti megamullion (Mid-Atlantic Ridge, 30°10′N). Earth and Planetary Science Letters, 222: 543-560.

Canales J P, Sohn R A, deMartin B J. 2007. Crustal structure of the Trans-Atlantic Geotraverse (TAG) segment (Mid-Atlantic Ridge, 26°10′N): Implications for the nature of hydrothermal circulation and detachment faulting at slow spreading ridges. Geochemistry, Geophysics, Geosystems, 8: Q08004.

Cannat M. 1996. How thick is the magmatic crust at slow spreading oceanic ridges? Journal of Geophysical Research, 101 (B2): 2847-2858.

Charlou J L, Donval J P, Douville E, Jean-Baptiste P, Radford-Knoery J, Fouquet Y, Dapoigny A, Stievenard M. 2000. Compared geochemical signatures and the evolution of Menez Gwen (37°50′N) and Lucky Strike (37°17′N) hydrothermal fluids, south of the Azores Triple Junction on the Mid-Atlantic Ridge. Chemical Geology, 171 (1): 49-75.

Cherkashov G, Kuznetsov V, Kuksa K, Tabuns E, Maksimov F, Bel'Tenev V. 2017. Sulfide geochronology along the Northern Equatorial Mid-Atlantic Ridge. Ore Geology Reviews, 87: 147-154.

Cushman B, Sinton J, Ito G, Eaby-Dixon J. 2004. Glass compositions, plume-ridge interaction, and hydrous melting along the Galápagos Spreading Center, 90.5°W to 98°W. Geochemistry, Geophysics, Geosystems, 5 (8): Q8E-Q17E.

Daly M, Chorowicz J, Fairhead J. 1989. Rift basin evolution in Africa: the influence of reactivated steep basement shear zones. Geological Society London Special Publications, 44 (1): 309-334.

de Martin B J, Sohn R A, Pablo Canales J, Humphris S E. 2007. Kinematics and geometry of active detachment faulting beneath the Trans-Atlantic Geotraverse (TAG) hydrothermal field on the Mid-Atlantic Ridge. Geology, 35 (8): 711-714.

Detrick R S, Needham H D, Renard V. 1995. Gravity anomalies and crustal thickness variations along the Mid-Atlantic Ridge between 33°N and 40°N. Journal of Geophysical Research, 100: 3767-3787.

Douville E, Charlou J L, Oelkers E H, Bienvenu P, Colon C J, Donval J P, Fouquet Y, Prieur D, Appriou P. 2002. The rainbow vent fluids (36°14′N, MAR): The influence of ultramafic rocks and phase separation on trace metal content in Mid-Atlantic Ridge hydrothermal fluids. Chemical Geology, 184 (1): 37-48.

Dunn R A, Lekić V, Detrick R S, Toomey D R. 2005. Three-dimensional seismic structure of the Mid-Atlantic Ridge (35°N): Evidence for focused melt supply and lower crustal dike injection. Journal of Geophysical Research: Solid Earth, 110 (B9): B9101.

Dyment J, Bissessur D, Bucas K, Cueff-Gauchard V, Durand L, Fouquet Y, Gaill F, Gente P, Hoise E, Ildefonse B, Konn C, Laraud F, Le Bris N, Musset G, Nunes A, Renard J, Riou V, Tasiemski A, Thibaud R, Torres P, Yatheesh V, Vodjdani I, Zbinden M. 2009. Detailed investigation of hydrothermal site Rainbow, Mid-Atlantic Ridge, 36°13′N: Cruise MoMARDream. InterRidge News, 18: 22-24.

Eagles G. 2007. New angles on South Atlantic opening. Geophysical Journal International, 168 (1): 353-361.

Escartín J, Cannat M. 1999. Ultramafic exposures and the gravity signature of the lithosphere near the Fifteen-Twenty Fracture Zone (Mid-Atlantic Ridge, 14°-16.5°N). Earth and PlanetaryScience Letters, 171 (3): 411-424.

Escartín J, Mével C, MacLeod C J, McCaig A M. 2003. Constraints on deformation conditions and the origin of oceanic detachments: The Mid-Atlantic Ridge core complex at 15°45′N. Geochemistry, Geophysics, Geosystems, 4 (8): 1067.

Fouquet Y, Charlou J L, Donval J P, Radford-Knoery J, Pelle P, Ondreas H, Lourenco N, Segonzac M, Tivey M K. 1994. A detailed study of the Lucky-Strike hydrothermal site and discovery of a new hydrothermal site: Menez Gwen. Preliminary results of DIVA 1 cruise (5-29 May, 1994). InterRidge News, 3 (2): 14-17.

Fouquet Y, Cherkashov G, Charlou J L, Ondréas H, Birot D, Cannat M, Desbruyères D. 2008. Serpentine cruise-ultramafic hosted hydrothermal deposits on the Mid-Atlantic Ridge: First submersible studies on Ashadze 1 and 2, Logatchev 2 and Krasnov vent fields. InterRidge News, 17: 15-19.

Fouquet Y, Pierre C, Etoubleau J, Charlou J L, Ondréas H, Barriga F J A S, Cherkashov G, Semkova T, Poroshina I, Bohn M, Donval J P, Henry K, Murphy P, Rouxel O. 2010. Geodiversity of hydrothermal along the Mid-Atlantic Ridge and ultramafic-hosted mineralization: A new type of oceanic Cu-Zn-Co-Au volcanogeic massive sulfide deposit. American Geophysical Union, Geophysical Monograph Series, 188: 321-367.

Fujiwara T, Lin J, Matsumoto T, Kelemen P B, Tucholke B E, Casey J F. 2003. Crustal Evolution of the Mid-Atlantic Ridge near the Fifteen-Twenty Fracture Zone in the last 5 Ma. Geochemistry, Geophysics, Geosystems, 4 (3): 1024.

Gablina I, Semkova T, Stepanova T, GorKova N. 2006. Diagenetic alterations of copper sulfides in modern ore-bearing sediments of the Logatchev-1 hydrothermal field (Mid-Atlantic Ridge 14°45′N). Lithology and Mineral Resources, 41 (1): 27-44.

Gale A, Escrig S, Gier E J, Langmuir C H, Goldstein S L. 2013. Enriched basalts at segment centers: the lucky strike (37°17′N) and menez gwen (37°50′N) segments of the mid-atlantic ridge. Geochemistry Geophysics Geosystems, 12 (6): Q06016.

Gammons C H, Williams-Jones A E. 1997. Chemical mobility of gold in the porphyry-epithermal environment. Economic Geology, 92 (1): 45-59.

Genske F S, Turner S P, Beier C, Schaefer B F. 2012. The petrology and geochemistry of lavas from the western Azores islands of Flores and Corvo. Journal of Petrology, 53 (8): 1673-1708.

German C R, Lin J, Parson L M. 2004. Mid-ocean ridges: Hydrothermal interactions between the lithosphere and oceans. American Geophysical Union, Geophysical Monograph, 148: 318.

Hamelin C, Bezos A, Dosso L, Escartin J, Cannat M, Mevel C. 2013. Atypically depleted upper mantle component revealed by Hf isotopes at lucky strike segment. Chemical Geology, 341 (2): 128-139.

Hannington M D. 1999. Volcanogenic gold in the massive sulfide environment volcanic-associated massive sulfide deposits: Processes and examples in modern and ancient settings. Reviews in Economic Geology, 8: 325-356.

Hannington M D, Thompson G, Rona P A, Scott S D. 1988. Gold and native copper in supergene sulphides from the Mid-Atlantic Ridge. Nature, 333 (6168): 64-66.

Hannington M D, Jonasson I R, Herzig P M, Petersen S. 1995. Physical and chemical processes of seafloor mineralization at mid-ocean ridges. American Geophysical Union, Geophysical Monograph Series, 91: 115-157.

Hannington M D, Galley A G, Herzig P M, Petersen S. 1998. Comparison of the TAG mound and stockwork complex with cyprus-type massive sulfide deposits. Proceedings of the Ocean Drilling Program, Scientific Results, 158: 389-451.

Hannington M D, de Ronde C E J, Petersen S. 2005. Sea-floor tectonics and submarine hydrothermal systems. Society of Economic Geologists, Economic Geology 100th Anniversary Volume, 111-141.

Hooft E E E, Detrick R S, Toomey D R, Collins J A, Lin J. 2000. Crustal thickness and structure along three contrasting spreading segments of the Mid-Atlantic Ridge, 33.5°-35°N. Journal of Geophysical Research: Solid Earth, 105 (B4): 8205-8226.

Hosford A, Lin J, Detrick R S. 2001. Crustal evolution over the last 2 m.y. at the Mid-Atlantic Ridge OH-1 segment, 35°N. Journal of Geophysical Research: Atmospheres, 106 (B7): 13269-13285.

Humphris S E, Tivey M K. 2000. A synthesis of geological and geochemical investigations of the tag hydrothermal field: insights into fluid-flow and mixing processes in a hydrothermal system. Special Paper of the Geological Society of America, 349: 213-235.

Ildefonse B, Blackman D K, John B E, Ohara Y, Miller D J, MacLeod C J. 2007. Oceanic core complexes and crustal accretion at slow-spreading ridges. Geology, 35 (7): 623-626.

Kimbell G, Ritchie J, Johnson H, Gatliff R. 2005. Controls on the structure and evolution of the NE Atlantic margin revealed by regional potential field imaging and 3D modelling. In: Dore A G, Vining B A (eds.). Petroleum Geology: north-west Europe and global perspectives: 6th petroleum geology conference. Geological Society of London, 16 (1): 933-945.

Krasnov S G, Poroshina I M, Cherkashev G A. 1995. Geological setting of high-temperature hydrothermal activity and massive sulphide formation on fast-and slow-spreading ridges. Geological Society, London, Special Publications, 87 (1): 17-32.

Labails C, Olivet J, Aslanian D, Roest W. 2010. An alternative early opening scenario for the Central Atlantic Ocean. Earth and Planetary Science Letters, 297 (3-4): 355-368.

Large R R, Huston D L, McGoldrick P J. 1989. Gold distribution and genesis in Australian volcanogenic massive sulfide deposits and their significance for gold transport models. Economic Geology Monograph, 6: 520-535.

Lein A Y, Ul'yanova N V, Ul'yanov A A, Cherkashev G A, Stepanova T V. 2001. Mineralogy and geochemistry of sulfide ores in ocean-floor hydrothermal fields associated with serpentinite protrusions. Russian Journal of Earth Sciences, 3 (5): 371-393.

Lein A, Cherkashev G, Ul'yanov A, Ul'yanova N, Stepanova T, Sagalevich A, Torokhov M. 2003. Mineralogy and geochemistry of sulfide ores from the Logachev-2 and Rainbow fields: Similar and distinctive features. Geochemistry International of Geokhimiia, 41 (3): 271-294.

Lin J, Purdy G M, Schouten H, Sempéré J C, Zervas C. 1990. Evidence from gravity data for focused magmatic accretion along the Mid-Atlantic Ridge. Nature, 344 (6267): 627-632.

Magde L S, Sparks D W, Detrick R S. 1997. The relationship between buoyant mantle flow, melt migration, and gravity bull's eyes at the Mid-Atlantic Ridge between 33°N and 35°N. Earth and Planetary Science Letters, 148 (1): 59-67.

Mallows C, Searle R C. 2012. A geophysical study of oceanic core complexes and surrounding terrain, Mid-Atlantic Ridge 13°-14°N. Geochemistry, Geophysics, Geosystems, 13 (6): Q8A.

Marques A F A, Barriga F J A S, Chavagnac V, Fouquet Y. 2006. Mineralogy, geochemistry, and Nd isotope composition of the Rainbow hydrothermal field, Mid-Atlantic Ridge. Mineralium Deposita, 41 (1): 52-67.

Marques A F A, Barriga F J A S, Scott S D. 2007. Sulfide mineralization in an ultramafic-rock hosted seafloor hydrothermal system: From serpentinization to the formation of Cu-Zn-(Co)-rich massive sulfides. Marine Geology, 245 (1): 20-39.

McCaig A M, Harris M. 2012. Hydrothermal circulation and the dike-gabbro transition in the detachment mode of slow seafloor spreading. Geology, 40 (4): 367-370.

McCaig A M, Cliff R A, Escartín J, Fallick A E, MacLeod C J. 2007. Oceanic detachment faults focus very large volumes of black smoker fluids. Geology, 35 (10): 935-938.

McCaig A M, Delacour A, Fallick A E, Castelain T, Früh-Green, G L. 2010. Detachment fault control on hydrothermal circulation systems: Interpreting the subsurface beneath the TAG hydrothermal field using the isotopic and geological evolution of oceanic core complexes in the Atlantic. American Geophysical Union, Geophysical Monograph Series, 188: 207-239.

Meyer P S, Bryan W B. 2013. Petrology of basaltic glasses from the tag segment: implications for a deep hydrothermal heat source. Geophysical Research Letters, 23 (23): 3435-3438.

Moulin M, Aslanian D, Unternehr P. 2010. A new starting point for the South and Equatorial Atlantic Ocean. Earth-Science Reviews, 98 (1-2): 1-37.

Murphy P J, Meyer G. 1998. A gold-copper association in ultramafic-hosted hydrothermal sulfides from the Mid-Atlantic Ridge. Economic Geology, 93 (7): 1076-1083.

Müller R D, Roest W R. 1992. Fracture zones in the North Atlantic from combined Geosat and Seasat data. Journal of Geophysical Research, 97 (B3): 3337-3350.

Ondréas H, Cannat M, Fouquet Y, Normand A, Sarradin P M, Sarrazin J. 2009. Recent volcanic events and the distribution of hydrothermal venting at the lucky strike hydrothermal field, Mid-Atlantic Ridge. Geochemistry Geophysics Geosystems, 10 (2): 1205-1222.

Parsons L, Gràcia E, Coller D, German C, Needham D. 2000. Second-order segmentation: The relationship between volcanism and tectonism at the MAR, 38°N-35°40′N. Earth and Planetary Science Letters, 178: 231-251.

Petersen S, Kuhn K, Kuhn T, Augustin N, Hékinian R, Franz L, Borowski C. 2009. The geological setting of the ultramafic-hosted Logatchev hydrothermal field (14°45′N, Mid-Atlantic Ridge) and its influence on massive sulfide formation. Lithos, 112 (1): 40-56.

Rabinowicz M, Rouzo S, Sempere J C, Rosemberg C. 1993. Three-dimensional mantle flow beneath mid-ocean ridges. Journal of Geophysical Research: Atmospheres, 98 (B5): 7851-7869.

Radford-Knoery J, Charlou J L, Donval J P, Aballéa M, Fouquet Y, Ondréas H. 1998. Distribution of dissolved sulfide, methane, and manganese near the seafloor at the lucky strike (37°17′N) and menez gwen (37°50′N) hydrothermal vent sites on the mid-atlantic ridge. Deep Sea Research Part I Oceanographic Research Papers,

45 (2): 181-183.

Roman C, Singh H. 2007. Aself-consistent bathymetric mapping algorithm. Journal of Field Robotics, 24 (1-2): 23-50.

Rona P A, Klinkhammer G, Nelsen T A, Trefry J H, Elderfield H. 1986. Black smokers, massive sulphides and vent biota at the Mid-Atlantic Ridge. Nature, 321 (6065): 33-37.

Rona P A, Hannington M D, Raman C V, Thompson G, Tivey M K, Humphris S E, Petersen S. 1993. Active and relict sea-floor hydrothermal mineralization at the TAG hydrothermal field, Mid-Atlantic Ridge. Economic Geology, 88 (8): 1989-2017.

Salters V J M, Mallick S, Hart S R, Langmuir C E, Stracke A. 2011. Domains of depleted mantle: new evidence from hafnium and neodymium isotopes. Geochemistry Geophysics Geosystems, 12 (10): 114-123.

Schroeder T, Cheadle M J, Dick H J B, Faul U, Casey J F, Kelemen P B. 2007. Nonvolcanic seafloor spreading and corner-flow rotation accommodated by extensional faulting at 15°N on the Mid-Atlantic Ridge: A structural synthesis of ODP Leg 209. Geochemistry, Geophysics, Geosystems, 8 (6): Q6015.

Searle R. 2013. Mid-Ocean Ridge. New York: Cambridge University Press.

Seher T, Crawford W C, Singh S C, Cannat M, Combier V, Dusunur D. 2010. Crustal velocity structure of the Lucky Strike segment of the Mid-Atlantic Ridge at 37°N from seismic refraction measurements. Journal of Geophysical Research, 115: B03103.

Sempéré J, Lin J, Brown H S, Schouten H, Purdy G M. 1993. Segmentation and morphotectonic variations along a slow-spreading center: The Mid-Atlantic Ridge (24°00′N-30°40′N). Marine Geophysical Researches, 15 (3): 153-200.

Seton M, Müller R D, Zahirovic S, Gaina C, Torsvik T, Shephard G, Talsma A, Gurnis M, Turner M, Maus S, Chandler M. 2012. Global continental and ocean basin reconstructions since 200Ma. Earth-Science Reviews, 113 (3): 212-270.

Seyfried Jr W E, Pester N J, Ding K, Rough M. 2011. Vent fluid chemistry of the Rainbow hydrothermal system (36°N, MAR): Phase equilibria and in situ pH controls on subseafloor alteration processes. Geochimica et Cosmochimica Acta, 75 (6): 1574-1593.

Singh S C, Crawford W C, Carton H, Seher T, Combier V, Cannat M, Cannales J P, Dusunur D, Escartín J, Miranda J M. 2006. Discovery of a magma chamber and faults beneath a Mid-Atlantic Ridge hydrothermal field. Nature, 442 (7106): 1029.

Smith D K, Escartín J, Cannat M, Tolstoy M, Fox C G, Bohnenstiehl D R, Bazin S. 2003. Spatial and temporal distribution of seismicity along the northern Mid-Atlantic Ridge (15°-35°N). Journal of Geophysical Research: Solid Earth, 108 (B3): 2167.

Smith D K, Cann J R, Escartín J. 2006. Widespread active detachment faulting and core complex formation near 13°N on the Mid-Atlantic Ridge. Nature, 442: 440-443.

Smith D K, Escartín J, Schouten H, Cann J R. 2008. Fault rotation and core complex formation: Significant processes in seafloor formation at slow-spreading mid-ocean ridges (Mid-Atlantic Ridge, 13°-15°N). Geochemistry, Geophysics, Geosystems, 9 (3): Q3003.

Sparks D W, Parmentier E M, Phipps Morgan J. 1993. Three-dimensional mantle convection beneath a segmented spreading center: Implications for along-axis variations in crustal thickness and gravity. Journal of Geophysical Research, 98: 21977-21995.

Thibaud R, Gente P, Maia M. 1998. A systematic analysis of the Mid-Atlantic Ridge morphology and gravity between 15°N and 40°N: Constraints of the thermal structure. Journal of Geophysical Research: Solid Earth,

103 (B10): 24223-24243.

Tivey M A, Dyment J. 2010. The magnetic signature of hydrothermal systems in slow spreading environments. American Geophysical Union, Geophysical Monograph Series, 188: 43-66.

Torsvik T, Rousse S, Labails C, Smethurst M. 2009. A new scheme for the opening of the South Atlantic Ocean and the dissection of an Aptian salt basin. Geophysical Journal International, 177 (3): 29-34.

Tucholke B E, Lin J. 1994. A geologic model for the structure of ridge segments in slow spreading ocean crust. Journal of Geophysical Research, 99: 11937-11958.

Tucholke B E, Behn M D, Buck W R, Lin J. 2008. Role of melt supply in oceanic detachment faulting and formation of megamullions. Geology, 36 (6): 455-458.

Whitehead J A, Dick H J B, Schouten H. 1984. A mechanism for magmatic accretion under spreading ridges. Nature, 312: 146-148.

Zhao M, Qiu X, Li J, Sauter D, Ruan A, Chen J, Cannat M, Singh S, Zhang J, Wu Z, Niu X. 2013. Three-dimensional seismic structure of the Dragon Flag oceanic core complex at the ultraslow spreading Southwest Indian Ridge (49°39′E). Geochemistry, Geophysics, Geosystems, 14 (10): 4544-4563.

第6章　超慢速扩张洋脊热液硫化物矿床

一般将全扩张速率小于 20 mm/a 的洋中脊称为超慢速扩张洋脊，超慢速扩张洋脊相比慢速–中速扩张洋脊在构造和岩浆活动特征上具有显著的差异。全球主要的超慢速扩张洋脊包括西南印度洋脊、北冰洋加克洋脊、雷克雅内斯洋脊、北大西洋 Terceira Rift 海脊、格陵兰海 Knipovich 洋脊、加勒比海 Mid-Cayman Rise 及红海裂谷等。本章的分析将以我国调查程度最高的西南印度洋脊为例。

6.1　洋脊扩张

西南印度洋脊的板块重构对认识洋中脊的演化过程、中脊突跳、板块重组、斜向扩张的动力学机制及扩张速率变化的控制因素等方面具有重要的意义（Patriat and Segoufin，1988）。根据关注问题的不同，Patriat 和 Segoufin（1988）、Marks 和 Tikku（2001）曾对西南印度洋脊的扩张阶段进行过各自划分。根据构造运动特征、扩张速率和调查研究程度（表6-1）的不同，本章将西南印度洋脊扩张历史分为初始形成（165~83 Ma）、快速扩张（83~76 Ma）、复杂扩张（76~51 Ma）、慢速扩张（51~24 Ma）及超慢速扩张（24~0 Ma）5 个阶段（图6-1）。

表6-1　超慢速扩张洋脊调查航次

洋脊	年份	国家	调查船	区域	调查项目	备注
西南印度洋脊	1984	法国	Marion-Dufresne	66°18′~67°03′E	单波束	
	1987	法国	Marion-Dufresne	65°40′~66°50′E	单波束	
	1993	法国	L'Atalante	57°~68°E	多波束	
	1993	日本	Hakuho-maru	罗德里格斯三联点	综合	
	1994	英国	Discovery	西南印度洋脊	反射地震、重、磁、多波束	
	1995	印度	GAlllENE			
	1995	法国	l'Atalante	西南印度洋脊	西南印度洋脊的结构和演化	
	1996	美国	Knorr	15°~35°E	综合地球物理	
	1996	美国	Melville	西南印度洋脊	地球物理	
	1997	法国	Marion-Dufresne	西南印度洋脊	岩石取样	
	1997	英国	Joides Resolution	西南印度洋脊	ODP 176	
	1997	法国、日本	Marion-Dufresne	58°10′~60°20′E 63°20′~65°50′E	综合地球物理	
	1998	美国	Joides Resolution	西南印度洋脊	ODP 179	

续表

洋脊	年份	国家	调查船	区域	调查项目	备注
西南印度洋脊	1998	英国、美国、加拿大	James Clark Ross	西南印度洋脊	底拖取样、底拖磁力测量、钻井	
	1998	日本	Yokosuka	西南印度洋脊	深潜器观测	
	2000	美国	Knorr	9°~16°E	综合地球物理	
	2003	美国	Melville	13°E	岩石取样、地球物理	
	2006	中国	大洋一号	49°E、63°E	热液异常探测	
	2007	中国	大洋一号	49°E	热液异常探测	
	2008	美国	Revelle	西南印度洋脊	物理海洋等调查	
	2008	日本	Hakuho-maru	西南印度洋脊	海底地震和电磁探测，岩石拖网	
	2008	中国	大洋一号	49°~52°E	热液异常探测，岩石拖网	
	2009~2010	中国	大洋一号	49°~52°E	热液异常探测，岩石拖网	
	2010	日本	Hakuho maru	西南印度洋脊	借助AUV，综合调查	TAIGA计划
	2011	英国	RSS James Cook	49°E	热液和火山喷口的生物调查	
	2011~2012	中国	大洋一号	48°~53°E	主动源地震观测、岩石拖网、热液异常探测	
	2012~2013	法国和德国	Marion-Dufresne 和 Meteor	15°~35°S 45°~70°E	被动源地震观测	
	2013	中国	大洋一号	48°~52°E	ROV综合调查、电磁法探测、热液区20m钻探	
	2014~2015	中国	大洋一号	48°~52°E	被动源地震观测、20m钻探、热液异常探测	
	2015	中国	向阳红9号	49°E、63°E	借助载人深潜器综合调查	
	2015~2016	美国	决心号	57°E	IODP钻探	
	2016	中国	向阳红10号	48°~52°E	借助AUV综合调查	
北冰洋加克洋脊	1993~1999	美国	"Hawksbill"号等核潜艇		综合	SCICEX计划
	2001	德国、美国	"Polarstern"号、"Healy"号破冰船			AMORE2001计划
	2002	丹麦	AURORA BOREALIS 破冰船		钻探	
	2005	俄罗斯	核动力破冰船、大型极地支持船		深潜器观测、采样	
	2014	德国			测试ROV/AUV	

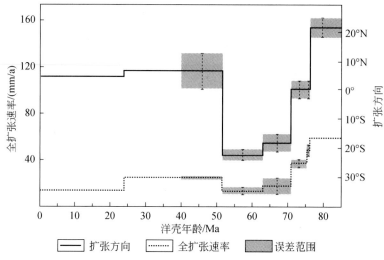

图 6-1　西南印度洋脊扩张速率与扩张方向的历史（Patriat et al., 2008）

第一阶段为初始扩张阶段（165~83 Ma）。西南印度洋脊最早扩张于 165 Ma（Livermore and Hunter, 1996; Bernard et al., 2005），但是由于中生代磁静期、洋壳俯冲缺失及转换断层后期被破坏的影响，人们对扩张初期的了解较少。132 Ma 时，西南印度洋脊东西两端分别连结马达加斯加（Madagascar）微板块的南端和莫桑比克微板块的北端，其半扩张速率约为 20 mm/a（Livermore and Hunter, 1996）。120 Ma，布韦三联点和 Andrew Bain 转换断层开始形成，洋脊的东段则与西索马里盆地和西 Enderby 盆地的两个扩张脊相交，形成另外一个三联点。96~83 Ma 时，布韦三联点向南西方向延伸，其强烈岩浆活动可能生成了 Georgia 隆起、厄加勒斯（Agulhas）海台及 Maud 隆起（Marks and Tikku, 2001）。而在洋脊东侧，伴随着印度板块和马达加斯加板块的分离，罗德里格斯三联点可能开始形成。此时，马达加斯加高原和康拉德隆起也伴随着洋脊的扩张而分开。

第二阶段为快速扩张阶段（83~76 Ma），此时西南印度洋脊扩张速率约为 60 mm/a，扩张方向为 20°N。布韦三联点向南西方向继续延伸，生成了 Du Toit 转换断层。洋脊东侧的罗德里格斯脊受控于印度板块和马达加斯加板块的分裂，延伸的速度较慢。

第三阶段为复杂扩张阶段（76~51 Ma）。西南印度洋脊自 76 Ma 进入复杂扩张阶段，在此期间洋脊的几何形状受到了强烈的改造。洋脊扩张速率减慢到 14~16 mm/a，与现在扩张速率接近，扩张方向由原来的 20°N 变为 20°S。扩张方向的变化在转换断层上施加了逆时针的张力及顺时针的挤压力，造成了 Andrew Bain 转换断层的扭曲状左旋形态（Marks and Tikku, 2001）。罗德里格斯三联点以 8 倍于扩张速率的速度向北东方向快速延伸，生成了 Indomed、Gallieni、Atlantis II 等转换断层。这种洋脊的快速延伸也恰好对应印度板块和南极洲板块的快速分离。西南印度洋脊复杂扩张的阶段终止于 51 Ma 时，对应着印度板块与欧亚板块的相遇。

第四阶段为慢速扩张阶段（51~24 Ma），此时扩张速率约为 22 mm/a，扩张方向约为 10°N。由于 44 Ma 时印度板块和欧亚板块的相撞，洋脊向北东方向的延伸速度变慢，罗德里格斯三联点相对位置保持稳定。

24 Ma 时，西南印度洋脊的扩张速率减慢到现在的 12~14 mm/a，其扩张方向和洋脊长度没有发生明显改变（Patriat et al.，2008）。Patriat 等（2008）推断这可能与 30~20 Ma 发生的很多全球性的板块事件相关，如非洲板块与阿拉伯板块的分离、非洲板块与欧亚板块的相遇（30 Ma）及费拉隆（Farallon）板块分裂为纳斯卡板块和科科斯板块。目前，以巨大的 Andrew Bain 转换断层为分界，西南印度洋脊可以分为东西两部分，向西依次经过 Du Toit、Shaka、Islas Orcadas、Bouvet 转换断层一直到布韦三联点，向东依次经过 Marion、Prince Edward、Eric Simpson、Discovery Ⅱ、Indomed、Gallieni、Atlantis Ⅱ、Melville 转换断层直到罗德里格斯三联点（Patriat and Segoufin，1988）。

6.2 构 造 地 貌

6.2.1 西南印度洋脊分段

虽然在整个洋脊上，西南印度洋脊的扩张速率基本一致，但是其表现的地质和地球物理特征却存在极大的区别。根据洋脊几何形状、扩张历史及地球物理特征的不同，Georgen 等（2001）将西南印度洋脊分为 7 个区段。结合最近的研究成果，我们对 Georgen 的分段方法做了修订，将西南印度洋脊分为 8 个区段（图 6-2）。

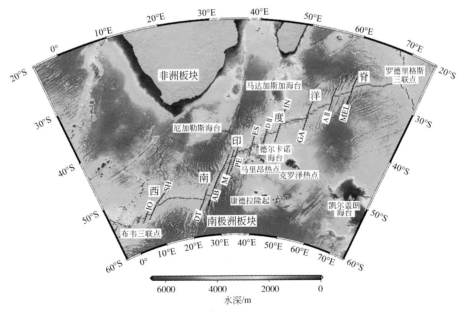

图 6-2 西南印度洋水深及构造纲要图

黑线为洋脊扩张中心；转换断层（黑色虚线）名称用缩写，其中 IO. Islas Orcadas, SH. Shaka, DT. Du Toit, AB. Andrew Bain, M. Marion, PE. Prince Edward；ES. Eric Simpson, D Ⅱ. Discovery Ⅱ, IN. Indomed, GA. Gallieni, A Ⅱ. Atlantis Ⅱ, MEL. Melville；地形数据来自 NGDC 数据库

第一区段为布韦三联点到 Shaka 转换断层（10°E）。此段的扩张速率为 16 mm/a，扩张方向基本与洋脊走向垂直（Ligi et al.，1997）。最西端的 Spiess 中脊形成于 2 Ma 前，水

深最浅处只有320 m，存在着强烈的火山活动（Karson and Dick，1983）。这个地区的火山特征如此明显，Mitshell和Livermore（1998）甚至认为这是一个位于裂谷上的海山。磁力数据显示，其西侧以40~50 mm/a的速度向北西向延伸，可能在1 Ma内连接大西洋中脊，从而形成新的三联点。自Bouvet转换断层到Moshes转换断层的洋中脊存在一个1 km深的中央裂谷，这与其他相近扩张速率的中脊类似。但是其平均水深（2 km）却要比类似扩张速率的中脊浅1 km，这可能源于Bouvet热点造成的地壳增生，但是地球化学证据却表明这两处的Os同位素并不相同。

第二区段自Shaka转换断层到16°E。此段中脊与扩张方向的角度仅为32°（即斜向扩张角度为58°），表现为强烈的斜向扩张。其有效扩张速率仅为7.8 mm/a，是世界上扩张最慢的区域之一（Dick et al.，2003）。除少数区域外，整个区段表现为非岩浆活动的超级段（缺少转换断层），在11°30′~14°24′E的24个地质拖网样品中，有46.2%是蛇纹岩化橄榄岩，其他为玄武岩、辉绿岩及热液活动产物，并没有发现辉长岩。拖网样品与正的布格重力异常及弱磁化强度等地球物理特征表明，岩浆成因的地壳非常薄甚至于消失，大量的蛇纹岩化橄榄岩出露地表，断层作用是地壳增生的主要方式。相比岩浆活动与有效扩张速率的一致性，火山活动却与有效扩张速率并不相关。这表明，火山活动可能受控于地幔的组成、温度及中脊的几何形状，而非扩张速率。Mayes火山可能是全球洋中脊系统中最大的非热点成因的火山（图6-2）。

第三区段自16°E以东直至Du Toit转换断层。16°E以西，水深并没有明显的变化，但是其扩张快速转变为垂直扩张，岩浆活动明显变强。32个拖网样品中有30个为玄武岩，其地形变浅，布格重力异常变负，磁化强度幅值变大。与大西洋中脊不同，此区段的水深变化与地球物理的特征并不是完全一一对应，也缺少大西洋中脊典型的"牛眼"布格重力异常特征（Dick et al.，2003）。Grindlay等（1998）推断可能是岩浆的运移模式不同造成的。

第四区段为25°~35°E。此区段转换断层频繁发育，Du Toit、Andrew Bain、Marion和Prince Edward转换断层将此区段均匀等分，左旋距离达到1230 km。非洲板块相对于南极洲板块运动方向的不断改变导致此区段呈"S"形。Andrew Bain转换断层是世界上年龄偏移最大（56 Ma）和最宽的转换断层（120 km），也是世界上第二长的转换断层（750 km）。与Du Toit、Marion和Prince Edward等地形简单（只有一个连续的裂谷）的转换断层不同，Andrew Bain转换断层由三部分组成，其北端的一个走滑断层和南部三个雁列式排列的走滑断层被中部的三个相互交叠的盆地连接的转换带。根据多波束数据和震源机制的资料，Sclater等（2005）认为这个转换带的前身是一个类似于西南印度洋脊13°~14°E的斜向扩张的区域。其20~3.2 Ma的活动生成了其南侧的雁列式排列的脊槽构造。

第五区段为Prince Edward转换断层到Discovery Ⅱ转换断层。此区段斜向扩张角度约为24°。此区段平均水深仅为3134 m，在Andrew Bain转换断层以东水深最浅，对应很低的剩余布格重力异常（-114 mGal），显示此处强烈岩浆活动导致的地壳增厚或者很低的地幔密度，可能受到了马里昂（Marion）热点的影响（Georgen et al.，2001；Mendel et al.，2003；Cannat et al.，2008）。长达350 km的Discouery Ⅱ转换断层可以分为南北两段，其中间可能是一个扩张中脊段（Mendel et al.，2003）。

第六区段自 Discouery Ⅱ 转换断层至 Gallieni 转换断层。此区段斜向扩张角度约为26°，其中 Discovery Ⅱ 转换断层至 Indomed 转换断层段平均水深3598 m，剩余布格重力异常变正（96 mGal），Georgen 等据此推断马里昂热点的影响为 Discovery Ⅱ 转换断层所阻断。自 Indomed 转换断层至 Gallieni 转换断层，水深变浅（3304 m），剩余布格重力异常变负（-90 mGal）。80 km 长的第27脊段（50°30′E）是49°30′E 以东唯一确定缺少中央裂谷的洋脊段（Cannat et al.，1999）。船测重力数据反演的地壳厚度显示此段中央地壳比末端的地壳要厚3 km，磁力数据显示此处段中央比末端要低10 A/m。Sauter 等（2004）根据洋脊长度、地形、重力异常、磁力异常、地壳厚度与岩浆供给和热结构的关系将此段归为和大西洋中脊一样的岩浆活动强烈的洋脊，认为这种异常的岩浆活动可能是受到了克洛泽热点的影响。

第七区段自 Gallieni 转换断层至 Melville 转换断层，转换断层频繁发育，其总斜向角度达到45°（Mendel et al.，2003；Sauter et al.，2004）。洋脊段长度均一（约40 km），每个洋脊段的水深差别约为1 km。Mendel 等（2003）利用侧扫声呐识别了深海丘陵的分布及构造特征，认为岩浆的供给直接决定了深海丘陵的数量与大小，而构造作用造成了离轴的深海丘陵在向中脊一侧的陡断崖。地壳较薄处的地壳岩浆-构造交互作用的周期约为0.4 Ma，而在地壳较厚区域的周期为1.7~2.7 Ma。与大西洋中脊和东太平洋海隆相反，该洋脊段中央的磁化强度要明显强于两端，推断洋脊中央的高磁性的玄武岩和岩墙较厚，而洋脊段末端为弱磁性的蛇纹岩化的橄榄岩。

第八区段为 Melville 转换断层至罗德里格斯三联点，与第二区段类似，此区段也是一个非岩浆活动的斜向扩张和垂直扩张相邻的超级段，其中 Melville 转换断层至63°E 的斜向角度为33°，而63°E 以东区域则接近垂直扩张。这个区域存在一种特殊的光滑海底（smooth seafloor）（Cannat et al.，2006）。光滑海底一般具有光滑、圆形的地形，缺少火山和断崖，其长度一般为15~30 km，高度为500~2000 m。这种光滑地形占整个地形面积的37%，远超过拆离断层的面积（小于10%），与火山地形相当（约40%）（Cannat et al.，2006）。所有的光滑地形都出现在岩浆供给贫瘠的区域，在斜向扩张段比例尤其高（超过一半），因此推测其应该受到岩浆供给多少的制约。根据 Tucholke 等（2008）的数值模拟表明，当岩浆供给占整个扩张的30%~50%时可以形成拆离断层，因此光滑地形区段的岩浆供给肯定小于此比例。这种非火山或者近似非火山的海底扩张模式可能与大陆边缘的海陆过渡区段相类似（Whitmarsh et al.，2001），并且在整个区段中占到很大的比例，与我们传统认为的火山性质的洋中脊完全不同。同时，缺少火山活动也并不意味着完全没有岩浆作用，而是可能岩浆的熔融结晶淹没于较厚的岩石圈内，实际上，在这些光滑地形区段也采集到了很多的玄武岩和辉长岩（Seyler et al.，2003）。

大体上西南印度洋脊沿走向呈中间"热"、两边"冷"的趋势，洋壳呈中间"厚"、两边"薄"的特征，中段具有较强的岩浆活动，两端则岩浆活动减少。这种趋势在地形上也有相应的反映，大致呈现中间水深浅、两端水深深的趋势。

6.2.2 岩浆段与非岩浆段

超慢速扩张洋脊岩浆供应量少，熔融物质趋于向洋脊段中心聚集。这种岩浆的聚集状况在慢速扩张洋脊中也存在，但在超慢速扩张洋脊会更加突出。表现为超慢速扩张洋脊岩浆活动更加集中，不连续的一个个火山中心规模更大，而火山中心之间的间距更大，可相距达 150 km。这些火山中心所在的洋脊段，被称为"岩浆增生段"；而火山中心之间的洋脊段，岩浆活动贫乏甚至缺失，被称为"非岩浆增生段"或者"构造增生段"（Dick et al.，2003）。它们成为洋脊段进一步细分的依据。

超慢速洋脊轴部为深裂谷地形。这一方面是由于超慢速扩张洋脊扩张过程中构造强烈，另一方面由于其厚度、强度大的岩石圈足以支持这样的深裂谷的发育。

岩浆增生段内，火山喷发在轴部裂谷内形成火山脊，一般称为"轴部火山脊"（axial volcanic ridge，AVR）。其地势最高点一般位于裂谷中部，为岩浆喷发最集中的地方，向两侧水深逐渐增加，洋脊横切面呈现"W"字形。AVR 上通常分布较多的火山锥体，是持续火山活动的表现，线性构造比较发育，一般与裂谷走向平行。两侧裂谷壁由阶梯状正断层组成，通常呈不对称分布，主要与大型拆离断层有关。Mendel 等（2003）根据西南印度洋脊东段两个区域(58°30′~60°12′E，63°23′~65°45′E) 的海底侧扫声呐图像，将其 AVR 分为 3 个类型，并认为代表了不同的破坏变形程度：①完整型，火山物质聚集，少见断层或裂隙，侧扫声呐显示强反射；②变形型，丘状隆起和熔岩流被大小断裂所切割，火山脊雁列式排列，顶部出现小型地堑；③破坏型，火山特征不完整，发育主断裂和一系列密集断裂。西南印度洋脊西段的 14°41′E（Narrowgate）和 16°~25°E 岩浆增生段，轴部表现为裂谷，谷内有不同规模的火山脊占据，火山脊之间不甚连续，岩石采样结果基本为玄武岩，推测海底为连续的岩浆地壳。

北冰洋加克洋脊 7°W~3°E 的 220 km 范围内，轴部峡谷内存在 5 个长条形轴部火山脊，每个火山脊长度为 15~50 km，自谷底（水深约 4200 m）抬升 400~1300 m，火山脊之间分布小型的火山隆起，整体地貌存在明显的线性特征，两壁由内倾正断层组成，取到的岩石样品均为枕状玄武岩（Michael et al.，2003）。

非岩浆增生段内，没有 AVR 占据，横切面通常为"V"字形，偶尔见"U"字形。裂谷横切面形态的变化，也反映了洋脊处于不同的演化时期："V"字形说明洋脊受构造控制，基本没有岩浆活动；而"U"字形裂谷剖面可能与谷底的开始岩浆活动有关，代表洋脊从构造主导期向岩浆主导期转变。非岩浆增生段，轴部呈现裂谷地形，裂谷内部构造走向通常平行于洋脊走向，仅有零散的火山活动或者极薄的玄武岩层，地壳极度减薄，地幔橄榄岩可直接出露于轴部裂谷谷底，随后经过断层捕获和块体旋转成为裂谷的两壁，断面倾角平缓（Dick et al.，2003）。西南印度洋脊的 Joseph Mayes 海山（11°30′E）往东 180 km 范围内为非岩浆洋脊段，走向与扩张方向呈约 32°夹角，裂谷平均深度为 4200 m，最大可达 4700 m，岩石样品多为蛇纹石化橄榄岩，谷底虽然地形较粗糙（约 500 m 的地形起伏），但无新火山活动迹象，长形不规则的地幔块体从谷底抬升，地球物理探测显示弱磁性、布格重力异常正异常。裂谷两壁由一系列大型不规则或者透镜状块体组成，倾角为 14°~20°。西南印度洋脊 14°54′~15°45′E 也是一段斜向扩张的非岩浆增生段，亦具有轴部裂谷，形态类似，裂谷缓缓曲向东至东南，连接到岩浆增生段（Dick et al.，2003）。加克洋脊在 3°E 是一处非转换不连续带，至此轴部深度突然增加约 1100 m，出现裂谷地貌，两壁坡度达 20°，无 AVR，仅有约 200 m 的马鞍状隆起，相应伴有地磁和自由空气重力异常的减小,出露大量地幔橄榄岩,有些还非常新鲜,缺失海底玄武岩;该轴部裂谷可继续向北东向延伸至98°E(Michael et al., 2003)。

在超慢速扩张洋脊,非转换不连续带是一种比较常见的洋脊错动形式。与转换断层不同的是,非转换不连续带不是一种截然的洋脊错动,而是一种连续的洋脊错动方向上的迁移。非转换不连续带一般位于洋脊段的末端,即AVR之间岩浆活动甚少或者缺失的位置,在地形上常表现为槽状地形,走向常与扩张方向斜交。北冰洋加克洋脊8°~98°E的850 km范围内洋脊裂谷连续延伸,无转换断层错断,29°~85°E略呈弯曲,长8~12 km的几处明显错动(37°E、43°E和62°E)和一系列小洋脊的错动均由非转换错动的方式完成(Cochran et al., 2003;Michael et al., 2003)。西南印度洋脊54°~57°E,两段分别长为50 km和76 km的斜向非转换不连续带,连接了三段垂直扩张的岩浆增生洋脊(Sauter et al., 2001, 2002)。非转换不连续带在超慢速扩张洋脊比较普遍,与特殊的扩张机制和岩石圈有关。

模拟实验显示,随着熔融岩浆供应的进一步减少,当岩浆洋壳低于只能消化30%~50%的海底扩张空间时,则很大部分的海底扩张将由断层作用来完成(Searle, 2013)。而超慢速洋脊扩张斜度的增加,使洋脊岩浆供应量达到这个临界值成为可能。此时大型的拆离断层持续地形成,只是断层面倾向会每1 Ma变换一次(Smith, 2013)。一侧的拆离断层停止活动,另外一侧又会发育新的拆离断层。这种情况下,将出露大面积的蛇纹石化橄榄岩。火山活动仅仅局限于小面积丘状火山,一般位于蛇纹石化山脊的末端。

6.2.3 西南印度洋脊岩浆段(49°~51°E)

西南印度洋脊49°~51°E位于Georgen等(2001)认为的受热点影响的第五区段,Cannat等(1999)又细分为第27、28、29洋段(图6-3)。区域内基本上被玄武岩覆盖,是超慢速扩张中岩浆活动相对强烈的代表。

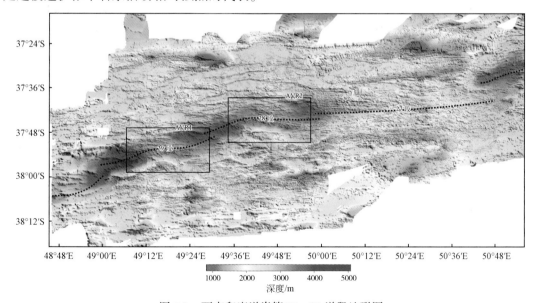

图6-3 西南印度洋脊第27~29洋段地形图

第28、29洋段轴部为裂谷，裂谷内AVR与非转换不连续带相间、呈雁列式排列（图6-4）。如图6-5，第28、29洋段AVR近东西向展布，末端与NTD有部分重叠，接壤处水深增加迅速。AVR在谷内延伸约20 km，宽4~5 km，从谷底抬升500 m以上，水深最浅仅为2700 m。其上发育近东西向的线性构造，可观察到形态明显的锥形火山。西侧两段非转换不连续带平面形态略呈"S"形，北东东向延伸达30 km，无火山活动痕迹，水深增加到3700 m以上，谷底地形比较光滑。但第28洋段与第27洋段接壤的一个NTD却表现出不同特征。首先，其规模不如西侧两段NTD，水深最深仅为3500 m，长度约15 km，仅为前两者的一半；其延伸方向为近东西向，亦不再有"S"形的平面形态，且在其谷底可观察到形态明显的火山锥。该段洋脊火山中心相间排列，洋脊段之间的错动由斜向的非转换不连续带来完成，都是超慢速洋脊比较典型的地形地貌特点。

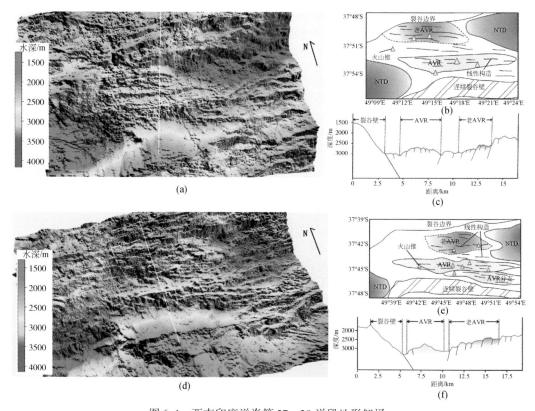

图6-4　西南印度洋脊第27、28洋段地形解译
(a) AVR1区三维地形图，位置见图6-3中黑线框；(b) AVR1区地貌解释图；(c) 过AVR1区地形剖面图，位置见(a)中白线；(d) AVR2区三维地形图，位置见图6-3中黑线框；(e) AVR2区地貌解释图；(f) 过AVR2区地形剖面图，位置见(d)中白线

裂谷南北两壁的地貌形态截然不同，南侧谷壁为坡度约20°的完整连续断面；而北侧谷壁则发育与裂谷中心AVR类似的近东西向断裂及火山锥，因此推测很可能是一个老的AVR正在随海底扩张向北侧迁移增生（图6-4）。第28、29洋段南、北两翼地形地貌截然不同。第28、29洋段北翼发育了3~4组长断裂。每组长断裂由近东西向和北东东向的断裂首尾相接而成折线状，与现在的裂谷边界形态相似，可能代表了早期的裂谷边界。北翼

海底地形可细分为两类。一类水深稍浅,近东西向线性构造发育,地形崎岖,可观察到火山,与轴部的火山脊段相似,是 AVR 随海底扩张向翼部增生的结果。另外一类水深略深,地形平坦,一般以极缓的坡度向离轴方向倾斜,不见火山锥,除了被长断裂南北向分割外,基本不发育其他断裂或者线性构造,与轴部的 NTD 地形特征相似,是非转换不连续带在翼部的地形表达(图6-3)。南翼最大的特点是发育了大量的大型断块,显示了强烈的构造作用。这些断块背轴侧坡度较平缓,断面倾向轴部,坡度大多为 10°~25°,垂向断距可达 500 m 以上。同时也发育一些小断裂,通常是发育在上述大断块之上的次级断裂。大约 49.78°E,第 28 洋段轴部以南位置,地形上可观察到形态特征明显的大洋核杂岩,呈南北向展布,波状起伏地形明显,延伸约 9 km,宽度为 3~5 km,总面积约 40 km²(图6-5)。

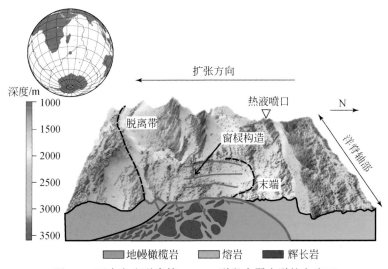

图 6-5 西南印度洋脊第 28、29 洋段南翼大洋核杂岩区

这种裂谷两翼的不对称性说明了洋脊正在经历不对称扩张,而裂谷南壁的大断面正是控制不对称扩张的深大断层。岩浆洋壳主要向北翼迁移增生,发育与 AVR 有关的火山地貌;南翼构造拉张作用强烈,洋壳经历大规模构造减薄,地貌上可观察到大量断块,发育拆离断层。

第 27 洋段轴部缺失中央裂谷,水深较第 28、29 洋段明显变浅。从第 28 洋段以东的一个 NTD 开始,裂谷地形逐渐向东呈"V"字形尖灭,水深逐渐变浅,裂谷逐渐变窄,50.30°E、37.68°S 位置为"V"字形尖点,裂谷地形至此完全湮灭(图6-6)。向东 50.30°~50.72°E 段缺失裂谷,轴部近东西向脊状隆起代表了扩张中心;其中 50.5°E 位置地形最高,为一活动火山中心。50.72°E 向东再次出现裂谷地形,为北东东向延伸的"S"形非转换不连续带。离轴 13~15 km 南北两侧为一组共轭的东西向展布 60 km 长的隆起带(图6-6)。背轴侧坡度较缓,向轴侧则十分陡峭,应是该隆起在轴部被拆分时的断面。离轴 25~28 km 南北两侧为另一组类似的共轭的隆起带(图6-6),规模上要比前一组隆起大得多。这些隆起与第 29 洋段北翼隆起具有相似的外形特征,推测可能具有相同的成因。第

27洋段在地貌上能识别出大量火山锥体，尤其分布在两组大型隆起之上［图6-6（a）］。这些火山外形包括锥形火山、带火山口火山和平顶火山，直径大多为1~2 km，高度为100~200 m，锥形火山高度可达200 m以上。

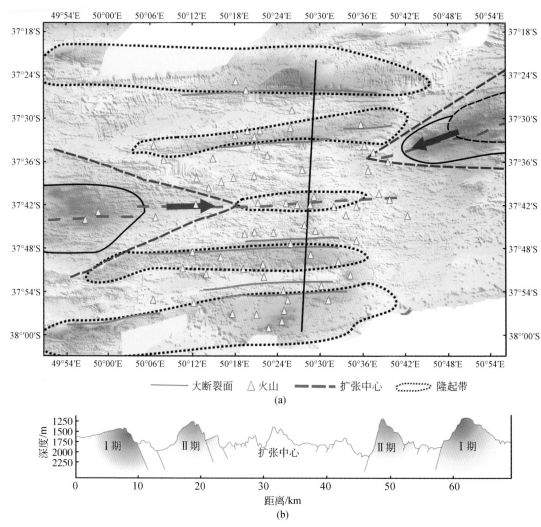

图6-6　西南印度洋脊第27洋段水深地形图及地貌解释及地形剖面及解释
（a）水深地形图及地貌解释；（b）地形剖面及解释；剖面位置见图（a）中黑线

第27洋段轴部缺失裂谷、水深浅及高密度的火山发育，都说明该洋段岩浆活动比较强烈。虽是超慢速扩张，但与快速扩张洋脊的地形地貌特征更为相似，反映了岩浆活动沿洋脊的聚集作用和热点影响。

6.2.4　西南印度洋脊非岩浆段（61°~66°E）

洋脊翼部洋底地形地貌与其在轴部形成时的形态以及海底扩张的方式密切相关。

西南印度洋脊 Melville 转换断层和罗德里格斯三联点之间的洋脊段,长约 1000 km,轴部最大水深为 4730 m,为西南印度洋脊最深的洋脊段,且没有明显的转换断层系统(图 6-7)。在 Melville 转换断层至 64°E,洋脊多为非岩浆增生段,呈 33°左右的斜向扩张,而在 64~66°E 区域洋脊呈火山地形,近垂直扩张(Cannat et al., 2006)。西南印度洋脊 63°22′~65°46′E 区域包含四个洋脊段:第 8、9、10 和 11 洋段。第 11 洋段发育 Fuji 穹窿,被认为是一个大型的拆离断层(图 6-7)。

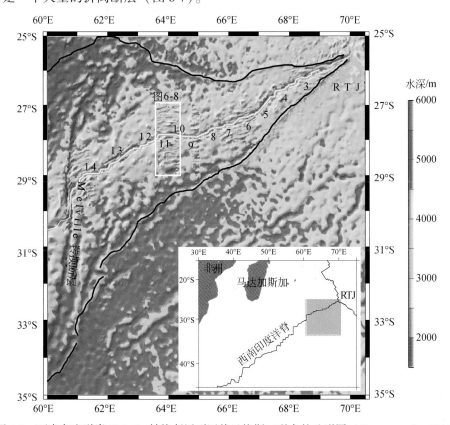

图 6-7 西南印度洋脊 Melville 转换断层到罗德里格斯三联点的地形图 (Cannat et al., 2003)
RTJ. 罗德里格斯三联点

Searle 和 Bralee(2007)的研究表明,西南印度洋脊 64°E 发育近东西向的线性构造,表现为南北扩张,与大西洋中脊的线性纵谷外貌一致,然而 64°E 洋脊段的内断崖分布广泛,断距更大。64°E 洋段的南翼比北翼平均浅 500 m,洋段中心处被典型的火山丘(Mount Jourdanne)占据,比周围的轴部裂谷地形高出 1 km 左右,水深为 2800 m,最浅处达到 2000 m 左右。AVR 在 Mount Jourdanne 火山的东西两侧沿直线延伸,一直向西延伸到 NTD 63°40′E,向东延伸到 64°10′E。轴部火山脊的侧翼分布着许多火山。

沿 64°02′E 存在两个大型的火山块体,年龄较老,南北对称地分布在轴部裂谷两侧。许多小的地形高地对称地分布在轴部扩张中心两侧(图 6-8)。64°E 轴部的大部分区域和北侧为多圆丘的火山地貌,而南侧的构造作用强烈(Searle and Bralee, 2007)。在过去的 1~2 Ma 内,火山作用从洋脊段中心向西侧推进,在洋段末端,火山作用变弱。

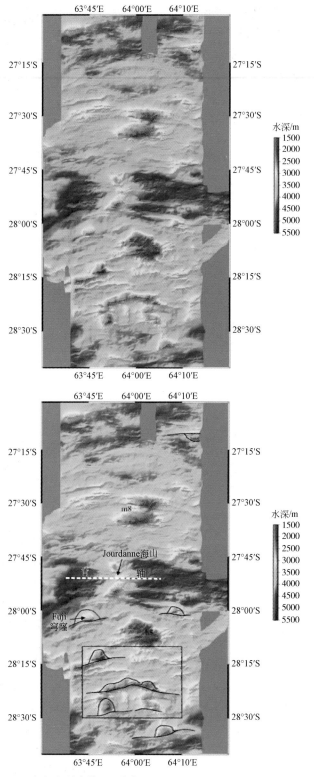

图 6-8　西南印度洋脊第 11 洋脊段的地形图（Searle and Bralee，2007）

Fuji 穹窿位于扩张中心南侧的 15~25 km，沿扩张方向延伸至少 18 km，垂直扩张方向最多 8 km。位于北东-南西向 NTD 东侧内角的位置。在 NTD 的北西侧翼发现了蛇纹石化橄榄岩。洋脊呈现不对称扩张特征。在北侧，尽管被小到中型的断层切割，但仍为火山地形；在南侧，断层发生了更大的弯曲，火山地形相对较少，这可能是由于轴部裂谷两侧大型不对称的大断距断层系统导致的（Cannat et al., 2003）。其表面有明显的窗棂构造，其 15 km 长、10 km 宽、1500 m 深，与大西洋中脊典型的拆离断层面特征一致（Searle et al., 2003）。在拆离断层的末端，有蚀变玄武岩出露，在穹窿状顶部出露辉长岩和橄长岩。拆离断层面的角度为 10°~20°，在破碎带附近角度增加到 40°（图 6-9）。

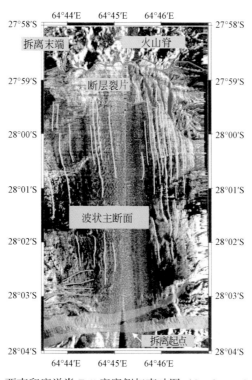

图 6-9　西南印度洋脊 Fuji 穹窿侧扫声呐图（Searle et al., 2003）

西南印度洋脊 61°~64°E 位于 Georgen 等（2001）的最东面的第七区段，呈斜向扩张，洋脊错段较少。Cannat 等（2006）进一步分析了该段洋脊两侧地形，将其分为 3 类，代表了不同的成因：火山地形、光滑地形、波状起伏地形（图 6-10）。"火山地形"（图 6-10 中的黑色实线内）海底分布众多火山锥，断面走向垂直扩张方向，抬升幅度可从小于 50 m 到大于 500 m 变化，倾向向轴部或背轴部，形成与扩张速率较快的洋脊类似的地堑地垒形式，此类地形约占其研究范围的 59%，推测该类地形为岩浆增生洋底，对应于轴部的岩浆增生段；"光滑地形"［图 6-10（c）、(d)］脊部宽阔广，呈光滑的圆形地形，无火山隆起和断崖，可抬升 500~2000 m，延伸 15~30 km，方向与它们形成时的洋脊走向一致，有的向轴侧坡度小于离轴侧，有的两坡对称，该类地形占到 37%，这种地形上取到的岩石样品均为蛇纹石化橄榄岩（Seyler et al., 2003），对应于轴部非岩浆增生段；"波状起伏地形"［图6-10（a）、（b）、（d）、（e）中白色实线内］以穹窿状或者亚水平的地形出现，无火山锥，呈现出平行洋脊扩张起伏的独特地形，这些波状隆起宽度小于1 km，抬升30～100 m，可沿洋脊扩张方向延伸20 km，个别宽达4～73 km，长达4～30 km，该类地形约占到其研究区的4%，这种穹窿状的地形被认为是拆离断层所致，拉张作用持续作用于单一正断层，断层下盘旋转，地形上观察到的穹窿即为下盘出露的拆离面，可使下地壳或上地幔直接出露于海底。这种拆离断层及相关大洋核杂岩的发育，很可能与轴部发育的深大断裂以及与之相关的不对称扩张有关。

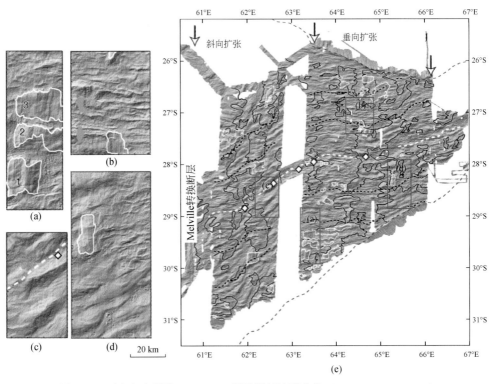

图6-10　西南印度洋脊61°~64°E洋脊翼部地形分类（Cannat et al., 2006）

也有证据表明在有些超慢速扩张洋脊，轴外两翼也有火山喷发的现象，Standish 和Sims（2010）在西南印度洋脊离轴约10 km的地方发现了新鲜的火山熔岩（小于8 ka），而按该处扩张速率推算，这个位置的年龄大概在1.5 Ma，这些熔岩应该是岩浆沿着断裂上升形成的。

6.3　深部结构

6.3.1　西南印度洋脊50°E地壳结构

为深入研究西南印度洋脊已发现的龙旂热液活动区及其东侧的岩浆增生段的壳幔结构和深部构造，开展了海底OBS广角地震反射深部探测，分析洋中脊热液活动区的地壳岩性变化、大型拆离断层、活动岩浆房和深部壳幔结构，探讨超慢速扩张洋脊岩浆活动、地壳形成与深部构造及其对热液系统和成矿过程所起的作用和相互关系。2010 年 1 月 31 日~3 月 7 日，由中国科学家主持，中法科学家合作，国家海洋局第二海洋研究所、北京大学、中国科学院南海海洋研究所等国内多家科研单位齐心协作，实施了西南印度洋脊人工震源 OBS 深部探测（即海底三维地震层析成像）。针对上述东、西两区不同的洋脊扩张机理，使用 40 台 OBS，设计两个 50 km×50 km 三维海底地震成像调查区域进行对比研究（图 6-11）。西区布设 21 台 OBS，包括 5 台长周期 OBS；东区布设 16 台 OBS，包括 2 台长周期 OBS；两区之间布设 3 台 OBS。采用总容量 6000 in³①的大容量气枪阵列组合放炮，设计放炮测线间隔 5 km，共 36 条测线，测线长 2000 km。从 2010 年 2 月 7~20 日，在作业区连续放炮 14 天，总计 10831 炮，获得了大量地球深部信号，为深化对该洋中脊热液区的深部构造和地球动力学过程的认识，提高该区成矿规律的认识，以及研究超慢速扩张洋脊形成机制奠定了基础。

1. 沿洋中脊的地壳结构

X1X2 测线沿洋中脊布设［图 6-11（b）］，速度模型（图 6-12）揭示出洋壳层 2 的厚度变化小，洋壳层 3 的厚度和莫霍面的深度有较大变化。模型中横向速度变化只出现在洋壳层 2A 和洋壳层 2B 的顶部，而在洋壳层 2B 的底部、洋壳层 3 及上地幔无横向速度变化，而垂向速度梯度在层 2 较大，达 2.49 s^{-1}（Li et al.，2015；Niu et al.，2015；Zhao et al.，2013）。总体上看，速度模型与洋中脊的分段有较好的对应性，与 Sauter 等（2001）给出的西南印度洋脊 49°E 和 57°E 的地壳结构与岩浆供给模型比较一致。最显著的一个特征是第 27 洋段所处的火山隆起区下方地壳厚度达 10.5 km，远大于超慢速洋脊地壳 2.5~4.5 km 的平均厚度，也大于标准洋壳 6.3±0.9 km 的平均厚度（White et al.，2001）。

从第 29 洋段的中央向东，经非转换不连续带至龙旂热液区（模型中 0~29 km），洋壳层 2A 和洋壳层 2B 厚度变化不大（分别为 0.5 km 和 1.8 km），垂向速度梯度较大（分别为约 2.9 s^{-1} 和约 1.3 s^{-1}）；洋壳层 3 平均厚度为 2.8 km，速度梯度不大（约 0.2 s^{-1}）；莫霍面埋深 8.6 km（从海平面算起，below see-level，bsl），表明地壳厚约 5.1 km。第 28 洋段（模型中 29~56 km），洋壳层 2A 厚度略增大（约 0.8 km），海底表层速度变化大（2.4~4.1 km/s），垂向速度梯度也较大（0.6~1.7 s^{-1}）。洋壳层 2 厚度变化不大，约 1.9 km，但其顶界面速度较大（达 5.5 km/s），速度梯度低。下地壳平均厚度约 3.0 km，莫霍面埋深约 8.6 km（bsl）。第 28 洋段东端和非转换不连续带（模型中 56~66 km），洋壳层 2B 稍增厚（达 2.4 km），顶界面速度稍低（为 4.0~4.4 km/s），洋壳层 3 表现为稍减薄（厚约 2.4 km）。在 OBS 第 23 号站位（模型中 70 km）莫霍面向东急速下倾（倾角约 20°），洋壳层 3 厚度急速增大。在第 27 洋段（模型中 66~138 km），洋壳层 2A 和洋壳层 2B 在厚度上变化都较大（分别为 0.5~1.1 km 和 0.9~1.5 km），横向速度变化不大，海底面速度最低为 1.8 km/s。洋壳层 3 大大增厚（达 8.2 km），地壳最厚处达 10.2 km，

---

① 1 in³ = 1.63871×10⁻⁵ m³。

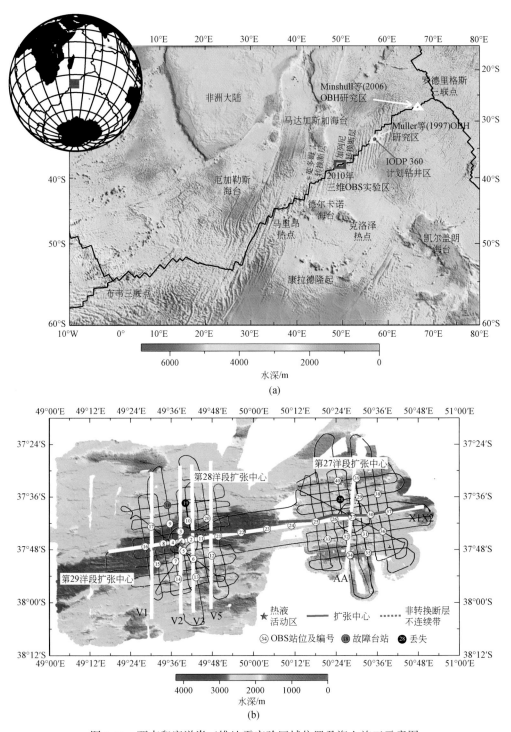

图 6-11 西南印度洋脊三维地震实验区域位置及海上施工示意图

(a) 2010 年三维 OBS 地震研究区在全球及西南印度洋脊的位置；(b) 三维地震实验的施工示意图，黑线为船炸测航迹，白线为速度剖面的位置，红色五星与蓝色五星分别表示龙旂热液区和断桥热液区的位置

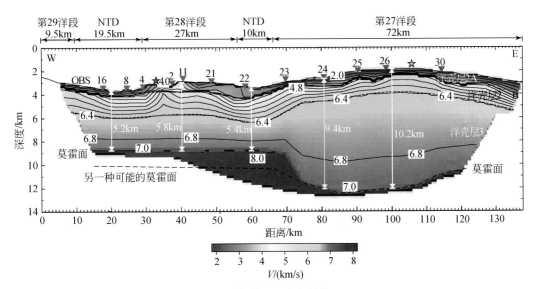

图 6-12　X1X2 测线的地壳模型和速度结构（Niu et al., 2015）

剖面长 138 km，红色三角为 OBS 站位，其顶上数字为 OBS 编号；黑细线为速度等值线，等值线间隔为 0.4 km/s，黑色粗实线为海底面和莫霍面，其中由 PmP 震相控制的莫霍面为红色；细黑色虚线为洋壳层 2 与洋壳层 3 的分界面；粗黑色虚线为拟合 OBS4 Pn 震相的莫霍面埋深；红色五星与蓝色五星分别表示龙旂热液区和断桥热液区的位置

这是一个十分重要的特征。虽然地壳厚度异常大，但由于 PmP 震相在 OBS 23～30 各站位都十分清晰，对莫霍面的埋深控制较好。上地幔的速度为 8.0 km/s，被多个台站记录到 Pn 震相。

2. 垂直洋中脊的地壳结构

龙旂热液区附近垂直于扩张轴的三维速度切片表明（Zhao et al., 2013），上地壳速度梯度大，存在明显的横向变化，裂谷南北两侧明显不对称，南侧表层速度大（达 5.0 km/s），可能直接出露下地壳，有拆离断层发育。以 7.0 km/s 速度等值线作为莫霍面，莫霍面起伏较大，岩浆扩张中心下方地壳厚度大（约 8.0 km，图 6-13 中 V3 剖面），表明该区域地幔岩浆供应充足。

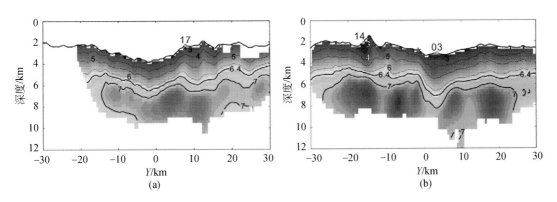

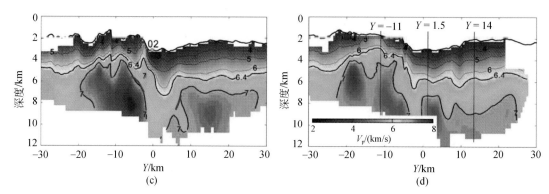

图 6-13　龙旂热液区附近垂直于洋中脊的地壳速度结构（Zhao et al., 2013）
(a) V_1；(b) V_2；(c) V_3；(d) V_5；剖面位置见图 6-11（b）

断桥热液区附近垂直于扩张轴的三维速度切片显示上地壳速度比较均匀（图 6-14），速度梯度大而厚度小（约 2 km），下地壳厚大（约 7 km）。下地壳存在明显的低速区，速度异常为 0.35 km/s，可能代表残留岩浆房（Li et al., 2015）。该区域的另一个明显特征是地壳非常厚（达 9 ~ 10 km），表明该区域的地幔岩浆供应也非常充足。

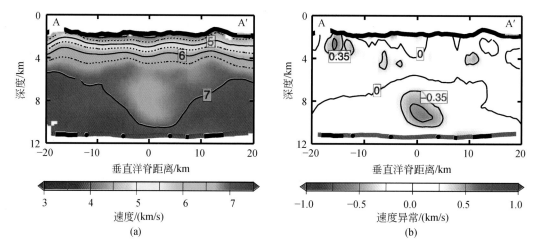

图 6-14　断桥热液区附近垂直于洋中脊的地壳速度结构（Li et al., 2015）
剖面位置见图 6-11（b）

6.3.2　西南印度洋脊 57°E 和 66°E 地震探测

英国 RRS Discovery 208 航次在西南印度洋脊 66°E 和 57°E 分别实施了海底水听器（OBH）地震探测。在西南印度洋脊 66°E 实验区，共布设 3 条折射地震测线，使用了 9 台 OBH（其中 8 台接收到了有效数据），同时拖曳一条 8 道 800 m 长的地震电缆进行反射地震探测。震源系统为 10 支气枪组成的枪阵，气枪总容量为 71 L，气枪深度为 15 m，放炮时间间隔为 40 s，距离为 100 m。使用了 GPS 系统导航和校正时间。

在西南印度洋脊 57°E 实验区数据采集方案与西南印度洋脊 66°E 实验区相同。

西南印度洋脊 66°E 地震研究区（图 6-15）位于 Melville 转换断层和罗德里格斯三联点之间（60°45′~70°E），洋中脊斜度为 25°，缺少转换断层和非转换不连续带，水深 4500~5500 m，最深 6000 m，出露大量蛇纹石化橄榄岩，磁异常年龄约 4.5 Ma（Cannat et al., 1999; Sauter et al., 2004）。在西南印度洋脊 66°E 多条测线地震试验（图 6-15）表明，地壳厚度为 2.2~5.4 km，其中上地壳厚 1.5~2.5 km，速度梯度大，下地壳厚 0.5~3.0 km，速度梯度小。在洋脊两端地壳异常薄，只有 2.0~2.5 km，而洋脊中间是融熔产生和运移的集中区，地壳厚度可达 3.5~6.0 km（图 6-16）（Müller et al., 1999; Minshull et al., 2006）。

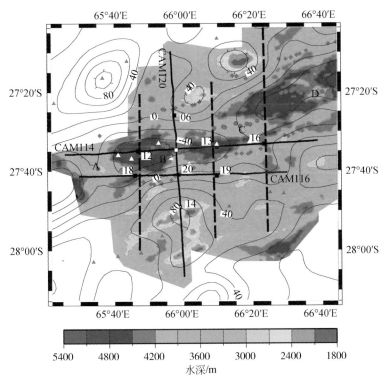

图 6-15　西南印度洋脊 66°E 海底地震探测示意图（Minshull et al., 2006）

粗实线代表地震测线的位置；粗虚线代表洋中脊段的边界；细实线代表空间重力异常，等值线间距为 20 mGal；彩色背景代表水深，色标见图底部；黑色正方形代表 OBH 的位置；红色圆点、菱形和三角形代表磁异常条带年龄

西南印度洋脊 57°E 地震研究区（图 6-17）位于 Atlantis II 断裂带，该断裂带错动洋中脊达 200 km，存在许多转换断层和非转换不连续带，洋中脊斜度为 40°，转换断层形成的裂谷极深，超过 6500 m，而洋中脊被强烈抬升，水深 4000~5000 m（Müller et al., 1997; Cannat et al., 1999）。在西南印度洋脊 57°E（中心为 ODP 735B 钻孔）广角地震试验表明，受转换断层的影响，沿洋中脊方向地壳结构高度不均匀（图 6-17）。在转换裂谷处地壳为薄的低速层厚 2.5~3 km，指示高度蛇纹石化地幔橄榄岩；转换裂谷东侧 Atlantis 海台，上地壳缺失，下地壳厚 2 km，且下伏 2~3 km 部分蛇纹岩化地幔，莫霍面深 5±1 km。

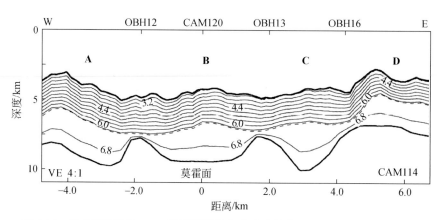

图 6-16 西南印度洋脊 66°E 沿扩张轴的地壳速度结构（Minshull et al., 2006）

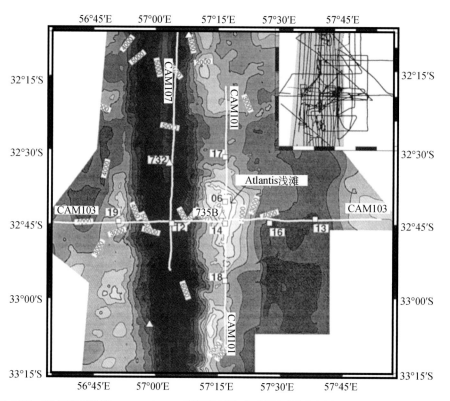

图 6-17 西南印度洋脊 57°E Atlantis Ⅱ 断裂区海底地震探测示意图（Müller et al., 2000）
水深等值线间隔为 500 m；白色实线代表广角地震剖面位置；白色正方形代表 OBH 的位置；
白色三角代表 ODP 钻井的位置；插图中黑色实线代表声呐测深时的航迹线

Atlantis 海台东侧上地壳厚 2~2.5 km，速度梯度高，下地壳只有 1~2 km 厚（图 6-18、图 6-19），远小于一般大洋下地壳的 5 km（Müller et al., 1997, 2000）。

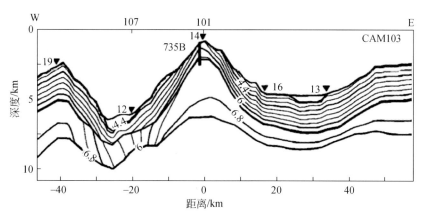

图 6-18　西南印度洋脊 57°E 穿越 Atlantis II 转换断层的地壳速度结构（Müller et al., 2000）

101 和 107 代表 CAM101 剖面和 CAM107 剖面分别与本剖面相交的位置；735B 代表 ODP 735B 钻孔在本剖面上的位置（在剖面北侧约 2 km）；速度等值线为 0.4 km/s

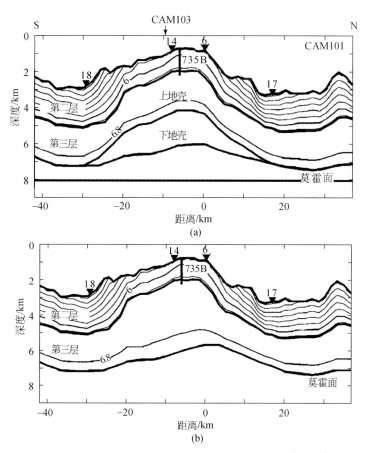

图 6-19　西南印度洋脊 57°E 平行 Atlantis II 转换断层的两种可能的地壳速度结构（Müller et al., 2000）

两个速度结构均能拟合地震数据，差别是图 (b) 中没有侵入的洋壳层 3

6.3.3 超慢速扩张洋脊的地壳结构对比

这些洋中脊的扩张方式、构造作用、岩浆供给方面具有非常独特的特点，被定义为一种新类型的洋中脊——超慢速扩张洋脊（Dick et al.，2003）。这类洋脊成因不尽相同，如北冰洋加克洋脊为连续扩张的超慢速扩张洋脊，而西南印度洋脊则表现为分段扩张（Sauter et al.，2001；Dick et al.，2003），非常值得研究探讨。

选取西南印度洋脊50°E穿越扩张轴的二维速度模型中AVR段和非转换不连续带的一维速度结构，与西南印度洋脊66°E、西南印度洋脊57°E、Gakkel、Mohns和Knipovich等洋中脊段进行对比。

结果表明 [图6-20（a）]，西南印度洋脊沿洋中脊上地壳比较均匀（2~3 km厚），横向不均匀主要由下地壳的变化引起。不同区域的速度结构具有较大的相似性，地壳平均厚度相近（约5.0 km）。洋中脊裂谷构造段、转换裂谷或非转换不连续带等区域地壳较薄，有利于蛇纹岩的形成和出露；岩浆段由于地幔上涌表现为高地形，是融熔产生和运移的集中区，地壳较厚。由于西南印度洋脊不同构造环境，扩张中心岩浆温度和供给存在差异，对应的地壳最大厚度存在区域性差异。在岩浆供给充足的地方（50°28'E）地壳厚达10.5 km，在破碎区（57°E）最大地壳厚度为5~6 km，在岩浆贫瘠区（66°E）处为6 km。

与加克洋脊（Jokat and Schmidt-Aursch，2007）对比 [图6-20（b）]，结果表明速度结构有一定的相似性，但加克洋脊洋壳只由一层高速度梯度的岩浆岩组成，其地壳非常薄，厚度为2~3 km。其最大的地壳厚度也小于5 km。在其莫霍面存在一个很大的速度间断，从6.4 km/s直接变化到约7.4 km/s。所有在加克洋脊的速度剖面均缺少标准洋壳的层3，而西南印度洋脊50°E的速度剖面上都有标准洋壳的层3，且不存在速度间断，地壳厚度相对较厚，厚度为4~8 km，由于研究区跨越不同扩张段，其岩浆段中心和两端的地壳厚度有较大差异。一个共同点是自然伽马与西南印度洋脊洋壳层2表层的速度都相对较低，其可能的原因是由于观测点位于或靠近扩张中心，有新鲜的岩浆出现在上地壳中（Libak et al.，2012）。

与北冰洋Mohns洋脊（Klingelhöfer et al.，2000）进行对比 [图6-20（c）]，可以看出速度模型洋壳层2较相似，洋壳层3有差异，西南印度洋脊50°E地壳较厚，表明附近的岩浆供给比Mohns洋脊充足。Mohns洋脊地壳厚度约4 km，其速度结构包括速度为约3 km/s的较薄的洋壳层2A、速度为4~5 km/s的约1.5 km厚的洋壳层2B及速度为6~7 km/s的约2 km厚的洋壳层3。西南印度洋脊50°E的洋壳层2A也相对较薄，但沿洋中脊有厚度变化（0.5~1.1 km），其特征与中速扩张洋脊的洋壳层2A类似，如南太平洋劳盆地（Lau Basin）瓦路法脊（Valu Fa Ridge，VFR），洋壳层2A厚度为0.4~1.0 km（Jacobs et al.，2007）。

与北冰洋Knipovich洋脊（Kandilarov et al.，2010）的速度结构对比 [图6-20（d）]，表明洋壳层2速度梯度差异较大，洋壳层3速度梯度较一致。Knipovich洋脊的速度模型中洋壳层2速度从4 km/s变化到6 km/s，厚度由1 km变化到3 km；洋壳层3速度从6.3 km/s变化到7.5 km/s，厚度由3 km变化到5 km。其地壳厚度最厚达8 km，且有较低的速度,与其他几处超慢速扩张洋脊不同。可能预示着本研究区与 Knipovich 洋脊曾经都岩浆供给充足。

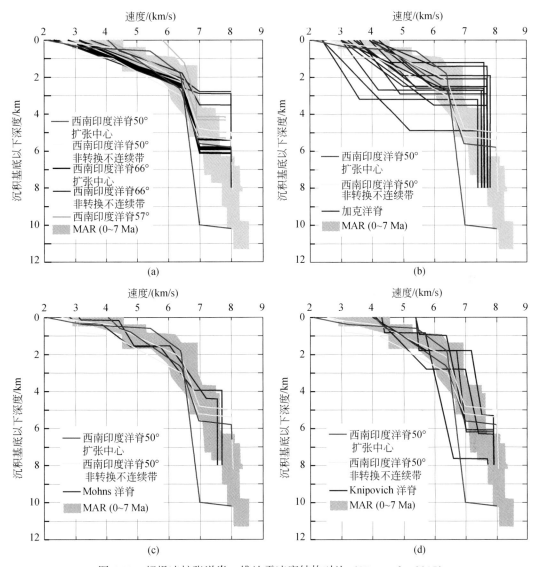

图 6-20 超慢速扩张洋脊一维地震速度结构对比(Niu et al., 2015)

西南印度洋脊 50°E 的结果选自 X1X2 测线;(a) 西南印度洋脊 50°E、57°E(Müller et al., 2000)与 66°E(Minshull et al., 2006)的地壳结构对比;(b) 西南印度洋脊 50°E 与加克洋脊地壳结构对比(Jokat and Schmidt-Aursch, 2007);(c) 西南印度洋脊 50°E 与 Mohns 洋脊地壳结构对比(Klingelhofer et al., 2000);(d) 西南印度洋脊 50°E 与 Knipovich 洋脊地壳结构对比(Kandilarov et al., 2010);加克洋脊、Mohns 洋脊和 Knipovich 洋脊的速度结构数字化引自 Libak 等(2012);阴影区为大西洋中脊 0~7 Ma 的速度结构范围(White et al., 1992)

还需要指出的是,西南印度洋脊 50°E 的上地幔顶部速度为 8.0 km/s,比加克洋脊(7.4~7.7 km/s)、Mohns 洋脊(7.5~7.7 km/s)和 Kolbeinsey 洋脊(7.6~7.9 km/s)较高,其可能的原因是西南印度洋脊 50°E 地壳较厚,大于发生蛇纹石化作用的最大深度

5 km（Minshull et al., 1998），而其他洋中脊可能存在蛇纹石化地幔。

通过与全球几处超慢速扩张洋脊的速度结构对比，可以得出虽然超慢速扩张洋脊扩张速率接近，但其地壳结构却大不相同（Libak et al., 2012）。这些观测结果可以确定超慢速扩张洋脊的地壳结构与扩张速率没有很大的相关性，而地壳下面的地幔特征对洋中脊下熔融体的形成有很大影响（Korenaga, 2011）。所以，不同的地幔温度、不同的地幔成分或不同的岩浆供给量是观测到的不同区域超慢速扩张洋脊有不同地壳结构的主要原因（Libak et al., 2012）。

6.4 岩浆作用

快速-慢速扩张洋脊的岩石类型主要由玄武岩组成，辉长岩和地幔橄榄岩含量很少，大多沿转换断层和拆离断层等构造活动带分布。而在超慢速扩张洋脊，除了构造活动带外，大量的下地壳和上地幔物质在洋脊轴部直接出露。Zhou 和 Dick（2013）对西南印度洋脊的岩石类型进行了统计，发现下地壳辉长岩（或者辉绿岩）和地幔橄榄岩在海底岩石中占很大的比例（图6-21），明显区别于其他几乎被玄武岩完全覆盖的洋脊。例如，在构造活动异常活跃的 Atlantis Ⅱ（57°E）转换断层附近，橄榄岩占总岩石的质量比例为30%，辉长岩和辉绿岩比例为29%，而玄武岩含量仅占41%。除了 Atlantis Ⅱ 转换断层之

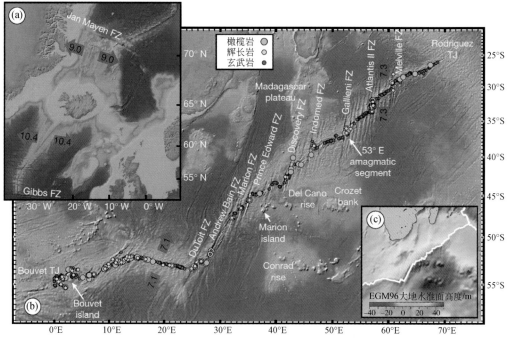

图6-21　西南印度洋脊地形变化和岩石分布类型图（Zhou and Dick 2013）

倾斜的白色字体代表转换断层；红色箭头代表半扩张速率。(a) 为冰岛附近地形图，(c) 为西南印度洋脊相对大地水准面地形图；Bouvet TJ 为布韦三联点；Rodriguez TJ 为罗德里格斯三联点；Bouvet island 为布韦岛；Marion island 为马里昂岛；Conrad rise 为康拉德隆起；Del cano rise 为德卡诺隆起；Crozet bank 为克洛泽隆起带；Madagascar plateau 为马达加斯加海台；53°E amagmatic segment 为53°E 贫岩浆作用段

外，西南印度洋脊其他区域的平均岩石组成为橄榄岩占 24%，辉长岩和辉绿岩占 14%，而玄武岩占 62%（Zhou and Dick，2013）。深部岩石在西南印度洋脊的出露不仅体现在质量比例上，还体现在分布范围上。例如，在西南印度洋脊 9°~16°E 倾斜洋脊段和 Melville 转换断层（60°45′E）以东的洋脊区域，大面积的地幔橄榄岩在海底直接出露，分布范围可达大约 1000 km（Dick et al.，2003；Cannat et al.，2006）。岩浆活动的减弱、洋壳厚度的减薄和地幔早期亏损导致的均衡补偿被认为是地幔物质在西南印度洋脊非构造活动带大量出露的主要原因。这与西南印度洋脊超慢的扩张速率、倾斜的扩张方向和冷的地幔温度导致的很低的地幔熔融程度相一致。

6.4.1　西南印度洋脊 49°~52°E

西南印度洋脊 Indomed 转换断层（46°E）和 Gallieni 转换断层（52°20′E）之间的区域是典型的富岩浆段，洋脊具有地形高、水深浅和地幔布格重力异常低等特征（Georgen et al.，2001）。2007 年我国大洋 19 航次在该区发现了超慢速扩张洋脊第一个活动的热液喷口，命名为龙旂热液区（49°39′E）。该热液区东侧以 50°28′E 为中心的第 27 洋脊段（长 72 km）是 Indomed-Gallieni 之间水深最浅的区域。地震数据显示该洋脊段洋壳异常增厚，在 50°28′E 处厚度可达大约 9.5 km，并且洋壳厚度变化剧烈，在沿洋脊轴向 30~50 km 的范围内洋壳厚度变化范围为 4~9.5 km（Li et al.，2015）。这种岩浆异常增生主要由岩浆在岩石圈底部从洋脊段边缘向洋脊段中心迁移聚集造成（Li et al.，2015）。此外，水深、重力和磁力等地球物理数据表明克洛泽热点与洋脊的相互作用也可能是造成 Indomed-Gallieni 之间岩浆异常增生的原因（Sauter et al.，2009）。然而，由于克洛泽热点与洋脊相距很远（约 900 km），并且长期以来缺乏明显的岩石地球化学证据，克洛泽热点对洋脊的影响还存在很大的争议。

Indomed 转换断层和 Gallieni 转换断层之间的洋脊段被玄武岩覆盖，未见地幔橄榄岩出露（图 6-21）。该区玄武岩都为 N-MORB，未发现 E-MORB（Mahoney et al.，1992；Meyzen et al.，2005；Gautheron et al.，2015；Yang et al.，2017）。而 E-MORB 被认为是洋脊和热点相互作用的重要标志，表明克洛泽热点对洋脊影响的可能性很小。Breton 等（2013）通过对克洛泽热点玄武岩微量元素和同位素的研究发现克洛泽热点地幔的化学成分非常不均一，由三种成分不同的地幔组分混合形成。并且通过克洛泽热点和西南印度洋脊玄武岩的微量元素和 Sr-Nd-Pb 同位素的混合模型，表明 Indomed 转换断层和 Gallieni 转换断层之间的洋脊浅部地幔可能被克洛泽地幔柱的深部物质所混染（Breton et al.，2013）。最新的玄武岩数据也表明 Indomed-Gallieni 之间的玄武岩虽然具有典型的 N-MORB 的主微量元素特征，但是在洋壳异常增厚的 50°28′E 区域，玄武岩的 Sr-Nd-Hf-Pb 同位素却表现出类似克洛泽热点的富集特征（Yang et al.，2017）。同位素富集的玄武岩在洋壳异常增生区的出现表明这种玄武岩可能是由克洛泽热点和洋中脊相互作用产生，由于热点和洋中脊相距很远（约 1000 km），热点物质在迁移过程中发生了连续的少量熔融，导致主量元素和微量元素亏损，但同位素受影响很小，因此未产生 E-MORB（图 6-22）。这种现象表明同位素富集的 N-MORB 也可能是热点和洋脊相互作用的一种新的化学指标（Yang et al.，2017）。

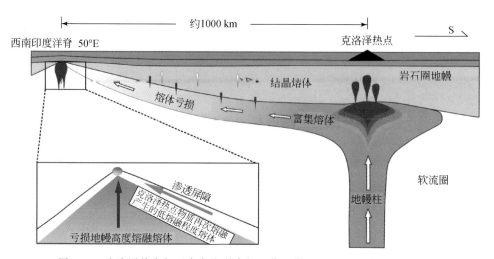

图 6-22 克洛泽热点与西南印度洋脊相互作用模型图（Yang et al., 2017）

热点物质在迁移过程中发生减压熔融，亏损主量元素和微量元素，但同位素未发生明显变化。产生的熔体滞留在加厚的岩石圈中冷却结晶。热点物质在西南印度洋脊下发生进一步的熔融，产生同位素富集的 N-MORB

6.4.2 西南印度洋脊 61°~70°E

与 Indomed-Gallieni 区域相反，西南印度洋脊 Melville 转换断层（60°45′E）到罗德里格斯三联点之间为深水区域，平均水深为 4.5 km（Cannat et al., 1999）。深水和高的上地幔地震波速表明该区地幔温度很低，岩浆供应不足，是典型的贫岩浆段（Müller et al., 1999；Cannat et al., 2008）。由于洋脊为倾斜扩张，垂直洋脊方向的有效扩张速率降低，使岩浆的供应量进一步减小，导致洋壳明显减薄（Dick et al., 2003；Cannat et al., 2008）。下地壳地震波速度表明在 65°~67°E 区域，洋壳厚度平均为 4 km（Müller et al., 1999）。1998 年 Indoyo 航次在 Melville 转换断层东部 63°56′E 区域发现了块状硫化物（27°51′S，63°56′E），并命名为 Mount Jourdanne 热液区（Münch et al., 2000, 2001）。虽然该区热液活动已经停止，但烟囱和热液丘的发现第一次证实了高温块状硫化物烟囱也可以在超慢速扩张洋脊出现。

作为全球最深的洋脊区域之一，Melville 转换断层以东到罗德里格斯三联点之间的岩石地球化学研究对该区岩浆的增生和分配机制具有重要意义。该区海底火山活动在局部区域聚集形成大型的离散火山建造，相互之间被大面积的平滑海底区域所间隔（Cannat et al., 2006）。平滑海底区岩浆供应量非常少，缺失或仅有少量轴部火山，形成一种新的海底类型（Cannat et al., 2006）。除了火山玄武岩之外，大量的地幔橄榄岩在平滑海底区域直接出露。该区玄武岩成分明显区别于其他 MORB，具有高的 Na_8（下标"8"表示将玄武岩成分校正至 MgO 为 8% 时对应的 Na_2O 含量，下同）、Sr 和 Al_2O_3，和非常低的 CaO/Al_2O_3 和 HREE（图 6-23）（Meyzen et al., 2003）。虽然高 Na_8 含量表明地幔熔融程度非常低，但 CaO/Al_2O_3 和 Ti_8 的关系却偏离全球 MORB 的变化趋势（图 6-23），并且低的 HREE 含量（高熔融程度）也无法由典型洋脊地幔的低程度部分熔融解释。如果假设地幔在进入洋脊之前发生过早期熔融，之后受到富集熔体的交代影响，然后在洋脊下再发生熔融，则可以同时解释玄武岩的低 HREE 含量和高 Na_8、Sr 等富集组分。这些结果表明 Melville 转换断层以东到罗德里格斯三联点之间大约 1000 km 的洋脊地幔具有复杂的演化历史，曾经历过广泛的早期熔融事件和地幔与富集熔体的相互作用（Meyzen et al., 2003）。

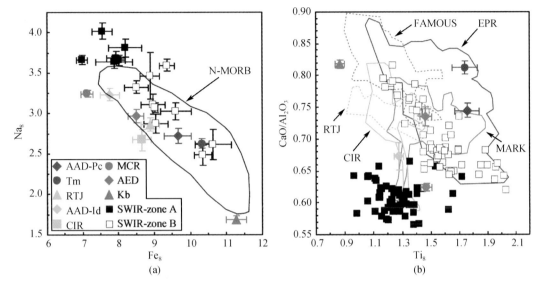

图 6-23　西南印度洋脊玄武岩与其他洋脊玄武岩化学成分对比图（Meyzen et al., 2003）

黑色方块代表 Melville 转换断层到罗德里格斯三联点之间的玄武岩，白色方块代表 Melville 转换断层西部到 Indomed 转换断层之间的玄武岩。其他洋脊玄武岩参见 Meyzen 等（2003）的研究。Na_8 和 Ti_8 分别表示将玄武岩成分校正至 MgO 含量为 8% 时对应的 Na_2O 和 TiO_2 的重量百分含量；SWIR-zone A 和 SWIR-zone B 分别指西南印度洋中脊 A 区（Indomed 和 Melville 转换断层之间）和 B 区（Melville 转换断层和罗德里格斯三联点之间）。MCR 指 Cayman 隆起，AAD-Id 和 AAD-Pc 分别指澳大利亚-南极洲不整合带的印度洋区域和太平洋区域，AED 指大西洋赤道不整合区，Tm 指太平洋 Tamago 区域，Kb 指 Kolbeinsey 洋脊，EPR 指东太平洋海隆，FAMOUS 和 MARK 分别指大西洋中脊 Famous 区域和 Kane 转换断层区域，RTJ 指西南印度洋中脊罗德里格斯三联点，CIR 指中印度洋中脊

除了玄武岩之外，Melville 转换断层到罗德里格斯三联点之间的海底出露大量地幔橄榄岩，Mount Jourdanne 热液区（63°56′E）附近的 64.68°E、63.50°E、63.16°E 和 62.59°E 区域均有橄榄岩出露（Seyler et al., 2003, 2011）。这些橄榄岩在洋脊段尺度和站位尺度内都表现出明显的成分不均一性，利用尖晶石计算的地幔熔融程度为 5%~12%，位于西南印度洋脊最低的地幔熔融程度端元（图 6-24）（Seyler et al., 2003）。然而这些橄榄岩中单斜辉石的模式含量都小于 10%，表明地幔遭受过广泛的熔融亏损（Seyler et al., 2011）。并且橄榄岩对应的地幔熔融程度比玄武岩成分推断的熔融程度要高，也与超慢的洋脊扩张速率和极薄的洋壳厚度不一致，暗示地幔可能经历过早期熔融事件。此外，该区橄榄岩单斜辉石相比大西洋中脊橄榄岩明显富集硬玉组分（Na_2O 和 Al^{VI}/Al^{IV}）（图 6-24）。在地幔熔融过程中化学性质相似的 Na 和 Ti 在辉石中解耦，导致高 Na/Ti 值，表明辉石的高 Na 特征继承自地幔源区成分，而不是由地幔熔融造成。源区的高 Na 含量暗示地幔在熔融之前遭受过富集熔体的交代作用影响，导致软流圈地幔成分不均一。由于西南印度洋脊地幔熔融程度较低，地幔不均一性未遭受破坏，因而在橄榄岩中得以体现。

除了源区地幔的不均一性外,地幔熔融过程也可能造成进一步的成分不均一。橄榄岩单斜辉石的微量元素表明 Melville 转换断层到罗德里格斯三联点之间的地幔熔融起始于深度大于 80 km 的石榴子石地幔(Seyler et al., 2011)。并且地幔熔融发生于开放系统条件下,在减压熔融的同时遭受过富集熔体的影响,不同含量的富集熔体进一步加强了洋脊段尺度和站位尺度的不均一性。Melville 转换断层到罗德里格斯三联点之间的洋脊低的地幔部分熔融程度使地幔新生的熔体量减少,外来熔体比例上升,并且熔体抽提作用的减弱也加强了熔体和地幔的相互作用,导致更不均一的地幔成分(Seyler et al., 2011)。早期的地幔熔融和熔体交代,以及地幔熔融过程中熔体加入等多种因素共同作用,使 Melville 转换断层东部地幔明显区别于西部,表现出更强的成分不均一性(Meyzen et al., 2003; Seyler et al., 2003, 2011)。

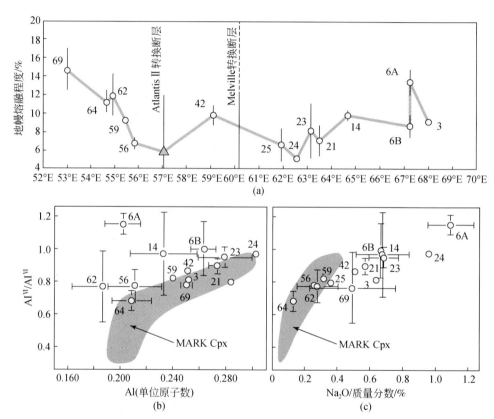

图 6-24 西南印度洋脊 52°~70°E 地幔部分熔融程度变化图和橄榄岩单斜辉石成分变化图(Seyler et al., 2003)

(a) 地幔部分熔融程度变化图;(b)、(c) 橄榄岩单斜辉石成分变化图。地幔部分熔融程度由橄榄岩尖晶石成分计算所得;数字代表岩石站位;MARK Cpx 代表大西洋中脊 Kane 转换断层橄榄岩

6.5 热液硫化物矿床

早前认为较快的扩张速率会提供较多的物质和能量,这可能是形成热液活动的必要前

提，从而对慢速尤其是超慢速扩张洋脊能否形成热液活动提出质疑。Baker 和 German（2004）在统计全球热液喷口后，也认为洋中脊区域热液喷口的出现概率与全扩张速率成正比。并在分析了全球洋中脊的 20 个 II 级洋脊段后，认为洋脊单位长度内热液活动的出现频率和岩浆房直接相关，并且随着岩浆房深度变浅而出现频率变高。当然，Baker 和 German（2004）同时指出，这些推论未考虑热液喷口勘探程度、岩浆房与热液活动同步性、非岩浆热源以及渗透性等因素，因此只是初步的推断。这些研究结果似乎说明洋中脊岩浆供给量很大程度上控制了热液喷口的发育，热源为其主控因素。对于超慢速扩张洋脊，岩浆供应相对不足，有的洋脊段甚至完全缺失岩浆活动，构造作用使大量地幔橄榄岩直接出露洋底，热源条件不佳。那么，按照上述推论，超慢速扩张洋脊上的热液活动分布应该是相当有限的。然而，1997 年"Fuji"航次在西南印度洋脊东段发现 6 处热液异常（German et al., 1998），1998 年"Indoyo"航次发现 Mount Jourdanne 海山有块状硫化物产出和非活动硫化物烟囱体（Münch et al., 2000），2000～2001 年"R/V Knorr 162"航次在其西部又发现了热液异常点（图 6-25）（Bach et al., 2002）。2005 年我国科考船"大洋一号"在西南印度洋脊约 49.6°E 附近发现热液异常；随后，2007 年在西南印度洋脊 37°47′S，49°39′E 区域发现首个超慢速扩张洋脊上的高温热液活动区（Tao et al., 2012）。结合之后在该地区陆续发现热液喷口的间接或直接证据，Tao 等（2012）统计发现西南印度洋脊 49°～52°E 热液喷口的分布密度很高（图 6-25），与慢速扩张大西洋中脊的富岩浆区域相当。

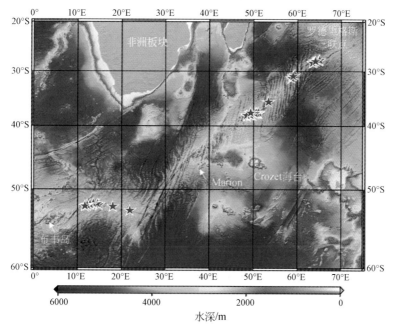

图 6-25 西南印度洋脊热液活动分布

红色五角星为热液（异常）区，详见图 6-26～图 6-28

6.5.1 西南印度洋脊 49°~52°E

2007 年以来，中国大洋调查航次在西南印度洋脊 49°~52°E 富岩浆段发现了 10 处热液区（图 6-26），分别为苏堤 1 号（48°35′E，38°09′S）、白堤 1 号（48°51′E，37°59′S）、玉皇 1 号（49°16′E，37°56′S）、龙旂（49°39′E，37°47′S）、西龙井 1 号（49°39′E，37°51′S）、东龙井 1 号（49°50′E，37°51′S）、断桥 1 号（50°28′E，37°39′S）、栈桥 1 号（50°59′E，37°33′S）、长白 1 号（51°00′E，37°36′S）和骏惠 1 号热液区（51°44′E，37°28′S）（中国大洋矿产资源研究开发协会办公室，2016）。其中龙旂热液区是超慢速扩张洋脊发现的第一个活动的高温热液区（图 6-26），为超慢速扩张洋脊可能存在广泛分布的热液活动这一观点提供了直接的证据（Tao et al., 2012）。该热液区位于第 28 和 29 洋段之间的小型非转换不连续带与超强岩浆活动的火山洋脊西侧末端的交汇点，发育在中轴裂谷东南斜坡丘状突起的高地形上，水深为 2755 m，洋壳厚度较薄，具有异常厚的高磁性层（Tao et al., 2012）。该区周围地形高低起伏不平，玄武岩普遍出露，缺乏深海沉积物。该区热液活动影响范围大，其低磁带面积达到 $6.7 \times 10^4 \ m^2$，超过东太平洋胡安德富卡脊的 Relict 热液区（陶春辉等，2014）。据估计，该热液区在空间上达约 1000 m 的规模可以与慢速扩张大西洋中脊的 TAG 热液区和 Rainbow 热液区相比拟（Tao et al., 2012）。除了发现具有重大意义的超慢速扩张洋脊第一个活动的热液喷口外，探测结果显示，49°~52°E 区域热液喷口的频率为 2.5 个/100 km（Tao et al., 2012），与高岩浆供应量的北大西洋脊 36°~38°N 区域相当（Baker and German, 2004）。

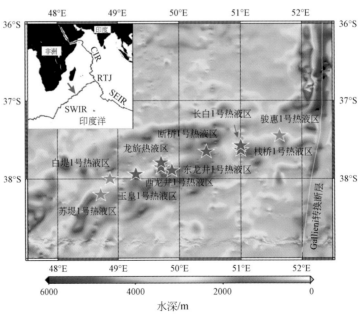

图 6-26 西南印度洋脊 49°~52°E 热液区位置分布图
红色五角星为证实的热液区，蓝色五角星为推测的热液区

区域的岩浆供应和洋壳的渗透性是控制热液活动分布的重要因素，超慢速扩张洋脊大量热液喷口的发育，表明洋壳存在过量的热源，同时具有合适的渗透性。由于西南印度洋脊龙旂热液区远离热点，过量的热源并不受热点直接影响，而更可能由增强的岩浆作用导致。慢速-超慢速扩张洋脊发育大量低角度拆离断层，长时间活动的拆离断层可使大量下地壳和地幔物质暴露在海底，形成海底核杂岩。这些特征被认为是慢速-超慢速扩张洋脊海底热液活动发育的重要控矿构造。龙旂热液区周边地形地貌和OBS反演都表明在热液喷口附近存在基底拆离带，约有40 km^{2}的下地壳物质（即龙旂大洋核杂岩）出露海底（Zhao et al., 2013）。异常的岩浆增生和拆离断层的发育为龙旂热液区提供了重要的热源和热液通道。然而，虽然存在拆离断层，但该热液系统仍然以玄武质岩为基底，除Gallieni转换断层西侧裂谷壁出露橄榄岩外（Niu, 2004），未见其他区域出露超镁铁质岩的报道。

6.5.2　西南印度洋脊61°~66°E

西南印度洋脊东部存在两个热液区，分别位于Melville转换断层（60°45′E）两侧的58°25′~60°15′E和63°20′~65°45′E，两个区域的洋脊扩张速率都为16 mm/a。由于58°25′~60°15′E区域为倾斜扩张，洋脊有效扩张速率降低至14 mm/a，其水深类似于北大西洋脊，具有更缓和的地势高差和相对更多的火山中心（Cannat et al., 1999, 2003; Sauter et al., 2001; Baker et al., 2004）。63°20′~65°45′E区域岩浆供应不足，虽然分布着大规模的火山建造，但数量非常稀少。

63°20′~65°45′E热液区洋脊裂谷平均水深为4730 m，是西南印度洋脊平均水深最深的区域，地幔温度很低，洋壳很薄。洋脊中心发育一系列高度从几十米到几百米不等的轴部火山，大多数都为新生的洋脊火山，并伴随着强烈的构造活动，可以为热液活动提供足够的热源和流体循环通道（Münch et al., 2000）。该区的Mount Jourdanne（63°56′E，27°51′S）热液区是西南印度洋脊最早发现块状硫化物的区域（Münch et al., 2000, 2001）（图6-27）。Mount Jourdanne热液区位于第11洋脊段，洋脊扩张速率为9.6 mm/a。此段洋脊火山建造呈透镜状沿脊轴东西向延伸几千米，发现的块状硫化物区位于火山脊顶，水深约2960 m。火山顶部发育约10 m宽，5 m深的地堑，块状硫化物在地堑内沿东西向分布，地堑内发育大量平行或垂直于地堑的裂隙和断层，大约宽几十厘米，延伸长度可达几米。基底岩石为席状玄武岩和枕状玄武岩，大部分岩石都表现出破裂变形，表明构造作用发生于火山活动之后（Münch et al., 2000, 2001）。

该热液区虽然观察到已死亡的烟囱和热液丘，但没有观察到如发微光的水、化学异常或动物残留等说明活动喷口存在的证据。块状硫化物出现在大小约5 m^{3}的海底小丘上，硫化物表层呈现典型的微红色到褐色壳，除了类似热液构造的丘状体外，还存在类似烟囱的小型管状体，这些烟囱体高40~50 cm，直径小于10 cm（Münch et al., 2000, 2001）。Mount Jourdanne热液区内硫化物矿物组合较为复杂，根据形态学特征，可将其分为三种主要类型：①筒状烟囱及其碎块；②块状硫化物丘；③硫化物矿石碎屑（Münch et al., 2000）。硫化物中主要矿物为闪锌矿、黄铁矿、白铁矿、黄铜矿、二氧化硅和重晶石。值得注意的是，区内出现了方铅矿和Pb-As硫酸盐矿物，以及少量的特殊矿物，如方黄铜矿和雄黄（Münch et al., 2001）。

除了不活动的Mount Jourdanne热液区之外，63°20′~65°45′E区域还分布着一些未确定活动性的热液区（图6-27）。2009年2月，中国大洋20航次第7航段在Mount Jourdanne热液区西南侧（63°32′E，27°57′S）发现了新的热液区——天作1号热液区。利用电视抓斗获得了黑色块状硫化物、红褐色铁的氢氧化物和多金属软泥等样品。在该区取到的基岩样品为蛇纹石化二辉橄榄岩，岩石蚀变严重，主要由橄榄石、辉石和蛇纹石组成（陶春辉等，2014）。除了天作1号热液区之外，其他热液区的基底岩石都以玄武岩为主。

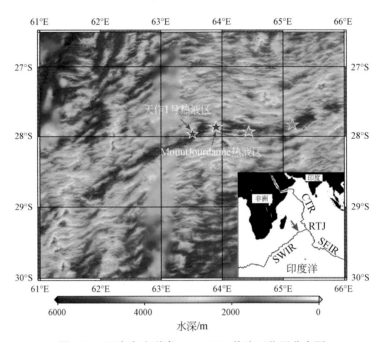

图6-27　西南印度洋脊61°~66°E热液区位置分布图

6.5.3　西南印度洋脊10°~25°E

西南印度洋脊西部（10°~25°E）包括两个主要的洋脊段：东部垂直扩张洋脊段（16°~25°E），扩张速率为15 mm/a（Grindlay et al., 1998；Dick et al., 2003）；西部倾斜扩张洋脊段（10°~16°E），洋脊的扩张方向和洋脊走向倾斜相交（56°），具有全球最低的有效扩张速率（7.8~12.4 mm/a）（Dick et al., 2003；Bach et al., 2002）。垂直扩张洋脊段被大量的火山中心间隔，地势高差达1000 m，而倾斜扩张洋脊段水深更深，大部分区域缺失火山活动，仅存在两个大型的火山中心（Dick et al., 2003）：Joseph Mayes 海山（52.8°S，11.2°E）和Narrowgate区域（52.2°S，14.3°E）。倾斜洋脊段缺失转换断层和非转换不连续带，倾斜扩张导致地幔上涌的速率减小，岩浆作用强度大大降低，洋壳厚度大多小于1 km，在大部分区域只有超镁铁质岩出露海底（le Roex et al., 1992；Dick et al., 2003）。

在西南印度洋脊（10°~25°E）贫岩浆段共探测到 8 个热液异常（图 6-28），热液异常频率为 0.8 个/100 km（Baker et al., 2004）。令人惊讶的是，倾斜洋脊段（10°~16°E）具有全球最低的有效扩张速率，并且接近缺失玄武岩洋壳，但却包含了该区 6 个热液异常。而在垂直洋脊段（16°~25°E），扩张速率是前者的两倍，且发育大量的火山活动，却仅存在两个热液异常。"R/V Knorr 162"航次在西南印度洋脊 10°~16°E 400 km 长的区域内发现了大量活动的或者停止活动的热液系统，并发现了大量由已经停止活动的热液喷口形成的硫化物（Bach et al., 2002）。这些块状硫化物形成于上升的热液流体与低温海水的混合过程，该过程沿着裂谷壁的正断层浅部发生。热液物质中含有硅石和海泡石，很可能形成于低温-中温的超镁铁质岩主导的热液活动（Bach et al., 2002）。

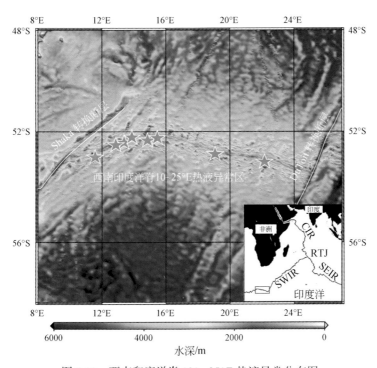

图 6-28　西南印度洋脊 10°~25°E 热液异常分布图

西南印度洋脊 10°~16°E 区域丰富的热液物质和频繁出现的热液活动具有重要意义，因为该区的地幔上涌速度、岩浆供给速率，以及由两者控制的岩浆热通量都位于全球洋脊的最低端元。这一现象表明高的地幔上涌速率和岩浆供应速率并不是驱动洋脊热液系统的必要条件。在超慢速扩张洋脊，岩浆供热和热液活动之间并不存在紧密联系。西南印度洋脊 10°~16°E 区域硫化物矿床和热液喷口的位置显示高温热液系统距任意一个主要的火山中心都大于 90 km。即便有些地形特征可能代表了轴部的火山脊，它们距高温热液系统的距离也大于 10 km（Bach et al., 2002）。该区主要的热液系统都位于裂谷壁，且更倾向于分布在长寿命的断层附近。这些现象表明该区热液系统的频率和分布主要由构造作用而不是岩浆作用控制，反映了大型的构造对流体循环的控制作用（Bach et al., 2002）。此外，岩石采样和地球物理数据显示西南印度洋脊 10°~16°E 区域以超镁铁质岩石为主，热液活动出现在非火山中心区域表明超慢速扩张洋脊一部分热液系统以超镁铁质岩石的蚀变来提供热源。橄榄岩的蛇纹石化会导致体积膨胀40%，大部分位于裂谷底部的拉张断裂可能由橄榄岩的蛇纹石化，而不是仅由构造作用导致（Bach et al., 2002）。因此异常丰富的热液羽状流和热液矿床在超慢速扩张洋脊的出现是受构造和岩石控制的。大量热液活动在贫岩浆洋脊段的出现表明贫岩浆段对全球大洋岩石圈地球化学收支平衡的贡献比之前估测的要大得多。

6.6 热液硫化物成矿特征

6.6.1 西南印度洋脊 49°~52°E

西南印度洋脊 49°E 附近区域洋壳相比其他海区的洋壳普遍较薄，且厚度不均匀，基底主要出露玄武岩，以斑状玄武岩为主，基质以隐晶质结构为主，主要由斜长石、橄榄石和辉石微晶组成，斑晶矿物主要由斜长石、辉石和橄榄石组成（Tao et al., 2011）。玄武岩具有较低的 Na_8、K/Ti（0.071~0.091）和 La/Sm（0.52~0.70）值，但是具有较高的 LREE/HREE（1.15~1.28），均指示了该区具有岩浆熔融程度高和深度深的特征，该区玄武岩属于 N-MORB 型洋中脊。对研究区 3 个站位玄武岩的成分分析，发现其岩浆来源和成分不同，指示着热液活动的影响（于淼等，2013），玄武岩中的斜长石和橄榄石包裹体，指示了岩浆熔融程度的增加（Bach et al., 2002）。由于受到克洛泽热点的影响，在 Indomed 和 Gallieni 转换断层出现较厚的地壳及更热的地幔，而附近的海底火山高原也证实了该地区岩浆供应的突然增强（Sauter et al., 2009）。对该地区东北段进行重力、磁力地球物理和岩相学的分析，认为可能是超慢速扩张下岩浆横向运移作用的增生过程造成（Daniel et al., 2004；Cannat et al., 2008；Sauter et al., 2009）。

该区主要矿物类型有硫化物烟囱体和块状硫化物，块状硫化物主要被分成两类：富 Fe 型块状硫化物和富 Zn 型块状硫化物。在龙旂热液区（49.6°E）主要出露富 Fe 型块状硫化物（曹红等，2015），玉皇热液区（49.2°E）主要以富集 Zn 的硫化物为特征（韩喜球等，2015）。

1. 硫化物烟囱体

烟囱体矿物主要呈同心圆环状分布现象，内壁以黄铜矿为主，含少量的黄铁矿和闪锌矿；中间矿物以黄铁矿为主，含少量闪锌矿和黄铜矿；烟囱体外壁以黄铁矿和闪锌矿为主，黄铜矿分布较少。烟囱体从内到外，晶形与晶粒都呈现规律性的变差和减小的趋势，而矿物孔隙却是逐渐增大的。在黄铁矿和黄铜矿等硫化物之间分布少量重晶石和无定型硅。该矿物组合和特征根据烟囱体的成熟模型认为该区的成熟度较高，是在稳定的热液环境下形成。在显微镜下（图 6-29）黄铜矿、黄铁矿和闪锌矿以细粒的半自形和他形集合体产出，黄铁矿主要以树枝状结构 [图 6-29（a）] 和层状结构产出 [图 6-29（b）]，而在孔隙中分布有形态不规则的黄铜矿和闪锌矿，并且具有相互交代的现象，残留有交代后的矿物结构 [图 6-29（c）、（d）]（Tao et al., 2011）。

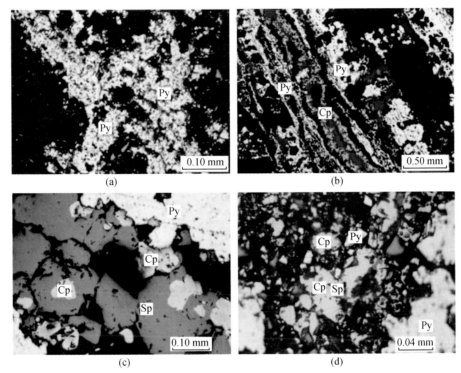

图 6-29 硫化物显微结构照相（Ye et al., 2011）
Py. 黄铁矿；Cp. 黄铜矿；Sp. 闪锌矿

2. 块状硫化物

1）富 Fe 型块状硫化物

富含 Fe 的硫化物主要是富含黄铁矿烟囱体和大量的黄铁矿-白铁矿块状组合，其主要由黄铁矿和白铁矿组成。胶状的细颗粒白铁矿集合体以放射状指向中心的粗粒方黄铜矿［图 6-30（a）］，并含有少量闪锌矿和黄铜矿，还具有片状的黄铜矿出溶，显示网状结构［图 6-30（b）］。在黄铁矿中有自形的磁黄铁矿包裹体出现，并在样品中可偶见方铅矿、重晶石和自然金属（Cu）（Ye et al., 2011）。

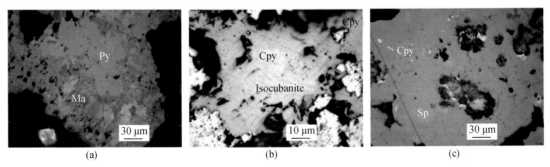

图 6-30 显微镜下照片（Ye et al., 2012）
（a）细粒粒状团粒的结构体径向朝向粗晶粒立方黄铁矿；（b）等轴古巴矿（Isocllbanite）中黄铜矿的剥离片；
（c）闪锌矿聚集体的溶解多孔结构；Ma. 白铁矿；Py. 黄铁矿；Cpy. 黄铜矿；Sp. 闪锌矿

2)富 Zn 型块状硫化物

富 Zn 型块状硫化物包括大量的闪锌矿-黄铁矿组合和富含闪锌矿的碎块。这些样品主要由细树枝状胶状闪锌矿组成,其中少量的黄铁矿和黄铜矿在闪锌矿中分布,并偶见方铅矿、重晶石和铜蓝。多孔结构在闪锌矿集合体中常见 [图 6-30(c)]。在孔隙中生长有细粒的黄铜矿和黄铁矿,孔隙中具有高浓度的 Fe [图 6-30(a)、(b)],在已经结晶的闪锌矿边缘部分具有 Fe 浓度升高的现象。样品中的胶状结构和树枝状结构指示了矿物来自于硫化物烟囱体坍塌后的成矿作用(Ye et al., 2012)。

研究区烟囱体矿物主要是黄铜矿和黄铁矿,富集较高的 Cu(质量分数为 2.83%)和 Fe(质量分数为 45.6%),并且较其他矿物同样富集 Au(2.0 ppm)和 Ag(70.2 ppm)(于淼等,2013)。该区块状硫化物中具有较高的 Au 浓度,主要赋存在含 Zn 矿物中,Au 含量达到 17 ppm。Au 的富集受温度的控制,在富 Zn 矿物生长的两个阶段中,在低 Fe 浓度阶段,Au 主要分布在生长边界,在高 Fe 浓度阶段,大量细微的 Au 沉淀。由于 Au、Cu、Ni 和 PGE 等元素在地球化学性质上具有相似性,硫化物中由于热液对 Ni 和 PGE 的溶解和运移能力相比 Au、Cu 元素较差,因此相对原始地幔具有亏损的特征。硫化物中 Pd 和 Pt 元素主要分布在烟囱体中部,而 Rh、Ru、Ir 主要赋存在内部,Pd 和 Pt 的运移能力较其他铂族元素较强,从而造成热液阶段 Os、Ir、Ru、Rh 显著贫化(黄威等,2011)。

6.6.2 西南印度洋脊 61°~66°E

西南印度洋脊 61°~66°E 附近区域位于超慢速洋脊段,具有非常低的岩浆供应,轴向的岩浆较厚,熔岩和超镁铁质岩石分布不均匀,并局部被玄武岩覆盖(Paquet et al., 2016)。该区的围岩主要是枕状玄武岩,席状和片状熔岩的火山堆积物,沉积物广泛覆盖,但是厚度较薄(Robinson et al., 1996)。玄武岩主要为拉斑玄武岩,其中出现斜长石斑晶,斜长石主要是钙长石,粒径达 1 cm,是微小的液相包裹体。Mount Jourdanne 热液区的玄武岩具有较高的 Na_2O 含量(质量分数为 3.9%)和 Al_2O_3(质量分数为 17.1%),但是具有较低的 MgO 含量(质量分数为 7.04%),略低的 CaO 含量(质量分数为 10.9%)(Nayak et al., 2014),以及相对较低的 Zr/Y 值和 Sr 含量,其指示了海底玄武岩地幔源熔融程度较低(Paquet et al., 2016)。玄武岩中低 MgO 浓度与海水影响较小,表明玄武岩较为新鲜。超镁铁质岩相比海底火山玄武岩具有较低的 CaO 和 Al_2O_3,超镁铁质岩受到母体熔岩和山脊下的岩石圈地幔岩石反应的影响(Paquet et al., 2016)。玄武岩中偶见具有晶形良好的针状斜长石和自形的单斜辉石,而早期形成单斜辉石可以解释 Na_2O 和 TiO_2 降低的趋势(Paquet et al., 2016)。通过对西南印度洋脊的玄武岩玻璃样品中的 $^3He/^4He$ 值和 Pb、Hf、Nd 和 Sr 同位素研究,结合大地动力学模型,认为印度洋地幔受到软流圈和大陆地壳的混合控制(Gautheron et al., 2015),玄武岩受到陆壳和远洋沉积物的混染(韩宗珠等,2012)。

Mount Jourdanne 热液区硫化物矿石类型主要有硫化物烟囱体、块状硫化物和热液角砾岩(图 6-31),样品具有多孔隙到块状类型(Münch et al., 2001;Nayak et al., 2014)。

第 6 章 超慢速扩张洋脊热液硫化物矿床

图 6-31 Mount Jourdanne 热液区块状硫化物类型（Nayak et al., 2014）
(a) 小型管状烟囱，呈灰黑色；(b) 块状硫化物；(c) 热液角砾岩

1. 硫化物烟囱体

样品呈现管状 [图 6-31 (a)]，烟囱体从内到外壁具有同心环状矿物分带。主要由闪锌矿和黄铜矿等矿物组成，具有相对较少的无定形二氧化硅含量，解释了烟囱体的脆性（Münch et al., 2001）。在狭窄的烟囱体管道内具有晶形较好，颗粒较大的黄铜矿，烟囱

图 6-32 Mount Jourdanne 热液区烟囱体样品的显微照片（Nayak et al., 2014）
(a) 构成小管状烟囱主体的无定形二氧化硅基质中的细粒状闪锌矿和黄铜矿；(b) 嵌入含有 Pb-As 硫酸盐共生的无定形二氧化硅基质中的晚期胶体闪锌矿；(c) 显示方铁黄铜矿薄片、闪锌矿、黄铁矿和无定形二氧化硅（黑色）的出溶的黄铜矿；(d) 替代闪锌矿的黄铜矿；Sp1. 细粒状闪锌矿；Sp2. 胶体闪锌矿；Cpy. 黄铜矿；Py. 黄铁矿；Sil. 无定形二氧化硅；Sfs. Pb-As 硫酸盐；Icb. 方铁黄铜矿

体壁最内层主要由胶状闪锌矿组成［图6-32（b）］。闪锌矿中出现方铅矿及Pb-As硫酸盐矿物，且有黄铜矿包裹体，出溶作用下出现"黄铜矿病毒"结构（Barton and Bethke，1987）。黄铜矿表面也生长有片状的方铁黄铜矿［图6-32（c）］，黄铜矿能够替换闪锌矿［图6-32（d）］，在烟囱体外壁发育黄铁矿和白铁矿，呈现树枝状结构，有时能够代替闪锌矿或黄铜矿（Nayak et al.，2014）。

2. 块状硫化物

块状硫化物呈现从富Fe向富Zn、Cu硫化物转变，块状硫化物中出现少量的磁黄铁矿，大部分都转换为黄铁矿或者白铁矿［图6-33（a）］。黄铁矿以草莓状［图6-33（b）］或者胶状的形式赋存，随着黄铁矿的生长将形成自形的黄铁矿［图6-33（c）］。黄铁矿也可由磁黄铁矿、黄铜矿或者白铁矿蚀变作用下形成次生矿物，在显微镜下只能观察到磁黄铁矿的残留［图6-33（d）］。硫化物矿物之间的转化现象十分常见，如黄铁矿和白铁矿互相转化，还含有相对高的二氧化硅，并且也可能形成硫酸盐，如重晶石（Münch et al.，2001；Nayak et al.，2014）。

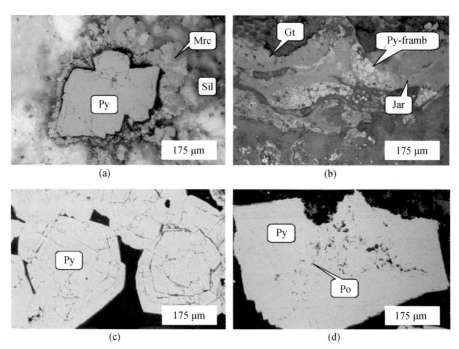

图6-33 Mount Jourdanne热液区矿石显微照片（Nayak et al.，2014）
（a）表层中黄铁矿周围的白铁矿的增生；（b）富铁样品中针铁矿和黄钾铁矾的草莓状黄铁矿；
（c）无定形二氧化硅聚集形成的重结晶黄铁矿；（d）黄铁矿替代磁黄铁矿，留下黄铁矿内的磁黄铁矿残留体。
Py. 黄铁矿；Mrc. 白铁矿；Sil. 无定形二氧化硅；Gt. 针铁矿；Jar. 黄钾铁矾；Py-framb. 草莓状黄铁矿；Po. 磁黄铁矿

3. 热液角砾岩

该类角砾岩主要由玄武岩碎屑和硫化物烟囱体碎片在硅化作用下凝结形成，而碎屑沉积物被高度蚀变。碎屑粒径为厘米级别，基质主要由二氧化硅、重晶石、黄铁矿和闪锌矿组成。烟囱体碎屑主要由黄铜矿、磁黄铁矿和闪锌矿组成。部分区域碎屑仅由黄铁矿、磁黄铁矿［图6-34（a）］和黄铜矿其中的一种矿物组成，碎屑被许多细脉［图6-34（b）］和硫化物相互浸染。这些细脉是在被扰动、破碎和再矿化作用下形成的，表明了构造和侵蚀作用下晚期胶状闪锌矿形成过程。在闪锌矿细脉中具有生物的残留现象［图6-34（c）］，长丝被硅化，其管状结构中心被方铅矿替代。此外，碎屑沉积物含有主要出现孔洞或裂缝的晚期矿物，如重晶石、闪锌矿和雄黄［图6-34（d）］。

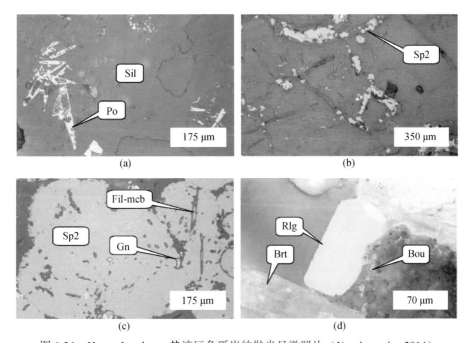

图6-34 Mount Jourdanne 热液区角砾岩的抛光显微照片（Nayak et al., 2014）

(a) 在角砾岩样品中残留的针状磁黄铁矿，部分被二氧化硅替代；(b) 晚期闪锌矿的细脉；(c) 含有已经硅化的丝状微生物残留物和由方铅矿填充的内管的角砾岩中的粗体形闪锌矿细脉；(d) 晚期的矿物闪锌矿、重晶石和雄黄，在裂缝样品中结晶。Po. 磁黄铁矿；Sil. 无定形二氧化硅；Sp2. 胶体闪锌矿；Gn. 方铅矿；Fil-mcb. 丝状微生物残留物；Bou. 闪锌矿；Brt. 重晶石；Rlg. 雄黄

大部分黄铜矿在烟囱体硫化物和块状硫化物中都较为富集，在闪锌矿生长阶段，黄铜矿可能由于包含黄铁矿而具有较低的 Zn 含量。闪锌矿中具有较高的 Cd 含量，并与之具有良好的相关性。由于生长有方铅矿、Pb-As 硫酸盐矿和雄黄，因此具有较高的 Pb、As、Sb 含量（Münch et al., 2000），指示该阶段矿物在较低的温度下生长，是烟囱体的后期和逐渐熄灭的生长阶段（Münch et al., 2001）。硫化物中 Zn 的含量与 Ag 和 Au 浓度相关，在贫 Zn 样品中 Ag 的含量达到 80 ppm，但是在高 Zn 的硫化物中 Ag 的含量能够达到 900 ppm。同样的，Zn 和 Au 之间呈正相关（Münch et al., 2000）。闪锌矿生长具有两个不同的形态和化学组成，在烟囱体硫化物中闪锌矿具有良好的晶形，而在块状硫化物中则是胶状的闪锌矿，在角砾岩中同样出现胶状的闪锌矿细脉在裂隙中结晶。黄铁矿中主要含有 Cu、Zn、Pb，此外还有微量元素 Sb、Cd、Ni、Co 和 As，而 As 的含量较高。在黄铁矿中 Cu、Zn 和

Pb 主要是以显微包裹体的形式赋存而不是替代物（Huston et al., 1995），而 As 则是以类质同象赋存在晶格之中（Nayak et al., 2014）。

参 考 文 献

曹红, 翟世奎, 魏合龙, 孙治雷, 曹志敏, 陶春辉, 施美娟, 何拥军. 2015. 西南印度洋龙旂热液区 (49.6°E) 硫化物的矿物学特征. 矿物学报, S1: 752-753.

韩喜球, 王叶剑, 邱中炎, 刘颖, 裘碧波. 2015. 西南印度洋脊玉皇山热液区的发现及其热液成矿作用特征. 矿物学报, S1: 1141-1142.

韩宗珠, 张贺, 范德江, 丁蒙蒙, 刘明, 徐翠玲. 2012. 西南印度洋中脊 50°E 基性超基性岩石地球化学特征及其成因初探. 中国海洋大学学报（自然科学版）, 42: 69-76.

黄威, 李军, 陶春辉, 孙治雷, 何拥军, 崔汝勇. 2011. 西南印度洋脊 49°39′E 热液活动区硫化物烟囱体的铂族元素特征. 矿物学报, S1: 691.

陶春辉, 李怀明, 金肖兵, 周建平, 吴涛, 何拥华, 邓显明, 顾春华, 张国堙, 刘为勇. 2014. 西南印度洋脊的海底热液活动和硫化物勘探. 科学通报, 19: 1812-1822.

于淼, 苏新, 陶春辉, 武光海, 李怀明, 娄汉林. 2013. 西南印度洋中脊 49.6°E 和 50.5°E 区玄武岩岩石学及元素地球化学特征. 现代地质, 27: 497-508.

中国大洋矿产资源研究开发协会办公室. 2016. 中国大洋海底地理实体名录 (2016). 北京: 海洋出版社.

Bach W, Banerjee N R, Dick H J, Baker E T. 2002. Discovery of ancient and active hydrothermal systems along the ultra-slow spreading Southwest Indian Ridge 10°–16° E. Geochemistry, Geophysics, Geosystems, 3 (7): 1-14.

Baker E T, German C R. 2004. On the global distribution of hydrothermal vent fields. American Geophysical Union, Geophysical Monograph Series, 148: 245-266.

Baker E T, Chen Y J, Morgan J P. 1996. The relationship between near-axis hydrothermal cooling and the spreading rate of mid-ocean ridges. Earth and Planetary Science Letters, 142 (1-2): 137-145.

Baker E T, Edmonds H N, Michael P J, Bach W, Dick H J, Snow J E, Walker S L, Banerjee N R, Langmuir C H. 2013. Hydrothermal venting in magma deserts: The ultraslow-spreading Gakkel and Southwest Indian Ridges. Geochemistry, Geophysics, Geosystems, 5 (8): 217-228.

Barton Jr P, Bethke P M. 1987. Chalcopyrite disease in sphalerite: Pathology and epidemiology. American Mineralogist, 72: 451-467.

Bernard A, Munschy M, Rotstein Y, Sauter D. 2005. Refined spreading history at the Southwest Indian Ridge for the last 96 Ma, with the aid of satellite gravity data. Geophysical Journal International, 162 (3): 765-778.

Breton T, Nauret F, Pichat S, Moine B, Moreira M, Rose-Koga E F, Auclair D, Bosq C, Wavrant L M. 2013. Geochemical heterogeneities within the Crozet hotspot. Earth and Planetary Science Letters, 376: 126-136.

Cannat M, Rommevaux-Jestin C, Sauter D, Deplus C, Mendel V. 1999. Formation of the axial relief at the very slow spreading Southwest Indian Ridge (49° to 69° E). Journal of Geophysical Research: Solid Earth, 104 (B10): 22825-22843.

Cannat M, Rommevaux-Jestin C, Fujimoto H. 2003. Melt supply variations to a magma-poor ultra-slow spreading ridge (Southwest Indian Ridge 61° to 69° E). Geochemistry, Geophysics, Geosystems, 4 (8): 9104.

Cannat M, Sauter D, Mendel V, Ruellan E, Okino K, Escartín J, Combier V, Baala M. 2006. Modes of seafloor generation at a melt-poor ultraslow-spreading ridge. Geology, 34 (7): 605-608.

Cannat M, Sauter D, Bezos A, Meyzen C, Humler E, le Rigoleur M. 2008. Spreading rate, spreading obliquity, and melt supply at the ultraslow spreading Southwest Indian Ridge. Geochemistry, Geophysics, Geosystems, 9 (4): Q4002.

Cochran J R, Kurras G J, Edwards M H, Coakley B J. 2003. The Gakkel Ridge: Bathymetry, gravity anomalies, and crustal accretion at extremely slow spreading rates. Journal of Geophysical Research: Solid Earth, 108 (B2): 2116.

Daniel S, Véronique M, Céline R J, Parson L M, Hiromi F, Catherine M, Mathilde C, Kensaku T. 2004. Focused magmatism versus amagmatic spreading along the ultra-slow spreading Southwest Indian Ridge: Evidence from TOBI side scan sonar imagery. Geochemistry, Geophysics, Geosystems, 5: Q10K09.

Dick H J B, Lin J, Schouten H. 2003. An ultraslow-spreading class of ocean ridge. Nature, 426 (6965): 405-412.

Gautheron C, Moreira M, Gerin C, Tassan-Got L, Bezos A, Humler E. 2015. Constraints on the DUPAL anomaly from helium isotope systematics in the Southwest Indian mid-ocean ridge basalts. Chemical Geology, 417: 163-172.

Georgen J E, Lin J, Dick H J B. 2001. Evidence from gravity anomalies for interactions of the Marion and Bouvet hotspots with the Southwest Indian Ridge: Effects of transform offsets. Earth and Planetary Science Letters, 187 (3): 283-300.

German C R, Baker E T, Mevel C, Tamaki K, The FUJI Science Team. 1998. Hydrothermal activity along the southwest Indian Ridge. Nature, 395 (6701): 490.

Grindlay N R, Madsen J A, Rommevaux-Jestin C, Sclater J. 1998. A different pattern of ridge segmentation and mantle Bouguer gravity anomalies along the ultra-slow spreading Southwest Indian Ridge (15°30′E to 25°E). Earth and Planetary Science Letters, 161 (1): 243-253.

Huston D L, Sie S, Suter G F, Cooke D R, Both R A. 1995. Trace elements in sulfide minerals from eastern Australian volcanic-hosted massive sulfide deposits; Part I, proton microprobe analyses of pyrite, chalcopyrite, and sphalerite, and Part II, selenium levels in pyrite; comparison with $\delta^{34}S$ values and implic. Economic Geology, 90: 1167-1196.

Jacobs A M, Harding A, Kent G. 2007. Axial crustal structure of the Lau back arc basin from velocity modeling of multichannel seismic data. Earth and Planetary Science Letters, 259: 239-255.

Jokat W, Schmidt-Aursch M C. 2007. Geophysical characteristics of the ultraslow spreading Gakkel Ridge, Arctic Ocean. Geophysical Journal International, 168 (3): 983-998.

Kandilarov A, Landa H, Mjelde R, Pedersen R B, Okino K, Murai Y. 2010. Crustal structure of the ultra-slow spreading Knipovich Ridge, North Atlantic, along a presumed ridge segment center. Marine Geophysical Research, 31 (3): 173-195.

Karson J A, Dick H J B. 1983. Tectonics of ridge-transform intersections at the Kane Fracture Zone. Marine Geophysical Research, 6 (1): 51-98.

Klingelhöfer F, Géli L, Matias L, Steinsland N, Mohr J. 2000. Crustal structure of a super-slow spreading centre: A seismic refraction study of Mohns Ridge, 72°N. Geophysical Journal International, 141 (2): 509-526.

Korenaga J. 2011. Velocity depth ambiguity and the seismic structure of large igneous provinces: a case study from the Ontong Java Plateau. Geophysical Journal International, 185 (2): 1022-1036.

le Roex A P, Dick H J, Watkins R T. 1992. Petrogenesis of anomalous K-enriched MORB from the Southwest Indian Ridge: 11°53′E to 14°38′E. Contributions to Mineralogy and Petrology, 110 (2): 253-268.

Li J, Jian H, Chen Y J, Singh S C, Ruan A, Qiu X, Zhao M, Wang X, Niu X, Ni J, Zhang J.

2015. Seismic observation of an extremely magmatic accretion at the ultraslow spreading Southwest Indian Ridge. Geophysical Research Letters, 42 (8): 2656-2663.

Libak A, Eide C H, Mjelde R, Keers H, Flüh E R. 2012. From pull-apart basins to ultraslow spreading: Results from the western Barents Sea Margin. Tectonophysics, 514: 44-61.

Ligi M, Bonatti E, Bortoluzzi G, Carrara G, Fabretti P, Penitenti D, Turko N. 1997. Death and transfiguration of a triple junction in the South Atlantic. Science, 276 (5310): 243-245.

Livermore R A, Hunter R J. 1996. Mesozoic seafloor spreading in the southern Weddell Sea. Geological Society, London, Special Publications, 108 (1): 227-241.

Mahoney J, le Roex A P, Peng Z, Fisher R L, Natland J H. 1992. Southwestern limits of Indian Ocean Ridge mantle and the origin of low $^{206}Pb/^{204}Pb$ mid-ocean ridge basalt: Isotope systematics of the central Southwest Indian Ridge (17°–50°E). Journal of Geophysical Research: Solid Earth, 97 (B13): 19771-19790.

Marks K M, Tikku A A. 2001. Cretaceous reconstructions of East Antarctica, Africa and Madagascar. Earth and Planetary Science Letters, 186 (3): 479-495.

Mendel V, Sauter D, Rommevaux-Jestin C, Patriat P, Lefebvre F, Parson L M. 2003. Magmato-tectonic cyclicity at the ultra-slow spreading Southwest Indian Ridge: Evidence from variations of axial volcanic ridge morphology and abyssal hills pattern. Geochemistry, Geophysics, Geosystems, 4 (5): 9102.

Meyzen C M, Toplis M J, Humler E, Ludden J N, Mével C. 2003. A discontinuity in mantle composition beneath the Southwest Indian Ridge. Nature, 421 (6924): 731-733.

Meyzen C M, Ludden J N, Humler E, Luais B, Toplis M J, Mével C, Storey M. 2005. New insights into the origin and distribution of the DUPAL isotope anomaly in the Indian Ocean mantle from MORB of the Southwest Indian Ridge. Geochemistry, Geophysics, Geosystems, 6 (11): Q11K.

Michael P J, Langmuir C H, Dick H J B, Snow J E, Goldstein S L, Graham D W, Lehnert K, Kurras G, Jokat W, Mühe R, Edmonds H N. 2003. Magmatic and amagmatic seafloor generation at the ultraslow-spreading Gakkel Ridge, Arctic Ocean. Nature, 423 (6943): 956-961.

Minshull T A, Müller M R, Robinson C J, White R S, Bickle M J. 1998. Is the oceanic Moho a serpentinisation front? Geological Society, London, Special Publications, 148: 71-80.

Minshull T A, Müller M R, White R S. 2006. Crustal structure of the Southwest Indian Ridge at 66°E: seismic constraints. Geophysical Journal International, 166 (1): 135-147.

Mitchell N C, Livermore R A. 1998. Spiess Ridge: An axial high on the slow spreading Southwest Indian Ridge. Journal of Geophysical Research: Solid Earth, 103 (B7): 15457-15471.

Müller M R, Robinson C J, Minshull T A, White R S, Bickle M J. 1997. Thin crust beneath ocean drilling program borehole 735B at the Southwest Indian Ridge? Earth and Planetary Science Letters, 148 (1-2): 93-107.

Müller M R, Minshull T A, White R S. 1999. Segmentation and melt supply at the Southwest Indian Ridge. Geology, 27 (10): 867-870.

Müller M R, Minshull T A, White R S. 2000. Crustal structure of the Southwest Indian Ridge at the Atlantis II Fracture Zone. Journal of Geophysical Research: Solid Earth, 105 (B11): 25809-25828.

Münch U, Halbach P, Fujimoto H. 2000. Seafloor hydrothermal mineralization from the Mt. Jourdanne, Southwest Indian Ridge. JAMSTEC J. Deep Sea Res, 16: 126.

Münch U, Lalou C, Halbach P, Fujimoto H. 2001. Relict hydrothermal events along the super-slow Southwest Indian spreading ridge near 63°56′E-Mineralogy, chemistry and chronology of sulfide samples. Chemical Geology, 177 (3): 341-349.

Nayak B, Halbach P, Pracejus B, Münch U. 2014. Massive sulfides of Mount Jourdanne along the super-slow spreading Southwest Indian Ridge and their genesis. Ore Geology Reviews, 63: 115-128.

Niu X, Ruan A, Li J, Minshull T A, Sauter D, Wu Z, Qiu X, Zhao M, Chen Y J, Singh S. 2015. Along-axis variation in crustal thickness at the ultraslow spreading Southwest Indian Ridge (50°E) from a wide-angle seismic experiment. Geochemistry, Geophysics, Geosystems, 16 (2): 468-485.

Niu Y. 2004. Bulk-rock major and trace element compositions of abyssal peridotites: implications for mantle melting, melt extraction and post-melting processes beneath mid-ocean ridges. Journal of Petrology, 45 (12): 2423-2458.

Paquet M, Cannat M, Brunelli D, Hamelin C, Humler E. 2016. Effect of melt/mantle interactions on MORB chemistry at the easternmost Southwest Indian Ridge (61°–67°E). Geochemistry, Geophysics, Geosystems, 17 (11): 4605-4640.

Patriat P, Segoufin J. 1988. Reconstruction of the Central Indian Ocean. Tectonophysics, 155 (1): 211-234.

Patriat P, Sloan H, Sauter D. 2008. From slow to ultraslow: a previously undetected event at the Southwest Indian Ridge at ca. 24 Ma. Geology, 36 (3): 207-210.

Robinson C, White R S, Bickle M J, Minshull T A. 1996. Restricted melting under the very slow-spreading Southwest Indian Ridge. Geological Society London Special Publications, 118: 131-141.

Sauter D, Patriat P, Rommevaux-Jestin C, Cannat M, Briais A, Bergh P, Mendel V. 2001. The Southwest Indian Ridge between 49°15′E and 57°E: Focused accretion and magma redistribution. Earth and Planetary Science Letters, 192 (3): 303-317.

Sauter D, Parson L, Mendel V, Rommevaux-Jestin C, Gomez O, Briais A, FUJI Scientific Team. 2002. TOBI sidescan sonar imagery of the very slow-spreading Southwest Indian Ridge: Evidence for along-axis magma distribution. Earth and Planetary Science Letters, 199 (1): 81-95.

Sauter D, Carton H, Mendel V, Munschy M, Rommevaux-Jestin C, Schott J, Whitechurch H. 2004. Ridge segmentation and the magnetic structure of the Southwest Indian Ridge (at 50°30′E, 55°30′E and 66°20′E): Implications for magmatic processes at ultraslow-spreading centers. Geochemistry, Geophysics, Geosystems, 5 (5): Q5K-Q8K.

Sauter D, Cannat M, Meyzen C, Bezos A, Patriat P, Humler E, Debayle E. 2009. Propagation of a melting anomaly along the ultraslow Southwest Indian Ridge between 46°E and 52°20′E: interaction with the Crozet hotspot? Geophysical Journal International, 179 (2): 687-699.

Sclater J G, Grindlay N R, Madsen J A, Rommevaux-Jestin C. 2005. Tectonic interpretation of the Andrew Bain transform fault: Southwest Indian Ocean. Geochemistry, Geophysics, Geosystems, 6 (9): Q9K-Q10K.

Searle R C. 2013. Mid-Ocean Ridge. Cambridge: Cambridge University Press.

Searle R C, Bralee A V. 2007. Asymmetric generation of oceanic crust at the ultra-slow spreading Southwest Indian Ridge, 64°E. Geochemistry, Geophysics, Geosystems, 8 (5): Q5015.

Searle R C, Cannat M, Fujioka K, Mével C, Fujimoto H, Bralee A, Parson L. 2003. FUJI dome: A large detachment fault near 64°E on the very slow-spreading southwest Indian Ridge. Geochemistry Geophysics Geosystems, 4 (8): 9105.

Seyler M, Cannat M, Mével C. 2003. Evidence for major-element heterogeneity in the mantle source of abyssal peridotites from the Southwest Indian Ridge (52° to 68°E). Geochemistry, Geophysics, Geosystems, 4 (2): 9101.

Seyler M, Brunelli D, Toplis M J, Mével C. 2011. Multiscale chemical heterogeneities beneath the eastern Southwest Indian Ridge (52°E–68°E): Trace element compositions of along-axis dredged peridotites.

Geochemistry, Geophysics, Geosystems, 12 (9): Q15A.

Smith D. 2013. Mantle spread across the seafloor. Nature Geoscience, 6 (4): 247-248.

Standish J J, Sims K W. 2010. Young off-axis volcanism along the ultraslow-spreading Southwest Indian Ridge. Nature Geoscience, 3 (4): 286.

Tao C, Li H, Huang W, Han X, Wu G, Su X, Zhou N, Lin J, He Y, Zhou J. 2011. Mineralogical and geochemical features of sulfide chimneys from the 49°39′E hydrothermal field on the Southwest Indian Ridge and their geological inferences. Science Bulletin, 56: 2828-2838.

Tao C, Lin J, Guo S, Chen Y J, Wu G, Han X, German C R, Yoerger D R, Zhou N, Li H, Su X, Zhu J. 2012. First active hydrothermal vents on an ultraslow-spreading center: Southwest Indian Ridge. Geology, 40 (1): 47-50.

Tucholke B E, Behn M D, Buck W R, Lin J. 2008. Role of melt supply in oceanic detachment faulting and formation of megamullions. Geology, 36 (6): 455-458.

White R S, McKenzie D, O'Nions R K. 1992. Oceanic crustal thickness from seismic measurements and rare earth element inversions. Journal of Geophysical Research: Solid Earth, 97 (B13): 19683-19715.

White R S, Minshull T A, Bickle M J, Robinson C J. 2001. Melt generation at very slow-spreading oceanic ridges: Constraints from geochemical and geophysical data. Journal of Petrology, 42 (6): 1171-1196.

Whitmarsh R B, Manatschal G, Minshull T A. 2001. Evolution of magma-poor continental margins from rifting to seafloor spreading. Nature, 413 (6852): 150.

Yang A, Zhao T, Zhou M, Deng X. 2017. Isotopically enriched N-MORB: A new geochemical signature of off-axis plume-ridge interaction-A case study at 50°28′E, Southwest Indian Ridge. Journal of Geophysical Research: Solid Earth, 122 (1): 191-213.

Ye J, Shi X, Yang Y, Liu J, Zhou G, Li N. 2011. Mineralogy of sulfides from ultraslow spreading Southwest Indian Ridge 49.6°E hydrothermal field and its metallogenic significance. Acta Mineralogica Sinica, 31: 17-29.

Ye J, Shi X, Yang Y, Li N, Liu J, Su W. 2012. The occurrence of gold in hydrothermal sulfide at Southwest Indian Ridge 49.6°E. Acta Oceanologica Sinica, 31 (6): 72-82.

Zhao M, Qiu X, Li J, Sauter D, Ruan A, Chen J, Cannat M, Singh S, Zhang J, Wu Z, Niu, X. 2013. Three-dimensional seismic structure of the Dragon Flag oceanic core complex at the ultraslow spreading Southwest Indian Ridge (49°39′E). Geochemistry, Geophysics, Geosystems, 14 (10): 4544-4563.

Zhou H, Dick H J B. 2013. Thin crust as evidence for depleted mantle supporting the Marion Rise. Nature, 494 (7436): 195-200.

第 7 章 弧后盆地热液硫化物矿床

弧后盆地作为一类特殊的盆地,虽然研究较早(Karig,1970),但地球动力学机制复杂,一直是地球科学研究的热点。研究表明弧后盆地的成因机制是拉张而非挤压,它是冷的岩石圈俯冲板片在高角度俯冲过程中发生后撤(roll back),引起软流圈上涌造成弧后拉张形成的。最典型的现代弧后盆地主要位于西太平洋俯冲带(图7-1)。而与其对应的东太平洋俯冲带却没有发育弧后盆地,取而代之的是弧后前陆盆地(Retroarc Foreland Basin),它形成于挤压应力模式下热的岩石圈俯冲上盘低角度俯冲过程中在弧后地区的挠曲沉降(Allen and Allen,1990)。

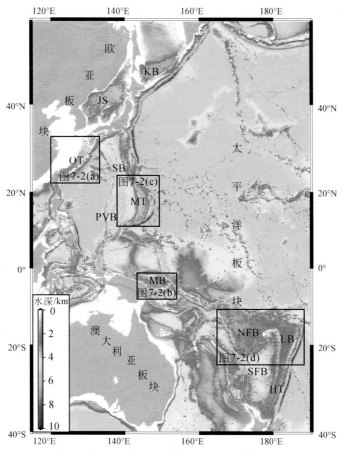

图 7-1 西太平洋弧后盆地分布图

由北向南依次分布的是:KB. Kurile Basin(千岛群岛盆地);JS. Japan Sea(日本海);OT. Okinawa Trough(冲绳海槽);SB. Shikoku Basin(四国盆地);PVB. Parece Vela Basin(帕里斯维拉盆地);MT. Mariana Trough(马里亚纳海槽);MB. Manus Basin(马努斯盆地);NFB. North Fiji Basin(北斐济盆地);LB. Lau Basin(劳盆地);SFB. South Fiji Basin(南斐济盆地);HT. Harve Trough(哈佛海槽);其中千岛群岛盆地、日本海、四国盆地、帕里斯维拉盆地及南斐济盆地已停止扩张,其余均为活动的现代弧后盆地,且都存在明显的热液活动。地形数据来自 NGDC 数据库按照弧后盆地所处的地壳性质可以将其细分为陆缘型和洋内型弧后盆地。前者是指在洋-陆俯冲背景下，大陆边缘地壳发生减薄和张裂，形成弧后盆地。典型的陆缘型弧后盆地，是发育在我国东海陆架与琉球（Ryukyu）岛弧之间的冲绳海槽（Okinawa Trough）（图7-1）；而洋内型弧后盆地特指在洋-洋俯冲背景下，由早期俯冲作用形成的古岛弧地壳发生张裂，形成弧间裂谷盆地，如马里亚纳海槽和劳盆地，或者弧后裂谷盆地，如马努斯盆地（图7-1）。

7.1 构造演化

Uyeda和Kanamore（1979）将俯冲分为智利型和马里亚纳型。智利型俯冲是指年轻的、热的、膨胀的岩石圈发生的低角度俯冲，这种俯冲样式使得俯冲上、下盘间发生强烈的摩擦并最终耦合，俯冲上、下盘间为挤压的应力模式。马里亚纳型俯冲是指老的、冷的、致密的岩石圈发生的高角度俯冲，并且板片的俯冲角度会随着俯冲深度的增加而增大，从而使得俯冲上、下盘间逐渐解耦，弧后地区出现拉张应力模式。两种俯冲类型的应力模式差异是造成马里亚纳型俯冲形成弧后盆地，而智利型俯冲却并不发育弧后盆地的原因。对于弧后盆地形成的动力模式，存在俯冲后撤模式（Elsasser，1971）和海锚模式（Scholz and Campos，1995）两种。俯冲后撤模式是指俯冲板块的俯冲角度会随着俯冲深度的增加而逐渐变大，并逐渐向后翻转，靠陆一侧块体在水平方向上保持静止，而俯冲带逐渐向大洋一侧迁移导致两个块体分离。海锚模式是指俯冲板块像锚一样固定在地幔里，这里的"固定"指的是俯冲板片与靠洋一侧的块体在水平方向上静止不动，而靠陆一侧块体则不断向陆地方向运动，从而实现两个块体的逐渐分离。

弧后盆地的形成和发育总体上会经历拉伸、张裂和海底扩张三个阶段。岛弧前缘一般具有地壳厚、熔体侵位程度高、热流值高和构造应力强等特点，而这均有利于该部位在拉张应力作用下发生张裂，并主要发生在岛弧后方50 km之内（Martinez et al.，2007）。因此，弧后盆地要么形成于岛弧后方，如千岛群岛盆地、日本海和东斯科舍盆地等；要么将原始火山弧一分为二，弧后盆地在两个岛弧之间形成，如汤加（Tonga）弧发生张裂后形成无火山活动的残留弧（劳脊），以及具有火山活动的汤加脊（新的火山前缘）。此类弧后盆地还形成于马里亚纳和克马德克（Kermadec）等岛弧火山链（石学法和鄢全树，2013）（图7-1）。

与大陆的裂解类似，岛弧张裂期的岩浆作用通常很弱。原始岛弧地壳发生伸展减薄是弧后盆地张裂期的主要表现，但减薄的地壳往往还是比随后由海底扩张形成的洋壳要厚（Stern et al.，2002）。岛弧张裂进行到一定程度后才会发生海底扩张，如劳盆地经历了2 Ma的岛弧地壳张裂后才开始真正意义上的海底扩张（Taylor et al.，1996），并形成弧后大洋地壳。现代弧后盆地存在大洋地壳的有马里亚纳海槽、北斐济盆地、马努斯盆地、劳盆地、东斯科舍盆地等（图7-1）。

另外，俯冲上盘的几何形态、下盘的俯冲方向和俯冲速率等因素也会影响弧后盆地发育的进程。例如，受斜向俯冲的影响，海槽不同部位的发育进程并不一致。随着海底扩张的进行，中部海槽不断地对称加宽和生长，而岛弧两端并未完全分开，还处于初始海底扩张阶段（Bibee et al.，1980）。再如，太平洋板块的俯冲速率从汤加弧的北部向南部逐渐减小，劳盆地北部的海底扩张速率也明显快于南部，形成北宽南窄的"倒三角形"盆地。特殊情况下，当有海山链发生俯冲时，弧后的海底扩张也会受到影响（Ruellan et al.，2003；鄢全树和石学法，2014）。例如，太平洋板块南部规模最大的海山链 Louisville 脊在 Tonga-Kermadec 俯冲带的俯冲，对海山链南部 Kermadec 弧的张裂存在显著的"锁定"效应，致使其至今仍处于岛弧张裂期，而未能形成真正的弧后盆地（Ruellan et al.，2003）（图7-1）。

最后值得一提的是，弧后盆地存在幕式发育的特点（Martinez et al.，2007）。弧后盆地一般形成后会发育几十百万年，然后停止活动变成废弃的弧后盆地，随后又开始新一轮的岛弧张裂和上百万年的海底扩张。弧后盆地的这种幕式扩张在菲律宾盆地有着较好的记录。太平洋板块向菲律宾板块下方的俯冲，首先在菲律宾盆地的东缘形成九州－帕劳（Kyushu-Palau）弧，随后发生岛弧张裂并形成帕里斯维拉盆地和四国盆地（图7-1）。待它们停止扩张后，盆地东缘在俯冲作用的继续影响下又形成了新的火山弧［伊豆－小笠原－马里亚纳（Izu-Bonin-Mariana）弧］，随后南部马里亚纳弧的持续张裂又形成了现今的马里亚纳海槽（图7-1）。

7.2 岩浆作用

7.2.1 构造作用与岩浆供给

大洋中脊岩浆作用强度与洋脊轴部的形态有着较好的对应。快速扩张洋脊（如东太平洋海隆）（全扩张速率>80 mm/a），其轴部地形表现为数十千米宽、数百米高的隆起，反映较强的岩浆供应量和岩浆喷发频率。而慢速扩张洋脊（如大西洋中脊）（全扩张速率为 20~40 mm/a），其轴部地形为典型的裂谷形态，轴部宽度在 10 km 以上，这反映较弱的岩浆活动的特征。而弧后扩张中心的岩浆作用强度，除了受扩张速率影响外，还会受到俯冲作用的影响（Martinez and Taylor，2002，2003；Taylor and Martinez，2003；Jacobs et al.，2007；Dunn and Martinez，2011；Arai and Dunn，2014）。扩张速率和俯冲作用对弧后盆地岩浆作用施加的影响会因其发育阶段的不同而不断变化。

（1）增强的岩浆作用。指那些处于演化初期的弧后扩张中心所表现出的岩浆作用。这类扩张中心包括劳盆地的 VFR、马努斯盆地的东马努斯裂谷（Eastern Rift, ER）、东斯科舍盆地的 E2 和 E9 扩张洋脊、马里亚纳海槽的 VTZ（Volcano-Tectonic Zone）等。这类不成熟的弧后扩张中心尽管具有相对中等的扩张速率（40~60 mm/a），但都表现出了强烈的岩浆作用（地形都为隆起）。地球化学上，这些扩张中心岩石都具有最强的岛弧亲缘性。相比同一盆地的其他扩张中心，这些不成熟的扩张中心岩浆岩最富 H_2O 和俯冲迁移元素（最高的 Ba/Th 值、Ba/Nb 值），这与不成熟扩张中心较高的地幔熔融程度和俯冲流体加入程度有关（Sinton and Fryer，1987；Pearce et al.，1994；Fretzdorff et al.，2002；Sinton et al.，2003）。

（2）减弱的岩浆作用。指的是那些从不成熟向成熟型过渡的扩张中心所具有的岩浆作用。这类扩张中心包括劳盆地的东部扩张中心（Eastern Lau Spreading Center, ELSC）、马努斯盆地的南部裂谷（Southern Rift，SR）、东斯科舍盆地的 E4/E5/E6、中马里亚纳海槽等。这类扩张中心的扩张速率虽然变化较大（从中马里亚纳海槽的 20 mm/a 到南部裂谷的 120 mm/a），但都有一个共有的特征就是非常弱的岩浆活动，以及裂谷式轴部形态。地球化学上，这些扩张中心往往也具有明显的岛弧亲缘性（弱于不成熟扩张中心），相对 MORB 会更富 H_2O，大离子亲石元素（LILE）和亏损高场强元素（HFSE）。相应地，这些扩张中心岩石往往也会比 MORB 具有更低的 Na_8 和 Ti_8（MgO = 8% 时对应的 Na_2O 和 FeO_t 含量），反映这些扩张中心下伏地幔遭受了比大洋中脊更大程度的地幔熔融。由此看来，地球化学结果（地幔熔融程度高）与地球物理结果（洋壳厚度薄）存在明显的矛盾。这种矛盾被解释为 Na_8 和 Ti_8 所指示的地幔熔融程度并不是由单次熔融事件造成的（Martinez and Taylor，2003；Taylor and Martinez，2003）。

（3）正常的岩浆作用。指的是成熟的弧后扩张中心的岩浆作用。这类扩张中心包括马努斯盆地的马努斯扩张中心（Manus Spreading Center，MSC）、劳盆地的中央扩张中心（Central Lau Spreading Center，CLSC），以及北斐济盆地的所有扩张中心，均都远离俯冲带。成熟的弧后扩张中心往往受到较弱甚至无俯冲作用的影响，洋脊的地幔熔融模式与大洋中脊类似，岩浆作用强度主要受扩张速率控制（Martinez and Taylor，2003；Taylor and Martinez，2003）。

7.2.2 演化趋势与演化程度

洋中脊往往发育贫 K、Si、Al 和富 Fe、Ti 的镁铁质拉斑玄武岩，而岛弧则发育相对富 K、Si、Al 和贫 Fe、Ti 的中性高铝安山岩。两者在岩石组合上的差异，正是岩浆演化趋势和演化程度在两种不同构造环境下的不同表现。富 H_2O 的岛弧镁铁质岩浆在穿过厚厚的中酸性地壳时，由于密度大于周围地壳而没有压力差作为上升的动力，会在下地壳发生聚集。岩浆聚集期间会发生矿物结晶分异，以及与周围地壳的同化混染作用，即所谓的 MASH（熔融–混杂–储存–同化，Melting-Assimilation-Storage-Homogenization）过程（Hildreth and Moorbath，1988）。高氧逸度（f_{O_2}）的富 H_2O 岩浆在下地壳高压环境下，橄榄石并不会优先结晶，相反磁铁矿会首先结晶，并且磁铁矿的结晶会贯穿整个岩浆演化过程，这是形成贫铁的钙碱性岩浆的重要机制（Almeev et al.，2013）。下地壳的 MASH 过程使得岩浆的温度降低，密度变小且挥发分增加，从而为岩浆上侵提供了动力，然后经历多次的 MASH 过程，岩浆的酸性程度也随之增高（Richards，2003）。富水岩浆在相对低压的上地壳则以磁铁矿–橄榄石–单斜辉石结晶为主，而斜长石的结晶受到严重抑制（Sisson and Grove，1993；Danyushevsky and Plechov，2001；Grove et al.，2003；Zimmer et al.，2010），从而进一步增强了岩浆的贫铁（钙碱性）趋势。相反，在洋中脊处形成的贫水岩浆在壳层岩浆房发生橄榄石–斜长石–单斜辉石的结晶分异，使得岩浆朝着富铁（拉斑）趋势发展（Langmuir et al.，1992），由于不需要穿过厚层的地壳，洋中脊岩浆在经历短暂的结晶分异后，会喷发至海底形成镁铁质岩浆岩（Sinton and Detrick，1992）。

弧后盆地作为两种构造环境之间的过渡型，岩浆岩会比 MORB 更富集 K、Si、Al 和贫 Fe、Ti，但程度会明显弱于岛弧岩浆岩。尽管比 MORB 更富 K 和贫 Fe，但弧后盆地岩浆岩往往具有拉斑而非钙碱性的演化趋势，且岩浆的演化程度往往也不高，总体以拉斑玄武岩为主（Sinton and Fryer，1987；Pearce et al.，1994；Fretzdorff et al.，2002；Sinton et al.，2003）。这说明弧后盆地尽管受到了不同程度俯冲作用的影响，但岩浆在演化趋势和演化程度上与洋中脊更为接近。不过在一些不成熟的新生弧后盆地，部分岩浆岩具有钙碱性的演化趋势，如在东马努斯盆地（Sinton et al.，2003）和冲绳海槽（Shinjo and Kato，2000；Yan and Shi，2014）。这些盆地岩浆岩的水含量及 f_{O_2} 都明显高于更成熟的弧后盆地，中酸性的玄武安山岩-安山岩-英安岩组合比较常见。并且在冲绳海槽中部还有双峰式火山岩组合（镁铁质玄武岩和酸性英安岩流纹岩组合），这与冲绳海槽特殊的构造环境有关。玄武质岩浆上侵时会经过厚厚的陆缘地壳并发生 MASH 过程，通过长时间结晶分异及与地壳物质的混染作用，能够形成较为酸性的岩浆（Shinjo and Kato，2000）。

7.2.3 岩石类型与空间分布

弧后盆地是一个在地质作用上介于大洋中脊和岛弧之间的特殊构造环境，因此弧后盆地的岩石类型及分布既有与大洋中脊类似的地方，又在很大程度上会受到俯冲作用的影响。大洋中脊是新洋壳形成的地方，岩浆岩以镁铁质玄武岩为主，存在少量的偏酸性岩石，如玄武安山岩和安山岩，但一般主要出现在快速扩张洋脊，如东太平洋海隆（Sinton and Detrick，1992）。而对于慢速尤其是超慢速扩张洋脊，如西南印度洋脊和北冰洋洋脊，会有深海橄榄岩和下地壳辉长岩被拆离断层剥露出海底（Cannat et al.，2006；Ildefonse et al.，2007）。这两种特征在弧后盆地也有所体现，首先体现在弧后扩张中心的岩浆岩同样以基性玄武岩为主（称为弧后盆地玄武岩），其次是在慢速的弧后扩张洋脊，如马里亚纳中部海槽，同样有深海橄榄岩和辉长岩等深部岩体在海底直接出露的情况（Stern et al.，1996；Ohara et al.，2002）。不过深海橄榄岩的出露在弧后盆地非常鲜见，除了马里亚纳海槽以外，只有在已经停止扩张的帕里斯维拉盆地（古代弧后扩张中心）有深海橄榄岩出露的报道（Ohara et al.，2003），这与弧后盆地很少出现超慢速的扩张中心有关。

与洋中脊岩石类型不同的地方主要体现在弧后盆地发了较多中酸性的岩浆岩，且这类中酸性岩石往往出现在距离岛弧近，岩浆活动强烈的扩张中心，如马努斯盆地的 ER 和劳盆地的 VFR（图 7-2）。而对于那些距岛弧较远的弧后扩张中心，如北斐济盆地则没有中酸性岩石出现（图 7-2）。另外，对于流纹岩这类酸性程度更高的岩浆岩在洋内型弧后盆地几乎很少见，而在陆缘型弧后盆地如冲绳海槽的分布则较为广泛，且往往会与玄武岩伴生以双峰式的火山岩组合出现（Shinjo and Kato，2000）。下面介绍几个主要现代弧后盆地的岩石类型及空间分布。

冲绳海槽是菲律宾板块向欧亚大陆的俯冲下，在琉球岛弧后方形成的现代弧后盆地。海槽整体处于弧后的初始扩张，且海槽南部的海底张裂程度高于中北部（Sibuet et al.，1998）。海槽内沉积物覆盖广，同时伴有火山岩的出露。岩石组合比较宽泛，包括玄武岩-玄武安山岩-安山岩-英安岩-流纹岩。已有的岩石资料表明海槽南部玄武岩相对发育，中部则发育双峰式的玄武岩-流纹岩组合（Shinjo and Kato，2000）。海槽北部岩石总体发育玄武安山岩-安山岩-英安岩的中性岩石组合（图 7-2）。

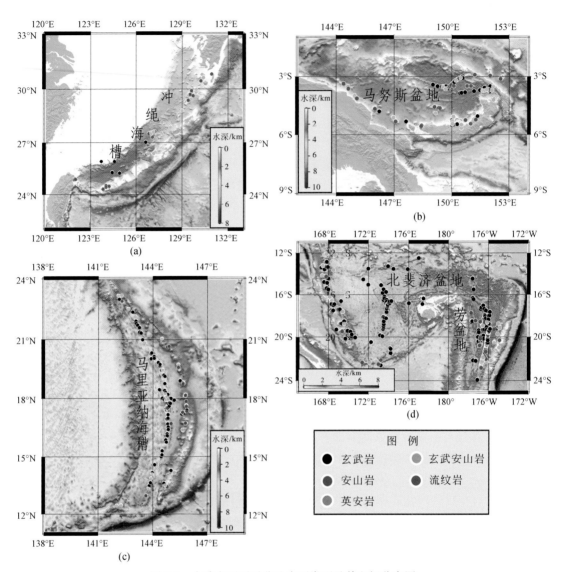

图 7-2 全球主要弧后盆地岩石类型及其空间分布图

马努斯盆地是所罗门海板块向俾斯麦海板块的俯冲下,在新不列颠岛弧后方形成的弧后盆地 (Martinez and Taylor, 1996)。马努斯盆地存在四个活动扩张中心,距离俯冲带由近到远分别是 ER、SR、MSC 及拉张转换带 (ETZ)。ER 发育了完整的玄武岩-玄武安山岩-安山岩组合,海底出露的岩石以酸性的英安岩为主,而镁铁质的玄武岩则在下部。SR 和 ETZ 几乎全部为玄武岩,而 MSC 以玄武岩为主,伴随少量英安岩 (图 7-2)。

马里亚纳海槽是太平洋板块向菲律宾板块俯冲过程中,在马里纳亚活动弧与残留弧之间形成的弧后盆地。海槽与东斯科舍盆地相似,扩张中心由中部向两侧逐渐向岛弧靠近。海槽中部以玄武岩为主,出现少量的玄武安山岩-安山岩-英安岩;海槽两端岩浆岩较中部稍偏酸性,以玄武安山岩为主 (图 7-2)。

北斐济盆地是古太平洋板块向澳大利亚板块俯冲形成的弧后盆地，该盆地由北向南发育了 N160°、N15° 和 NS 三条扩张中心，这些扩张中心都远离俯冲带（Auzende et al., 1995），岩石全部为玄武岩（图 7-2）。

劳盆地是太平洋板块与澳大利亚板块作用下，在汤加活动火山弧与残留弧之间发育的弧后盆地（Taylor et al., 1996）。盆地总体呈北宽（600 km）南窄（200 km）的形态，反映海底扩张由北向南进行。盆地中南部存在三个活动扩张中心，由北向南依次为 CLSC、ELSC 及 VFR。CLSC 以玄武岩为主，存在少量安山岩和英安岩；ELSC 全部发育玄武岩，而 VFR 以玄武安山岩–安山岩–英安岩等更偏酸性的岩性组合为主（图 7-2）。

东斯科舍盆地是南美洲板块向桑威奇（Sandwich）板块俯冲，在南桑威奇弧后方形成的现代弧后盆地，盆地由北向南共发育了 9 段扩张中心（Livermore et al., 1995）。东斯科舍脊以玄武岩出露为主，靠近岛弧的扩张中心则出现了少量演化程度更高的玄武安山岩。

综上所述，玄武岩是洋壳型弧后盆地最重要的岩石组成，更偏酸性的玄武安山岩–安山岩–英安岩组合次之，但几乎不出现更酸性的流纹岩。且酸性的岩石组合主要出现在距岛弧较近的扩张中心，而玄武岩则出现在距俯冲带较远的扩张中心，如马里亚纳海槽和东斯科舍脊两端的岩浆岩比中部更偏酸性，而靠近岛弧发育的扩张中心，如 VFR 和马努斯裂谷往往发育中酸性的岩石组合。另外，对于陆缘型弧后盆地，如冲绳海槽，中酸性岩石占主导地位，基性玄武岩次之；再者就是流纹岩比较发育，这在洋壳型弧后盆地比较少见。

7.3　洋内型弧后盆地热液硫化物矿床

7.3.1　劳盆地

劳盆地属于澳大利亚大陆西北缘的众多边缘盆地之一，是太平洋板块向澳大利亚板块俯冲过程中形成的弧后盆地。劳盆地是由老的汤加弧在约 6 Ma 时发生张裂，随后发生海底扩张形成的。劳盆地西侧的 Lau-Colville 脊（图 7-3）是从汤加弧上分离的残留弧，目前已无岛弧火山活动，不过仍有少量热点成因的板内火山活动（Gill et al., 1989）。目前劳盆地东侧的汤加弧火山前缘发生了向西的迁移，主要的弧火山由北向南分别为 Tafahi、Niuatoputapu、Fonualei、Late、Metis、Kao、Tofua、Hanga'Ha 和 Ata（图 7-3）。汤加弧上发现的最古老岩石位于 Eua 岛，距今 46~40 Ma（Hergt and Woodhead, 2007），这反映汤加俯冲带形成至今经历了漫长的演化历史。

汤加弧开始张裂的时间约 6 Ma，而真正的海底扩张发生在大约 4 Ma（Taylor et al., 1996; Zellmer and Taylor, 2001）。经历了 2 Ma 的张裂后，弧地壳发生了严重的减薄（8.5~9.5 km）（Crawford et al., 2003），与此同时也增加了劳盆地的宽度（图 7-3 中绿色断线以西的区域）。在大约 4 Ma 时，Louisville 海山链开始在汤加弧的最北端发生斜向俯冲，由于 Louisville 海山链呈北西–南东走向，因此随着俯冲的进行，Louisville 海山链与汤加弧的交

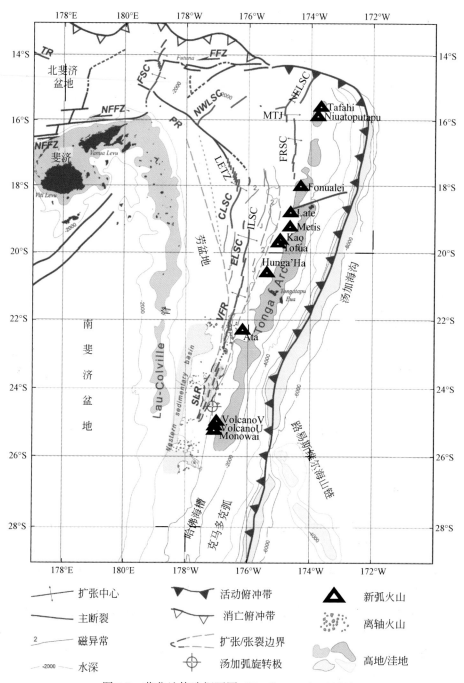

图 7-3 劳盆地构造纲要图（Ruellan et al.，2003）

CLSC. Central Lau Spreading Center（劳盆地中央扩张中心）；ILSC. Intermediate Lau Spreading Center（劳盆地中间扩张中心）；ELSC. Eastern Lau Spreading Center（劳盆地东部扩张中心）；VFR. Valu Fa Ridge（劳盆地瓦路法脊）；SLR. Southern Lau Rift（劳盆地南部裂谷）；FFZ. Futuna Fracture Zone（Futuna 断裂带）；NFFZ. North Fiji Fracture Zone（北斐济断裂带）；FSC. Futuna Spreading Center（Futuna 扩张中心）；NWLSC. Northwest Lau Spreading Center（劳盆地西北扩张中心）；NELSC. Northeast Lau Spreading Center（劳盆地东北扩张中心）；MTJ. Mangatolu Triple Junction（Mangatolu 三联点）；FRSC. Fonualei Rift Spreading Center（Fonualei 扩张中心）；PR. Peggy Ridge（Peggy 脊）；LETZ. Lau Extensional Transform Zone（劳盆地拉张转换带）

点不断向南移动，目前的位置为25°52′S，175°05′W（图7-3）。Louisville海山链的斜向俯冲对Tonga-Kermadec的弧后扩张有着重要的阻碍作用（Ruellan et al., 2003），如Louisville海山链南部的Havre海槽至今也没有发生海底扩张，而是停留在岛弧张裂阶段。此外，海山链的"封锁"效应也导致了劳盆地南部扩张中心的扩张速率低于北部，造就了劳盆地北宽南窄的形态（Taylor et al., 1996；Zellmer and Taylor, 2001；Ruellan et al., 2003）。

劳盆地中形成最早的扩张中心是ELSC（图7-3），随着海底扩张的进行，ELSC向南迁移形成现在的VFR。ELSC的北段后来发生了跃迁，在距ELSC北端50 km的地方形成了CLSC，并在ELSC和CLSC之间形成了一小段过渡脊（ILSC）；而跃迁之前的ELSC现今已经废弃，停止了火山活动，这可能与ELSC北端岩浆作用强度的持续减弱有关（Martinez and Taylor, 2002）。VFR的最南端在22°42′S，176°42′W附近截止（Ruellan et al., 2003；Fretzdorff et al., 2006），VFR以南还没有开始海底扩张，而是以岛弧张裂为主，该段被称为南部裂谷（图7-3中黑色断线之间的灰色区域）。因此，CLSC、ELSC和VFR被视作劳盆地的主要扩张中心（Martinez and Taylor, 2002）。其中，VFR距岛弧最近（45～63 km），由VFR到ELSC，扩张中心与岛弧的距离呈近乎线性增长的趋势（63～110 km）；而对于更北的CLSC，其与岛弧的距离高达160～180 km。此外，VFR的扩张速率从南端的40 mm/a向北增加至63 mm/a；ELSC由南向北也由63 mm/a增长至95 mm/a；而最远端的CLSC的扩张速率比ELSC的最北端略微下降（85～90 mm/a），但整体高于ELSC（Martinez and Taylor, 2002）。

劳盆地北部同样发育了一些扩张中心，包括与CLSC相连的拉张转换带（LETZ）和Peggy脊（PR）、西北扩张中心（NWLSC）、东北扩张中心（NELSC）、Fonualei扩张中心（FRSC）和被称为Mangatolu三联点（MTJ）的三叉状洋脊。其中，FRSC与ELSC类似，由南向北与岛弧的距离逐渐增加，两者是研究不同俯冲深度下俯冲流体迁移规律的理想场所（Pearce et al., 1994；Keller et al., 2008；Escrig et al., 2009, 2012；Li et al., 2015）。

ELSC北段（简称nELSC）是劳盆地地壳厚度最薄的区域，厚度只有5.5～6 km（表7-1）。尽管nELSC具有较快的扩张速率（77～95 mm/a），但洋壳厚度却远低于相同扩张速率的大洋中脊，这被认为与弧后盆地特有的地幔流形式有关：地幔拐角流将早期熔融亏损的弧下地幔翻转带到nELSC，难熔的地幔产生较低的岩浆量（Martinez and Taylor, 2002, 2003）。而ELSC南段（简称sELSC）和VFR的地壳厚度（7.5～9 km）要大于nELSC，以及任何扩张速率的大洋中脊（约7 km）。这与劳盆地南部扩张中心拥有高的岩浆通量（比洋中脊更高的地幔熔融程度），以及岩浆更富水和上层洋壳密度低（中酸性岩石密度低于MORB）等原因有关（Dunn et al., 2013；Arai and Dunn, 2014）。CLSC的洋壳厚度为7.5～8 km，低于sELSC和VFR但仍高于洋中脊的平均地壳厚度（7 km）（Crawford et al., 2003；表7-1）。

除了地壳总厚度存在较大变化特征外，劳盆地的地壳结构（层2A/B与层3的厚度比），以及岩浆房的深度都具有很大的差异。除了在岩浆活动最弱的nELSC没有识别出岩浆房以外，其余的扩张中心下方都有连续的岩浆房分布（Turner et al., 1999；Martinez and Taylor, 2002；Crawford et al., 2003；Jacobs et al., 2007）。随着扩张速率由北向南逐渐降低（从90 mm/a降低至40 mm/a），劳盆地扩张中心的岩浆房深度也表现出了逐渐增加的趋势

[由CLSC的1.46 km到sELSC的2.18 km，再到VFR南段（简称sVFR）的2.82 km］。从地震资料获取的结果同样可以看出，劳盆地由北向南其地壳的层2厚度也是逐渐增加的（图7-4）。

表7-1 劳盆地中南部扩张中心的综合地球物理数据

类别	CLSC	nELSC	sELSC	VFR
端点坐标	18.1°S, 176.3°W	19.3°S, 176.0°W	20.5°S, 176.2°W	21.2°S, 176.3°W
	19.3°S, 176.5°W	20.5°S, 176.2°W	21.2°S, 176.3°W	22.7°S, 176.7°W
扩张速率/(mm/a)	85~90	95~77	73~63	63~40
与岛弧的距离/km	185~160	110~77	71~63	63~45
平均水深/m	2290	2710	2170	1940
脊轴形态	开阔高地	裂谷海槽	圆形高地	刀片状突起
层2A平均P波速度/(km/s)	3.26[1]	3[1]	2.68[1]	2.51[1]（北部）
				2.67[1]（南部）
层2B平均P波速度/(km/s)	4.98[1]	—	4.34[1]	3.93[1]（北部）
				4.36[1]（南部）
层3P波速度/(km/s)	7.0[2]	7.0~7.2[3]	7.2~7.4[3]	—
岩浆房平均深度/km	1.46[1]	—	2.18[1]	2.34[1]（北部）
				2.82[1]（南部）
层2A平均厚度/km	0.38[1]	0.51[1]	0.62[1]	0.66[1]（北部）
				1[1]（南部）
层2B平均厚度/km	1.08	—	1.56	1.68（北部）
				1.82（南部）
层3厚度/km	6~7	—	5.3~7.3	5.5~6.5
洋壳总厚度/km	7.5~8.5[2]	5.5~6[4]	7.5~9.5[4]	8~9.5[4]

资料来源：[1]Jacobs et al., 2007；[2]Crawford et al., 2003；[3]Arai and Dunn, 2014；[4]Dunn et al., 2013。

注："—"代表无数据；"层2A"指枕状熔岩层；"层2B"指辉绿岩墙；"层3"指辉长岩层

与相同扩张速率的洋中脊相比，劳盆地岩浆房的深度更大（Barth and Mutter, 1996），且层2A（枕状熔岩）厚度与岩浆房深度的比值（R值）更高，VFR的R值高达0.35，而洋中脊在0.13~0.2（表7-1）（Jacobs et al., 2007）。不过，CLSC的层2厚度（1.46 km）及R值（0.26）只是略高于洋中脊，说明CLSC洋壳总厚度的增加（7.5~8.5 km）不同于VFR和sELSC依靠层2厚度的增加来实现洋壳总厚度的增加，而是通过增加层3厚度的方式来实现的（Jacobs et al., 2007）。

此外，劳盆地洋壳各层间的密度也存在一定的差异。尽管CLSC和nELSC的洋壳厚度不同，但两者的层2与层3的P波传播速率比较接近，且与大洋中脊接近（Crawford et al., 2003）。不过sELSC和VFR层2的P波传播速度要明显低于前两者，且有由北向南减小的趋势[图7-4（a）]；相反层3的P波传播速度由北向南又表现出了逐渐增加的趋势（Arai and Dunn, 2014）。例如，sELSC层3的P波传播速度（7.2~7.4 km/s）高于洋中脊的P

波传播速度 (6.9~7.1 km/s)(表 7-1)。

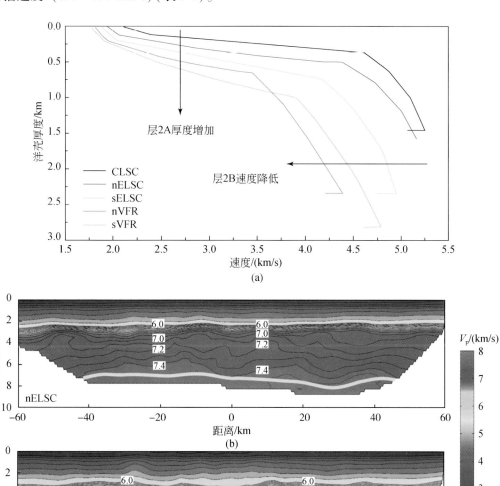

图 7-4 劳盆地扩张中心地壳速度结构

(a) 劳盆地扩张中心地壳 P 波传播速度 (Jacobs et al., 2007); (b) 劳盆地 nELSC 的地壳结构 (Arai and Dunn, 2014); (c) 劳盆地 nVFR 的地壳结构 (Arai and Dunn, 2014); 黄色粗线条指莫霍面

劳盆地主要发育了 5 个热液区,分别为盆地东北部三联点 (Kings Triple Junction, KTJ) 热液区,中部 CLSC A3 热液区,南部 White Church、Vai Lili 和 Hine Hina 热液区 (图 7-5)。东北部三联点热液区位于 KTJ 的西北扩张洋脊,其中央裂谷地堑发育了一个大型、已死亡 (停止活动) 的热液区 (区域范围为 2000 m×200 m)(Lisitsyn et al., 1992)。热液区中央位于 15.38°S, 174.66°W。热液区中部存在一个椭圆形大型硫化物丘 (100 m

长、20~50 m 宽、20 m 高），该球体周围还分布着多个小型烟囱体（1~2 m 高）。

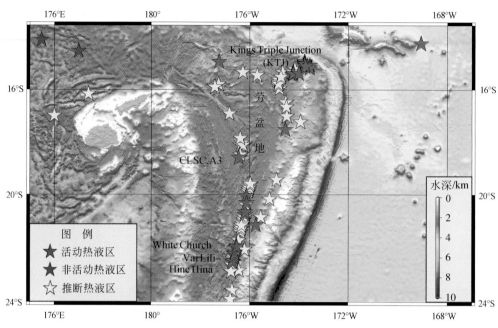

图 7-5　劳盆地热液区的分布及其地理位置

盆地南部的 3 个热液区均发育在 VFR，White Church 热液区位于 VFR 的北部，热液区中央位于 21.96°S，176.52°W。该热液区已经停止活动，形成的硫化物以"白烟囱"为主，烟囱体高 10~15 m，直径 2~3 m，整个硫化物矿床直径在 200 m 左右。White Church 以南 4 km 同样发现一停止活动的热液场，硫化物被铁锰结壳覆盖，由热液沉积物、坍塌的烟囱体形成的硫化物丘覆盖面积为 30 m×20 m。

Vai Lili 热液区位于 VFR 的中部，热液区中央位于 22.21°S，176.60°W。该热液区为活动热液区，其北部为高温热液流体（342℃）形成的硫化物，南部为低温流体（15℃）形成的铁锰结壳。硫化物烟囱沿着断层分布，不同形态的烟囱体形成了一个不规则的长 200 m、宽 50 m 左右的硫化物丘。"黑烟囱"通常高 2~5 m，而树状的"白烟囱"则高 15 m、宽 2 m 左右。烟囱体之间还发育弥散流形成的 Mn 热液沉积物（Fouguet et al.，1993）。

Hine Hina 热液区位于 VFR 的南部，热液区中央位于 22.53°S，176.69°W。该热液区发育广泛的低温热液活动，众多低温（40℃）清澈的弥散流喷口周围发育高密度的生物群落，包括贻贝、虾和白色蟹等。热液区海底破碎的角砾岩由于蚀变作用变成了白色，这也是为什么这个区被命名为 Hine Hina 的缘故。白色的海底大部分都被一层黑色铁锰结壳覆盖，黑色铁锰结壳在海底形成约 20 cm 厚的菜花状丘体。清澈的低温热液（约 10℃）沿着海底裂隙零星地从黑色铁锰壳体层喷出，显示洋壳上部的裂隙普遍被铁锰热液沉积物填充封闭，而在铁锰结壳下面发育富 Cu 型块状硫化物。Hine Hina 热液区之所以会有这种矿化特征，与顶部洋壳强烈碎裂有关，洋壳裂隙的发育使得海水与热液混合形成低温热液，在海底以弥散流的形式形成铁锰结壳，而铁锰结壳在海底形成一个"密封层"后，热液才得以在下方矿化形成块状硫化物（Fouguet et al.，1993）。

7.3.2 马努斯盆地

马努斯盆地位于俾斯麦海东北部,是一个由巴布亚新几内亚、新不列颠、新爱尔兰及马努斯围成的狭小盆地(图7-6)。在 10 Ma 之前,太平洋板块向澳大利亚板块俯冲形成了一系列岛弧,如现今的新不列颠、新爱尔兰、马努斯岛及所罗门岛等。而在 10 Ma 时太平洋板块开始停止俯冲,紧接着翁通爪哇海台(Ontong Java plateau)与这些岛弧链发生拼合,致使新爱尔兰弧—北所罗门弧发生逆时针旋转,并扭转了原来的俯冲方向:由原来向南的俯冲转变成了向北的俯冲。在 4 Ma 时,新不列颠弧发生了逆时针旋转并形成了俾斯麦海。

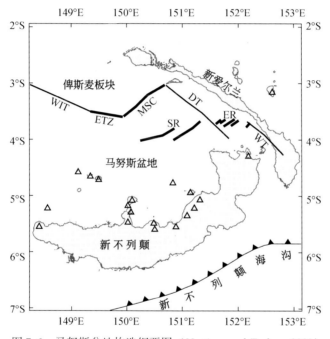

图7-6 马努斯盆地构造纲要图(Martinez and Taylor, 2003)

MSC. Manus Spreading center(马努斯扩张中心);ETZ. Extensional Transform Zone(拉张转换带);SR. Southern Rift(南马努斯裂谷);ER. Eastern Rift(东马努斯裂谷);WIT. Willaumez Transform(Willaumez 转换断层);DT. Djaul Transform(Djaul 转换断层);WT. Weitin Transform(Weitin 转换断层)

马努斯盆地存在三个活动扩张中心,分别是 ER、MSC 及 ETZ。MSC 是一个 120 km 长的扩张中心,南部扩张速率最高(全扩张速率为 92 mm/a),并向东北方向递减(Martinez and Taylor, 1996),这种梯度变化伴随着地形方面的稳定变化:扩张中心西南端地势高、水深浅,东北部地势平坦、水深大。根据侧扫声呐记录的相对反射率,近期岩浆喷发量也是自西南向东北方向减少的,反映岩浆供给沿 MSC 由南向北减少(Sinton et al., 2003)。该区域的岩石类型以玄武岩为主,并存在少量中酸性的英安岩。ER 是发育在新不列颠弧前区域的新生裂谷,介于 Weitin 和 Djaul 两个转化断层之间,扩张中心为雁列状、蜿蜒的裂谷。这些裂谷在地形上为水深小于 2000 m 的地形高地,被命名为保罗(Paul)洋脊。

声呐反射率记录表明 Paul 脊发育中等程度的火山作用，但缺乏规律的磁异常和线性构造，这反映该区域海底扩张不太规律。Paul 脊上部的岩石以富 SiO_2 的安山岩和英安岩为主，下伏玄武安山岩和玄武岩（Sinton et al.，2003）。

马努斯盆地主要有4个热液区，其中 Vienna Woods 热液区发育在 MSC，其余3个热液区（Pacmanus、Desmos、SuSu Knolls）都发育在 ER（图7-7）。Vinna Woods 热液区最早由德国的 OLGA II 科考航次于 1990 年发现（Tufar，1990），热液区中央位于 $3°43'30''S$，$151°40'12''E$。热液区沿断层走向延伸长达 1000 m，存在活动和非活动的硫化物烟囱体，它们都赋存在玄武岩基底之上。活动烟囱体中"黑烟囱"和"白烟囱"都有发育，其中有高达 20 m 以上的大型硫化物烟囱，也有低矮的硫化物丘。硫化物烟囱体尤为富 Zn（平均质量分数为 30%~40%）而贫 Cu（平均只有 2% 甚至更少），不过部分样品富 Pb，有的硫化物样品 Pb 质量分数超过 2.5%（Tufar，1990）。

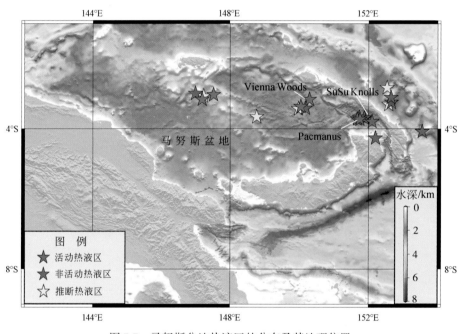

图 7-7　马努斯盆地热液区的分布及其地理位置

Pacmanus 热液区最早于 1993 年被发现（Binns and Scott，1993）热液区中央位于 $3°43'30''S$，$151°40'12''E$。热液区沿着保罗洋脊轴部方向延伸长约 1.5 km，共由4个热液场组成，由北向南依次为 Roman Ruins、Satanic Mills、Snowcap 和 Tsukushi（图7-8）。Roman Ruins 热液区烟囱体喷出的是黑色和褐色的高温热液流体，烟囱体高达 10 m 左右。与 Roman Ruins 热液区相比，Satanic Mills 热液区硫化物烟囱体的体积较小，热液除了以聚集流的形式从烟囱体喷出以外，还见弥散流从海底裂隙喷出。Snowcap 热液区主要发育低温弥散流，小区域内发育中等温度（≤180 ℃）的聚集流烟囱体。ODP Leg193 的 1188 钻孔资料显示：热液区下方有海水下渗，海底 200 m 范围内都有硬石膏形成。Tsukushi 热液区是一个停止活动的，大部分硫化物都已经被风化成了的氧化物（Binns et al.，2007）。

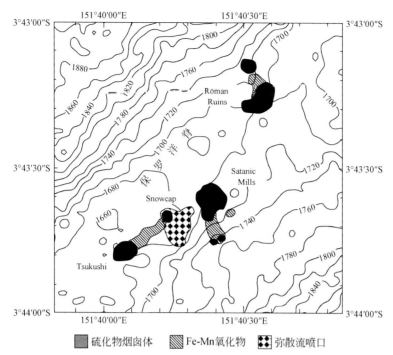

图 7-8　Pacmanus 热液区热液矿床类型及其空间分布（Binns et al.，2007）

Pacmanus 热液区硫化物均赋存在英安岩之上（Binns and Scott，1993），硫化物的矿物组成包括黄铜矿–斑铜矿–黄铁矿–硬石膏等高温矿物组合，以及闪锌矿–纤维锌矿–方铅矿–重晶石等低温矿物组合。该区的硫化物矿床比大洋中脊的硫化物矿床明显富 Cu、Zn、Pb 和 Ba，另外该热液区硫化物矿床的 Au 含量也较高，平均高达 12 ppm（Moss and Scott，2001）。

Desmos 热液区发育在玄武安山岩为基底的火山口附近，喷出的热液含大量甲烷和锰，以及异常高的硫酸盐组分；热液具有低温（118 ℃）和强酸性（pH=2.1）等特征（Gamo et al.，1997）。但该热液区目前并没有硫化物矿床的形成。SuSu Knolls 热液区位于 Pacmanus 热液区以东，热液区中央位于 3°48′00″S，152°06′00″E，Tumai 脊的两个英安岩穹窿（北 SuSu Knolls 和南 SuSu Knolls）顶部发育了一连串活动的硫化物烟囱体，它们具有富集 Cu（质量分数平均为 19%）、Ag（平均为 125 ppm）和 Au（平均为 23 ppm）的特征（Binns et al.，1997）。

7.3.3　硫化物矿床地球化学特征

1. 贱金属（Cu-Zn-Pb）组成特征

Cu-Zn-Pb 是火山型块状硫化物（VMS）矿床最主要的贱金属。产自于不同构造环境的 VMS 矿床通常具有不同的 Cu-Zn-Pb 组成特征。前人按照构造环境将发育在陆地上的古代 VMS 矿床主要分成了四类（李文渊，2007）。第一类是形成于洋中脊的塞浦路斯型，围岩是镁铁质–超镁铁质岩，这类矿床以富 Cu 为主要特征，与之相对应的现代成矿环境主要包括东太平洋隆、北大西洋脊和印度洋中脊。第二类是形成于弧前凹陷盆地的别子型，围岩是火山碎屑沉积物，这类矿床以富 Zn 为主要特征，Cu 和 Pb 的含量次之，与之相对应的现代成矿环境主要是沉积物覆盖的太平洋中脊。第三类是形成于俯冲带弧后盆地的诺兰达型，围岩是拉斑–钙碱性系列的玄武岩–安山岩–英安岩，这类矿床富集 Zn 和 Cu，Pb 次之，与之相对应的现代成矿环境为西太平洋的弧后盆地。第四类是产于大陆边缘岛弧或弧后盆地环境的黑矿型（主要分布在日本），围岩是亚碱性的长英质岩浆岩，这类矿床主要富集 Zn 和 Pb，Cu 次之，与之相对应的现代成矿环境主要为伊豆小笠原弧及冲绳海槽。

　　从图 7-9（a）可以看出，马努斯盆地中部（主要指 Vinna Woods 热液区）和劳盆地北部硫化物矿床（主要指 KTJ 热液区）主要为 Cu-Zn 型，Pb 含量较低（质量分数普遍小于 1%），而该特征与产于洋中脊的热液硫化物比较相似［图 7-9（b）］。不同的是，洋中脊很少出现 Cu-Zn 型（既富 Cu 又富 Zn），主要为 Cu 型（仅富 Cu）或 Zn 型（仅富 Zn）［图 7-9（b）中太平洋中脊出现了少量富 Pb 的硫化物矿床，它们主要分布在沉积物覆盖的洋脊］。

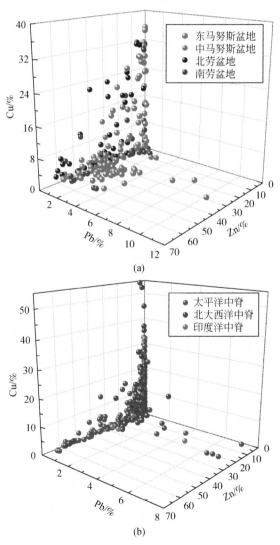

图 7-9　典型弧后盆地和全球洋中脊硫化物矿床的 Cu-Zn-Pb 组成
(a) 典型弧后盆地；(b) 全球洋中脊

在 Cu-Zn 二元图解上（图 7-10）洋中脊硫化物样品主要落在 Cu、Zn 坐标轴附近（黑色曲线下方），而弧后盆地硫化物样品除了一部分落在 Cu、Zn 坐标轴附近以外，还有相当部分落在 Cu-Zn 轴的对角线及其下方区域（绿色曲线下方）。洋中脊和弧后盆地硫化物在 Cu-Zn 组成上的差异，主要归结于两者不同的矿物共生组合。洋中脊硫化物总体表现为富 Cu 或富 Zn 的特征，说明热液流体在沉淀过程中要么形成高温黑烟囱（以黄铜矿为主），要么形成低温的白烟囱（以闪锌矿为主）。而对于弧后盆地，热液流体沉淀过程中除了会形成黑、白烟囱以外，还会形成富 Cu-Zn 的烟囱体，如在东马努斯盆地存在外层为闪锌矿内层为黄铜矿的烟囱体（Moss and Scott，2001），这是弧后盆地存在 Cu-Zn 型硫化物的主要原因。另一个重要原因是弧后盆地出现了多种低温含 Cu 矿物，如黝铜矿、CuPbAsS 和 AgCuS（未定名）等矿物，它们往往与低温的闪锌矿伴生，而这种现象在洋中脊却相对比较罕见。不过，洋中脊和弧后盆地为什么会出现不同的矿物共生组合还并不十分清楚，该现象背后的机理值得进一步开展研究。

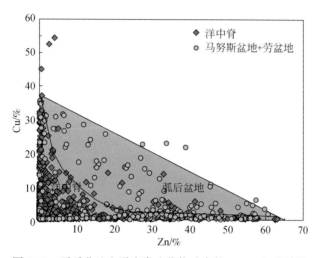

图 7-10　弧后盆地和洋中脊硫化物矿床的 Cu-Zn 组成差异

相比而言，东马努斯盆地（主要指 Pacmanus 和 SuSu Knolls 热液区）和南劳盆地（主要指 White Church、Vai Lili 和 Hine Hina 热液区）的硫化物矿床则更富 Pb，且前者（部分矿石样品 Pb 质量分数大于 10%）的富 Pb 程度高于后者。另外，东马努斯盆地和南劳盆地均发现了方铅矿（Fouquet et al.，1993；Moss and Scott，2001），也从矿物学上提供了富 Pb 的证据。

同一弧后盆地出现了不同程度富 Pb 的硫化物矿床，这与弧后盆地的成熟度有关。马努斯盆地中部和劳盆地北部的扩张中心远离俯冲带，受俯冲作用的影响较弱，属于相对成熟的弧后盆地；而马努斯盆地东部和劳盆地南部的扩张中心距俯冲带较近，受俯冲作用的影响较强，属于不成熟的弧后盆地。两者的差异主要体现在不成熟型弧后盆地比成熟型弧后盆地发育的岩浆岩更富 Pb。从图 7-11 可以看出，CLSC 及 MSC 岩浆岩的 Pb 含量与 MORB 比较接近，但远低于 VFR 和 ER 岩浆岩的 Pb 含量。另外，不成熟型弧后盆地的岩浆演化程度高，而 Pb 又属于一种不相容元素，因此在原始岩浆 Pb 含量一定的情况下，岩浆演化程度更高的偏酸性岩石基底会具有更高的 Pb 含量。以上两个原因造成东马努斯盆地和南劳盆地会相应地比中马努斯盆地和北劳盆地的岩石基底更富 Pb，热液与富 Pb 的岩石基底发生水–岩反应，从而形成了富 Pb 的硫化物矿床（Cu-Zn-Pb 型）。

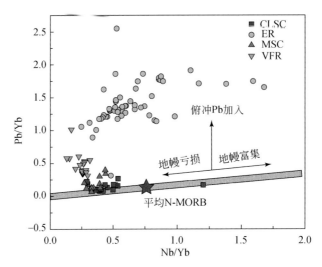

图 7-11　马努斯盆地和劳盆地扩张中心岩浆岩的 Pb 组成差异

2. Au 的品位特征

现代海底热液硫化物矿床 Au 的品位一直都备受关注。前人的研究结果表明：弧后盆地形成的硫化物矿床要普遍比洋中脊硫化物矿床更富集 Au（Hannington et al., 2005），而这是因为弧后热液系统中的金属不仅来源于海水淋滤岩石，还存在岩浆流体的直接金属供给（Yang and Scott, 1996, 2002; Sun et al., 2004）。虽然弧后盆地比洋中脊硫化物矿床更富 Au，这一现象很早就得到揭示，但两种构造环境硫化物矿床的 Au 品位到底有多大差异，目前还没有一个直观的定量结果。通过对全球洋中脊和弧后盆地主要硫化物矿床 Au 含量进行统计（图 7-12），可以发现：①洋中脊和弧后盆地均存在富 Au 的硫化物样品（Au 含量大于 10 ppm），且 Au 的峰值区间相近；②弧后盆地硫化物 Au 含量超过 1 ppm 的样品量占了 74%，而洋中脊仅占 16%；③弧后盆地硫化物 Au 含量超过 10 ppm 的富 Au 样品占了 28%，而洋中脊仅有 2%。

从洋中脊硫化物样品 Au 含量的累积频率分布来看，虽然大部分样品都贫 Au，但仍存在不少含量大于 10 ppm 的富 Au 样品。前人研究发现全球三大洋均产出不同程度富 Au 的硫化物矿床，且富 Au 硫化物矿床的出现频率与扩张速率存在一定的相关性。总体而言，慢速扩张洋脊发育的硫化物比快速扩张洋脊富 Au（Herzig and Hannington, 1995），这与硫化物矿床的规模和扩张速率反相关（Hannington et al., 2011）的情况有些类似。这可能是因为慢速扩张洋脊比快速扩张洋脊的岩浆房深度大，且伴随拆离断层的出现，使得慢速扩张洋脊比快速扩张洋脊热液循环系统的存活时间更长，能够形成更多期次的海底矿化。多期次矿化将有利于硫化物丘内部早期沉积的 Au 受到后期热液的再活化，并与低温闪锌矿伴生发生富集。例如，慢速–超慢速扩张洋脊形成的硫化物矿床（北大西洋脊的 TAG 区、

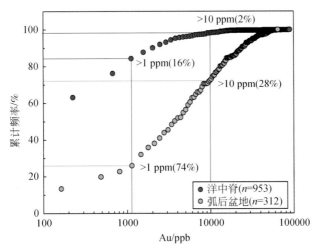

图 7-12　弧后盆地和洋中脊硫化物矿床的 Au 含量对比图

图中所统计的是硫化物矿床不同样品的 Au 含量，而非单个矿床 Au 平均含量

西南印度洋脊的龙旂热液区）远比同样以玄武岩为基底的快速扩张太平洋中脊硫化物矿床更富 Au（Hannington et al., 1988；Ye et al., 2012）。

富 Au 硫化物产出的另一个构造环境是以超镁铁质岩（地幔橄榄岩）为岩石基底的洋脊，如北大西洋脊的 Rainbow、Logatchev 和 Ashadze 热液区（Fouquet et al., 2010），中印度洋脊的 Kairei 热液区（Wang et al., 2014）。对于以超镁铁质岩（地幔橄榄岩）为基底岩石的热液系统，流体端元首先就比以玄武岩为基底热液系统更富 Au；其次由于蛇纹石化作用，热液具有富 Cl 和低 pH 的特点，在此条件下 Au 以 $AuCl_2^-$ 的络合形式在高温环境下就能在热液流体中达到饱和，并与高温的黄铜矿伴生和沉淀（Gammons and Williams-Jones, 1997；Douville et al., 2002）。而这与玄武岩为基底的热液系统中 Au 的沉淀方式（与低温的闪锌矿伴生）有着显著的区别。再者，沉积物覆盖的洋中脊环境也会出现富 Au 的硫化物矿床，Au 的富集往往需要有高比例的沉积物贡献（沉积层中更广泛的热液活动）。这是因为沉积物提供了大量的 Bi 进入热液系统，当热液温度高于 Bi 的熔点时形成 Bi 熔体，随后 Bi 熔体不断地从热液中源源不断的吸取 Au。当热液循环至海底时，含矿热液会与早期形成的富铁硫化物磁黄铁矿发生反应，促使 Bi 熔体的沉淀。在此情况下，Au 与 Bi 以合金的方式伴生，往往在 Bi 单质中以疱疹状出熔（Törmänen and Koski, 2005）。这以太平洋中脊的埃斯卡纳巴海槽最为典型。

前面提到，与洋中脊相比弧后盆地硫化物样品则普遍更富 Au，且 Au 含量大于 10 ppm 的硫化物样品接近 30%（图 7-12）。前人研究结果表明这些富 Au 的硫化物样品主要发育在不成熟的弧后扩张洋脊，原因是这些扩张洋脊距岛弧近，岩浆极其富水和挥发分，有利于岩浆房对上面的热液系统提供岩浆流体。然而并非所有的不成熟弧后扩张洋脊产出的硫化物矿床都富 Au，如劳盆地南部的扩张中心（VFR）产出的硫化物的 Au 含量基本都在 5 ppm 以下，略微高于太平洋中脊硫化物矿床［图 7-13（a）］。相比而言，东马努斯盆地的不成熟扩张中心产出的硫化物就更加富 Au，平均含量大于 10 ppm，最高可达 50 ppm

[图 7-13 (b)]。

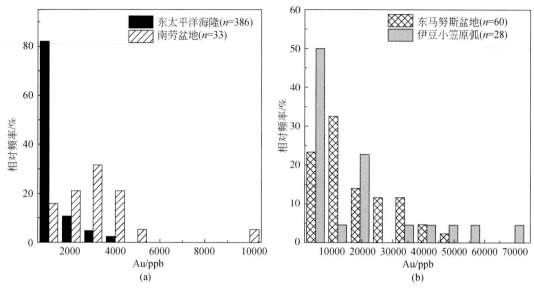

图 7-13 东马努斯盆地和南劳盆地硫化物矿床的 Au 含量对比图

不成熟弧后盆地硫化物矿床 Au 品位的高低与岩浆流体的贡献有着重要的联系（Yang and Scott, 1996, 2002; Sun et al., 2004）。Yang 和 Scott（1996）提出岩浆流体是否对海底热液系统有金属元素贡献需要满足以下三个条件：①挥发分能从岩浆中出溶形成流体相；②流体相富集金属元素；③富含金属元素的流体能从岩浆房中分离并进入热液循环系统。劳盆地和马努斯盆地硫化物中均记录到了岩浆流体的贡献（Herzig et al., 1998; Kim et al., 2004），这说明条件①和③都已经满足，差别在于条件②是否得到了满足。因此，岩浆流体如何实现金属的富集是弧后盆地产生富 Au 硫化物矿床的关键，而其中的核心问题在于岩浆演化过程中 Au 是否发生了富集，因为它决定了有多少金属可以被挥发分携带进入海底热液系统（Sun et al., 2004; Richards, 2011）。

7.3.4 岩浆演化及岩浆流体贡献

1. 岩浆演化趋势的控制因素

受岩浆 H_2O 含量、氧逸度（f_{O_2}）及矿物结晶压力等因素的综合影响，岩浆的演化趋势会表现出较大的差异（Sisson and Grove, 1993; Grove et al., 2003; Zimmer et al., 2010）。这些影响因素主要通过控制硅酸盐矿物的结晶分异时间，来改变岩浆的地球化学组成，从而影响岩浆的演化趋势。H_2O 在岩浆中有抑制斜长石结晶分异的作用（Danyushevsky, 2001），本书利用 Petrolog 3（Danyushevsky and Plechov, 2011）软件模拟的结果显示，当岩浆中 H_2O 的质量分数为 1% 时，斜长石的结晶甚至被延迟到 MgO 的质量分数小于 6%（图 7-14）。岩浆的 H_2O 含量越低，斜长石的结晶时间越早，由于斜长石是富 Ca、Al 和 Si 但贫 Fe 的矿物，低含水量的玄武岩因而一般都具有贫 Al、Si 和富 FeO_t 的特征（如东太平洋海隆玄武岩)(图7-14)。相反,岩浆中的 H_2O 含量越高,斜长石的结晶分异越晚,岩浆自然会朝着贫 FeO_t 而富 Ca、Al 和 Si 的趋势演化。而当岩浆中 H_2O 的质量分数大于 4%时,岩浆甚至会结晶出含水矿物角闪石,进一步造成岩浆中 FeO_t 的亏损,不过这种情形通常只发生在极其富水的岛弧环境,含水量介于岛弧和大洋中脊的弧后盆地岩浆通常不会出现角闪石的结晶(Zimmer et al., 2010; Almeev et al., 2013)。

f_{O_2} 主要通过控制岩浆中磁铁矿的结晶时间来影响岩浆中 FeO_t 的含量。岩浆体系的 f_{O_2} 越高,$Fe^{3+}/(Fe^{2+}+Fe^{3+})$ 值越高,从而造成磁铁矿的结晶时间越提前(Berndt et al., 2005)。本书利用 Petrolog 3 (Danyushevsky and Plechov, 2011) 软件模拟的结果显示,在任意 H_2O 含量的岩浆中,当 f_{O_2}=FMQ+3.5 时(FMQ 是铁橄榄石-磁铁矿-石英三种矿物的英文首字母缩写,代表一种 f_{O_2} 缓冲剂),磁铁矿的结晶时间甚至可以被提早到 MgO 的质量分数大于 8%(图7-14)。因而会造成岩浆一开始就朝着贫 Fe 的趋势演化,形成钙碱性的岩石系列。而当 f_{O_2} 逐步降低时,磁铁矿的结晶也会被逐渐延迟,如 f_{O_2} 从 FMQ+0.5 降低到 FMQ,岩浆中 FeO_t 含量降低的时间点会发生明显的滞后(FeO_t 含量下降的拐点对应更低的 MgO 含量)(图7-14)。

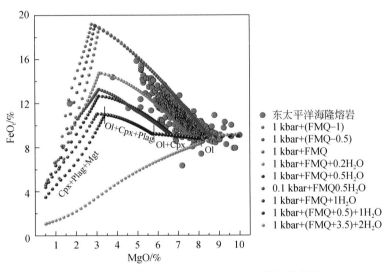

图7-14 多条件下 (f_{O_2}-H_2O-P) FeO_t 的演化趋势

使用的模拟软件为 Petrolog 3 (Danyushevsky and Plechov, 2011),参与结晶分异的矿物为橄榄石、单斜辉石、斜长石和磁铁矿。无水条件下,橄榄石、单斜辉石和斜长石采用的矿物-熔体平衡模型为 Weaver 和 Langmuir (1990);而在有水条件下,斜长石的矿物-熔体平衡模型采用的是 Danyushevsky 等 (2001)。而两种条件下的磁铁矿物-熔体平衡模型采用的是 Ariskin 和 Barmina (1999)。f_{O_2} 计算采用的算法为 Kress 和 Carmichael (1998)。东太平洋海隆 5°~24°S 玄武岩数据来自 Georock 数据库 (http://georoc.mpch-mainz.gwdg.de/georoc/start.asp)。Ol. 橄榄石;Cpx. 单斜辉石;Plag. 斜长石;Mgt. 磁铁矿

矿物的结晶压力(P)或者说岩浆房所处的深度同样会影响矿物的结晶顺序。不过对于弧后扩张中心来说(低压岩浆房),压力只会对单斜辉石的结晶产生影响。当压力降低后,单斜辉石的结晶会略微受到抑制(Danyushevsky et al., 1996)。单斜辉石结晶能力的

减弱反过来会增加斜长石的结晶量,如当压力从 1 kbar 降低到 0.1 kbar 时,FeO_t 的富集趋势明显加快(斜率增大)(图 7-14)。

2. 岩浆初始条件的反演

获取原始岩浆 H_2O 含量的最好方法是测试橄榄石斑晶中熔体包裹体 H_2O 含量(Kelley and Cottrell,2009),或者演化程度低的玄武玻璃的 H_2O 含量(Kent et al.,2002)。但劳盆地已发表的数据中,有 H_2O 含量的数据比较少,尤其是 VFR 普遍缺乏 H_2O 含量的岩石数据报道。因此有限的数据无法准确刻画不同扩张中心原始岩浆 H_2O 含量的变化范围。关于原始岩浆 f_{O_2} 的获取,最常用的方法是对演化程度低的玄武玻璃进行 $Fe^{3+}/\sum Fe$ 值测定(Bezos and Humler,2005;Cottell et al.,2009),然后通过 $Fe^{3+}/\sum Fe$ 值来计算岩浆的 f_{O_2}。但实际情况是,劳盆地岩浆的演化程度通常较高,中酸性岩石组合比较发育,并且绝大多数样品都只有 FeO_t 含量而缺乏 Fe^{3+} 含量。

在无法直接通过岩石 H_2O 和 $Fe^{3+}/\sum Fe$ 值来获取原始岩浆的 H_2O 含量及 f_{O_2} 的情况下,我们只能通过岩浆的演化趋势来反演这些原始参数。首先通过设置一系列参数建立正演模型,即获取"液相演化线"(liquid line of descent,LLD),然后通过将实测的地球化学数据与模拟的 LLD 相匹配的方法获取原始参数。理论上,只有岩石玻璃数据才能表征岩浆的真实 LLD,但鉴于这种方法对大数据量的需求,我们除了选用熔岩玻璃数据以外,还选用了许多含微晶的全岩数据。

f_{O_2}-H_2O-P 条件主要是通过影响岩浆中矿物的结晶时间,以及矿物结晶量来影响岩浆的演化趋势,所以从岩石样品数据在 Harker 图解上的分布特征来获取它们的 LLD 至少需要把握两个原则,一是确定 LLD 的转折点,或者说确定参与结晶分异的矿物组合发生转变时的 MgO 值(图 7-14)。二是确定 LLD 转折点之间线段的斜率。而斜率的变化主要是由矿物结晶量发生改变造成的(图 7-14)。

不同矿物组合发生分异时,岩浆中元素的演化轨迹会不同(图 7-14)。例如,在斜长石结晶分异之前,岩浆中主要是橄榄石和单斜辉石的结晶分异,此时随着 MgO 含量的降低,FeO_t 和 SiO_2 的含量基本保持稳定,Al_2O_3 的含量会逐渐增加。当斜长石开始参与结晶分异时(矿物组合为斜长石+橄榄石+单斜辉石),随着 MgO 含量的降低,FeO_t 含量开始大幅度增加,Al_2O_3 含量由增长变为减小,此时便出现了 LLD 的转折点。当磁铁矿开始结晶分异,而橄榄石不再是结晶矿物时(矿物组合为磁铁矿+斜长石+单斜辉石),FeO_t 含量会急剧降低,Al_2O_3 含量的降低幅度增加,SiO_2 含量急剧增加,此时便出现了 LLD 的第二个转折点。换句话说,多元素含量发生协同变化的点可以被视作 LLD 的转折点。

通过不同矿物-熔体平衡模型计算的 LLD,其转折点之间线段的斜率会有很大不同。目前大部分的热力学软件,如 Petrolog(Danyushevsky,2001)、Petrolog 3(Danyushevsky and Plechov,2011)、hBasalt(Bezos et al.,2009)及 COMAGMAT(Almeev et al.,2003)等,都无法同时拟合含 H_2O 条件下所有的主量元素演化趋势。这说明含 H_2O 的岩浆体系具有十分复杂的演化趋势,现有的算法均无法对所有元素的演化趋势进行准确模拟。鉴于此,我们主要通过对岩石样品 FeO_t、SiO_2 和 K_2O 演化趋势的拟合,来反演原始岩浆的 f_{O_2}-H_2O-P 条件。一方面是由于岩浆中这三种元素对对 f_{O_2}-H_2O-P 条件的变化都非常敏感,另一方面 Petrolog 3 软件对 FeO_t、SiO_2 和 K_2O 演化趋势的模拟具有较高的精度。

图 7-15 显示了 Petrolog 3 软件对 ER 和 VFR 原始岩浆 f_{O_2}-H_2O-P 条件的模拟结果。总体而言，ER 比 VFR 的原始岩浆具有更高的 f_{O_2} 和 H_2O 含量（ER：f_{O_2} 为 FMQ+1.2、FMQ+1.8，H_2O 质量分数为 0.2%~0.8%；VFR：f_{O_2} 为 FMQ、FMQ+1，H_2O 质量分数为 0.05%~0.5%），但结晶压力前者显著低于后者（P_{ER}=0.1 kbar，P_{VFR}=1 kbar）(Li et al., 2016)。

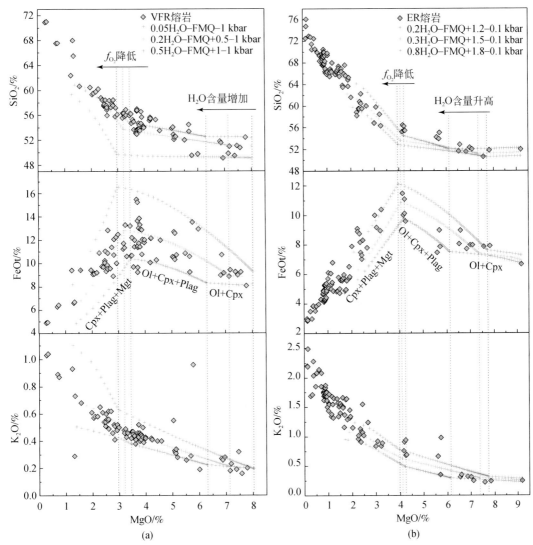

图 7-15 ER 和 VFR 岩浆初始物化条件反演结果（Li et al., 2016）
Cpx. 单斜辉石；Plag. 斜长石；Mgt. 磁铁矿；Ol. 橄榄石

值得一提的是，通过与实测岩石玻璃获取的 H_2O 含量进行对比（Kent et al., 2002），发现 Petrolog 3 软件反演获取的 H_2O 含量有些偏低，这意味着 Danyushevsky 等（2001）的模型过高地估计了 H_2O 对斜长石的抑制作用。另外，Petrolog 3 软件获取的含 H_2O 量小于 hBasalt 软件反演的结果（Bezos et al., 2009）。由此看来，利用热力学软件模拟的结果并不能代表原始岩浆的真实条件，但可以明确的是同一算法获取的结果之间具有可比性。另外，Petrolog 3 软件获取的压力结果存在明显的问题，如 ER 岩浆的结晶压力仅仅为 0.1 kbar，对于海底下方的岩浆房（ER 的水深约为 2000 m）的压力，该压力值有些不符合实际，因此 Petrolog 3 软件模拟的压力算法可能存在一定的问题。即便如此，同一算法获取的结果之间仍具有可比性。

3. 岩浆演化与成矿金属富集

图 7-16 显示马努斯盆地的 ER 扩张洋脊与劳盆地 VFR 扩张洋脊的岩浆演化过程中，Cu 的地球化学行为具有截然不同的特征。在 VFR 岩浆演化过程中，Cu 含量随着 MgO 含

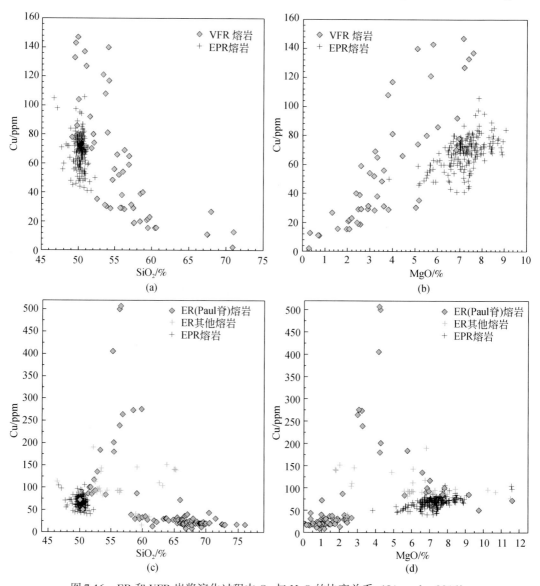

图 7-16　ER 和 VFR 岩浆演化过程中 Cu 与 MgO 的协变关系（Li et al., 2016）

量的降低或者 SiO_2 含量的升高而降低，这意味 VFR 岩浆演化至中酸性的过程中，Cu 会不断从岩浆中分离（图 7-15）。而 ER 的情况相反，Cu 先随着 MgO 含量的降低或者 SiO_2 含量的升高而升高，岩浆演化至酸性时 Cu 含量最高增加了 5 倍。而随后 Cu 含量在较小的 MgO 区间发生了急剧的降低，反映 Cu 随着岩浆去气作用离开了岩浆房（Moss et al., 2001; Sun et al., 2004）。

由于酸性岩浆中金属含量的高低直接会影响岩浆流体的金属携带量（Richards, 2011），这意味着 Cu 在 ER 和 VFR 岩浆中的富集或亏损会影响岩浆流体 Cu 的携带量。由于 Au 和 Cu 在岩浆演化过程中具有近似的地球化学行为（Moss et al., 2001），因此 ER 和 VFR 岩浆演化过程中 Cu-Au 地球化学行为的差异（富集还是亏损）可能是导致两者产出的硫化物矿床富 Au 程度差异的重要原因之一（Li et al., 2016）。

从图 7-15 可以了解到 ER 原始岩浆的氧逸度（FMQ+1.2 ~ FMQ+1.8）明显高于 VFR 岩浆（FMQ ~ FMQ+1）。虽然两者的氧逸度区间的间隔只有 0.2log 单元，但是却导致了两者 Cu 的地球化学差异。从图 7-17 可以看出 VFR 岩浆中的 S^{6+} 占全 S 的比例为 0 ~ 42%，说明 VFR 岩浆中的 S 主要以 S^{2-} 的形式存在，从而造成硫化物在岩浆演化早期就发生硫化物的饱和，从而解释了 Cu 从 VFR 岩浆中的持续分离。而 ER 岩浆中的 S^{6+} 占全 S 的比例为 65% ~ 98%，岩浆中 S 主要以 S^{6+} 的形式存在，因此不会造成硫化物在岩浆演化早期发生饱和和沉淀，使得 Cu 得以随岩浆演化而逐渐富集（Li et al., 2016）。至于 Cu 在 ER 岩浆演化中后期发生的分离则与磁铁矿的结晶分异有关，磁铁矿的结晶导致岩浆体系 FeO 含量的增加，并促使了 $12FeO+SO_4^{2-} \rightleftharpoons 4Fe_3O_4+S^{2-}$ 反应的发生，形成大量的 S^{2-}（Sun et al., 2004）。

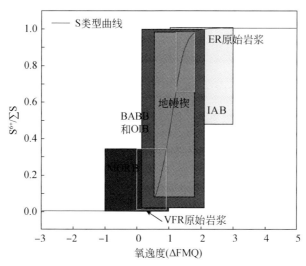

图 7-17　$S^{6+}/\Sigma S$ 与岩浆氧逸度的关系曲线（Jugo et al., 2010）
蓝色和绿色四边形分别指示了 VFR 和 ER 岩浆氧逸度在该关系曲线上的投影范围

另外，ER 硫化物矿床中 Au 往往与高温的黄铜矿伴生，这与超镁铁质岩热液系统类似，不同的是 Au 以 Au(HS) 的形式而非 $AuCl_2^-$ 的络合形式发生沉淀（Moss and Scott, 2001）。这与 Au 在岩浆流体中的络合形式是一致的，原因是在低压情况下，Au 更倾向于与 HS 络合（Sun et al., 2004）。

7.4 陆缘型弧后盆地热液硫化物矿床

7.4.1 冲绳海槽

冲绳海槽在地理位置上处于我国东海大陆架边缘，北起日本九州，南至中国台湾，与日本琉球岛弧平行，呈北东-南西向展布。它是发育在大陆地壳之上，由菲律宾板块在欧亚板块下方俯冲引起东亚陆缘地壳张裂，形成的半地堑-地堑盆地（李乃胜等，1998）。前人以 Tokara 和 Kerama 两条深切基底的大断裂为界，将海槽分成了北段、中段和南段（图7-18）。海槽北段水深浅（<1000 m）、地壳厚度大（25 km），处于大陆张裂期，半地堑是区内主要的断裂形式。海槽中段（1000~2000 m）和南段（>2000 m）水深加大，地壳厚度变薄，南段最薄的地壳厚度仅有 8 km（Klingelhoefer et al.，2009；尚鲁宁，2014），张裂逐步向初始海底扩张转化。据 OBS 数据反演的结果（图7-19），海槽南部速度模型共分6层，分别为海水层、沉积层、沉积基底层、上地壳、下地壳和上地幔。沉积层速度为 1.9~2.1 km/s，沉积基底层速度为 3.2~3.5 km/s，上地壳速度为 4.5~5.6 km/s，下地壳速度为 5.6~7.0 km/s；而沉积层厚度为 1~2 km，海槽地壳厚度为 8~9 km，向琉球岛弧方向增大到 10 km（Klingelhoefer et al.，2009）。

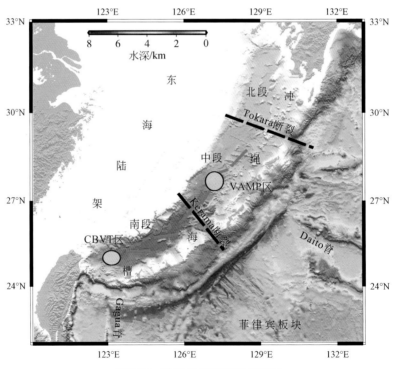

图 7-18 冲绳海槽构造纲要简图

灰色线条代表地堑，黄色充填区域代表海槽中部和南部两个火山活动异常区

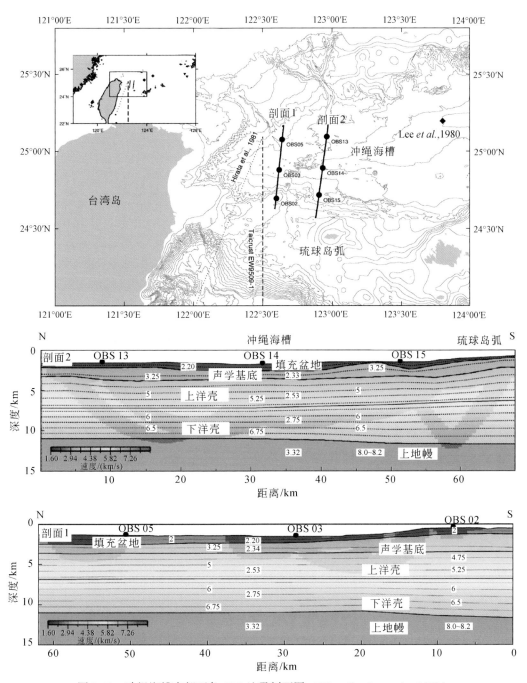

图 7-19 冲绳海槽南部两条 OBS 地震剖面图（Klingelhoefer et al., 2009）

海槽中段和南段共发育了 7 条与海槽平行的大型张性地堑，由西向东分别为 Yonaguni（与那国）地堑、Yeayama（八重山）地堑、Sakishima（先岛）地堑、Kerama（庆良间）地堑、Aguni（粟国）地堑、Iheya（伊平屋）地堑和 Io Graben（硫磺岛）地堑，它们切穿了沉积层，为岩浆上升至海底提供了通道。海槽中段被认为处于大陆裂谷期，而南段很可能已经处于初始海底扩张期（高金耀等，2008）。

冲绳海槽的演化过程存在很大的争议，金翔龙等（1983）认为海槽扩张活动开始于南段，然后逐渐向北延伸；Kimura（1985）认为海槽经历了两个阶段的演化，第一阶段（6~4 Ma）主要是东海陆架和琉球岛弧的广泛张裂，而第二阶段（2~0 Ma）以海槽的快速沉降和沉积为主要特征。受长江和黄河物质的输入，海槽北段发育较厚的沉积层（8 km），而远离河流输入的海槽南部沉积层则较薄（2 km）（Sibuet et al.，1987）。海槽南北的构造演化差异一方面可能与菲律宾板块在沿海沟方向上的俯冲速率和角度的变化有关（尚鲁宁，2014）；另一方面与台湾北部造山带的后碰撞伸展作用有关（Wang et al.，1999）。伸展作用加快了海槽南部的扩张，并使得海槽南部的岩浆作用早于或与岛弧岩浆作用同时（弧后岩浆作用出现在岛弧火山前锋的位置），这使得冲绳南部海槽成为了一个"非典型"弧后盆地（Wang et al.，1999；Shinjo et al.，1999）。

海槽北段缺乏弧后岩浆活动，仅岛弧前锋有岩浆活动，发育中酸性的岩浆岩。海槽中部和南部均存在弧后岩浆活动，且海槽中段和南段各存在一个岩浆异常强烈区，即所谓的 CBVT 区和 VAMP 区（Sibuet et al.，1987）（图 7-18），表现为一系列平行的火山脊和火山穹窿；而在这两个区外，出露在沉积层之上的岩浆岩体则相对较少。在构造位置上，CBVT 区和 VAMP 区分别处在 Gagua 脊和 Daito 脊（菲律宾板块上）在海槽的延伸部位（图 7-18）。Daito 脊和 Gagua 脊在琉球海沟的俯冲，对琉球岛弧岩石圈产生了强烈挤压应力并引起了岩石圈的破碎，弧后岩浆得以沿着大的断层裂隙向上运移，并在 CBVT 区和 VAMP 区形成大规模岩浆作用（Sibuet et al.，1998）。海槽中部的 VAMP 区发育双峰式火山岩（以基性玄武岩和酸性英安-流纹岩为主，中性安山岩较少），而南部的 CBVT 区则以玄武岩为主，中酸性岩次之（翟世奎等，1994；孟宪伟等，1999；Shinjo and Kato，2000；马维林等，2004；黄朋等，2006；Yan and Shi，2014）。

目前已有的调查资料显示：冲绳海槽的中部（6 个）和南部（3 个）共有 9 个热液区（Ishibashi et al.，2015）（图 7-20），这与中部和南部具有强烈的岩浆活动有关。海槽南部的 3 个热液区分别为 Daiyon-Yonaguni、Hatoma 和 Irabu 热液区。Daiyon-Yonaguni 是南部最大的热液区（长 1000 m，宽 500 m），位于 Daiyon-Yonaguni 穹窿体之间的海洼里。该热液区包含 3 个大型硫化物丘体（分别被命名为"老虎""狮子"和"晶体"），其中"老虎"和"狮子"有高达 10 m 的黑烟囱，热液温度分别高达 328℃和 326℃，而"晶体"烟囱释放的是低温（220℃）的、含液相 CO_2 的清澈热液（矿物质少）。该区的硫化物/硫酸盐可以分为富硬石膏烟囱体、Ba-As 型烟囱体、Zn-Pb-Cu 型烟囱体和富 Mn 型烟囱体几大类（Suzuki et al.，2008）。Hatoma 热液区位于英安质的 Hatoma 穹窿顶部火山口，其热液流体性质和硫化物矿床组成都与 Daiyon-Yonaguni 热液区相类似。Irabu 热液区位于 Yaeyama Graben 与琉球岛弧火山前锋的交互处的 Irabu 火山穹窿上，发育低温的富闪锌矿烟囱体（151℃）。

海槽中部的 6 个热液区分别位于 Izena（伊是名）海洼（Hakurei 和 Jade 热液区）、Iheya（伊平屋）脊（Clam 热液区）、Iheya North（伊平屋北）穹窿（Iheya North 热液区）、Yoron 海洼（Yoron 热液区）和 Minami-Ensei 穹窿（Minami-Ensei 热液区）（图 7-20）。Izena 海洼位于 Aguni（粟国）地堑的最东端，是一个近乎呈矩形的洼陷（6 km×3 km），海洼中

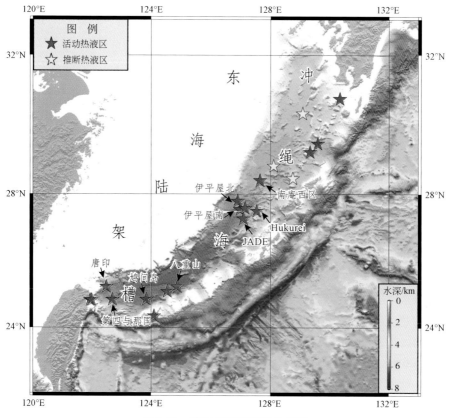

图 7-20 冲绳海槽热液区分布图

部存在小型英安岩穹窿，边坡广泛发育凝灰岩碎屑和浮岩。Hakurei 和 Jade 热液区分别位于 Izena 海洼的西南坡和东北坡，Hakurei 热液区至少有 500 m 长，发育了高温的（326 ℃）、大型（大于 10 m）黑烟囱体。Jade 是一个 500 m×300 m 的大型热液区，存在高温（320 ℃）热液流体和低温（104 ℃）扩散流（后者含有液相 CO_2）。方铅矿和闪锌矿是该区主要的矿物类型，还包括黄铁矿、白铁矿、黄铜矿、黝铜矿、重晶石和非晶硅。矿床类型分类详见 Halbach 等（1993）的研究。

Clam 热液区位于 Iheya 脊的东北坡，是一个相对低温（220 ℃）、以碳酸盐沉淀为主的热液区，仅发现少量的硫化物和单质硫（Ishibashi et al., 2015）。Iheya North 热液区位于 Iheya North 穹窿的东北坡，该穹窿体内部不是由块状基岩组成，而是由大量疏松的浮岩体构成。穹窿体内发生了高程度的热液-海水混合作用，以及热液的相分离过程。具有不同化学组成和不同温度的热液流体在该区十分发育，中心部位的高温（311 ℃）烟囱体高达 30 m（称为 NBC，North Big Chimney）。IODP 331 航次在 Iheya North 热液区共进行了 5 个钻孔的取样，其中 NBC 烟囱体内部的钻孔信息显示它与日本的黑矿型硫化物矿床（分黑矿和黄矿）中的黑矿非常类似（Takai et al., 2012）。

7.4.2 硫化物矿床地球化学特征

1. 贱金属（Cu-Zn-Pb）组成特征

冲绳海槽是发育在大陆地壳上的现代弧后盆地，特殊的地质构造背景导致其热液活动具有诸多特殊性。幔源岩浆在上升至地表过程中会受到大陆上地壳甚至沉积物不同程度的混染，这一方面会导致岩浆在化学成分上比较富集不相容元素（如 Cs、Rb、K、Pb 和 Ba 等），同时还利于形成酸性程度较高的流纹岩（而在其他弧后盆地较少见）。热液与富集型酸性基底岩石发生水-岩反应，会相应地让热液比较富集这些金属元素（Halbach et al., 1993）。海底热液除了与基底岩石发生水-岩反应外，还会受到沉积物的影响，如影响热液流体的化学成分，以及热液体系的 pH 和氧化还原条件等（Hannington et al., 2005）。沉积物富集 As 和 Sb 等岩浆岩通常比较亏损的元素，且沉积物中含 N 有机组分的分解（$NH_3+H^+ \Longleftrightarrow NH_4^+$）以及细菌发酵作用会使得整个环境具有更强的还原性和 pH（Törmänen and Koski, 2005）。

这些特殊成矿条件让冲绳海槽的热液活动和成矿机理有别于其他弧后盆地。这首先体现在海槽内的热液流体普遍比其他弧后盆地以及洋中脊更富 S，海槽内很多热液区都有大量硫磺烟囱体，以及伴随雄黄和雌黄的沉淀。例如，在龟山岛发现的硫磺烟囱体的 S 质量分数高达 99.96%（近乎为 S 单质）(Zeng et al., 2007, 2011)。此外，我国 2014 年自主在 Daiyon-Yonaguni 热液区西北方发现的"唐印"热液区也是以硫磺烟囱体为主的热液区，伴随少量硫化物矿化（Zeng et al., 2017）。实际上，海槽其他以硫化物矿床为主的热液区也有不同规模硫磺烟囱体的发现（Ishibashi et al., 2015）。Zeng 等（2011）认为硫磺的大量沉积与热液体系存在过剩的 H_2S，以及热液与基岩较低程度的水岩反应造成金属元素的亏损有关，热液与海水混合后 H_2S 被氧化成单质 S [$2H_2S+O_2 \Longleftrightarrow 2S(s)+2H_2O$ 或 $3H_2S+2H^++SO_4^{2-} \Longleftrightarrow 4S(s)+4H_2O$]。

另外，冲绳海槽与典型洋内型弧后盆地硫化物矿床相比更富 Pb、Ba、As、Sb，而亏损 Cu 和 Zn（图 7-21）。从硫化物的矿物组成来看，大部分热液区都以闪锌矿、方铅矿和黄铁矿为主，黄铜矿则相对较少。另外还有辉锑矿、砷锑铅矿（PbAsSbS）和砷铅矿（PbAsS）等富 Pb 的矿物（Ishibashi et al., 2015）。而硫化物矿床富 Pb 与沉积物的贡献有关（Halbach et al., 1993），这在沉积物覆盖的洋中脊中也有所体现（图 7-21）。冲绳海槽这种矿床类型（Zn-Pb-Cu 型）与日本的黑矿型硫化物矿床比较类似（Halbach et al., 1989），而洋内型弧后盆地产出的硫化物矿床类型（Zn-Cu-Pb 型）则与古代的"诺兰达"型比较类似。

2. Au-Ag 品位特征

一般地，弧后盆地硫化物矿床普遍比发育在洋中脊的硫化物矿床更富集 Au，原因是前者存在岩浆流体的金属贡献。实际上，弧后盆地硫化物矿床除了富 Au 外，还比较富 Ag。从图 7-22 可以看出，洋中脊硫化物矿床 Ag 的品位普遍低于 100 ppm，大于 1000 ppm 的样品则极少。相比而言，弧后盆地硫化物矿床 Ag 含量为 100~1000 ppm 的样品占了绝

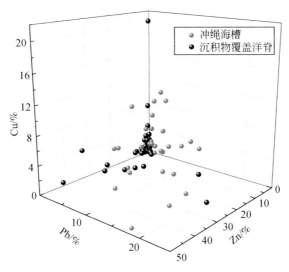

图 7-21 冲绳海槽硫化物矿床的 Cu-Zn-Pb 组成

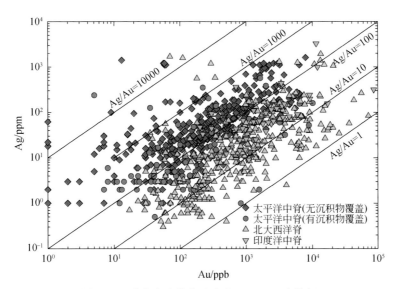

图 7-22 洋中脊硫化物矿床的 Au-Ag 组成特征

这里统计的是硫化物矿床不同样品的 Au-Ag 含量，而非单个硫化物矿床的平均 Au-Ag 含量。
数据来源于国际海底管理局数据库

大数（图 7-23）。

按照 Au-Ag 的分布特征，冲绳海槽硫化物矿床可以分为两组（图 7-23）。一组是富 Au 型硫化物矿床，其 Au 含量高达几十 ppm，Au 含量的变化范围与极其富 Au 的东马努斯盆地相当；另一组是富 Ag 型硫化物矿床，Ag 含量可高达 20000 ppm，远高于其他弧后盆地及洋中脊硫化物矿床。富 Ag 型矿床的 Ag/Au 值为 1000~10000，全球只有部分太平洋的硫化物矿床具有这种 Ag/Au 值范围。但后者这种高 Ag/Au 值是以亏损 Au 为前提的（Au

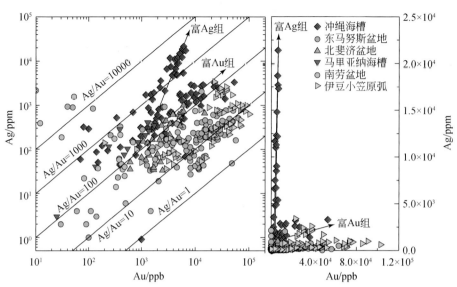

图 7-23 冲绳海槽和其他典型弧后盆地硫化物矿床的 Au-Ag 组成特征

这里统计的是硫化物矿床不同样品的 Au-Ag 含量，而非单个硫化物矿床的平均 Au-Ag 含量。
数据来源于国际海底管理局数据库和日本 JAMSTEC 硫化物数据库

含量普遍低于 100 ppb)，而前者的高 Ag/Au 值却是在富 Au（Au 含量大于 1000 ppb）的情况下产生的。

胶状黄铁矿、辉锑矿、雌黄是冲绳海槽硫化物矿床中最主要的载 Au 矿物，Au 含量可高达 30~3000 ppm，且 Au 以微小的合金包体形式存在。而黝铜矿、方铅矿、Ag 的硫盐和铜蓝是最主要的载 Ag 矿物，其中黝铜矿和方铅矿中的 Ag 以类质同相的方式替换晶格中的其他金属元素 [$Ag^+ \leftrightarrow Cu^+$，$(Ag, Cu, Tl)^+ + (Bi, Sb)^{3+} \leftrightarrow 2Pb^{2+}$]，质量分数可达 1%~30%；Ag 的硫盐极富 Ag（质量分数可高达 80%），但模式比例较低。但是，Au 和 Ag 的主要来源（沉积物、岩浆流体、岩石基底），及其富集机制目前还并不十分清楚。从富 Au 型和富 Ag 型硫化物矿床的空间分布来看，前者主要位于火山穹窿之上，而后者主要位于海洼之中，这说明围岩-构造对冲绳海槽 Au-Ag 硫化物矿床的形成起到重要的控制作用。Au 的富集很有可能与岩浆流体的直接物质贡献有关，这与东马努斯盆地比较相似（Yang and Scott，1996，2002）；而 Ag 的富集很有可能与海洼内的沉积层有关，沉积层贡献了大量的 Ag，并阻断了岩浆流体的物质贡献，从而形成高 Ag/Au 值的硫化物矿床。

参 考 文 献

高金耀，张涛，方银霞等 . 2008. 冲绳海槽断裂、岩浆构造活动和洋壳进程 . 海洋学报，30（5）：62-70.
黄朋，李安春，蒋恒毅等 . 2006. 冲绳海槽北、中段火山岩地球化学特征及其地质意义 . 岩石学报，22（6）：1703-1712.
金翔龙，喻普之，林美华等 . 1983. 冲绳海槽地壳性质的初步探讨 . 海洋与湖沼，14（2）：105-116.
李乃胜，姜丽丽，李常珍 . 1998. 冲绳海槽地壳结构研究 . 海洋与湖沼，29（4）：441-450.
李文渊 . 2007. 块状硫化物矿床的类型、分类和形成环境 . 地球科学与环境学报，29（4）：331-344.

马维林，王先兰，金翔龙等．2004．冲绳海槽中部和南部玄武岩的区域性差异及其成因研究．地质学报，78（6）：758-769．

孟宪伟，杜德文，吴金龙等．1999．冲绳海槽中段火山岩系 Sr 和 Nd 同位素地球化学特征及其地质意义．中国科学：D辑，29（4）：367-371．

尚鲁宁．2014．冲绳海槽构造特征及其形成演化研究．中国海洋大学博士学位论文．

石学法，鄢全树．2013．西太平洋典型边缘盆地的岩浆活动．地球科学进展，28（7）：737-750．

鄢全树，石学法．2014．无震脊或海山链俯冲对超俯冲带处的地质效应．海洋学报，36（5）：107-123．

翟世奎，陈丽蓉，申顺喜等．1994．冲绳海槽早期扩张作用中岩浆活动的演化．海洋学报，16（3）：61-73．

Allen P A, Allen J R. 1990. Basin Analysis: Principles and applications. Oxford: Blackwell Scientific Publications.

Almeev R R, Ariskin A A, Kimura J I, Barmina G S. 2013. The role of polybaric crystallization in genesis of andesitic magmas: Phase equilibria simulations of the Bezymianny volcanic subseries. Journal of Volcanology and Geothermal Research, 263: 182-192.

Arai R, Dunn R A. 2014. Seismological study of Lau back arc crust: Mantle water, magmatic differentiation, and a compositionally zoned basin. Earth and Planetary Science Letters, 390: 304-317.

Ariskin A A, Barmina G S. 1999. An empirical model for the calculation of spinel-melt equilibria in mafic igneous systems at atmospheric pressure: 2. Fe-Ti oxides. Contributions to Mineralogy and Petrology, 134 (2-3): 251-263.

Ariskin A A, Nikolaev G S. 1996. An empirical model for the calculation of spinel-melt equilibria in mafic igneous systems at atmospheric pressure: 1. Chromian spinels. Contributions to Mineralogy and Petrology, 123 (3): 282-292.

Auzende J M, Pelletier B, Eissen J P. 1995. The North Fiji Basin Geology, Structure, and Geodynamic Evolution. Back arc Basins: Tectonics and Magmatism. New York: Plenum Press.

Barth G A, Mutter J C. 1996. Variability in oceanic crustal thickness and structure: Multichannel seismic reflection results from the northern East Pacific Rise. Journal of Geophysical Research: Solid Earth, 101 (B8): 17951-17975.

Berndt J, Koepke J, Holtz F. 2005. An experimental investigation of the influence of water and oxygen fugacity on differentiation of MORB at 200 MPa. Journal of Petrology, 46 (1): 135-167.

Bibee L D, Shor G G, Lu R S. 1980. Inter-arc spreading in the Mariana Trough. Marine Geology, 35 (1): 183-197.

Binns R A, Scott S D. 1993. Actively forming polymetallic sulfide deposits associated with felsic volcanic rocks in the eastern Manus back-arc basin, Papua New Guinea. Economic Geology, 88: 2222-2232.

Binns R A, Scott S D, Gemmell J B. 1997. Modern analogue of a mineral field: Sea-floor hydrothermal activity hosted by felsic volcanic rocks in Eastern Manus Basin, Papua New Guinea. Neves Corvo Field Conference, Abstracts and Program, 27: 33.

Binns R A, Barriga F J A S, Miller D J. 2007. Leg 193 synthesis: anatomy of an active felsic-hosted hydrothermal system, eastern Manus Basin, Papua New Guinea. Proceedings of the Ocean Drilling Program, Scientific Results, 193: 1-71.

Bézos A, Escrig S, Langmuir C H, Michael P J, Asimow, P D. 2009. Origins of chemical diversity of back-arc basin basalts: A segment-scale study of the Eastern Lau Spreading Center. Journal of Geophysical Research: Solid Earth, 114 (B6): B06212.

Bézos A, Humler E. 2005. The $Fe^{3+}/\Sigma Fe$ ratios of MORB glasses and their implications for mantle melting. Geochimica et Cosmochimica Acta, 69 (3): 711-725.

Cannat M, Sauter D, Mendel V. 2006. Modes of seafloor generation at a melt-poor ultraslow-spreading ridge. Geology, 34: 605-608.

Cottrell E, Kelley K A, Lanzirotti A, Fischer R A. 2009. High-precision determination of iron oxidation state in silicate glasses using XANES. Chemical Geology, 268 (3): 167-179.

Crawford W C, Hildebrand J A, Dorman L M, Webb S C, Wiens D A. 2003. Tonga Ridge and Lau Basin crustal structure from seismic refraction data. Journal of Geophysical Research: Solid Earth, 108 (B4): 2195.

Danyushevsky L V. 2001. The effect of small amounts of H_2O on crystallisation of mid-ocean ridge and backarc basin magmas. Journal of Volcanology and Geothermal Research, 110 (3): 265-280.

Danyushevsky L V, Plechov P. 2011. Petrolog3: Integrated software for modeling crystallization processes. Geochemistry, Geophysics, Geosystems, 12 (7): Q07021.

Danyushevsky L V, Falloon T J, Sobolev A V, Crawford A J, Carroll M, Price R C. 1993. The H_2O content of basalt glasses from Southwest Pacific back-arc basins. Earth and Planetary Science Letters, 117 (3): 347-362.

Danyushevsky L V, Sobolevz A V, Dmitrievz L V. 1996. Estimation of the pressure of crystallization and H_2O content of MORB and BABB glasses: calibration of an empirical technique. Mineralogy and Petrology, 57 (3-4): 185-204.

Dickinson W R. 1974. Plate tectonics and sedimentation. Special PublicationSociety of Economic Paleontologist and Mineralogists, 22: 1-27.

Douville E, Charlou J L, Oelkers E H, Bienvenu P, Colon C F J, Donval J P. 2002. The rainbow vent fluids (36°14′N, MAR): The influence of ultramafic rocks and phase separation on trace metal content in mid-atlantic ridge hydrothermal fluids. Chemical Geology, 184 (1): 37-48.

Dunn R A, Martinez F. 2011. Contrasting crustal production and rapid mantle transitions beneath back-arc ridges. Nature, 469 (7329): 198-202.

Dunn R A, Martinez F, Conder J A. 2013. Crustal construction and magma chamber properties along the Eastern Lau Spreading Center. Earth and Planetary Science Letters, 371: 112-124.

Elsasser W M. 1971. Sea-floor spreading as thermal convection. Journal of Geophysical Research, 76 (5): 1101-1112.

Escrig S, Bézos A, Goldstein S L, Langmuir C H, Michael P J. 2009. Mantle source variations beneath the Eastern Lau Spreading Center and the nature of subduction components in the Lau basin-Tonga arc system. Geochemistry, Geophysics, Geosystems, 10 (4), Q04014.

Escrig S, Bézos A, Langmuir C H, Michael P J, Arculus R. 2012. Characterizing the effect of mantle source, subduction input and melting in the Fonualei Spreading Center, Lau Basin: Constraints on the origin of the boninitic signature of the back-arc lavas. Geochemistry, Geophysics, Geosystems, 13 (10): Q10008.

Fouquet Y, Stackelberg U V, Charlou J L. 1993. Metallogenesis inback-arc environments: The Lau Basin example. Economic Geology, 88: 2154-2181.

Fouquet Y, Pierre C, Etoubleau J, Charlou J L, Ondréas H, Barriga F J A S, Cherkashov G, Semkova T, Poroshina I, Bohn M, Donval J P, Henry K, Murphy P, Rouxel O. 2010. Geodiversity of hydrothermal along the Mid-Atlantic Ridge and ultramafic-hosted mineralization: A new type of oceanic Cu-Zn-Co-Au volcanogeic massive sulfide deposit. American Geophysical Union, Geophysical Monograph Series, 188: 321-367.

Fretzdorff S, Livermore R A, Devey C W, Leat P T, Stoffers P. 2002. Petrogenesis of the back-arc east scotia ridge, South Atlantic Ocean. Journal of Petrology, 43 (8): 1435-1467.

Fretzdorff S, Schwarz-Schampera U, Gibson H L, Garbe-Schönberg C D, Hauff F, Stoffers P. 2006. Hydrothermal activity and magma genesis along a propagating back-arc basin: Valu Fa Ridge (southern Lau Basin). Journal of Geophysical Research: Solid Earth, 111: B08205.

Gammons C H, Williams-Jones A E. 1997. Chemical mobility of gold in the porphyry-epithermal environment. Economic Geology, 92 (1): 45-59.

Gamo T, Okamura K, Charlou J L. 1997. Acidic and sulfate-rich hydrothermal fluids from the Manus back-arc basin, Papua New Guinea. Geology, 25: 139-142.

Gill J, Whelan P. 1989. Postsubduction ocean island alkali basalts in Fiji. Journal of Geophysical Research: Solid Earth, 94 (B4): 4579-4588.

Grove T L, Elkins-Tanton L T, Parman S W, Chatterjee N, Müntener O, Gaetani G A. 2003. Fractional crystallization and mantle-melting controls on calc-alkaline differentiation trends. Contributions to Mineralogy and Petrology, 145 (5): 515-533.

Halbach P, Nakamura K, Wahsner M, Lange J, Sakai H, Kaselitz L, Hansen R D, Yamano M, Post J, Prause B, Seifert R, Michaelis W, Teichmann F, Kinoshita M, Marten A, Ishibashi J, Czerwinski S, Blum N. 1989. Probable modern analogue of Kuroko-type massive sulphide deposits in the Okinawa Trough back-arc basin. Nature, 338 (6215): 496-499.

Halbach P, Pracejus B, Marten A. 1993. Geology and mineralogy of massive sulfide ores from the central Okinawa Trough, Japan. Ore Geology Reviews, 88: 2210-2225.

Hannington M D, Thompson G, Rona P A. 1988. Gold and native copper in supergene sulphides from the Mid-Atlantic Ridge. Nature, 333 (6168): 64-66.

Hannington M D, de Ronde C E J, Petersen S. 2005. Sea-floor tectonics and submarine hydrothermal systems. Society of Economic Geologists, Economic Geology 100th Anniversary Volume, 111-141.

Hannington M D, Jamieson J, Monecke T, Petersen S, Beaulieu S. 2011. The abundance of seafloor massive sulfide deposits. Geology, 39 (12): 1155-1158.

Hergt J M, Woodhead J D. 2007. A critical evaluation of recent models for Lau-Tonga arc-backarc basin magmatic evolution. Chemical Geology, 245 (1): 9-44.

Herzig P M, Hannington M D. 1995. Polymetallic massive sulfides at the modern seafloor a review. Ore Geology Reviews, 10 (2): 95-115.

Herzig P M, Hannington M D, Arribas Jr A. 1998. Sulfur isotopic composition of hydrothermal precipitates from the Lau back-arc: Implications for magmatic contributions to seafloor hydrothermal systems. Mineralium Deposita, 33: 226-237.

Hildreth W, Moorbath S. 1988. Crustal contributions to arc magmatism in the Andes of Central Chile. Contributions to Mineralogy and Petrology, 98: 455-489.

Ildefonse B, Blackman D K, John B E. 2007. Oceanic core complexes and crustal accretion at slow-spreading ridges. Geology, 35: 623-626.

Ishibashi J, Ikegami F, Tsuji T, Urabe T. 2015. Hydrothermal activity in the Okinawa Trough back-Arc Basin: Geological background and hydrothermal mineralization. In: Ishibashi J, Okino K, Sunamura M (eds.). Subseafloor Biosphere Linked to Hydrothermal Systems: TAIGA Concept. Tokyo: Springer Japan. 337-359.

Jacobs A M, Harding A J, Kent G M. 2007. Axial crustal structure of the Lau back-arc basin from velocity modeling of multichannel seismic data. Earth and Planetary Science Letters, 259 (3): 239-255.

Jugo P J, Wilke M, Botcharnikov R E. 2010. Sulfur K-edge XANES analysis of natural and synthetic basaltic glasses: implications for S speciation and S content as function of oxygen fugacity. Geochimica et Cosmochimica

Acta, 74 (20): 5926-5938.

Karig D E. 1970. Ridges and basins of the Tonga-Kermadec island arc system. Journal of Geophysical Research, 75: 239-254.

Keller N S, Arculus R J, Hermann J, Richards S. 2008. Submarine back-arc lava with arc signature: Fonualei Spreading Center, northeast Lau Basin, Tonga. Journal of Geophysical Research: Solid Earth, 113: B08S07.

Kim J, Lee I, Lee K Y. 2004. S, Sr and Pb isotopic systematics of hydrothermal chimney precipitates from the Eastern Manus Basin, western Pacific: Evaluation of magmatic contribution to hydrothermal system. Journal of Geophysical Research, 109: B12210.

Kimura M. 1985. Back-arc rifting in the Okinawa Trough. Marineand Petroleum Geology, 2 (3): 222-240.

Klingelhoefer F, Lee C S, Lin J Y, Sibuet J C. 2009. Structure of the southernmost Okinawa Trough from reflection and wide-angle seismic data. Tectonophysics, 466 (3-4): 281-288.

Kress V C, Carmichael I S E. 1988. Stoichiometry of the iron oxidation reaction in silicate melts. American Mineralogist, 73: 1267-1274.

Langmuir C H, Klein E M, Plank T. 1992. Petrological systematics of mid-ocean ridge basalts: Constraints on melt generation beneath ocean ridges. Mantle flow and melt generation at mid-ocean ridges, 183-280.

Li Z, Chu F, Dong Y, Liu J, Chen L. 2015. Geochemical constraints on the contribution of Louisville seamount materials to magmagenesis in the Lau back-arc basin, SW Pacific. International Geology Review, 7 (5-8): 978-997.

Li Z, Chu F, Dong Y, Li X, Liu J, Yang K, Tang L. 2016. Origin of selective enrichment of Cu and Au in sulfide deposits formed at immature back-arc ridges: Examples from the Lau and Manus Basins. Ore Geology Reviews, 74: 52-62.

Lisitsyn A P, Malahoff A R, Bogdanov Y A, Soakai S, Zonenshayn L P, Gurvich Y G, Murav'yev K G, Ivanov G V. 1992. Hydrothermal formations in the northern part of the Lau basin, Pacific Ocean. International Geology Review, 34 (8): 828-847.

Livermore R, Larter R D, Cunningham A D, Vanneste L, Hunter R J, JR09 team. 1995. Hawaii-MR 1 sonar survey of the east Scotia Ridge. Bridge Newsletter, 8: 51-53.

Martinez F, Taylor B. 1996. Backarcspreading, rifting, and microplate rotation, between transform faults in the Manus Basin. Marine Geophysical Researches, 18: 203-224.

Martinez F, Taylor B. 2002. Mantle wedge control on back-arc crustal accretion. Nature, 416 (6879): 417-420.

Martinez F, Taylor B. 2003. Controls on back-arc crustal accretion: insights from the Lau Manus and Mariana Basins. Geological Society, London, Special Publications, 219 (1): 19-54.

Martinez F, Okino K, Ohara Y. 2007. Back-arc Basins. Oceanography, 20: 116-127.

Moss R, Scott S D. 2001. Geochemistry and mineralogy of gold-rich hydrothermal preeitates from the eastern Manus Basin, Papua New Guinea. The Canadian Mineralogist, 39: 957-978.

Moss R, Scott S D, Binns R A. 2001. Gold content of eastern Manus Basin volcanic rocks: Implications for enrichment in associated hydrothermal precipitates. Economic Geology, 95: 91-108.

Ohara Y R, Fujioka K, Ishii T, Yurimoto H. 2003. Peridotites and gabbros from the Parece Vela backarc basin: Unique tectonic window in an extinct backarc spreading ridge. Geochemistry Geophysics Geosystems, 4 (7): 1-22.

Ohara Y, Stern R J, Ishii T, Yurimoto H, Yamazaki T. 2002. Peridotites from the Mariana Trough backarc basin. Contribution to Mineralogy and Petrology, 143: 1-18.

Pearce J A, Ernewein M, Bloomer S H, Parson L M, Murton B J, Johnson L E. 1994. Geochemistry of Lau

Basin volcanic rocks: influence of ridge segmentation and arc proximity. Geological Society, London, Special Publications, 81 (1): 53-75.

Pearce J A, Kempton P D, Gill J B. 2007. Hf-Nd evidence for the origin and distribution of mantle domains in the SW Pacific. Earth and Planetary Science Letters, 260 (1): 98-114.

Richards J P. 2003. Tectono-magmatic precursors for porphyry Cu-(Mo-Au) deposit formation. Economic Geology, 98 (8): 1515-1533.

Richards J P. 2011. Magmatic to hydrothermal metal fluxes in convergent and collided margins. Ore Geology Reviews, 40: 1-26.

Ruellan E, Delteil J, Wright I, Matsumoto T. 2003. From rifting to active spreading in the Lau Basin-Havre Trough backarc system (SW Pacific): Locking/unlocking induced by seamount chain subduction. Geochemistry, Geophysics, Geosystems, 4 (5): 8909.

Scholz C H, Campos J. 1995. On the mechanism of seismic decoupling and back arc spreading at subduction zones. Journal of Geophysical Research: Solid Earth, 100 (B11): 22103-22115.

Shinjo R, Kato Y. 2000. Geochemical constraints on the origin of bimodal magmatism at the Okinawa Trough, an incipient back-arc basin. Lithos, 54 (3): 117-137.

Shinjo R, Chung S L, Kato Y, Kimura M. 1999. Geochemical and Sr-Nd isotopic characteristics of volcanic rocks from the Okinawa Trough and Ryukyu arc: implications for the evolution of a young, intracontinental back arc basin. Journal of Geophysical Research: Solid Earth, 104 (B5): 10591-10608.

Sibuet J C, Letouzey J, Barbier F. 1987. Back arc extension in the Okinawa Trough. Journal of Geophysical Research Atmospheres, 92 (B13): 14041-14063.

Sibuet J C, Deffontaines B, Hsu S K, Thareau N, Formal L, Liu C S. 1998. Okinawa Trough backarc basin: Early tectonic and magmatic evolution. Journal of Geophysical Research: Solid Earth, 103 (B12): 30245-30267.

Sinton J M, Detrick R S. 1992. Mid-ocean ridge magma chambers. Journal of Geophysical Research: Solid Earth, 97 (B1): 197-216.

Sinton J M, Fryer P. 1987. Mariana Trough lavas from 18°N: Implications for the origin of back arc basin basalts. Journal of Geophysical Research: Solid Earth, 92 (B12): 12782-12802.

Sinton J M, Ford L L, Chappell B, McCulloch M T. 2003. Magma genesis and mantle heterogeneity in the Manus Back-Arc Basin, Papua New Guinea. Journal of Petrology, 44 (1): 159-195.

Sisson T W, Grove T L. 1993. Experimental investigations of the role of H_2O in calc-alkaline differentiation and subduction zone magmatism. Contributions to Mineralogy and Petrology, 113 (2): 143-166.

Stern R J. 2002. Subduction zones. Reviews of Geophysics, 40 (4): 138.

Stern R J, Bloomer S H, Martinez F, Yamazaki T, Harrison T M. 1996. The composition of back-arc basin lower crust and upper mantle in the Mariana Trough: A first report. Island Arc, 5 (3): 354-372.

Sun W, Bennett V C, Kamenetsky V S. 2004. The mechanism of Re enrichment in arc magmas: evidence from Lau Basin basaltic glasses and primitive melt inclusions. Earth and Planetary Science Letters, 222 (1): 101-114.

Suzuki R, Ishibashi J I, Nakaseama M, Konno U, Tsunogai U K G. 2008. Diverse range of mineralization induced by phase separation of hydrothermal fluid: case study of the Yonaguni Knoll iv hydrothermal field in the Okinawa Trough back-arc basin. Resource Geology, 58 (3): 267-288.

Takai K, Mottl M J, Nielsen S H H, Birrien J J, Bowden S, Brandt L, Breuker A, Corona J C, Eckert S, Hartnett H, Hollis S P, House C H, Ijiri A, Ishibashi J, Masaki Y, McAllister S, McManus J, Moyer C,

Nishizawa M, Noguchi T, Nunoura T, Southam G, Yanagawa K, Yang S, Yeats C. 2012. IODP expedition 331: Strong and expansive subseafloor hydrothermal activities in the Okinawa Trough. Scientific Drilling, 13: 19-27.

Taylor B, Martinez F. 2003. Back-arc basin basalt systematics. Earth and Planetary Science Letters, 210 (3): 481-497.

Taylor B, Zellmer K, Martinez F, Goodliffe A. 1996. Sea-floor spreading in the Lau back-arc basin. Earth and Planetary Science Letters, 144 (1): 35-40.

Tufar W. 1990. Modern hydrothermal activity, formation of complex massive sulfide deposits and associated vent communities in the Manus Back-Arc Basin (Bismarck Sea, Papua New Guinea). Mitteilungen Österreichische Geologische Gesellschaft, 82: 183-210.

Turner I M, Peirce C, Sinha M C. 1999. Seismic imaging of the axial region of the Valu Fa Ridge, Lau Basin—the accretionary processes of an intermediate back-arc spreading ridge. Geophysical Journal International, 138 (2): 495-519.

Törmänen T O, Koski R A. 2005. Gold enrichment and the Bi-Au association in pyrrhotite-rich massive sulfide deposits, Escanaba Trough, southern Gorda Ridge. Economic Geology, 100 (6): 1135-1150.

Uyeda S, Kanamori H. 1979. Back-arc opening and the mode of subduction. Journal of Geophysical Research: Solid Earth, 84 (B3): 1049-1061.

Wang K, Chung S, Chen C, Shinjo R, Yang T, Chen C. 1999. Post-collisional magmatism around northern Taiwan and its relation with opening of the Okinawa Trough. Tectonophysics, 308 (3): 363-376.

Wang Y, Han X, Petersen S, Qiu Z, Jin X, Zhu J. 2014. Mineralogy and geochemistry of hydrothermal precipitates from Kairei hydrothermal field, Central Indian Ridge. Marine Geology, 354 (3): 69-80.

Weaver J S, Langmuir C H. 1990. Calculation of phase equilibrium in mineral-melt systems. Computers & Geosciences, 16 (1): 1-19.

Wu Z, Sun X, Xu H, Konishi H, Wang Y, Wang C. 2016. Occurrences and distribution of "invisible" precious metals in sulfide deposits from the Edmond hydrothermal field, Central Rndian Ridge. Ore Geology Reviews, 79: 105-132.

Yan Q, Shi X. 2014. Petrologic perspectives on tectonic evolution of a nascent basin (Okinawa Trough) behind Ryukyu Arc: A review. Acta Oceanologica Sinica, 33 (4): 1-12.

Yang K, Scott S D. 1996. Possible contribution of a metal-rich magmatic fluid to a sea-floor hydrothermal system. Nature, 383: 420-423.

Yang K, Scott S D. 2002. Magmatic degassing of volatiles and ore metals into a hydrothermal system on the modern seafloor of the eastern Manus Back-Arc Basin, western Pacific. Economic Geology, 97: 1079-1100.

Ye J, Shi X, Yang Y, Liu J, Zhou G, Li N. 2011. Mineralogy of sulfides from ultraslow spreading Southwest Indian Ridge 49.6° E hydrothermal field and its metallogenic significance. Acta Mineralogica Sinica, 31: 17-29.

Ye J, Shi X, Yang Y, Li N, Liu J, Su W. 2012. The occurrence of gold in hydrothermal sulfide at Southwest Indian Ridge 49.6°E. Acta Oceanologica Sinica, 31 (6): 72-82.

Zellmer K E, Taylor B. 2001. A three-plate kinematic model for Lau Basin opening. Geochemistry, Geophysics, Geosystems, 2 (5): 1020.

Zeng Z, Liu C, Chen C. 2007. Origin of a native sulfur chimney in the kueishantao hydrothermal field, offshore northeast Taiwan. Science in China Earth Science, 11 (50): 1746-1753.

Zeng Z, Chen C, Yin X. 2011. Origin of native sulfur ball from theKueishantao hydrothermal field offshore northeast Taiwan: evidence from trace and rare earth element composition. Journal of Asian Earth Sciences, 40 (2): 661-671.

Zeng Z, Chen S, Ma Y, Yin X, Wang X, Zhang S, Zhang J, Wu X, Li Y, Dong D, Xiao N. 2017. Chemical compositions of mussels and clams from the Tangyin and Yonaguni Knoll IV hydrothermal fields in the southwestern Okinawa Trough. Ore Geology Reviews, 87: 172-191.

Zimmer M M, Plank T, Hauri E H, Yogodzinski G M, Stelling P, Larse J, Nye C J. 2010. The role of water in generating the calc-alkaline trend: New volatile data for Aleutian magmas and a new tholeiitic index. Journal of Petrology, 51 (12): 2411-2444.

第8章 大陆裂谷环境多金属软泥

全球新生洋盆的典型地区：南太平洋伍德拉克盆地（Woodlark Basin），形成于上覆高度斜向扩张的汇聚板块边界，加利福尼亚湾，形成于板块平移边界（Taylor et al., 1995, 2009）；亚丁湾，发育成熟的斜向海底扩张（Leroy et al., 2012）；红海（Red Sea），大陆张裂后，开始初始海底扩张（Cochran and Karner, 2007；Ligi et al., 2011）。

红海是研究陆缘裂解到海底初始扩张的天然实验室，也是研究阿拉伯板块和非洲板块运动历史不可或缺的一部分，对于研究被动大陆边缘初始张裂的岩浆活动和新洋盆形成有着重要的参考价值。在红海区域，存在地球上非常典型的三联点区域——阿法尔（Afar）三联点：大陆裂谷（东非大裂谷）、典型的海底扩张洋脊（亚丁湾）及介于陆缘裂解向海底扩张过渡的红海，三种张裂形态汇聚于此（图8-1）。19世纪60年代，在红海中两个最大的深渊：Atlantis II 和 Discovery 深渊发现了高密度的热卤水和热液多金属软泥（Degens and Ross, 1969）。随后，在其他扩张中心（如大洋中脊和弧后盆地）陆续发现了热液活动及其热液硫化物矿床。红海以其所处的特殊构造地质背景和具有的丰富矿产资源，在过去50年的研究中获得了广泛的关注。本章着重以红海为例介绍大陆裂谷环境的多金属软泥成矿地质背景。

8.1 构造地貌

红海，在阿拉伯语又名"Bahr al Ahmar"，是一个半封闭的瘦长型的水体，长约2000 km，最宽达到355 km，面积大约为458620 km^2，体积约为250000 km^3（Head, 1987）。其北端被西奈半岛（Sinai Peninsula）分为两部分：亚喀巴湾（Gulf of Aqaba）和苏伊士湾（Gulf of Suez），通过苏伊士运河与地中海相连；南端通过巴布·厄耳·曼德（Bab-al-Mandab）海峡与阿拉伯海和印度洋相连（图8-1）。

红海盆地陆架较窄，约200 km宽，浅陆架深度小于50 m，深陆架深度为600~1000 m，地势平滑。轴部裂谷狭窄，宽度小于50 km，平均深度为2000 m左右。在红海北部，亚喀巴湾长160~180 km，宽18~25 km，南部宽北部窄，水深变化快，没有陆架。苏伊士湾长300 km左右，宽25~60 km，平坦区域水深为50~75 m，向南水深变深，最深不超过200 m。红海的扩张中心发育线性的地形洼地，名为"深渊"（Bäcker and Schoell, 1972）。最深的位置位于19.6°N的萨瓦金（Suakin）深渊内，达到了2860 m（Augustin et al., 2014）。红海总共分布着26个海底深渊（Scholten et al., 2000），它们之间的变化很大（图8-2）。有的被玄武岩覆盖，有的被蒸发岩覆盖；有的底部有卤水，有的没有。有的含金属矿物的沉积物甚至硫化物，而有的却没有矿物（Gurvich, 2006）。它们似乎是相互独立地存在于已经发育完全的红海裂谷系统中（Pierret et al., 2001）。

深渊之间发育槽间地带（inter-trough zones），水深更浅，重力和磁力异常与深渊有明

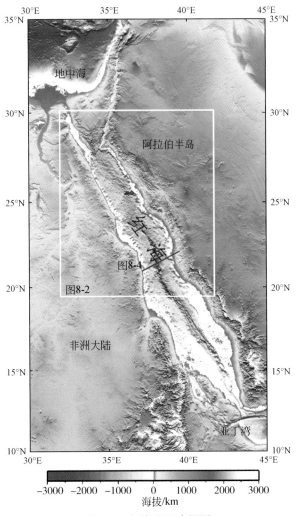

图 8-1 红海地区水深图
地形数据来自 NGDC 数据库

显的不同（Tramontini and Davies，1969；Searle and Ross，1975；Izzeldin，1989），并散乱分布在从萨瓦金深渊到韦马（Vema）深渊之间的 670 km 的区域内（Bonatti，1985）。有学者提出这些槽间地带是减薄的大陆地壳，从而提出了红海的深渊是不连续的轴部扩张节点（Bonatti，1985；Ligi et al.，2012）。这种节点式的扩张中心向大陆的延伸最终导致了陆缘的裂解（Bonatti，1985；Cochran，2005；Ligi et al.，2012）。而有许多学者认为整个红海区域都是洋壳，但没有足够的证据来获得统一的认识（Searle and Ross，1975；Bosworth et al.，2015）。

在红海南部区域（15°~18°N），轴部中央裂谷是连续发育的线性构造，主要为平行轴部的裂谷正断层，火山作用位于海底扩张的中心区域（Gurvich，2006），并伴有平行于扩张中心的瓦因-马修斯（Vine-Matthews）磁异常条带。18°~23°N 区域，海底火山活动只在深渊内出现。到 23°N 以北，轴部中央裂谷消失，深渊间隔变大，至少在三个深渊内

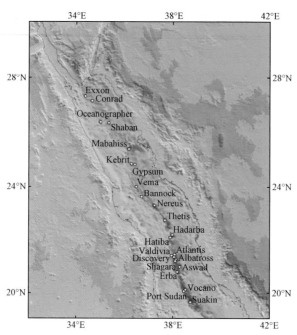

图 8-2 红海的深渊分布图 (Rasul et al., 2015)

(Bannock、Mabahiss 和 Shaban) 发现了玄武岩 (Bonatti, 1985)。到目前为止, 红海采集的玄武岩样品均为典型的 MORB, 来自于地幔, 没有陆源物质的输入。因此, 从红海的地貌上可以看出 (图 8-1), 其南部区域已经是发育成熟的大洋盆地, 而中部的海底扩张不连续, 只发育在轴部洼地内, 而在北部区域没有海底扩张发生。

红海是由阿拉伯板块从努比亚板块逆时针旋转分离导致的 (图 8-3)。对于阿拉伯板块旋转的欧拉极点位置, 存在不同的推测: 26°N, 21°E (Le Pichon, 1968; Fournier et al., 2010); 30.5°N, 25.7°E (Girdler and Underwood, 1985; Sultan et al., 1992); 34.6°N, 18.1°E (Sultan et al., 1993); 1.7°N, 24.6°E; 旋转速率为 0.37°/Ma (Reilinger et al., 2006; ArRajehi et al., 2010)。红海中部的平均全扩张速率约为 16 mm/a, 而红海北部的全扩张速率约为 10 mm/a, 属于超慢速扩张, 与西南印度洋脊 (12~16 mm/a)、北极的加克洋脊类似 (11~12 mm/a)。红海中部和南部扩张速率比北部更快, 轴部宽度更宽。在北部 27°N, 红海轴部宽度为 200 km, 而在南部 17°N, 其宽度为 350 km。

红海是形成于前寒武纪的阿拉伯地盾和努比亚地盾间的裂谷, 堆积了一系列新元古代多种多样的岩层 (870~560 Ma) (图 8-3)。Sultan 等 (1993) 认为在晚寒武纪, 阿拉伯地盾和努比亚地盾都是刚性板块, 红海是其中的构造薄弱带, 其张裂和扩张受到之前的断裂系统控制 (Makris and Rihm, 1991; Bosworth et al., 2005)。红海南部发育阿法尔地幔柱, 并与发育成熟的大洋盆地——亚丁湾相连。红海北部受到 Zabargad 断裂带的控制, 其呈北北东走向, 南到 Zabargad 岛, 北至 Mabahiss 盆地, 导致红海轴部约 100 km 的错断, 可能为后期发育大洋转换断层创造条件。Zabargad 断裂带可能是一个构造锁闭带 (locked zone), 阻碍了红海北向的延伸和轴部裂谷的产生 (Courtillot, 1982)。

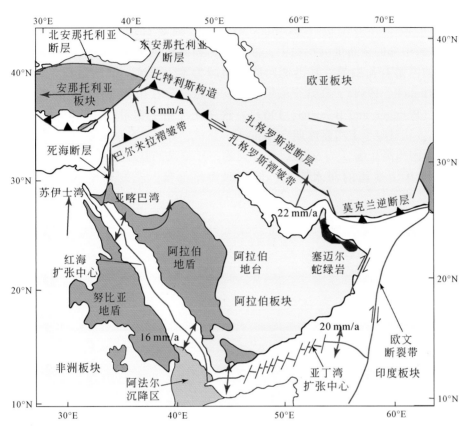

图 8-3　红海区域构造图（Stern and Johnson，2010；Rasul *et al.*，2015）

8.2　沉积环境

红海盆地发育一套厚的沉积层序。从上到下可以分为：①上新世—更新世陆源的生物沉积，最大厚度超过 100 m，其组分受到海平面变化影响，并与地中海和印度洋的物质交换、生物生产力和陆源物质的输入有关。②蒸发岩沉积，初始年龄在 14 Ma，最大厚度达到数千米（Mitchell *et al.*，2010），其主要矿物组分为岩盐和硬石膏，局部存在于页岩、砂岩和碳酸盐沉积的夹层中间。其中，晚中新世沉积非常厚，指示红海当时可能经历了与地中海类似的比较干燥的环境。③古近纪—早中新世的前裂谷沉积，在红海盆地广泛发育，包括石灰岩、砂岩和页岩，厚度变化较大，主要是浅海相的沉积。在 Zabargad 岛发现早白垩世的前裂谷沉积，主要成分是砂岩和灰岩（Bosworth *et al.*，1996）。

钻井数据（DSDP Leg23）（Whit Marsh *et al.*，1974）和地震剖面已识别出红海蒸发岩基底的不整合面，定义为 S 反射面（图 8-4）。盐的底辟作用也可以被地震反射剖面识别（Ross and Schlee，1973）。其上覆沉积物最大的厚度可达 5 km（Searle and Ross，1975；Girdler，1984）。陆缘的裂解和海底扩张导致蒸发岩破裂，在一些区域形成了向更深的轴部裂谷流动的盐冰川（Girdler，1985；Mitchell *et al.*，2010）。

红海全新世的深海沉积，主要由 50% 的硅酸盐碎屑（如石英、黏土矿物、火山岩碎屑）和 50% 的碳质碎屑组成（如颗石、有孔虫、翼足目动物和其他生物）（Bäcker，1976）。在红海中部的全新世沉积物中，浮游生物和有孔虫出现的频率指示存在一条含有非常大数量的浮游有孔虫带，其迅速向底层递减为零，而这一层的沉积年龄接近 11 ka（Locke and Thunell，1988），在这个层位之下，红海的岩心几乎没有浮游有孔虫和相关的翼足目动物（Berggren and Boersma，1969）。这条无浮游生物带（aplanktonic zone）出现在大约 20 ka，其对应于末次盛冰期（Hemleben et al.，1996；Fenton et al.，2000），而该时期浮游有孔虫因为高盐度（约 50‰）几乎灭绝。异常高的盐度虽然造成了红海和印度洋通过巴布·厄耳·曼德的海水交换，但那时海平面低，蒸发作用强，干旱程度增加（Siddall et al.，2003）。

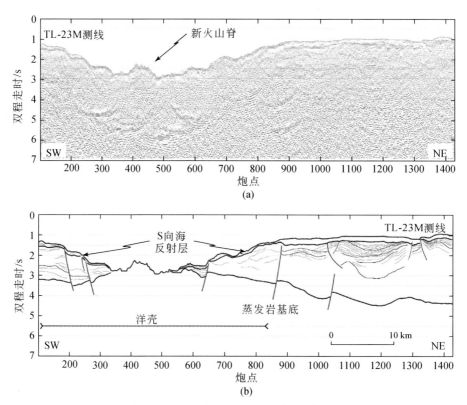

图 8-4　红海 S 反射面的多道地震图像及构造解释图（Ligi et al.，2012）
（a）多道地震图像；（b）构造解释图。剖面位置见图 8-1

8.3　深部结构

8.3.1　反射和折射地震

1970 年以来，红海已经完成大量深地震的反射和折射测线，对于研究其深部结构有着重要作用（图8-5、图8-6）。在红海大部分区域的蒸发岩层内存在的S反射面，被认为是中新世和渐新世过渡区域的不整合面（Phillips and Ross，1970），其在海底最大深度可达500 m，平均速度为4.6 km/s，有些剖面的S反射面有褶皱和底辟作用发生。

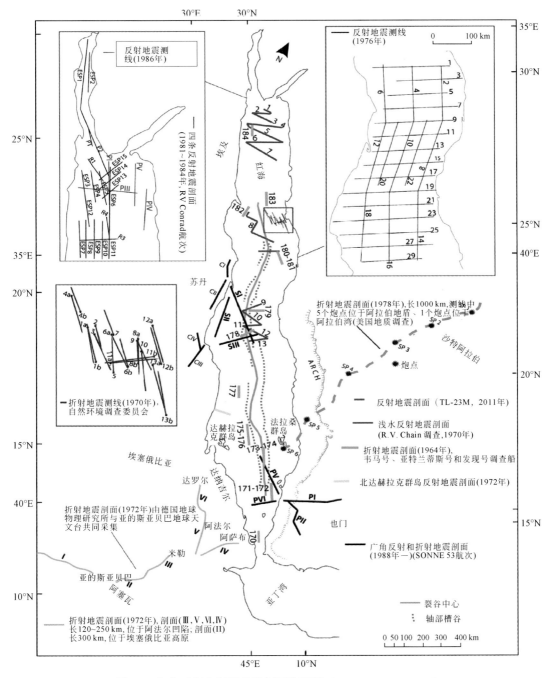

图8-5 红海反射和折射地震剖面位置图（Almalki et al.，2016）

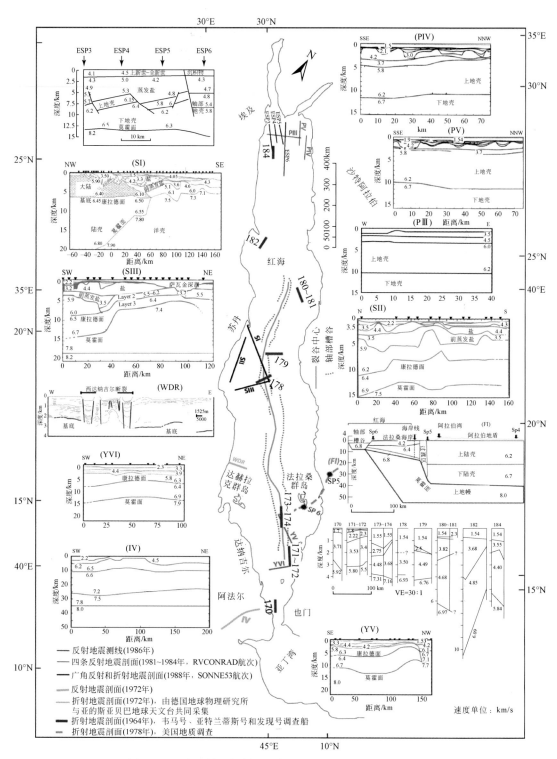

图 8-6 红海反射和折射地震剖面图（Almalki et al., 2016）

1. 红海南部和中部

1970 年,"Chain"号调查船在红海南部和中部获得 34 条浅反射剖面(图 8-5、图 8-6)。Ross 和 Schlee(1973)分析后认为,红海中部和南部的轴部凹槽带的沉积层速度为 1.5~4.9 km/s。在一些轴部凹槽处,缺少沉积物覆盖,Phillips 和 Ross(1970)认为是中新世后期的海底扩张造成的,但轴部凹槽内仍可以发现从邻近陆架区运输过来的盐丘(Mitchell et al., 2010; Augustin et al., 2014)。Cochran(1983)、Martinez 和 Cochran(1988)认为在轴部发育的断层会影响到深部的大陆基底。在红海中部 21°~25°N,轴部凹槽带的沉积物至少有 800 m 厚,说明此处的海底扩张时间和红海南部接近(Cochran, 1983; Martinez and Cochran, 1988)。1976 年,在红海中部,沙特阿拉伯苏丹委员会采集到 645 km 的浅层反射地震剖面(图 8-5、图 8-6)指示出:在红海南部 18°~24°N,轴部凹槽带的沉积厚度超过 3 km,速度为 1.7~4.6 km/s,厚度向轴部减薄(Izzeldin, 1987)。洋壳在裂谷两侧分别延伸约 80 km(19°N),在陆架和裂谷凹槽带边缘区域的岩石圈为大陆性质的(Izzeldin, 1987)。1988 年,从苏丹和也门沿岸到轴部凹槽获得的五条反射地震剖面(SⅠ、SⅡ、SⅢ、YV 和 YⅥ)(图 8-5、图 8-6)结果表明:沉积层厚度从 5 km 减薄到不足 1 km,其速度为 3.5~4.4 km/s(Egloff et al., 1991)。Egloff 等(1991)认为 3.5 km/s 的速度层与蒸发岩前的沉积有关,而 4.4 km/s 则反映了蒸发岩的速度。SⅠ 和 SⅢ 两条剖面的地壳速度(6.5 km/s)与非洲陆缘的地壳速度(6.0 km/s)相比更快,从而支持红海两侧存在着减薄拉伸的陆壳。在红海中部最近获得的反射地震剖面识别出两层沉积层,浅层与蒸发岩后的沉积层有关,而深层与中新世的蒸发岩有关(Ligi et al., 2012)。在红海 25°N 以南的区域基底,速度大于 6.7 km/s,表明其可能是洋壳,而 25°N 以北的基底,速度小于 6.0 km/s(Skipwith, 1973)。在 1970 年,由自然环境研究委员会(Natural Environment Research Council)在红海中部 22°~23°N 区域获得 20 条折射地震剖面(图 8-5、图 8-6),反映出洋壳已经拓展到红海中部的轴部凹槽带处(Davies and Tramontini, 1970)。

1958~1964 年,韦马号(Vema)、亚特兰蒂斯号(Atlantis)和发现号(Discovery)调查船对红海区域分别进行了调查(图 8-5、图 8-6),获得了 16 条折射地震剖面,识别了三个沉积层和两个地壳层。沉积层分别对应着更新世、上新世和中新世的层序(Drake and Girdler, 1964),在陆架区的厚度为 3~6 km。地壳层速度为 5.5~7.3 km/s,在轴部凹槽处速度达到最大,可能与岩浆侵入体有关。Drake 和 Girdler(1964)认为速度为 5.5~6.4 km/s 是典型的大陆地壳,而 6.7~7.4 km/s 的速度与洋壳有关。在红海中部最高速度达到 6.97 km/s,Cochran(1983)认为其可能是新近纪侵入体或者前寒武纪甚至更早的古生代镁铁质-超镁铁质带的存在造成的。

2. 红海北部

红海北部轴部裂谷几何形态的不连续性被认为该区域是介于大陆破裂伸展到大洋中脊的过渡区域的证据之一(Cochran, 1983; Martinez and Cochran, 1988)。1981~1984 年,康拉德调查船(R/V Conrad)在红海北部取得了四条反射地震剖面(PⅠ、PV、PⅣ和

PⅢ)（图8-5、图8-6），结果表明：沉积层厚度为 2~5 km，速度为 3.5~4.0 km/s；上地壳厚度为 6~8 km，下地壳顶界深度为 10~12 km，其速度为 5.8~6.2 km/s。Rihm 等（1991）认为红海北部不存在洋陆转换带，其东侧和西侧有着显著的不同，从而提出红海北部存在强烈的不对称性，即东侧大陆地壳减薄，西侧洋壳正在形成，Makris 和 Rhim（1991）认为其可能是沿北北东向的走滑断层影响到了红海的早期演化造成的。1986 年，从埃及海岸线到轴部凹槽带获得13条广角反射地震剖面（图8-5、图8-6），地壳速度从大约6.0 km/s减少到5.8 km/s（Gaulier et al., 1988），而在东侧一些靠近海岸的剖面上，地壳速度最高达到6.7 km/s, Gaulier 等（1988）认为大约6.7 km/s的速度与大陆地壳有关，而高于6.7 km/s的与过渡地壳或洋壳有关。

在阿法尔沉降区北部（Danakil Depression，达纳吉尔凹地），根据折射地震剖面（Ⅲ、Ⅴ、Ⅵ）（图8-5、图8-6），地壳已被强烈减薄，可能为过渡地壳（Berckhemer et al., 1975）。1978 年，在阿拉伯地盾和相邻的陆架区进行的深地震反射实验（图8-5、图8-6）表明，红海区的沉积层厚度为 4~5 km（Gettings et al., 1986），因此基底的速度比之前的估算更快（Chulick and Mooney, 2002；Chulick et al., 2013）。Farasan Bank 基底为洋壳，厚度在 5~9 km（Mooney et al., 1985），也有可能为强烈变形的陆壳转换带（Mechie et al., 1986）。

8.3.2 重力异常

Makris 等（1991）对红海北部和南部区域做了三条重力剖面进行分析后认为，红海北部的东侧是减薄的陆壳，而西侧是密度更高的中新世洋壳。红海南部的洋壳主要集中在轴部凹槽带内，而两侧是被拉伸和减薄的陆壳。Sandwell 和 Smith（2009）获得的卫星重力数据显示，红海区域的重力值在-180~200 mGal，重力高值出现在轴部凹槽内及其附近陆缘。Almalki 等（2016）利用高分辨率的卫星重力分别选取了红海南部、中部和北部的三个重力剖面，对比分析发现北红海的莫霍面延伸到 13~20 km，重力值与沉积层的厚度呈现很好的相关性。红海中部和南部的莫霍面深度向轴部变浅，陆架区是长波长的负重力异常，可能与陆缘过渡壳上覆盖的沉积岩有关（Girdler and Styles, 1974）。图8-7显示整个红海区域布格重力异常在轴部裂谷处出现 90~140 mGal 的正异常，到红海的边缘处，重力值逐渐减小到零（Skipwith, 1973；Makris et al., 1991；Izzeldin, 1987）。重力和磁力在大约20°N区域变化的一致性减弱，20°N以北更有可能是陆壳或者过渡壳，从而也被认为是活动的海底扩张的北部终点。海底扩张南部的终点位置位于 14.5°N, 14.5°~15.5°N 的区域被认为是过渡壳。红海最南部莫霍面深度为 23 km，而其在阿法尔沉降区为 15 km。出现的高密度体与红海中部和南部的过渡壳类似，可能代表着高密度的镁铁质岩墙（Bastow and Keir, 2011）。Almalki 等（2016）推断阿法尔沉降区和红海最南部的区域存在一种介于中部和北部红海的混合岩体建造，可能代表着新海底扩张的产生和红海扩张中心的形成（Bridges et al., 2012）。

第 8 章 大陆裂谷环境多金属软泥

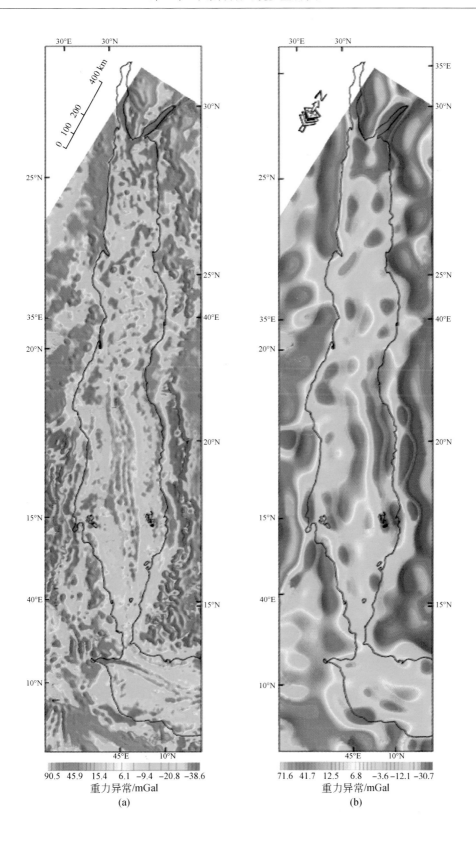

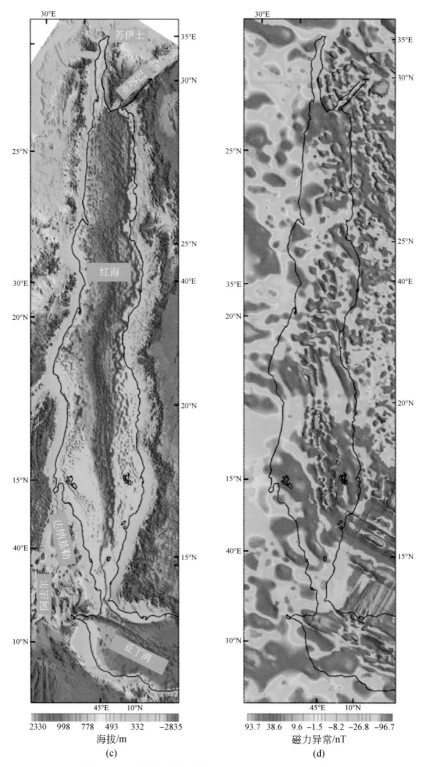

图 8-7 红海的重力异常图、地形图和磁力异常图

(a) 海洋卫星获得的红海的自由空气重力异常（1′分辨率）；(b) 经过低通滤波处理的自由空气重力异常；
(c) 红海的地形图（30′分辨率）；(d) 海洋卫星获得的红海磁力异常图（2′分辨率）

(Sandwell and Smith, 2009; Almalki et al., 2016)

8.3.3 磁力异常

红海的磁异常区可以分为三个主要的区域：轴部凹槽、前寒武纪地盾和过渡地区（图8-7）(Hall et al., 1976)。轴部磁力值是高振幅（800 nT）短波长（15 km），呈现与红海平行的线性构造（Allan, 1970）。过渡区域磁力异常表现为低振幅（300 nT），变化的波长（5~30 km）一直延伸到前寒武纪的地盾区域。高振幅磁力值的区域可能是大洋磁条带（Girdler and Styles, 1974; Hall, 1989），也可能与镁铁质深成岩体侵入到陆壳有关，只有轴部凹槽为洋壳（Cochran, 1983; Bohannon, 1986a, 1986b; Izzeldin, 1987）。海洋卫星磁力数据显示，红海整个区域的磁力值为-300~300 nT（Maus et al., 2009）。尽管不同的磁力模型对于红海的海底扩张有着不同的观点，但红海明确存在两期的海底扩张，即41~34 Ma 和 5 Ma（Givdler and Styles, 1974），或 28~24 Ma 和 5 Ma（Hall et al., 1976, 1989），分别获得的扩张速率是 14 mm/a 和 8~9 mm/a。

8.4 岩浆作用

8.4.1 溢流玄武岩

溢流玄武岩的形成通常认为与地幔柱密切相关。位于红海南部的阿法尔地幔柱对红海周边的溢流玄武岩形成及红海裂谷系统的发育具有重要影响（Storey, 1995; Hofmann et al., 1997; Ebinger and Sleep, 1998; Rooney et al., 2013）。红海附近的溢流玄武岩主要集中在埃塞俄比亚、苏丹东北部和也门西南部等区域，其喷发时间约 31 Ma，早于红海张裂，后期发育流纹质火山作用，直到约 26 Ma 结束（Baker et al., 1996）。24~21 Ma，在红海中部和北部没有发现明显的火山活动，但在阿拉伯大陆边缘发生了岩墙侵入（Bartov et al., 1980; Feraud et al., 1991），从而加速了红海北部张裂的进程。同一时期，在红海南部也有花岗岩和辉长岩岩体的局部侵入（Pallister, 1987）。在阿法尔沉降区、也门南部和阿拉伯板块内，火山作用从晚中新世持续到现在（Zumbo et al., 1995; Coulie et al., 2003），因而在红海裂谷系统外部，形成多个溢流玄武岩省（图8-8）(Coleman and McGuire, 1988; Pallister et al., 2010）。根据年代学，红海区域的火山作用可以分为以下四个时期。

1. 晚始新世—晚渐新世的火山作用

在红海的两侧，分布约 300 km 宽的岩浆作用带，从阿法尔沉降区到北部的北阿拉伯板块延伸了约 3000 km，其与同构造期的沉积和伸展作用无关。研究发现，埃塞俄比亚的碱性玄武岩最大年龄约 31 Ma，即阿法尔地幔柱的初始活动时间（Berhe et al., 1987），活动持续到约 26 Ma（Civetta et al., 1978）。阿法尔地幔柱的活动，引起了岩石圈的初始减薄和亏损地幔的熔融（Rooney et al., 2013）。许多学者认为东非-红海-亚丁湾区域受到了不止一个地幔柱的影响（Davison et al., 1994; Rogers, 2006）。Lin 等（2005）认为肯尼亚地幔柱在 45 Ma 影响了非洲岩石圈，而阿法尔地幔柱在约 30 Ma 影响到大陆岩石圈。Endress 等（2011）则认为在 24～22 Ma，红海北部除了受阿法尔地幔柱影响外，还受到了北部埃及板块 Cairo 小型地幔柱的影响。

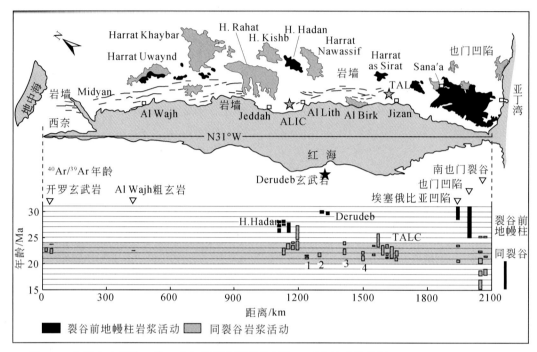

图 8-8　红海火山岩 $^{40}Ar/^{39}Ar$ 定年结果和阿拉伯板块、西奈的岩浆作用（Bosworth et al., 2005）

2. 早中新世的火山作用

在红海两翼分布北西–南东向的镁铁质岩墙群（Voggenreiter et al., 1988；Coleman, 1993）。红海东翼，也门出露的碱性玄武质岩墙年龄为 22～25 Ma（Ghebreab, 1998），沙特阿拉伯沿岸出露的碱性玄武质岩墙年龄为 22～24 Ma（Sebai et al., 1991）。红海西翼，东非裂谷系统边缘的玄武质熔岩流定年结果为 23～20 Ma（Coulie et al., 2003）。Rooney 等（2013）认为阿法尔镁铁质岩墙的岩浆来源于地幔柱，但未发现亏损地幔的证据，可能与岩石圈破裂程度较小，岩浆上涌不充分有关。

3. 中中新世—上新世的火山作用

10～13 Ma，碱性玄武岩的火山作用在北部阿拉伯板块广泛发育（Robson, 1971；Ilani et al., 2001）。在阿法尔陆缘西侧，玄武岩的岩浆作用发生在 12.51～8.31 Ma。Rooney 等（2013）认为该时期地幔柱活动性的减弱造成上地幔的亏损，从而导致了熔融体的形成。在 8 Ma，红海西侧发育成熟，在陆缘的裂谷系统岩浆供给系统更为发育。

4. 第四纪火山作用

至第四纪，碱性玄武岩在沙特阿拉伯西海岸大范围喷出（Voggenreiter et al., 1988）。

在阿法尔沉降区玄武岩流和碱性及超碱性岩在过去的 1 Ma 持续喷发（Varet，1978）。在也门，也发育更新世和全新世的碱性火山作用。

8.4.2 岩浆活动的深部特征

在阿法尔沉降区和红海中部的东翼依然存在玄武岩岩墙，它们与红海裂谷平行，也与老的岩墙群平行（Pallister *et al.*，2010）。岩墙出现的区域伴随着大量的地震，代表着正在活动的红海盆地的伸展和基底岩石的破裂（Ebinger and Belachew，2010）。Chang 等（2011）对红海和阿拉伯板块进行地震层析成像，结果表明红海南部和亚丁湾地区轴部有低速带存在，认为与活动的海底扩张有关，但热源物质并没有延伸到红海北部区域，而是向东流动到阿拉伯板块（图 8-9）。由于热地幔主要存在于东部的阿拉伯板块内，因此红海北部演化为海底扩张的可能性并不大。

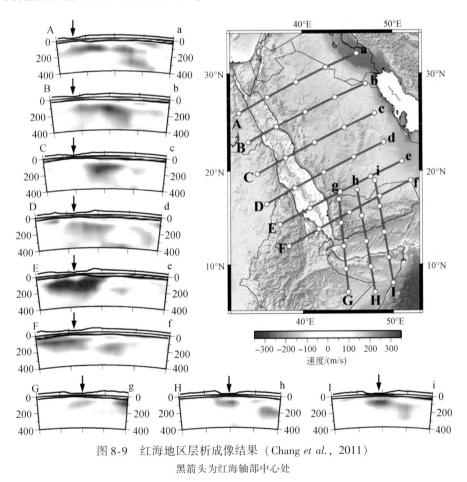

图 8-9 红海地区层析成像结果（Chang *et al.*，2011）

黑箭头为红海轴部中心处

8.5 大陆张裂与红海演化

不同学者对于大陆裂谷张裂的驱动力提出了不同的看法。Milanovsky（1972）将大陆裂谷与陆缘地台、褶皱带联系起来。大陆地台存在两种地貌形态：宽阔的凸起和富含大量的碱性火山活动；没有凸起和火山活动。Sengör 和 Burke（1978）将这两种形态对应于主动和被动的裂谷，即火山型和非火山型大陆裂谷。主动裂谷的伸展是由地幔对流上涌导致，而被动裂谷，主要依靠板块运动的远场拉张应力。Dunbar 和 Sawyer（1988）提出火山型和非火山型裂谷都可以通过局部的拉张来形成，与岩浆流无关，裂谷主要是受岩石圈张裂前存在的薄弱带控制。当岩石圈受到拉张时，地幔的薄弱带被动抬升，在地壳薄弱带形成由断层控制的盆地。Buck（2006）认为大陆岩石圈太过刚性不容易被撕裂，其需要充足的岩浆供给和适当的拉张才能张裂，但这种模型很难解释亚丁湾并没有同裂谷岩墙的存在。Bosworth 等（2005）认为红海和亚丁湾的裂谷系统的驱动力是远场应力导致的，其是受到相邻的 Urumieh-Dokhtar 岛弧的板块拖曳造成的（McQuarrie et al.，2003）。Reilinger 和 McClusky（2011）利用 GPS 数据对阿拉伯-欧亚板块研究后，认为红海张裂的驱动力来自新特提斯岩石圈俯冲到欧亚板片之下造成的（Jolivet and Faccenna，2000；McQuarrie et al.，2003；Faccenna et al.，2013）。地中海开始扩张时，非洲板块和欧亚板块汇聚速率下降50%的时间点为 24~4 Ma，其也是红海开始张裂的时间。

8.5.1 红海张裂

对于红海初始陆缘张裂，许多学者提出了不同的模型：对称模型（纯剪模型）、不对称模型（单剪模型）、拉分模型（图 8-10、图 8-11）。对称模型认为红海的初始张裂是由于软流圈的地幔对流驱动造成的。渐新世的拉伸导致红海南部的岩石圈变薄，持续的陆壳张裂、减薄导致了构造沉降和有掀斜地块的地堑和地垒（Lowell and Genik，1972；Cochran，1983；Martinez and Cochran，1988）。不对称模型认为红海的非洲板块的一侧存在大型的基底拆离断层，导致红海不对称的张裂，其假设红海存在两期伸展：渐新世—中中新世（14 Ma），以及 5 Ma（Wernicke，1985；Voggenreiter and Hötzl，1989）。拉分模型认为走滑错断过程控制着阿拉伯板块和非洲板块的张裂，断裂系统导致了突变的板块边界，从而导致相对局部的伸展和陆壳的减薄（图 8-11）（Makris and Rhim，1991）。

大陆张裂开始于板块瞬间的破裂，而后大洋裂谷的扩张只是在已经伸展的大陆岩石圈内进行。岩石圈的瞬间破裂是后期大陆张裂和海底扩张的基础。对于大陆裂谷和海底扩张的推进模式，不同学者也提出了不同的模式：节点模式、渐进式扩张模式、瞬间撕裂模式和脉冲模式（图 8-12、图 8-13）。

（1）节点模式。红海轴部存在的深渊，其温度较高，是热源集中的区域，可能代表着岩浆的上涌，可以看作是一个节点。新洋壳产生和海底扩张开始都是在这些节点上进行的（Bonatti，1985）。

第8章 大陆裂谷环境多金属软泥

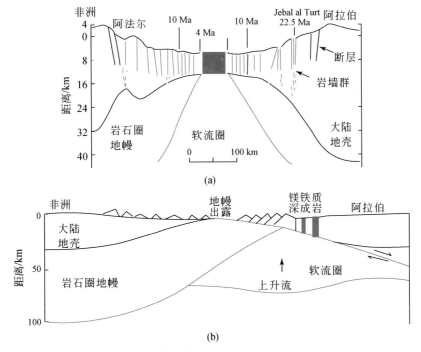

图 8-10 大陆张裂的对称和不对称拉张模式（Berhe，1986；Voggenreiter and Hötzl，1989）
(a) 对称拉张模式；(b) 不对称拉张模式

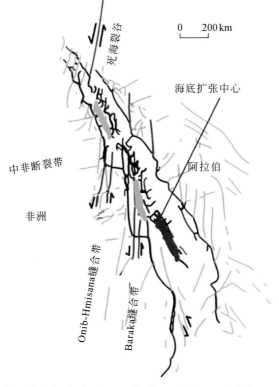

图 8-11 红海拉分模式（Makris and Rhim，1991；Almalki et al.，2005）

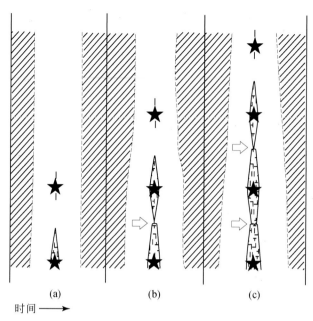

图 8-12 节点式的裂谷推进模式（Bonatti，1985）

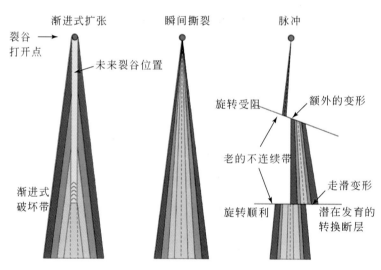

图 8-13 渐进式扩张模式、瞬间撕裂模式和脉冲模式（Bosworth，2015）

（2）渐进式扩张模式。新的裂谷产生在已经张裂的大陆裂谷内，渐进式得从裂谷一端向另一端推进。

（3）瞬间撕裂模式。减薄或张裂的大陆裂谷内瞬间撕裂，新的裂谷几乎同时在整个区域内推进（图8-13）。对于渐进式扩张模式和瞬间撕裂模式，一般需要在一个有限宽度的裂谷内进行。在红海和亚丁湾，Bosworth 等（2005）认为这个宽度为 60~80 km。

（4）脉冲模式。锁闭带的发育阻碍了后期裂谷的发育（Courtillot，1982），其发生在陆缘张裂和海底扩张过程中。锁闭带在亚丁湾的渐进式扩张历史中有很好的展示（Manighetti et al., 1997）。Wijk 和 Blackman（2005）将这种现象称为一个失速的张裂模型，导致裂谷系统形成了脉冲式的推进（图8-13）。当张裂被卡住以后，裂谷既可以渐进式扩张，也可以是岩石圈瞬间撕裂模式扩张，或是这两种模式的混合。锁闭带对应于岩石圈裂谷前结构，调节顺利就可形成大洋中脊系统中的转换断层，反之则会形成分散的变形，无法发展形成一个完整的转换断层的几何形态。

从红海和亚丁湾的发育历史，可以认为它们是符合脉冲模式的张裂（图8-13）。这种模式不仅发生在洋脊扩张，也发生在陆缘张裂时期。在晚渐新世（约 27.5 Ma），伸展和同裂谷沉积在整个亚丁湾发生，延伸到红海南部大部分区域（厄立特里亚离岸附近）。但张裂没有继续推进，而是停顿大约 3 Ma。当下一个张裂段发育时，它直接跃迁到埃及北部。Lyakhovsky 等（2012）认为 3 Ma 的张裂停顿，可能是红海裂谷岩石圈为张裂提供前期准备，或者其发育薄弱带。

8.5.2 红海演化历史

红海的形成是两期板块运动所致，与阿拉伯板块西部边界两期完全不同的火山喷发活动有关（Coleman et al., 1983; Camp and Roobol, 1992）。

第一期发生在 30~14 Ma，为大陆张裂期，地盾发生北北西向张裂，形成了红海和古近纪熔岩区溢流玄武岩的快速喷发（Cochran, 2005），同时产生了沿岸平行于红海的岩墙系统。在阿法尔地区，红海最南部、亚丁湾和东非大裂谷在阿法尔深部地幔柱构成一个三连点区域，形成了该区域广泛发育的火山活动（Schmidt et al., 1983; Daradich et al., 2003）。

第二期发生在现今到过去的 5 Ma 或者更早的 10 Ma 之间，为非洲板块和阿拉伯板块的张裂和红海的海底扩张（Wright et al., 2006）。该阶段的张裂造成红海进一步的抬升和红海沿岸悬崖的形成，同时也促进了亚喀巴湾的发育和死海断裂系统或转换断层的延伸（Bohannon et al., 1989; McGuire and Bohannon, 1989）。在西伯利亚沿岸可以发现两期明显不同的断裂系统，分别对应着红海张裂前和同时期的断裂过程（Roobol and Kadi, 2008）。在红海中部存在发育成熟的扩张中心，但其上升的地幔流是否仍在活动并不确定（Bonatti, 1985; Camp and Roobol, 1992）。晚期张裂主要发生在 23°30′N 以北区域（Martinez and Cochran, 1988），而在红海南部 20°~23°30′N 区域存在一个转换带（Botz et al., 2011）。红海南部的海底热液活动，火山岛的形成和地震活动都证实，在过去的至少 3 Ma 中，在 15°~20°N 存在明显的活动的海底扩张，形成了由洋中脊拉斑玄武岩组成的洋壳（Altherr et al., 1988; Eissen et al., 1989）。1972 年，格罗玛·挑战者号调查船在靠近红海轴部钻取了 6 口井，所有的钻井都表明其基底是玄武岩，同位素示踪表明都是地幔源的玄武岩，从而证实了红海是正在扩张的大洋型扩张中心（Whitmarsh et al., 1974）。在红海南部轴部发现了磁异常等时线（Phillips, 1970; Girdler and Styles, 1974; Röser, 1975; Searle and Ross, 1975; Hall et al., 1977; Cochran, 1983），进一步证实红海南部的洋壳属性。

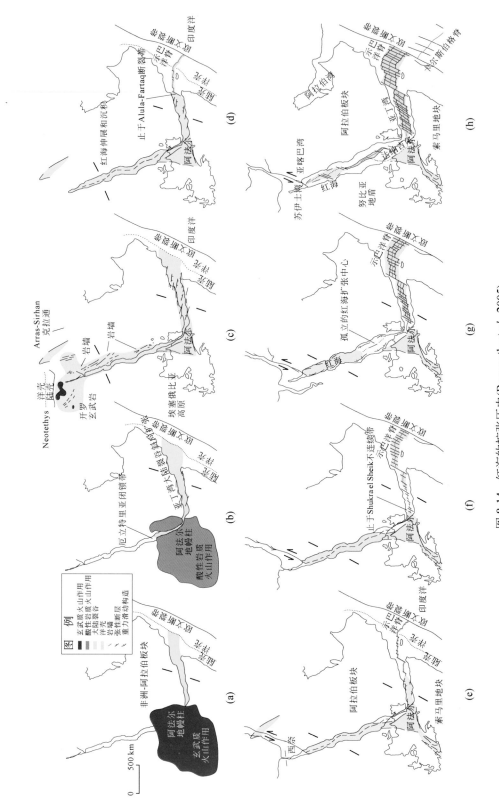

图 8-14 红海的扩张历史(Bosworth et al., 2005)

(a)阿法尔地幔柱和亚丁湾初始张裂；(b)在厄立特里亚的张裂停顿带；(c)Cairo地幔柱阶段(岩墙侵入)；(d)亚丁湾海底初始扩张；(e)阿法尔三联点形成；(f)示巴洋脊-Shukra el Sheik不连续带；(g)红海海底初始扩张；(h)亚丁湾扩张中心通过达纳吉尔与红海相连

整个红海的扩张历史是从亚丁湾的扩张和阿法尔地幔柱的形成开始的（图8-14）。亚丁湾扩张开始于约 30 Ma，整个湾区的张裂是在中渐新世，阿法尔地幔柱逐步发育并形成了老的溢流玄武岩省[图8-14（a）]（Watchorn et al., 1998）。在红海南部的大部分区域，厄立特里亚向海侧，在 27.5~23.0 Ma 发生张裂[图8-14（b）]（Hughes et al., 1991）。在约 25 Ma，阿法尔区域开始发生张裂[图8-14（c）]（Barberi et al., 1972；Zanettin et al., 1978）。至此之前，该区域只发生了大陆的张裂，而后在亚丁湾区域开始发育海底扩张。在亚丁湾、红海裂谷之前发育的洋脊叫做示巴（Sheba）洋脊[图8-14（d）]，其于 19~18 Ma 开始扩张，比大陆张裂晚 12 Ma（Sahota, 1990；Leroy et al., 2004）。由于 Alula-Fartaq 断裂带的存在，海底扩张停止了数百万年，然后向西移动了数百千米[图8-14（e）]。在约 10 Ma，扩张中心到达了 Shukra el Sheik 不连续带（亚丁湾的西部），然后又停止[图8-14（f）]（Manighetti et al., 1997）。2 Ma后，海底扩张延伸到阿法尔区域[图8-14（g）]。红海的海底扩张出现在 17°N 的大陆裂谷处[图8-14（g）]（Allan, 1970；Röser, 1975；Searle and Ross, 1975），最开始海底扩张的年龄是约 5 Ma（Cochran, 1983）。而后，在阿法尔区域的达纳吉尔阿尔卑斯（Danakil Alps），复杂的火山活动和伸展断裂继续发育（Redfield et al., 2003；Garfunkel and Beyth, 2006）。在 0~1 Ma，红海内的海底扩张在南部继续发育[图8-14（h）]，亚喀巴湾形成，红海通过祖鲁湾（Gulf of Zulu）与阿法尔区域相连，而亚丁湾的扩张中心和红海通过达纳吉尔凹地相连[图8-14（h）]。

8.6 红海 Atlantis II 深渊多金属软泥

红海众多的深渊内都存在着热液循环，即使在最深的凹槽内也存在热卤水。在热卤水下的富含重金属沉积物，被称为多金属软泥，具有重大的经济开发价值。Atlantis II 深渊是红海裂谷系统中面积最大的一个，也是资源储量最多的一个，同时是世界上第一个能够将热液活动与金属沉积联系起来的区域（Miller, 1964；Miller et al., 1966；Degens and Ross, 1969）。其资源量达到约 90 Mt，其中 Zn 和 Cu 的平均品位分别为 2% 和 0.5%，Ag 和 Au 的平均品位分别达 40 ppm 和 0.5 ppm（Nawab, 1984；Guney et al., 1988），累积厚度为 5~20 m（Guney et al., 1988；Bertram et al., 2011）。早在 20 世纪 70 年代，沙特阿拉伯便成立红海委员会着手 Atlantis II 深渊多金属软泥的资源评价。此后，德国、加拿大和沙特阿拉伯的矿业公司持续在该区域开展了勘探活动。2014 年，沙特阿拉伯的马纳法贸易公司已启动 Atlantis II 深渊多金属软泥矿床的商业开发。

Atlantis II 深渊长 15 km，宽 5 km，面积约 60 km^2，由东、西南、西、北四个次盆地组成（图8-15；Laurila et al., 2014b）。四个次盆地均发育卤水层，但其卤水层的深度、金属含量和沉积厚度等有所不同。卤水层是捕获热液所喷发的金属元素的非常有效的"捕获器"，可以捕获整个深渊热液系统85%的 Fe，而洋中脊热液系统仅有不到5%的 Fe 沉积下来（Gurvich, 2006）。从 1966 年到 1996 年，Atlantis II 深渊整个区域的热流值一直维持在 0.54×10^9 W。该值和其他地区热液喷口所测结果相近，如东太平洋海隆 21°N（Macdonald et al., 1980）、胡安德富卡脊（Converse et al., 1984）和大西洋中脊 Rainbow 热液区（German et al., 2010）。Anschutz 和 Blanc（1996）在假设热流值不变的情况下，推算出该热液喷口是在 1937 年以后开始喷发的。1995 年后，热流值减少了 10 倍，标志着现代热液活动暂时的停止。然而，全新世沉积物富集金属的发现暗示了该区热液活动持续了几千年，意味着这种脉冲式的热液活动可能发生过多次。

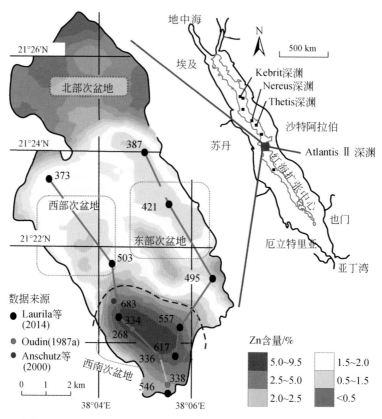

图 8-15　Atlantis Ⅱ深渊区域位置图（修改自 Laurila et al., 2014b）

Atlantis Ⅱ深渊末次冰期沉积物富集的金属含量要低于全新世沉积物。而在红海普通的深海沉积中，1600 m 以下沉积物中的金属含量高于这些发育卤水层的深渊（Coulibaly et al.，2006）。这说明，晚第四纪红海的水文条件可能发生了变化。在全新世，金属溶解在缺氧的卤水层中，只在深渊中沉淀。而在末次冰期，热液金属扩散到更宽的区域，不仅出现在深渊中，也出现在上部。整个红海的底部可能都是缺氧的。这表明 Atlantis Ⅱ深渊中沉积物中金属含量的变化不仅是由于热液流体的交换，而且与红海底部变化的水体环境有关。由于 Atlantis Ⅱ深渊和 Suakin 深渊均记录了比末次冰期更低的金属含量，这被认为与缺氧水体和热液系统有关。

8.6.1　卤水层结构

通过高分辨率的温盐垂直剖面调查，Munns 等（1967）发现了热卤水的分层结构。Atlantis Ⅱ深渊卤水层的形成和保存是该区盐度和温度的共同作用造成的。当底层海水受热变暖时，密度随之下降，导致底层与上层海水之间存在密度差，从而产生浮力。这种温度变化导致的浮力将携带海底的具有特定盐度的水体向上运移，而特定盐度导致的密度属性将抵抗这种垂向的移动，因此加热海水只能上升到一个有限的高度（Huppert, 1971; Turner, 1973）。如果底部升温速率足够大，底部的对流层就会上升，从而将热量输送到上部流体。与此同时，在上部流体生成新的对流，会最终发育一系列温度和盐度界面层（Huppert and Linden, 1979）。Atlantis II 深渊的卤水层中已观察到这种双层扩散的对流（Turner, 1969; McDougall, 1984; Anschutz et al., 1998）。深层卤水厚度最大达到 135 m，体积为 4 km^3，盐度最高（NaCl 质量分数为 27%），缺氧且富含硫（Anschutz et al., 1998）。在过去的 30 年中，其温度上升了 13 ℃，最近一次测量（2012 年）结果为 68.3 ℃（Swift et al., 2012）。在深层卤水和红海深层水之间的是浅层卤水，厚度约 50 m，温度为 55~45 ℃，越往上盐度降低、氧含量升高。卤水层的化学和同位素组成研究发现，其来源复杂，包括来自红海的深层水、周边中新世蒸发岩淋滤的流体，以及从基底玄武岩和正常沉积物内循环喷出的热液流体等（Schoell and Faber, 1978; Zierenberg and Shanks, 1986; Anschutz and Blanc, 1995; Pierret et al., 2001）。热液流体的物性重建研究发现，它们的平均喷发流速为 670~1000 kg/s，平均温度为 195~310 ℃，平均盐度为 27%~37%（Anschutz and Blanc, 1995, 1996）。

根据卤水温度等物理参数突变情况，Atlantis II 深渊的卤水层可分为两层（Anschutz, 2015）：浅部对流层（upper convective layer, UCL）和深部对流层（lower convective layer, LCL）。其中，LCL 的厚度可达到 135 m，体积约 4 km^3，深度为 2200~2048 m，其环境具有高温（高达 68.3 ℃）、高盐度（NaCl 质量分数高达约 27%）和缺氧等特征（Anschutz et al., 1998）。

UCL 位于 LCL 和红海深层水之间，从下至上分为 UCL1、UCL2、UCL3 和 UCL4 四层。UCL 的温度由下往上从约 55 ℃ 降低至约 45 ℃，厚度约 50 m，越靠近深层水，其盐度越低，含氧量越高。其中 UCL1 的表面积为 60.2 km^2，体积约 1.4 km^3，深度为 2020 m。

UCL1 存在盐度和温度的过渡区域，表面积为 60.2 km^2，体积为 1.4 km^3，深度为 2020~2000 m，上界是 1903 m。在这个深度以上，高密度的卤水不能够再聚集，它们会向南更开阔的地方扩散到红海的轴部裂谷带中，整个面积超过 142 km^2。这个转换带是由于在地形 1900 m 处存在深度梯度的明显变化。

在 1977 年和 1992 年分别发现了 UCL2 和 UCL3（Schoell and Hartmann, 1978; Blanc and Anschutz, 1995）。在 1990 m 深度上存在明显的温度梯度跃变，该深度上，Atlantis II、Wando Terrace 和 Discovery 深渊是相连的。1990 m 被认为是深部对流层向上传送热量和盐分的顶界深度，它们的这种输送不仅仅是垂向的，也侧向延伸到了很宽的区域。

8.6.2 层序地层

对 Atlantis II 深渊层序地层的认识主要来自于 1986 年法国 Marion-Dufresne 调查船的热液航次所取得的 2 个钻孔岩心。其中 683 钻孔取自 2174 m 深的西南盆地（21°20′45″N, 38°04′51″E），684 钻孔取自 2110 m 深的西部盆地（21°22′18″N, 38°03′33″E），所钻遇的玄武岩基底深度分别为 13.8 m 和 16 m（图 8-16）。研究发现，Atlantis Ⅱ 深渊基底 MORB 之上覆盖 0~30 m 不等厚的金属沉积物（Bäcker and Richter，1973）。其沉积物源主要有两个：一是红海典型的远洋沉积，包含生物钙质、生物硅质和硅质碎屑；二是富含金属的沉积物，包含金属氧化物、硫化物和硅酸盐。金属沉积物主要是全新世的沉积。推测资源量约 94×10^6 t，包含 Zn 1.9 Mt，Cu 0.43 Mt，Co 5400 t，Ag 3750 t 和 Au 47 t（Guney et al.，1984）。Atlantis Ⅱ 深渊的平均沉积速率约 1 mm/a，可分为 5 个沉积单元（图 8-17），每一层都记录了上千年的历史。

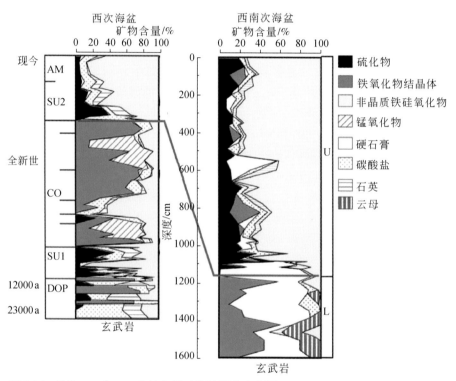

图 8-16　钻孔 683 和 684 内的金属矿物随深度变化图（Bäcker and Richter，1973）

1. DOP 层

DOP 层（detrital oxidic pyritic）位于最底层，主要由硅质碎屑及生物碎屑组成，富含褐铁矿-磁铁矿层（图 8-17）。684 孔中，DOP 层厚 2.4 m，形成于末次冰期（12~23 ka）。该层翼足目和有孔虫壳体少见，主要由铁-锰-钙硅酸盐构成。黏土矿物为碎屑黏土，与在卤水池外得到的沉积物类似。其中，黄铁矿约占 20%。黄铁矿硫同位素分析认为，在其早期有机物矿化成岩的过程中，经历了细菌参与的硫酸盐还原作用（Kaplan et al.，1969；Shanks and Bischoff，1980）。DOP 层高含量的黄铁矿表明 Atlantis Ⅱ 深渊在更新世受到了热液金属输入的影响。不仅如此，在 DOP 层中还发现了厚 20 cm、针铁矿和纤铁矿含量超 75% 的沉积层，暗示在全新世以前卤水池就已经存在。

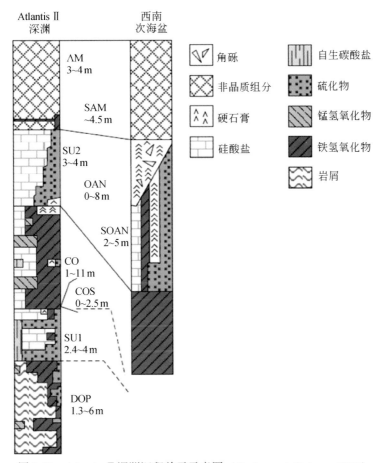

图8-17 Atlantis Ⅱ深渊沉积单元示意图（Bäcker and Richter，1973）

2. SU1 层

DOP 层之上是硫化物层 SU1（sulfidic unit 1），DOP 和 SU1 的界面对应更新世和全新世的界线。该层富含硫酸盐矿物，多为黄铁矿、闪锌矿和黄铜矿。这些矿物指示超过 50% 的干相沉积。硅藻和放射虫含量超 20%，指示腐泥被很好地保留了下来，这些腐泥形成于新仙女木期和全新世之间（Taviani，1998）。卤水层可能为硅质腐泥的保存提供了条件（Anschutz and Blanc，1995；Seeberg-Elverfeldt et al.，2004）。

3. CO 层

SU1 层上部为 CO 层，即中央氧化层（central oxidic）。该层主要由锰的氢氧化物、铁的氢氧化物、碳酸盐和硬石膏等物质组成。该层 1000～875 cm 含针铁矿和水锰矿，其中水锰矿含量从底部的 14% 增加到顶部的 60%。875～835 cm 可见硫化物薄层，含锰菱铁矿、赤铁矿。750～600 cm 主要含针铁矿（60%～80%）和铁-锰碳酸盐（6%～20%）。600～415 cm 针铁矿中锰含量升高，形成了锰椰石，并逐渐过渡为水锰矿和钡镁锰矿。415～

335 cm 含大量针铁矿（50%~70%）和少量赤铁矿（10%~20%）及锰菱铁矿。CO 层的形成反映了构造活动造成的沉积物角砾岩化过程，同时也记录了热液喷口从深渊东北角向西南角的迁移（Bäcker and Richter，1973；Gurvich，2006）。从该层锰氧化物大量沉淀可以推断，该期深渊卤水层的氧化性较现在要强。尽管 CO 层的铁锰氧化物丰度较高，但铜、锌硫化物少见，表明该期热液喷口的温度要远低于现在。

4. SU2 层

CO 层之上是第二硫化物层 SU2（sulfidic unit 2）。该层基底富含铁的（氢）氧化物和硬石膏，向上逐渐转变为含铁和锰的碳酸盐矿物，最上层则主要为硫化物层。由底向上，沉积物的 Cu/Zn 值与总金属/S 值也在不断变大（Blanc et al.，1998；Laurila et al.，2014a），与 SU1 层类似。

5. AM 层

顶层沉积为无定形硅酸盐，即 AM 层（amorphous miliceous unit）。该层主要由近期沉淀的、结晶程度较低的硅-铁的氢氧化物组成。由于 AM 层的卤水过饱和，盐度达 95%，因此该层的金属含量最为富集（Gurvich，2006）。AM 层孔隙水与深层卤水具有相同的 pH、Eh 和 SO_4^{2-} 浓度，但其 CO_3^{2-} 浓度相比略低（Hendricks et al.，1969；Schoell and Stahl，1972；Anschutz et al.，2000）。

Laurila 等（2015）研究发现，Atlantis II 深渊西南次盆地的地层和其他次盆地不同，只包括两个主要的沉积单元，记录了 Atlantis II 深渊全新世以来火山活动。底层单元 L 层（lower unit）由硬石膏（12%~70%）、滑石和蛇纹石（达 28%）、铁氧化物（20%~60%）以及富含磁铁矿的相（底部到 1365 cm）和富含赤铁矿的相（1365~1180 cm）组成。上层单元 U 层（upper unit）相对较厚，由硫化物、黏土和硅-铁的氢氧化物组成。1180~1100 cm 主要由硬石膏（78%~90%）组成，硫化物含量较低，主要为闪锌矿。从 1090 cm 向上，硫化物含量突增至 55%，为 Atlantis II 深渊沉积物中的最高值。该层顶部 10 cm 处的硫化物含量为 7%~20%，零星见铁氧化物和硬石膏。西南次盆地 U 层对应于西次盆地的 SU2 和 AM 层，L 层相当于西次盆地 CO 层的一部分（Anschutz and Blanc，1995）。

8.6.3 多金属软泥成矿特征

1. 矿物组分

Atlantis II 深渊沉积物上层单元由 80%~90% 的自生矿物及 10%~20% 的深海沉积物构成，其沉积速率约为 10 cm/ka（Stoffers and Ross，1974）。自生矿物主要矿物为铁的（氢）氧化物，约占 50%，硅铁氧化物和黏土矿物共约占 20%，碳酸盐和硫化物分别占 10% 左右，硫酸盐、锰氧化物和无硫金属矿物总共不到 10%。深海沉积物中的矿物主要为铁锰磷矿、闪锌矿、赤铁矿、含铁蒙脱石、硬石膏、自生硅酸盐矿物、重晶石，以及零星分布的氯铜矿等（表 8-1）。

表 8-1　红海 Atlantis Ⅱ 深渊沉积单元的主要矿物（Laurila et al., 2014a）

沉积层	厚度/m	年龄/ka	沉积速率/(cm/ka)	预测资源量/Mt	主要矿物
AM	1~4	0~3.6	97	17	无定形硅-铁氢氧化物、针铁矿、含铁蒙脱石、锰菱铁矿
SU2	2~12	5.9~3.6	174	20	闪锌矿、黄铁矿、铁氢氧化物、绿色硅酸盐、硬石膏、铁锰碳酸盐等
CO	1~11	8.6~5.9	222	32	针铁矿，少量硫化物、碳酸盐矿物、锰氢氧化物和锰氧化物，少量结晶氢氧化铁及全自形磁铁矿
SU1	1~4	11.7~8.6	123	18	含铁黏土、棕红色硅酸盐，少量黄铁矿、黄铜矿、闪锌矿、锰菱铁矿、赤铁矿等
DOP	1~6	25~11.7	19	—	生物碎屑和铁-锰矿物的混合物质，及少量闪锌矿、铁氢氧化物、硬石膏和玄武岩碎屑

1) 碎屑矿物

沉积物中的碎屑硅酸盐背景值为 20%~45%，主要成分为石英、长石、云母和岩石碎屑。同时，陆源碎屑物质也被较好地保存在几乎所有沉积层中。以上矿物都具有良好的晶体结构，因而可以很容易将其与自生硅酸盐区分。生物成因的方解石占了碎屑输入物质的 30%~65%。通过保存完好的生物化石纹理可以很容易对生物成因和热液成因的碳酸盐进行区分，并且热液成因的碳酸盐大多为白云石，不到碳酸盐总量的 10%。白云石大多数分布在热液活动晚期低温喷口的附近，同时伴随丰富的铁-锰碳酸盐沉积物。而在黏土、硫化物和硫酸盐富集层，碎屑碳酸盐含量很低。碎屑矿物中还含有放射虫组分。部分碎屑矿物蚀变为黏土矿物。

2) 硫化物与硫酸盐矿物

硫化物与硫酸盐矿物大多富集在靠近热液喷口的核心区。通常情况下，在金属富集的沉积层里只能观察到闪锌矿和黄铜矿。闪锌矿中含有很高的 Fe/Zn 值，并通常伴有 Cd、Hg、Ag 等元素的富集（Laurila et al., 2015）。在 Cd 全部赋存在闪锌矿中的前提下，闪锌矿中 Cd 含量大于 0.2%，Hg 达 200 ppm，Ag 可达 0.3%。黄铜矿一般具有出溶结构，并富集 Ag，近 0.3%。

黄铁矿一般都呈海绵状或者草莓状，其粒径通常小于 1 μm，而粗粒半自形与自形黄铁矿主要分布在热液喷口处附近的 SU1 和 SU2 层。Brockamp 等（1978）发现草莓状黄铁矿一般较自形黄铁矿更富集微量金属，如草莓状黄铁矿边缘发育 As 的富集环带。与此同时，黄铁矿中的 Au 和 As 具有相同的赋存规律，Au 含量最高达 3.8 ppm（Laurila et al., 2014b）。

硬石膏层几乎全部由硬石膏组成。硬石膏层的厚度一般为数十厘米，个别可达数米。硬石膏多固结呈细粒结构，偶有少量铁的氢氧化物、重晶石和硫化物共同沉淀。

3) 无硫自生矿物

无硫自生矿物主要为铁的（氢）氧化物，在所有沉积层中常见，由于矿物种类的不同会形成黄色-橙色-红色的沉积互层（Laurila et al., 2015）。亮黄色沉积层主要由针铁矿组成（α-FeOOH），橙色层主要含有纤铁矿（γ-FeOOH），暗红色沉积层则含有赤铁矿或者四方纤铁矿（β-FeOOH）。一些沉积物呈橙色，但是干燥后变成棕红色是因为其中含有纤铁矿。含有针铁矿的沉积物干燥后可由亮黄色转变为暗红色，但也有含少量针铁矿的沉积物在干燥前后均为亮红色，这可能与样品粒径的大小有关。一般来说，粒径小于 0.2 μm 的针铁矿颜色与针铁矿和少量赤铁矿混合相同，比正常的针铁矿颜色要暗得多。

铁的（氢）氧化物多为非晶质。Fe 在刚从热液喷口喷出时处于无定形态，到后期发生成岩作用时开始结晶（Taitel-Goldman and Singer, 2002a, 2002b）。处于无定形态的铁颗粒物里一般含有与 Fe 等量的 Si 和 O，同时赋存微量元素，如 K、Cl 和 S 等。结晶的铁（氢）氧化物则与针铁矿或赤铁矿拥有相近的结构，但 Zn、Si 等元素仅在矿物边缘的赋存，这表明 Zn 并未进入铁（氢）氧化物的晶格，而是吸附在矿物表面。

4）富锰矿物

富锰层一般多为细粒沉积物组分，并主要由锰的氢氧化物组成。富锰层的边缘一般都为黑色，表明一部分锰可以从富锰层迁出。此外，富锰层一般也存在较多的铁元素，暗示锰和铁的沉淀环境基本相同。

5）自生黏土矿物

自生黏土矿物则几乎都富集在沉积物顶部，在其他层中偶见。在 SU1 和 SU2 层的自生黏土矿物中金属含量最高。自生黏土通常为绿色，粒径极细，浸透在高浓度卤水中。自生黏土具油腻感，可能是含有大量孔隙水。自生黏土矿物多为非晶态，易与硅酸盐区分。自生黏土中 Fe 含量较高，而 K 含量较低，暗示其形成环境与 Fe 的沉淀环境相似（Bischoff, 1972; Butuzova, 1984; Badaut et al., 1992）。自生黏土中含大量富铁蒙脱石，很可能是由热液喷口流体进入卤水层后直接沉淀形成的（Zierenberg and Shanks, 1983, 1988; Cole, 1988）。对沉积物暗色层的典型自生黏土分析发现较高含量的金属元素，其中 Fe 质量分数为 20%~30%、Mn 质量分数为 15%。在低硫高金属层中，自生黏土也提供了比较高的金属含量，有些甚至提供了近 5% 的 Zn。

6）含硅矿物

绝大部分的硅都赋存于不定型的硅-铁的氢氧化物胶体和自生黏土中。现在仍然还不清楚硅是怎么从卤水层中的溶解态直接沉淀，并且有多少量的硅在成岩过程中从 Si-Fe-OOH 胶体中直接进入沉淀物的。在沉积物层中，随着深度的增加，硅的含量也在增加，从顶部的 AM 层到底部的 DOP 层，含量从不足 7% 逐渐增长至超过 9%。并且底部沉积层的高 SiO_2/Fe_2O_3 值说明在成岩作用中硅更多地被沉积而不是被卤水层溶解了。

热液喷出的硅酸盐多富集于 CO 和 DOP 层，只有少量存在于 SU1 和 SU2 层。在深色的碳酸盐富集层，生物质方解石多被细粒暗色的铁锰碳酸盐替代。自生碳酸盐矿物可以通过铁锰的富集度，以及是否有化石纹理和自形晶体结构来分辨热液和生物成因的碳酸盐矿物。锰菱铁矿物边缘一般会有早先形成的碎屑碳酸盐，这部分碳酸盐约含 40% 的铁和 8% 的锰。许多热液成因的碳酸盐在含有丰富的铁和锰的同时还含有少量的锌。这也可以作为判别碳酸盐成因的一个标准。

2. 化学组分

1）Fe 以外的贱金属元素

在不同沉积层中 Cu 的平均含量为 0.23%~1.0%，但主要富集在了 AM 层（质量分数约 0.9%）。SU2 层 Cu 平均含量约 0.5%，DOP 和 CO 层的 Cu 平均含量则为 0.25%。Zn 的平均含量为 0.7%~3.2%，主要富集在 AM、SU1 和 SU2 层，其平均含量分别为 3.2%、2.7% 和 2.3%。Pb 的平均含量为 0.02%~0.12%，其平均含量由 AM、SU1、SU2、CO、DOP 层向下递减。

2）微量金属元素

微量金属元素在所有沉积层中均有分布，但是与总硫、铁的相关性很低，相反不同微量金属元素间的相关性反而很高，这说明微量金属元素很可能拥有相似的沉积条件。在不同沉积层中 Au 的含量变化范围很大，在 SU1、SU2 和 AM 层中的 Au 富集程度较高，其含量分别达到 1.35 ppm、1.0 ppm 和 1.2 ppm。相反，在贫贱金属元素的 CO 和 DOP 层，其 Au 的平均含量均小于 0.25 ppm。同样，Ag 也主要富集在 AM 层中，其平均含量达到了 147 ppm，SU1 和 SU2 层相对较低，Ag 含量分别为 70 ppm 和 51 ppm。而在 CO 和 DOP 层，Ag 的平均含量仅为 11 ppm 和 16 ppm。此外，Cr、Ni 和 V 主要富集在 DOP 层，Mo、As、Ga 和 Tl 主要富集在 SU1 层，而 Sb、Hg、Cd、Pb 和 Co 主要富集在 AM 层。

在 AM 层主要富集 Ag、Cd 和 Hg，但是 Mo、As、Ni 和 V 的含量很低，Ag、Cd、Hg 和 Pb 从最上层沉积层至最底层沉积层（即 AM 层至 DOP 层）浓度逐渐降低，而 Mo、As、Ga 和 Tl 的情况则正好与上面的趋势相反，上述元素的含量随沉积层深度的增加而增加，并主要富集在 CO 层中（表 8-2）。Co 和 Sb 的浓度则变化很大。

表 8-2 红海 Atlantis II 深渊沉积单元所含元素量（Laurila et al., 2014b）

金属含量	AM	SU2	CO	SU1	DOP
Fe/%	23.8	16.2	22.6	17.0	13.2
Mn/%	0.7	0.6	4.3	1.3	1.3
Cu/%	0.88	0.45	0.25	0.92	0.23
Zn/%	3.2	2.3	0.7	2.7	1.1
Mo/ppm	130	87	153	165	76
As/ppm	246	169	178	360	124
Ga/ppm	14	14	10	22	10
Au/ppb	1168	970	319	1235	452
Tl/ppm	19	11	5	28	11
Sb/ppm	49	19	12	42	10
Hg/ppb	3696	1162	484	1687	530

续表

金属含量	AM	SU2	CO	SU1	DOP
Ag/ppm	159	49	17	70	27
Cd/ppm	234	70	24	141	29
Pb/ppm	1215	509	182	856	216
Co/ppm	174	107	41	100	50
Ni/ppm	25	24	34	76	52
Cr/ppm	13	20	40	20	42
V/ppm	91	83	99	154	189

8.7 红海 Atlantis Ⅱ 深渊成矿机制

8.7.1 卤水层的金属富集过程

Atlantis Ⅱ 深渊的所有金属沉积物都被卤水层锁住（Bignell et al., 1976；Gurvich, 2006），其热液喷口的位置最初在 Atlantis Ⅱ 深渊盆地的东北部（Shanks and Bischoff, 1980），但是现代已经逐渐移至盆地的西南部。现在盆地的西南部热液喷口被认为有大量的金属沉积并存在大量的硬石膏喷口管道。在热液活动逐渐加强时，大量铁的氢氧化物沉积在深层卤水层和氧化性更高的上层卤水层中。多金属软泥在这些卤水层中不断沉积直至现在（Shanks and Bischoff, 1977, 1980）。锰的氢氧化物一般均沉积在上层卤水层，现代多沉积于深渊两侧。但是随着热液活动的逐渐消失以及深层卤水层的氧化性不断增强，锰的氢氧化物在深渊底部也有沉积（Blanc et al., 1998）。硫化物沉淀，尤其是锌的硫化物沉淀多集中在喷口附近 100～200℃ 处（Shanks and Bischoff, 1977；Pottorf and Barnes, 1983；Cole, 1988），而铜的硫化物主要沉积在卤水层界面处，这里温度一般高达 350℃（Zierenberg and Shanks, 1983；Oudin et al., 1984；Ramboz et al., 1988；Missack et al., 1989）。此外，硫化物还随着热液羽状流输入整个深部卤水层之中（Hartmann, 1973, 1985；Schoell, 1976）。尽管深部卤水层蕴藏丰富的金属资源，但是却极其缺少还原性硫，因此硫化物的沉积受到喷口的极大影响（Shanks and Bischoff, 1977；Anschutz et al., 2000）。

在大洋热液系统中，大多数从热液喷出的金属会扩散到开阔的海洋，随着热液羽状流在离热液喷口很远的地方沉积，然而红海 Atlantis Ⅱ 深渊内的金属会被在卤水池中更有效地沉积下来（图8-18）（Bignell et al., 1976；Gurvich, 2006）。其他的沉积物来源包括：红海的沉积物、海水中过滤的物质、周围的蒸发岩中的沉积等。Fe 和 Mn 以各种各样的（氢）氧化物形式沉淀在卤水层中。与开放的热液活动环境相比，尽管在卤水层中 Cu 和 Zn 能够很有效地沉积，但是丰富的铁的氢氧化物和其他来源的沉淀物稀释了它们的金属品位。尽管它们的金属品位各处有所不同，但是它们的金属比（Fe：Zn：Cu）与洋中脊热液流体类似（Von Damm, 1990）。

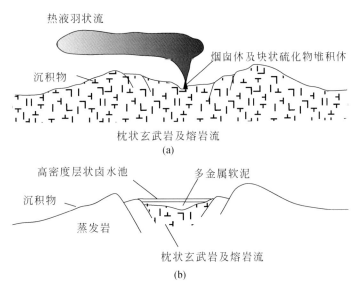

图 8-18 洋中脊型热液系统与红海卤水池多金属软泥富集模型对比（Pottorf and Barnes，1983）
(a) 洋中脊型热液系统；(b) 红海卤水池多金属软泥

图 8-19 刻画了红海多金属软泥的成矿过程。沉积层的厚度大约是 20 m，沉积层之上是 150~180 m 的卤水层。盆地里的金属和其他元素主要有四种来源：S1 为背景沉积物，将生物硅质碎屑和含硅的粒度带入深渊中；S2 为由蒸发岩和下部玄武岩参与的海水循环形成的热液卤水；S3 为冷的底部卤水，与周围的沉积物（蒸发岩和页岩）产生反应，然

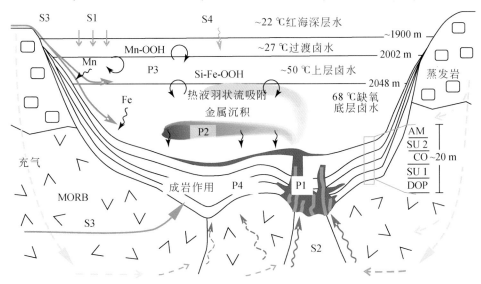

图 8-19 红海多金属软泥成矿机制（Laurila et al.，2015）
S1. 生物硅质碎屑；S2. 富含金属的热液流体；S3. 卤水层或没有热液的卤水；S4. 与锰氢氧化物和氧化物交换的海水。P1. 沉淀物（硬石膏和硫化物）；P2. 热液流体（主要是硫化物）；P3. 过渡的卤水（低含氧量铁和更浅更高氧含量的锰）；P4. 成岩作用的重结晶作用（硫化物、黏土和碳酸盐）

后进入深渊；S4 为红海深部水，其通过锰的氢氧化物的氧化还原反应和铁的氢氧化物的沉淀溶解作用进入深渊中。在沉积物和卤水中的大多数金属是来源于热液流体中，它们参与到沉积过程中主要通过四个途径：P1 为高温上升流的硫化物沉淀；P2 为热液羽状流的富集作用；P3 为表层硅铁氢氧化物粒子的吸附作用（底层卤水中的金属粒子）；P4 为在成岩过程中的硫化物和无硫物质的金属沉积。

8.7.2 铁锰矿物的形成机制

在深层卤水层和表层卤水层的化学跃面，通过氧化还原性铁变成铁的氢氧化物，使其在卤水层中发生明显沉降，不同的含铁矿物反映了不同的卤水层构造。Blanc 等（1998）总结认为不同含铁矿物主要是成岩作用将水铁矿转化为针铁矿或赤铁矿所致。在不定形的非晶体 Si-Fe-OOH 胶体阶段，胶体不断在 AM 层上堆积，直到变成硅铁氧化物时才结构稳定，并在一定程度上阻止了针铁矿的形成（Cornell et al., 1987；Schwertmann et al., 1998；Taitel-Goldman and Singer, 2001）。Taitel-Goldman 和 Singer（2002a，2002b）通过控制卤水层 Si 浓度重现了这一过程，证明深部卤水层的高 Si 浓度（26 ppm）对于稳定硅铁氧化物的结构和阻止针铁矿的形成做出了贡献。现在锰的氢氧化物基本都溶解在了深部卤水层中，并在深渊各处分布（Bignell et al., 1976；Gurvich, 2006），但是在沉积层中仍然有不连续的锰的氧化物分布（尤其是在 CO 层和 DOP 层）。最近研究表明锰的氧化物分布很可能与卤水层快速变化的化学环境有关，这种现象在黑海和卡里亚科盆地也观察到（Lewis and Landing, 1991；Yarincik et al., 2000）。

8.7.3 硫化物与硫酸盐沉淀

Atlantis II 深渊热液喷口所喷出的流体温度可达约 400 ℃，但是当其遭遇卤水层时温度快速降至约 100 ℃。快速降温是硫化物沉淀的主要原因，因为硫化物在热液中的溶解度通常随着温度的降低而急剧下降。Atlantis II 深渊现代热液活动中，热液流体中的 H_2S 在进入深部卤水层时，与卤水中原本存在的大量金属离子反应形成金属硫化物，并在卤水层底部沉淀，而 H_2S 全部耗尽。一般来说，随着热液温度的下降，黄铜矿先沉淀，继而是闪锌矿。黄铁矿则多见于沉积层深部位置，多为草莓状，很可能是由 Si-Fe-OOH 胶体被埋藏后的成岩作用形成。Atlantis II 深渊表层沉积物孔隙水中 Ca^{2+} 浓度比红海深层水的浓度高 10 倍以上，并在 130℃以上的高温作用下，形成较纯净的硬石膏层。孔隙水温度升高所需的热量主要来自于构造运动造成地质破裂释放的能量。

从深部卤水层分离过滤出的铁的氢氧化物表层吸附 Zn 元素，表明非铁金属元素可以被先沉降的物质吸附而共同沉降。一般来说，先行沉降的铁的氢氧化物和 Si-Fe-OOH 胶体拥有较大的表面积，在经过卤水层向下沉降的过程中可以吸附大量其他的非铁金属元素（Ryan et al., 1969；Hartmann, 1985）。在 AM 层，这些被沉降颗粒物吸附的金属元素由于孔隙水的溶解作用再活化，导致沉积物层顶部具有极高的金属浓度（Anschutz and Blanc, 1995；Anschutz et al., 2000）。与之对应的是，顶部孔隙水中 Si、Fe 浓度较低，同时，富

Si、Fe 的自生矿物随深度的增加而结晶度变好，表明在成岩过程中金属发生了重新分布。

在卤水层和 AM 层界面，自生黏土层的颜色随深度变浅而由绿色变为棕红色。连续淋滤实验的结果表明，随着颜色变化孔隙水 pH 逐渐增加，而溶解态 Si、Fe 逐渐减少（Anschutz and Blanc，1995；Anschutz et al.，2000）。现存的 SiO_2 沉淀充满了生物质碎屑颗粒，并且可以在其他晶体边缘观察到二氧化硅颗粒，证明在成岩过程中二氧化硅是随沉积物运动的。

碎屑层沉积后孔隙水的流动代替了成岩作用。一些孔隙水拥有很高的 CO_3^{2-} 和硅浓度，证明流体对于方解石溶解和硅的沉淀起到了重要作用。这些富集硅的孔隙水同时还含有大量微量元素，包括 Au、As、Ga 和 Ba 等。这些元素很可能是由孔隙水提供而非深部卤水层。同时，压薄层在 AM 层中少见，而在深部沉积层常见，这是由于一些物质在埋藏之后因成矿作用而发生了改变。孔隙水由于还原性硫不足而产生不含硫的金属沉积物。

8.7.4 微量金属元素的富集

微量金属元素的富集主要为以下 3 个过程：①微量金属元素随着热液流体的喷出而混杂在热液流体里，随着热液流体迁移至卤水层，流体温度降低，而进入卤水层中。②像 Si-Fe-OOH 胶体颗粒或者铁的氢氧化物颗粒发生沉降时，由于这些颗粒拥有很大的表面积，因此在下沉过程中吸附了卤水层中的大量微量金属并共同沉降。③硫化物成矿作用过程中，微量金属元素被吸收富集进入沉积层。到目前为止，尽管尚未采集研究过 Atlantis Ⅱ 深渊的热液流体，但学者基本都认同多金属软泥的微量金属主要来源于热液喷口（Shanks and Bischoff，1977；Pottorf and Barnes，1983；Gurvich，2006）。

参 考 文 献

Allan T D. 1970. Magnetic and gravity fields over the Red Sea. Philosophical Transactions of the Royal Society of London A：Mathematical，Physical and Engineering Sciences，267（1181）：153-180.

Almalki K A，Betts P G，Ailleres L. 2015. The Red Sea—50 years of geological and geophysical research. Earth-Science Reviews，147：109-140.

Almalki K A，Betts P G，Ailleres L. 2016. Incipient seafloor spreading segments：Insights from the Red Sea. Geophysical Research Letters，43（6）：2709-2715.

Altherr R，Henjes-Kunst F，Puchelt H，Baumann A. 1988. Volcanic activity in the Red Sea Axial Trough：Evidence for a large mantle diapir？Tectonophysics，150（1-2）：121-133.

Anschutz P. 2015. Hydrothermal activity and paleoenvironments of the Atlantis Ⅱ Deep. Berlin：Springer. 235-249.

Anschutz P，Blanc G. 1995. Geochemical dynamics of the Atlantis Ⅱ Deep（Red Sea）：Silica behavior. Marine Geology，128（1-2）：25-36.

Anschutz P，Blanc G. 1996. Heat and salt fluxes in the Atlantis Ⅱ Deep（Red Sea）. Earth and Planetary Science Letters，142（1-2）：147-159.

Anschutz P，Turner J S，Blanc G. 1998. The development of layering，fluxes through double-diffusive interfaces，and location of hydrothermal sources of brines in the Atlantis Ⅱ Deep：Red Sea. Journal of Geophysical

Research, 103 (C12): 27809-27819.

Anschutz P, Blanc G, Monnin C, Boulègue J. 2000. Geochemical dynamics of the Atlantis II Deep (Red Sea): II. Composition of metalliferous sediment pore waters. Geochimica et Cosmochimica Acta, 64 (23): 3995-4006.

ArRajehi A, McClusky S, Reilinger R, Daoud M, Alchalbi A, Ergintav S, Gomez F, Sholan J, Bou-Rabee F, Ogubazghi G, Haileab B, Fisseha S, Asfaw L, Mahmoud S, Rayan A, Bendik R, Kogan L. 2010. Geodetic constraints on present-day motion of the Arabian plate: Implications for Red Sea and Gulf of Aden rifting. Tectonics, 29 (3): TC3011.

Augustin N, Devey C W, van der Zwan F M, Feldens P, Tominaga M, Bantan R, Kwasnitschka T. 2014. The rifting to spreading transition in the Red Sea. Earth and Planetary Science Letters, 395: 217-230.

Badaut D, Decarreau A, Besson G. 1992. Ferripyrophyllite and related Fe^{3+}-rich 2: 1 clays in recent deposits of Atlantis II Deep, Red Sea. Clay Minerals, 27 (2): 227-244.

Baker J, Snee L, Menzies M. 1996. A brief Oligocene period of flood volcanism in Yemen: Implications for the duration and rate of continental flood volcanism at the Afro-Arabian triple junction. Earth and Planetary Science Letters, 138 (1-4): 39-55.

Barberi F, Borsi S, Ferrara G, Marinelli G, Santacroce R, Tazieff H, Varet J. 1972. Evolution of the Danakil depression (Afar, Ethiopia) in light of radiometric age determinations. The Journal of Geology, 80 (6): 720-729.

Bartov Y, Steinitz G, Eyal M, Eyal Y. 1980. Sinistral movement along the Gulf of Aqaba—its age and relation to the opening of the Red Sea. Nature, 285 (5762): 220-222.

Bastow I D, Keir D. 2011. The protracted development of the continent-ocean transition in Afar. Nature Geoscience, 4 (4): 248-250.

Berckhemer H, Baier B, Bartelsen I I, Behle A, Burkhardt H, Gebrande H, Makris J, Men H, Miller H, Vees R. 1975. Deep seismic soundings in the Afar region and on the highland of Ethiopia' Afar Depression of Ethiopia. Proceedings of an International Symposium on the Afar Region and Related Rift Problems, Schweizerbart, Stuttgart, 1: 89-107.

Berggren W A, Boersma A. 1969. Late Pleistocene and Holocene Planktonic Foraminifera from the Red Sea. Berlin: Springer.

Berhe S M. 1986. Geologic and geochronologic constraints on the evolution of the Red Sea-Gulf of Aden and Afar depression. Journal of African Earth Sciences, 5 (2): 101-117.

Berhe S M, Desta B, Nicoletti M, Teferra M. 1987. Geology, geochronology and geodynamic implications of the Cenozoic magmatic province in W and SE Ethiopia. Journal of the Geological Society, 144 (2): 213-226.

Bertram C, Krätschell A, O'Brien K, Brückmann W, Proelss A, Rehdanz K. 2011. Metalliferous sediments in the Atlantis II Deep-assessing the geological and economic resource potential and legal constraints. Resources Policy, 36 (4): 315-329.

Bignell R D, Cronan D S, Tooms J S. 1976. Metal dispersion in the Red Sea as an aid to marine geochemical exploration. Transactions Institution of Mining and Metallurgy, 85 (B): 273B-8.

Bischoff J L. 1972. A ferroan nontronite from the Red Sea geothermal system. Clays and Clay Minerals, 20 (4): 217-223.

Blanc G, Anschutz P. 1995. New stratification in the hydrothermal brine system of the atlantis ii deep, red sea. Geology, 23 (6): 543.

Blanc G, Anschutz P, Pierret M C. 1998. Metalliferous Sedimentation in the Atlantis II Deep: A Geochemical

Insight. Berlin: Springer.

Bohannon R G. 1986a. How much divergence has occurred between Africa and Arabia as a result of the opening of the Red Sea? Geology, 14 (6): 510-513.

Bohannon R G. 1986b. Tectonic configuration of the western Arabian continental margin, southern Red Sea. Tectonics, 5 (4): 477-499.

Bohannon R G, Naeser C W, Schmidt D L, Zimmermann R A. 1989. The timing of uplift, volcanism, and rifting peripheral to the Red Sea: A case for passive rifting? Journal of Geophysical Research: Solid Earth, 94 (B2): 1683-1701.

Bonatti E. 1985. Punctiform initiation of seafloor spreading in the Red Sea during transition from a continental to an oceanic rift. Nature, 316: 33-37.

Bosworth W. 2015. Geological Evolution of the Red Sea: Historical Background, Review, and Synthesis. Berlin: Springer.

Bosworth W, Darwish M, Crevello P, Taviani M, Marshak S. 1996. Stratigraphic and structural evolution of Zabargad Island (Red Sea, Egypt) since the early Cretaceous. Proceedings of the 3rd international conference on geology of the Arab World, 1: 161-190.

Bosworth W, Huchon P, McClay K. 2005. TheRed Sea and Gulf of Aden basins. Journal of African Earth Sciences, 43 (1): 334-378.

Botz R, Schmidt M, Kus J, Ostertag-Henning C, Ehrhardt A, Olgun N, Garbe-Schönberg D, Scholten J. 2011. Carbonate recrystallisation and organic matter maturation in heat-affected sediments from the Shaban Deep, Red Sea. Chemical Geology, 280 (1): 126-143.

Bridges D L, Mickus K, Gao S S, Abdelsalam M G, Alemu A. 2012. Magnetic stripes of a transitional continental rift in Afar. Geology, 40 (3): 203-206.

Brockamp O, Goulart E, Harder H, Heydemann A. 1978. Amorphous copper and zinc sulfides in the metalliferous sediments of the Red Sea. Contributions to Mineralogy and Petrology, 68 (1): 85-88.

Buck W R. 2006. The role of magma in the development of the Afro-Arabian Rift System. Geological Society, London, Special Publications, 259 (1): 43-54.

Butuzova G Y. 1984. Mineralogy and certain aspects of ore-bearing sediment genesis in the Red Sea-Part II, General processes of mineralization and ore-formation in the Atlantis II Deep. Lithology and Mineral Resources, 19 (4): 293-311.

Bäcker H. 1976. Fazies und chemische Zusammensetzung rezenter Ausfällungen aus Mineralquellen im Roten Meer. Geologisches Jahrbuch, 17: D151-D172.

Bäcker H, Richter H. 1973. Die rezente hydrothermal-sedimentäre Lagerstätte Atlantis-II-Tief im Roten Meer. Geologische Rundschau, 62 (3): 697-737.

Bäcker H, Schoell M. 1972. New deeps with brines and metalliferous sediments in the Red Sea. Nature Physical Science, 240: 153-158.

Camp V E, Roobol M J. 1992. Upwelling asthenosphere beneath western Arabia and its regional implications. Journal of Geophysical Research: Solid Earth, 97 (B11): 15255-15271.

Chang S J, Merino M, Van der Lee S, Stein S, Stein C A. 2011. Mantle flow beneath Arabia offset from the opening Red Sea. Geophysical Research Letters, 38 (4): 155-170.

Chulick G S, Mooney W D. 2002. Seismic structure of the crust and uppermost mantle of North America and adjacent oceanic basins: A synthesis. Bulletin of the Seismological Society of America, 92 (6): 2478-2492.

Chulick G S, Detweiler S, Mooney W D. 2013. Seismic structure of the crust and uppermost mantle of South

America and surrounding oceanic basins. Journal of South American Earth Sciences, 42: 260-276.

Civetta L, La Volpe L, Lirer L. 1978. K-Ar ages of the Yemen Plateau. Journal of Volcanology and Geothermal Research, 4 (3-4): 307-314.

Cochran J R. 1983. A model for development of Red Sea. AAPG Bulletin, 67 (1): 41-69.

Cochran J R. 2005. Northern Red Sea: Nucleation of an oceanic spreading center within a continental rift. Geochemistry, Geophysics, Geosystems, 6 (3): 187-200.

Cochran J R, Karner G D. 2007. Constraints on the deformation and rupturing of continental lithosphere of the Red Sea: The transition from rifting to drifting. Geological Society, London, Special Publications, 282 (1): 265-289.

Cole T G. 1988. The nature and origin of smectite in the Atlantis II Deep, Red Sea. The Canadian Mineralogist, 26 (4): 755-763.

Coleman R G. 1993. Geologic evolution of the Red Sea. Oxford Monographs on Geology and Geophysics. Oxford: Oxford University Press.

Coleman R G, McGuire A V. 1988. Magma systems related to the Red Sea opening. Tectonophysics, 150 (1-2): 77-100.

Converse D R, Holland H D, Edmond J M. 1984. Flow rates in the axial hot springs of the East Pacific Rise (21°N): Implications for the heat budget and the formation of massive sulfide deposits. Earth and Planetary Science Letters, 69 (1): 159-175.

Cornell R M, Giovanoli R, Schindler P W. 1987. Effect of silicate species on the transformation of ferrihydrite into goethite and hematite in alkaline media. Clays and Clay Minerals, 35 (1): 21-28.

Coulibaly A S, Anschutz P, Blanc G, Malaize B, Pujol C, Fontanier C. 2006. The effect of paleo-oceanographic changes on the sedimentary recording of hydrothermal activity in the Red Sea during the last 30,000 years. Marine Geology, 226 (1): 51-64.

Coulie E, Quidelleur X, Gillot P Y, Courtillot V, Lefèvre J C, Chiesa S. 2003. Comparative K-Ar and Ar/Ar dating of Ethiopian and Yemenite Oligocene volcanism: Implications for timing and duration of the Ethiopian traps. Earth and Planetary Science Letters, 206 (3): 477-492.

Courtillot V. 1982. Propagating rifts and continental breakup. Tectonics, 1 (3): 239-250.

Daradich A, Mitrovica J X, Pysklywec R N, Willett S D, Forte A M. 2003. Mantle flow, dynamic topography, and rift-flank uplift of Arabia. Geology, 31 (10): 901-904.

Davies D, Tramontini C. 1970. The deep structure of the Red Sea. Philosophical Transactions of the Royal Society of London A: Mathematical, Physical and Engineering Sciences, 267 (1181): 181-189.

Davison I, Al-Kadasi M, Al-Khirbash S, Al-Subbary A K, Baker J, Blakey S, Bosence D, Dart C, Heaton R, McClay K, Menzies M, Nichols G, Owen L, Yelland A. 1994. Geological evolution of the southeastern Red Sea Rift margin, Republic of Yemen. Geological Society of America Bulletin, 106 (11): 1474-1493.

Degens E T, Ross D A. 1969. Hot Brines and Recent Heavy Metal Deposits in the Red Sea: A Geochemical and Geophysical Account. Berlin: Springer.

Drake C L, Girdler R W. 1964. A geophysical study of the Red Sea. Geophysical Journal International, 8 (5): 473-495.

Dunbar J A, Sawyer D S. 1988. Continental rifting at pre-existing lithospheric weaknesses. Nature, 333 (6172): 450-452.

Ebinger C J, Belachew M. 2010. Geodynamics: Active passive margins. Nature Geoscience, 3 (10): 670.

Ebinger C J, Sleep N H. 1998. Cenozoic magmatism throughout east Africa resulting from impact of a single plume. Nature, 395 (6704): 788-791.

Egloff F, Rihm R, Makris J, Izzeldin Y A, Bobsien M, Meier K, Junge P, Noman T, Warsi W. 1991. Contrasting structural styles of the eastern and western margins of the southern Red Sea: The 1988 SONNE experiment. Tectonophysics, 198 (2-4): 329-353.

Eissen J P, Juteau T, Joron J L, Dupre B, Humler E, Al'Mukhamedov A. 1989. Petrology and Geochemistry of Basalts from the Red Sea Axial Rift at 18 North. Journal of Petrology, 30 (4): 791-839.

Endress C, Furman T, El-Rus M A A, Hanan B. 2011. Geochemistry of 24 Ma basalts from NE Egypt: source components and fractionation history. Geological Society, London, Special Publications, 357 (1): 265-283.

Faccenna C, Becker T W, Conrad C P, Husson L. 2013. Mountain building and mantle dynamics. Tectonics, 32 (1): 80-93.

Fenton M, Geiselhart S, Rohling E J, Hemleben C. 2000. Aplanktonic zones in the Red Sea. Marine Micropaleontology, 40 (3): 277-294.

Fournier M, Chamot-Rooke N, Petit C, Huchon P, Al-Kathirl A, Audin L, Beslier M-O, D'Acremont E, Fabbri O, Fleury J-M, Khanbari K, Lepvrier C, Leroy S, Maillot B, Merkouriev S. 2010. Arabia-Somalia plate kinematics, evolution of the Aden-Owen-Carlsberg Triple Junction, and opening of the Gulf of Aden. Journal of Geophysical Research: Solid Earth, 115 (B4): B04102.

Garfunkel Z, Beyth M. 2006. Constraints on the structural development of Afar imposed by the kinematics of the major surrounding plates. Geological Society, London, Special Publications, 259 (1): 23-42.

Gaulier J M, Le Pichon X, Lyberis N, Avedik F, Geli L, Moretti L, Deschamps A, Hafez S. 1988. Seismic study of the crust of the northern Red Sea and Gulf of Suez. Tectonophysics, 153 (1-4): 55-88.

German C R, Thurnherr A M, Knoery J, Charlou J-L, Jean-Baptiste P, Edmonds H N. 2010. Heat, volume and chemical fluxes from submarine venting: A synthesis of results from the Rainbow hydrothermal field, 36°N MAR. Deep Sea Research Part I: Oceanographic Research Papers, 57 (4): 518-527.

Gettings M E, Blank H R, Mooney W D, Healey J H. 1986. Crustal structure of southwestern Saudi Arabia. Journal of Geophysical Research: Solid Earth, 91 (B6): 6491-6512.

Ghebreab W. 1998. Tectonics of the Red Sea region reassessed. Earth-Science Reviews, 45 (1): 1-44.

Girdler R W. 1984. The evolution of the Gulf of Aden and Red Sea in space and time. Deep Sea Research Part A. Oceanographic Research Papers, 31 (6-8): 747-762.

Girdler R W. 1985. Problems concerning the evolution of oceanic lithosphere in the northern Red Sea. Tectonophysics, 116 (1-2): 109-122.

Girdler R W, Styles P. 1974. Two stage Red Sea floor spreading. Nature, 247: 7-11.

Girdler R W, Underwood M. 1985. The evolution of early oceanic lithosphere in the southern red sea. Tectonophysics, 116 (1): 95-108.

Guney M, Nawab Z, Marhoun M A. 1984. Atlantis-II-Deep's metalreserves and their evaluation. Offshore Technology Conference.

Guney M, Al-Marhoun M A, Nawab Z A. 1988. Metalliferous sub-marine sediments of the Atlantis-II-Deep, Red Sea. Canadian Institute of Mining and Metallurgy Bulletin, 81: 33-39.

Gurvich E G. 2006. Metalliferous Sediments of the World Ocean: Fundamental Theory of Deep-Sea Hydrothermal Sedimentation. Berlin: Springer.

Hall S A. 1989. Magnetic evidence for the nature of the crust beneath the southern Red Sea. Journal of Geophysical Research: Solid Earth, 94 (B9): 12267-12279.

Hall S A, Andreasen G E, Girdler R W. 1976. Total-intensity magnetic anomaly map of the Red Sea and adjacent coastal areas: A description and preliminary interpretation. US Geological Survey.

Hall S A, Andreasen G E, Girdler R W. 1977. Total intensity magnetic anomaly map of the Red Sea adjacent coastal areas, a description and preliminary interpretation. In: Hilpert L S (ed.). Red Sea research 1970-1975. Saudi Arabian Ministry of Petroleum and Mineral Resources, DGMR Bulletin 22, Jeddah, F1-F15.

Hartmann M. 1973. Untersuchung von suspendiertem Material in den Hydrothermallaugen des Atlantis-II-Tiefs. Geologische Rundschau, 62 (3): 742-754.

Hartmann M. 1985. Atlantis-II Deep geothermal brine system. Chemical processes between hydrothermal brines and Red Sea deep water. Marine Geology, 64 (1-2): 157-177.

Head T. 1987. Formal language theory and DNA: an analysis of the generative capacity of specific recombinant behaviors. Bulletin of Mathematical Biology, 49 (6): 737-759.

Hemleben C, Meischner D, Zahn R, Almogi-Labin A, Erlenkeuser H, Hiller B. 1996. Threehundred eighty thousand year long stable isotope. Paleoceanography, 11 (2): 147-156.

Hendricks R L, Reisbick F B, Mahaffey E J, Roberts D B, Peterson M N A. 1969. Chemical Composition of Sediments and Interstitial Brines from the Atlantis II, Discovery and Chain Deeps. Berlin: Springer.

Hofmann C, Courtillot V, Feraud G, Rochette P, Yirgu G, Ketefo E, Pike R. 1997. Timing of the Ethiopian flood basalt event and implications for plume birth and global change. Nature, 389 (6653): 838-841.

Hughes G W, Varol O, Beydoun Z R. 1991. Evidence for Middle Oligocene rifting of the Gulf of Aden and for Late Oligocene rifting of the southern Red Sea. Marine and Petroleum Geology, 8 (3): 354-358.

Huppert H E. 1971. On the stability of a series of double-diffusive layers. Deep Sea Research and Oceanographic Abstracts, Elsevier, 18 (10): 1005-1021.

Huppert H E, Linden P F. 1979. On heating a stable salinity gradient from below. Journal of Fluid Mechanics, 95 (3): 431-464.

Ilani S, Harlavan Y, Tarawneh K, Rabba I, Weinberger R, Ibrahim K, Peltz S, Steinitz G. 2001. New K-Ar ages of basalts from the Harrat Ash Shaam volcanic field in Jordan: Implications for the span and duration of the upper-mantle upwelling beneath the western Arabian plate. Geology, 29 (2): 171-174.

Izzeldin A Y. 1987. Seismic, gravity and magnetic surveys in the central part of the Red Sea: Their interpretation and implications for the structure and evolution of the Red Sea. Tectonophysics, 143 (4): 269-273, 276, 279, 281, 283-291, 294, 297-306.

Izzeldin A Y. 1989. Transverse structures in the central part of the Red Sea and implications on early stages of oceanic accretion. Geophysical Journal International, 96 (1): 117-129.

Jolivet L, Faccenna C. 2000. Mediterranean extension and the Africa-Eurasia collision. Tectonics, 19 (6): 1095-1106.

Kaplan I R, Sweeney R E, Nissenbaum A. 1969. Sulfur Isotope Studies on Red Sea Geothermal Brines and Sediments. Berlin : Springer.

Laurila T E, Hannington M D, Leybourne M, Petersen S, Devey C W, Garbe-Schönberg D. 2015. New insights into the mineralogy of the Atlantis II Deep metalliferous sediments, Red Sea. Geochemistry, Geophysics, Geosystems, 16 (12): 4449-4478.

Laurila T E, Hannington M D, Petersen S, Garbe-Schönberg D. 2014a. Early Depositional History of Metalliferous Sediments in the Atlantis II Deep of the Red Sea: Evidence from Rare Earth Element Geochemistry. Geochimica et Cosmochimica Acta, 126: 146-168.

Laurila T E, Hannington M D, Petersen S, Garbe-Schönberg D. 2014b. Trace metal distribution in the Atlantis II Deep (Red Sea) sediments. Chemical Geology, 386: 80-100.

Le Pichon X. 1968. Sea-floor spreading and continental drift. Journal of Geophysical Research, 73 (12): 3661-3697.

Leroy S, Gente P, Fournier M, D'Acremont E, Patriat P, Beslier M O, Bellahsen N, Maia M, Blais A, Perrot J, Al-Kathiri A, Merkoriev S, Fleury J M, Ruellan P Y, Lepvrier C, Huchon P. 2004. From rifting to spreading in the eastern Gulf of Aden: A geophysical survey of a young oceanic basin from margin to margin. Terra Nova, 16 (4): 185-192.

Leroy S, Razin P, Autin J, Bache F, D'Acremont E, Watremez L, Robinet J, Baurion C, Denèle Y, Bellahsen N, Lucazeau F, Rolandone F, Rouzo S, Kiel J S, Robin C. 2012. From rifting to oceanic spreading in the Gulf of Aden: A synthesis. Arabian Journal of Geosciences, 5 (5): 859-901.

Lewis B L, Landing W M. 1991. The biogeochemistry of manganese and iron in the Black Sea. Deep Sea Research Part A: Oceanographic Research Papers, 38: S773-S803.

Ligi M, Bonatti E, Tontini F C, Cipriani A, Cocchi L, Schettino A, Bortoluzzi G, Ferrante V, Khalil S, Mitchell N, Rasul N. 2011. Initial burst of oceanic crust accretion in the Red Sea due to edge-driven mantle convection. Geology, 39 (11): 1019-1022.

Ligi M, Bonatti E, Bortoluzzi G, Cipriani A, Cocchi L, Tontini F C, Carminati E, Ottolini L, Schettino A. 2012. Birth of an ocean in the Red Sea: initial pangs. Geochemistry, Geophysics, Geosystems, 13 (8): Q08009.

Lin S C, Kuo B Y, Chiao L Y, van Keken P E. 2005. Thermal plume models and melt generation in East Africa: A dynamic modeling approach. Earth and Planetary Science Letters, 237 (1): 175-192.

Locke S, Thunell R C. 1988. Paleoceanographic record of the last glacial/interglacial cycle in the Red Sea and Gulf of Aden. Palaeogeography, Palaeoclimatology, Palaeoecology, 64 (3): 163-187.

Lowell J D, Genik G J. 1972. Sea-floor spreading and structural evolution of southern Red Sea. AAPG Bulletin, 56 (2): 247-259.

Lyakhovsky V, Segev A, Schattner U, Weinberger R. 2012. Deformation and seismicity associated with continental rift zones propagating toward continental margins. Geochemistry, Geophysics, Geosystems, 13 (1): 5-11.

Macdonald K C, Becker K, Spiess F N, Ballard R D. 1980. Hydrothermal heat flux of the "black smoker" vents on the East Pacific Rise. Earth and Planetary Science Letters, 48 (1): 1-7.

Makris J, Ginzburg A. 1987. The Afar Depression: Transition between continental rifting and sea-floor spreading. Tectonophysics, 141 (1-3): 199-214.

Makris J, Rihm R. 1991. Shear-controlled evolution of the red sea: Pull apart model. Tectonophysics, 198 (2-4): 441-466.

Makris J, Henke C H, Egloff F, Akamaluk T. 1991. The gravity field of the Red Sea and East Africa. Tectonophysics, 198 (24): 369-381.

Manighetti I, Tapponnier P, Courtillot V, Gruszow S, Gillot P Y. 1997. Propagation of rifting along the Arabia-Somalia plate boundary: The gulfs of Aden and Tadjoura. Journal of Geophysical Research: Solid Earth, 102 (B2): 2681-2710.

Martinez F, Cochran J R. 1988. Structure and tectonics of the northern Red Sea: Catching a continental margin between rifting and drifting. Tectonophysics, 150 (1): 1-31.

Maus S, Barckhausen U, Berkenbosch H, Bournas N, Brozena J, Childers F, Dostaler V, Fairhead J D, Finn C, von Frese R R B, Gaina C, Golynsky S, Kucks R, Lu H, Milligan P, Mogren S, Müller R D, Olesen O, Pilkington M, Saltus R, Schreckenberger B, Thebault E, Tontini F C. 2009. EMAG2: A 2-arc min resolution Earth Magnetic Anomaly Grid compiled from satellite, airborne, and marine magnetic measurements. Geochemistry, Geophysics, Geosystems, 10 (8): 4918.

McDougall T J. 1984. Convective processes caused by a dense, hot saline source flowing into a submarine depression from above. Deep Sea Research: Part A, 31 (11): 1287-1309.

McGuire A V, Bohannon R G. 1989. Timing of mantle upwelling: evidence for a passive origin for the Red Sea rift. Journal of Geophysical Research: Solid Earth, 94 (B2): 1677-1682.

McQuarrie N, Stock J M, Verdel C, Wernicke B P. 2003. Cenozoic evolution of Neotethys and implications for the causes of plate motions. Geophysical Research Letters, 30 (20): 315-331.

Mechie J, Prodehl C, Koptschalitsch G. 1986. Ray path interpretation of the crustal structure beneath Saudi Arabia. Tectonophysics, 131 (3): 333-352.

Milanovsky E E. 1972. Continental rift zones: Their arrangement and development. Tectonophysics, 15 (1-2): 65-70.

Miller A R. 1964. High salinity in sea water. Nature, 203 (4945): 590-591.

Miller A R, Densmore C D, Degens E T, Hathaway J C, Manheim F T, McFarlin P F, Pocklington R, Jokela A. 1966. Hot brines and recent iron deposits in deeps of the Red Sea. Geochimica et Cosmochimica Acta, 30 (3): 341.

Missack E, Stoffers P, Goresy A. 1989. Mineralogy, parageneses, and phase relations of copper-iron sulfides in the Atlantis II deep, Red Sea. Mineralium Deposita, 24 (2): 82-91.

Mitchell N C, Ligi M, Ferrante V, Bonatti E, Rutter E. 2010. Submarine salt flows in the central Red Sea. Geological Society of America Bulletin, 122 (5-6): 701-713.

Mooney W D, Gettings M E, Blank H R, Healy J H. 1985. Saudi Arabia seismic refraction profile: A travel time interpretation of crustal and upper mantle structure. Tectonophysics, 111: 173-246.

Munns R G, Stanley R J, Densmore C D. 1967. Hydrographic observations of the Red Sea brines. Nature, 214: 1215-1217.

Nawab Z A. 1984. Red Sea mining: a new era. Deep Sea Research: Part A, 31 (6-8): 813-822.

Oudin E. 1987. Trace element and precious metal concentrations in East Pacific Rise, Cyprus and Red Sea submarine sulfide deposits. In: Teleki P G, Dobson M R, Moore J R, Stackelberg U (eds.). Marine Minerals: Advances in Research and Resource Assessment strategies. Proceedings of the NATO Advanced Research Workshop, Series C, 194: 349-362.

Oudin E, Thisse Y, Ramboz C. 1984. Fluid inclusion and mineralogical evidence for high temperature saline hydrothermal circulation in the Red Sea metalliferous sediments: Preliminary results. Marine Mining, 5 (1): 3-31.

Pallister J S. 1987. Magmatic history of Red Sea rifting: Perspective from the central Saudi Arabian coastal plain. Geological Society of America Bulletin, 98 (4): 400-417.

Pallister J S, McCausland W A, Jónsson S, Lu Z, Zahran H M, Hadidy S E, Aburukbah A, Stewart I C F, Lundgren P R, White R A, Mouftic M R H. 2010. Broad accommodation of rift-related extension recorded by dyke intrusion in Saudi Arabia. Nature Geoscience, 3 (10): 705-712.

Phillips J D. 1970. Magnetic anomalies in the Red Sea. Philosophical Transactions of the Royal Society of London A: Mathematical, Physical and Engineering Sciences, 267 (1181): 205-217.

Phillips J D, Ross D A. 1970. Continuous seismic reflexion profiles in the Red Sea. Philosophical Transactions of the Royal Society of London A: Mathematical, Physical and Engineering Sciences, 267 (1181): 143-152.

Pierret M C, Clauer N, Bosch D, Blanc G, France-Lanord C. 2001. Chemical and isotopic ($^{87}Sr/^{86}Sr$, $\delta^{18}O$, δD) constraints to the formation processes of Red-Sea brines. Geochimica et Cosmochimica Acta, 65 (8): 1259-1275.

Pottorf R J, Barnes H L. 1983. Mineralogy, geochemistry, and ore genesis of hydrothermal sediments from the Atlantis II Deep, Red Sea. Economic Geology Monograph, 5: 198-223.

Ramboz C, Oudin E, Thisse Y. 1988. Geyser-type discharge in Atlantis II Deep, Red Sea: Evidence of boiling from fluid inclusions in epigenetic anhydrite. The Canadian Mineralogist, 26 (3): 765-786.

Rasul N M A, Stewart I C F, Nawab Z A. 2015. Introduction to the Red Sea: Its Origin, Structure, and Environment. Berlin: Springer.

Redfield T F, Wheeler W H, Often M. 2003. A kinematic model for the development of the Afar Depression and its paleogeographic implications. Earth and Planetary Science Letters, 216 (3): 383-398.

Reilinger R, McClusky S. 2011. Nubia-Arabia-Eurasia plate motions and the dynamics of Mediterranean and Middle East tectonics. Geophysical Journal International, 186 (3): 971-979.

Reilinger R, McClusky S, Vernant P, Lawrence Shawn, Ergintav S, Cakmak R, Ozener H, Kadirov F, Guliev I, Stepanyan R, Nadariya M, Hahubia G, Mahmoud S, Sakr K, ArRajehi A, Paradissis D, Al-Aydrus A, Prilepin M, Guseva T, Evren E, Dmitrotsa A, Filikov S V, Gomez F, Al-Ghazzi R, Karam G. 2006. GPS constraints on continental deformation in the Africa-Arabia-Eurasia continental collision zone and implications for the dynamics of plate interactions. Journal of Geophysical Research: Solid Earth, 111 (B5): 43-55.

Rihm R, Makris J, Möller L. 1991. Seismic surveys in the northern Red Sea: Asymmetric crustal structure. Tectonophysics, 198 (2-4): 279-295.

Robson D A. 1971. The structure of the Gulf of Suez (Clysmic) rift, with special reference to the eastern side. Journal of the Geological Society, 127 (3): 247-271.

Rogers N W. 2006. Basaltic magmatism and the geodynamics of the East African rift system. Geological Society, London, Special Publications, 259 (1): 77-93.

Roobol M J, Kadi K A. 2008. Cenozoic faulting in the Rabigh area, central west Saudi Arabia (including the sites of King Abdullah Economic City and King Abdullah University for Science and Technology). Saudi Geological Survey Technical Report SGS-TR-2008-6, 1 (250, 000).

Rooney T O, Mohr P, Dosso L, Hall C. 2013. Geochemical evidence of mantle reservoir evolution during progressive rifting along the western Afar margin. Geochimica et Cosmochimica Acta, 102: 65-88.

Ross D A, Schlee J. 1973. Shallow structure and geologic development of the southern Red Sea. Geological Society of America Bulletin, 84 (12): 3827-3848.

Ross D A, Schlee J. 1974. Shallow structure and geologic development of the southern reel sea: Reply. Geological Society of America Bulletin, 85 (8): 1340.

Ryan W B F, Thorndike E M, Ewing M, Ross D. 1969. Suspended Matter in the Red Sea Brines and Its Detection by Light Scattering. Berlin: Springer.

Röser H A. 1975. A detailed magnetic survey of the southern Red Sea. Geologie Jahrbuch, Schweizerbart, 13: 131-153.

Sahota G. 1990. Geophysical Investigation of the Gulf of Aden Continental Margins: Geodynamic Implications for the Development of the Afro-Arabian Rift System. University College of Swansea.

Sandwell D T, Smith W H F. 2009. Global marine gravity from retracked Geosat and ERS-1 altimetry: Ridge segmentation versus spreading rate. Journal of Geophysical Research: Solid Earth, 114 (B1): 51.

Schmidt D L, Hadley D G, Brown G F. 1983. Middle Tertiary continental rift and evolution of the Red Sea in southwestern Saudi Arabia. US Geological Survey.

Schoell M. 1976. Heating and convection within the Atlantis II Deep geothermal system of the Red Sea. Proceeding of Second United Nations Symposium on the Development and Use of Geothermal Resources, 2: 583-590.

Schoell M, Faber E. 1978. New isotopic evidence for the origin of Red Sea brines. Nature, 275 (5679): 436-438.

Schoell M, Hartmann M. 1978. Changing hydrothermal activity in the Atlantis II Deep geothermal system. Nature, 274 (5673): 784-785.

Schoell M, Stahl W. 1972. The carbon isotopic composition and the concentration of the dissolved anorganic carbon in the Atlantis II Deep brines/Red Sea. Earth and Planetary Science Letters, 15 (2): 206-211.

Scholten J C, Stoffers P, Garbe-Schönberg D, Moammar M. 2000. Hydrothermal mineralization in the Red Sea. Handbook of Marine Mineral Deposits, 369-395.

Schwertmann U, Cornell R. M. 2000. Iron oxides in the laboratory: preparation and characterization, 2nd, completely revised and enlarged edition. Mineralogical Magazine, 61 (408): 740-741.

Schwertmann U, Friedl J, Stanjek H, Murad E, Christian B K. 1998. Iron oxides and smectites in sediments from the Atlantis II Deep, Red Sea. European Journal of Mineralogy, 10 (5): 953-968.

Searle R C, Ross D A. 1975. Ageophysical study of the Red Sea Axial Trough between 20.5° and 22° N. Geophysical Journal International, 43 (2): 555-572.

Sebai A, Zumbo V, Féraud G, Bertrand H, Hussain A G, Giannérini G, Campredon R. 1991. $^{40}Ar/^{39}Ar$ dating of alkaline and tholeiitic magmatism of Saudi Arabia related to the early Red Sea Rifting. Earth and Planetary Science Letters, 104 (2-4): 473-487.

Seeberg-Elverfeldt I A, Lange C B, Arz H W, Pätzold J, Pike J. 2004. The significance of diatoms in the formation of laminated sediments of the Shaban Deep, Northern Red Sea. Marine Geology, 209 (1): 279-301.

Sengör A M, Burke K. 1978. Relative timing of rifting and volcanism on Earth and its tectonic implications. Geophysical Research Letters, 5 (6): 419-421.

Shanks III W C, Bischoff J L. 1977. Ore transport and deposition in the Red Sea geothermal system: a geochemical model. Geochimica et Cosmochimica Acta, 41 (10): 1507-1519.

Shanks III W C, Bischoff J L. 1980. Geochemistry, sulfur isotope composition, and accumulation rates of Red Sea geothermal deposits. Economic Geology, 75 (3): 445-459.

Siddall M, Rohling E J, Almogi-Labin A, Hemleben C H. 2003. Sea-level fluctuations during the last glacial cycle. Nature, 423 (6942): 853-858.

Skipwith P. 1973. The Red Sea and coastal plain of the kingdom of Saudi Arabia: A review. Ministry of Petroleum and Mineral Resources, Deputy Ministry for Mineral Resources.

Stern R J, Johnson P. 2010. Continental lithosphere of the Arabian Plate: A geologic, petrologic, and geophysical synthesis. Earth-Science Reviews, 101 (1): 29-67.

Stoffers P, Ross D A. 1974. Sedimentary history of the Red Sea. Initial Reports of the Deep Sea Drilling Project, 23: 849-865.

Storey B C. 1995. The role of mantle plumes in continental breakup: Case histories from Gondwanaland. Nature, 377 (6547): 301.

Sultan M, Becker R, Arvidson R E, Shore P, Stern R J, Alfy Z E, Guinness E A. 1992. Nature of the Red Sea crust: A controversy revisited. Geology, 20 (7): 593-596.

Sultan M, Becker R, Arvidson R E, Shore P, Stern R J, Alfy Z E, Attia R I. 1993. New constraints on Red Sea rifting from correlations of Arabian and Nubian Neoproterozoic outcrops. Tectonics, 12 (6): 1303-1319.

Swift S A, Bower A S, Schmitt R W. 2012. Vertical, horizontal, and temporal changes in temperature in the Atlantis II and Discovery hot brine pools, Red Sea. Deep Sea Research Part I, 64: 118-128.

Taitel-Goldman N, Singer A. 2001. High-resolution transmission electron microscopy study of newly formed sediments in the Atlantis II Deep, Red Sea. Clays and Clay Minerals, 49 (2): 174-182.

Taitel-Goldman N, Singer A. 2002a. Metastable Si-Fe phases in hydrothermal sediments of Atlantis II Deep, Red Sea. Clay Minerals, 37 (2): 235-248.

Taitel-Goldman N, Singer A. 2002b. Synthesis of clay-sized iron oxides under marine hydrothermal conditions. Clay Minerals, 37 (4): 719-731.

Taviani M. 1998. Axial Sedimentation of the Red Sea Transitional Region (22°-25°N): Pelagic, Gravity Flow and Sapropel Deposition During the Late Quaternary. Berlin: Springer.

Taylor B, Goodliffe A, Martiniez F, Hey R. 1995. Continental rifting and initial sea-floor spreading in the Woodlark Basin. Nature, 374 (6522): 534.

Taylor B, Goodliffe A, Martinez F. 2009. Initiation of transform faults at rifted continental margins. Comptes Rendus Geoscience, 341 (5): 428-438.

Tramontini C, Davies D. 1969. A seismic refraction survey in the Red Sea. Geophysical Journal International, 17 (2): 225-241.

Turner J S. 1969. A physical Interpretation of the Observations of Hot Brine Layers in the Red Sea. Berlin: Springer.

Varet J. 1978. Geology of central and southern Afar (Ethiopia and Djibouti Republic). CNRS, Paris, 118.

Voggenreiter W, Hötzl H. 1989. Kinematic evolution of the southwestern Arabian continental margin: implications for the origin of the Red Sea. Journal of African Earth Sciences (and the Middle East), 8 (2-4): 541-564.

Voggenreiter W, Hötzl H, Mechie J. 1988. Low-angle detachment origin for the Red Sea Rift system? Tectonophysics, 150 (1-2): 5158-5675.

Von Damm K L. 1990. Seafloor hydrothermal activity: black smoker chemistry and chimneys. Annual Review of Earth and Planetary Sciences, 18 (1): 173-204.

Watchorn F, Nichols G J, Bosence D W J. 1998. Rift-Related Sedimentation and Stratigraphy, Southern Yemen (Gulf of Aden). Berlin: Springer.

Wernicke B. 1985. Uniform-sense normal simple shear of the continental lithosphere. Canadian Journal of Earth Sciences, 22 (1): 108-125.

Whitmarsh R B, Weser O E, Ross D A, et al. 1974. Sites 219, 220 and 221, Init Rep DSDP, 23: 35-210.

Wijk J W V, Blackman D K. 2005. Dynamics of continental rift propagation: The end-member modes. Earth and Planetary Science Letters, 229 (3): 247-258.

Wright T J, Ebinger C, Biggs J, Ayele A, Yirgu G, Keir D, Stork A. 2006. Magma-maintained rift segmentation at continental rupture in the 2005 Afar dyking episode. Nature, 442 (7100): 291-294.

Yarincik K M, Murray R W, Lyons T W, Peterson L C, Haug G H. 2000. Oxygenation history of bottom waters in the Cariaco Basin, Venezuela, over the past 578000 years: Results from redox-sensitive metals (Mo, V, Mn and Fe). Paleoceanography, 15 (6): 593-604.

Zanettin B, Justin-Visentin E, Piccirillo E M. 1978. Volcanic succession, tectonics and magmatology in central Ethiopia. Atti Mem Accad Patavina Sci Lett Arti, 90: 5-19.

Zierenberg R A, Shanks III W C. 1983. Mineralogy and geochemistry of epigenetic features in metalliferous sediment, Atlantis II Deep, Red Sea. Economic Geology, 78 (1): 57-72.

Zierenberg R A, Shanks III W C. 1986. Isotopic constraints on the origin of the Atlantis II, Suakin and Valdivia brines, Red Sea. Geochimica et Cosmochimica Acta, 50 (10): 2205-2214.

Zierenberg R A, Shanks III W C. 1988. Isotopic studies of epigenetic features in metalliferous sediment, Atlantis II Deep, Red Sea. The Canadian Minerals, 26: 737-753.

Zumbo V, Féraud G, Bertrand H, Chazot G. 1995. ^{40}Ar-^{39}Ar chronology of tertiary magmatic activity in Southern Yemen during the early Red Sea-Aden rifting. Journal of Volcanology and Geothermal Research, 65 (3-4): 265-279.

第9章 全球洋中脊热液硫化物资源潜力

洋中脊作为地球系统中最为重要的巨型活动构造带，是海底扩张的发源地，也是岩浆作用最为活跃的地区，蕴藏着丰富的热液硫化物资源和极端生物基因资源。洋中脊的调查和综合研究无论对地球演化历史的认识，还是海洋矿产资源的开发都具有极其重要的意义，而且还将在很大程度上影响人类对于诸如生命起源等重大问题的看法，对地球科学、环境科学等都将或已经产生了深远的影响，很可能导致新理论的建立。

9.1 成矿单元的划分原则

全球海底分布着长达65000多千米的洋中脊，由于扩张速率、洋脊构造、岩浆作用等方面的差异，不同区段会形成不同类型和不同规模的多金属硫化物矿床。为了评估和预测全球洋中脊热液硫化物资源潜力，核心是要研究洋中脊的分段特征，进而把握各区段热液硫化物的分布规律。为此，本书以构造-岩石组合为基本约束对全球洋中脊硫化物进行资源评价和单元划分，并建立全球和区域两个尺度的两级成矿单元的划分原则。

由于扩张速率决定了构造和岩浆这两个最基本的控矿要素，因此一级成矿单元划分中扩张速率成为最为主要的划分依据；二级单元的划分是资源评价的基础，是对一级成矿单元的细分，二级单元划分的原则是使各单元内部应具有相近的主要控矿因素，如扩张速率、构造样式、岩石类型、岩浆通量，以及有无沉积物的影响等。二级单元之间被大型转换断层分割、错断，长度一般不小于1000 km。为此，本书在全球尺度上共划分出超慢速、慢速、中速和快速扩张的4个一级成矿单元，并在此基础上进一步细划分出26个二级成矿单元。其中，大西洋中脊划分出7个单元，西南印度洋脊划分出4个单元，中印度洋脊划分出4个单元，东南印度洋脊划分出3个，东太平洋海隆划分出8个单元（图9-1）。

9.2 成矿单元的基础地质信息

根据构造-岩石组合特征，在全球洋中脊划分的26个成矿单元中，快速扩张太平洋中脊8个，从北向南分别命名为E1、E2、E3、E4、E5、E6、E7和E8；中速扩张东南印度洋脊3个，从西北向东南分别命名为ES1、ES2和ES3；慢速扩张大西洋中脊和中-慢速扩张中印度洋脊共11个，大西洋中脊从北向南分别命名为M1、M2、M3、M4、M5、M6和M7，中印度洋脊从北向南分别命名为C1、C2、C3和C4；以及超慢速扩张西南印度洋脊4个，从北东向南西分别命名为S1、S2、S3和S4（图9-1）。

本书统计了每个成矿单元的长度、扩张速率、主要断裂数量及其平均间距、洋脊平均水深和水深范围（根据岩石站位的水深信息获得）、岩石类型（主要统计岩浆岩和地幔橄榄岩的数量）及热液喷口的数量（喷口分为活动、不活动和未确定喷口）（表9-1）。

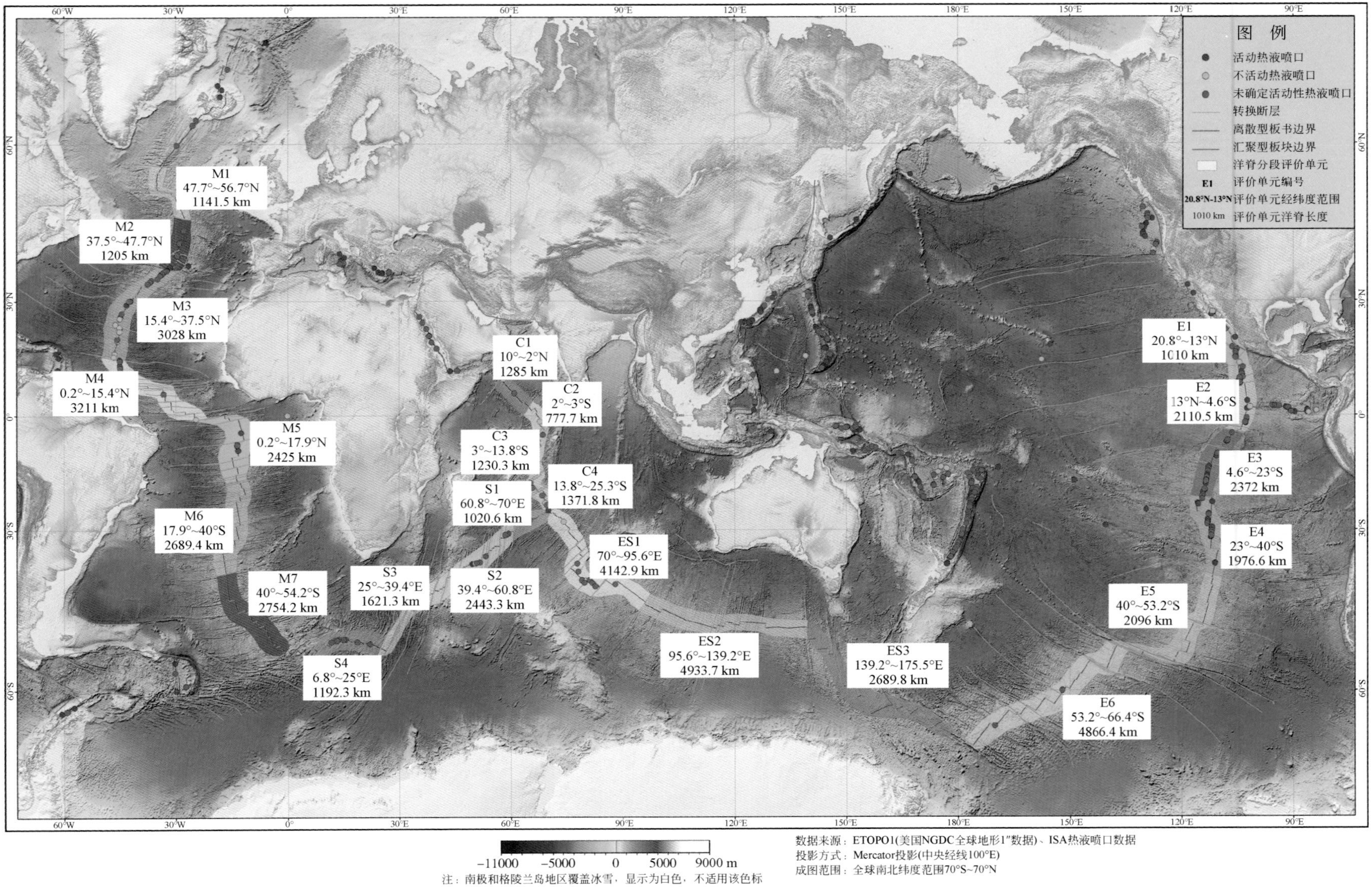

图 9-1 全球洋中脊资源成矿单元划分图

表 9-1 各成矿单元基本地质统计

成矿单元编号	长度/km	扩张速率/(mm/a)	断裂带数量	断裂带平均间距/km	洋脊水深/m 水深范围	洋脊水深/m 平均深度	岩石类型 玄武岩	岩石类型 橄榄岩	橄/玄比	热液喷口数量/个 活动	热液喷口数量/个 不活动	热液喷口数量/个 未确定	热液喷口数量/个 总数
M1	1141		4	381	1875~4050	2824	44	1	2.3				
M2	1205	19.9~23.1	4	402	920~2895	1947	276	5	1.8	3		3	6
M3	3028	20.3~25.5	9	379	1442~5160	3705	1638	12	0.7	6	9	12	27
M4	3211	25.5~31.1	16	214	2470~5122	3816	77	25	32.5	5	5	9	19
M5	2425	32.4~33.2	12	220	1448~4580	3154	22	3	13.6	3		2	5
M6	2689		16	179	1489~4140	3080	64	0	0.0				
M7	2754		7	459	1650~3894	2884	120	0	0.0				
S1	1020	9.4~9.7	1	1021	2750~5600	4552	57	4	7.0	1		5	7
S2	2443	10.4~12.1	9	305	1260~4500	3242	100	60	60.0	1		6	8
S3	1621		4	540	1320~4000	2482	33	10	30.3				
S4	1192	13.5~13.8	7	199	1436~4525	3539	54	17	31.5			8	8
C1	1285	24.5~27.7	2	1285	3146~4023	3735	45	2	4.4	1		1	2
C2	777	34.4	8	111	2821~3497	3182	8	0	0.0			1	1
C3	1230	36	10	137	1760~3710	2852	18	14	77.8		1		1
C4	1371	40~49.1	4	457	2240~5185	3362	57	5	8.8	2	1	5	8
ES1	4143	58.4~68.5	12	377	1370~3413	2525	125	0	0.0		1	8	9
ES2	4933		12	449	2125~4900	3548	94	0	0.0				
ES3	2690		4	897									
E1	1293	45.8~56.3	3	647	848~3360	1232	1171	0	0.0	27	5	10	42
E2	1010	47.8~91.1	5	253	1425~3200	2703	634	0	0.0	3	2	8	13
E3	2110	91.1~129.2	5	528	2364~3721	2682	460	5	1.1	20	3	9	32
E4	1983	49.7~65.6	3	992	1530~3995	2382	1022	0	0.0	5	5	7	17
E5	2372	133.3~149	5	593	2575~4801	2882	182	8	4.4	18		19	37
E6	1976	93.6~194.2	4	659	2080~3905	2710	156	0	0.0	8		15	23
E7	2096		5	524	2220~3250	2501	2	0	0.0				
E8	4866	58.2~69.4	11	487	1603~4167	2367	36	2	5.6			2	2

注：橄/玄比＝橄榄岩数量/玄武岩数量×100

除了超慢速扩张洋脊外，其他扩张速率的洋脊都满足扩张速率和喷口数量正相关的关系（Baker et al., 1996），这反映喷口数量受洋脊热通量控制。Hannington 等（2005）统计了喷口数量与洋脊水深的关系，他发现喷口数量最高的地区分布在洋脊水深为 2200~2800 m 的区域。从本书统计的数据来看，喷口数量最高的洋脊位于东太平洋降，平均水深为 2500~2900 m（图 9-2），与前人的结果很接近。大西洋中脊的热液喷口数量是第二多的，明显高于印度洋中脊，这可能与印度洋中脊的调查程度低有关。

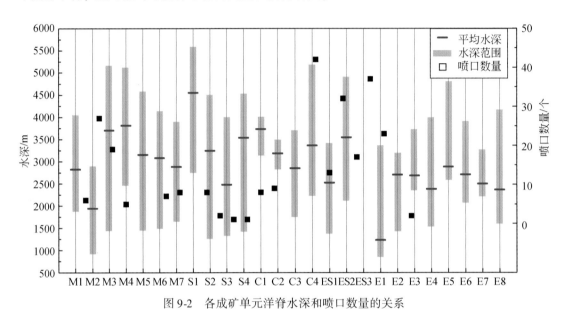

图 9-2　各成矿单元洋脊水深和喷口数量的关系

另外，本书还统计了洋脊扩张速率与岩石类型的关系（图 9-3）。洋中脊出露最多的两大岩石类型为玄武岩和橄榄岩，而辉长岩少见。从本书统计结果来看，太平洋橄榄岩的出露最少，主要岩石类型都为玄武岩，这与太平洋快速扩张及岩浆作用强有关。橄榄岩出露最多的地方在中印度洋（C1、C4）及西南印度洋（S2、S3 和 S4），而这些单元都是扩张

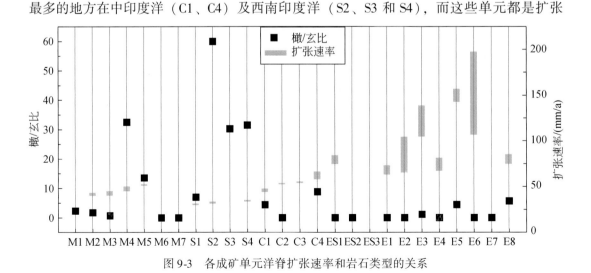

图 9-3　各成矿单元洋脊扩张速率和岩石类型的关系

速率较慢的洋脊区段。因此总体而言，橄榄岩的出露频率（橄榄岩与玄武岩的比值）的大小与扩张速率总体是成反比的。

这种特征与前人的研究成果一致：快速扩张洋脊由于岩浆作用强，地幔橄榄岩无法在海底出露，少量的橄榄岩出露都集中在转换断层处；而慢速及超慢速扩张洋脊由于贫岩浆且受拆离断层的影响，地幔橄榄岩得以直接在海底出露（Michael et al., 2003；Standish et al., 2008）。

9.3 成矿单元的基底岩石类型

洋中脊的基底岩石类型是影响热液硫化物矿床成矿元素类型及含量的重要因素（Fouquet et al., 2010）。海底热液与基底岩石发生水-岩反应，萃取其中的 Cu、Zn、Fe、Pb、Au、Bi、Sb、As、Mo、In、Co 和 Ni 等金属元素，以及 S 和 Cl 等络合元素，因此基底岩石的化学组成决定了含矿热液流体中的金属来源及元素组成（Fouquet et al., 2010）。例如，超镁铁质岩主导的热液流体具有富 Co 和 Ni 等典型特征（Dekov, 2006），而有沉积物参与的热液流体具有富 As 和 Sb 等特征（Zierenberg et al., 1993），这些都是单纯由镁铁质岩主导的热液流体所没有的特征。除了这些指标性元素的含量存在差异外，基底岩石类型的不同还会造成热液 pH 和 Eh 的不同，从而通过影响热液中成矿元素的溶解度及沉淀机制的方式来影响多金属硫化物矿床的金属品位和吨位（Goodfellow et al., 1999；Hanington et al., 2005）。

全球洋中脊出露的基底岩石类型受岩浆和构造的双重控制。当岩浆作用主导时（主要出现在快速扩张洋脊），洋中脊岩石以玄武岩为主；当有热点参与的情况下，玄武岩会从 N-MORB 转变成 E-MORB；或者当有沉积物或地壳物质混染时，也会改变玄武岩的组成，甚至会出现中酸性的岩浆岩。但构造作用主导时（主要出现在慢速和超慢速扩张洋脊），较弱的岩浆作用会导致地幔岩（称为深海橄榄岩）直接裸露在海底，或者受拆离断层的影响，将原来完整的地壳结构拆离到海底并发生橄榄岩、辉长岩和玄武岩的混杂堆积，形成所谓的大洋核杂岩（Cannat et al., 2006；Ildefonse et al., 2007）。

因此，通过分析全球洋中脊的基底岩石化学组成（包括亲石元素和金属元素），对 26 个成矿单元的岩石类型进行系统比较，以地球化学填图的方式展示其在全球洋中脊的组成特征和空间分布，为洋中脊多金属的硫化物分类和成矿特征研究打下基础。

9.3.1 太平洋中脊

太平洋中脊是全球洋中脊扩张速率最快的端元，除了 E1 单元（主要是勘探者洋脊和胡安德富卡脊）的扩张速率（45.8~56.3 mm/a）处于中速扩张以外，其他单元都属于中快速扩张洋脊，且 E3、E5 和 E6 的扩张速率高达 120 mm/a 以上（表9-1）。快速扩张导致洋脊下方地幔快速地上涌，并形成较浅的冷边界层，从而使得太平洋地幔的熔融程度总体较高、脊轴岩浆作用较强（Niu and Hekinlan, 1997；Niu and O'Hara, 2008），具体体现在洋脊的轴部地形为数十千米宽数百米高的隆起。因此太平洋中脊存在完整的地壳结构，且深部地壳及地幔橄榄岩难以在洋脊出露，只有少量橄榄岩在大型转换断层与洋脊交汇的位置出露（Niu and Hekinlan，1997）。为此，本书主要利用 N-MORB 和 E-MORB 两种玄武岩类型进行地球化学填图。

首先利用 K/Ti 值来区分玄武岩的类型（Cushman et al.，2004），从图 9-4（a）可以看出，太平洋中脊存在 N-MORB 和 E-MORB 两种玄武岩类型，除了 E7 和 E8 主要为 N-MORB 以外，其他成矿单元基本都拥有 N-MORB 和 E-MORB 两种玄武岩类型。该结果与从稀土配分模式获取的结果较为一致。从图 9-5 可以看出，E7 单元所有的岩石均表现为 N-MORB 所具有的轻稀土亏损特征［$(La/Sm)_N<1$］，而其他单元既有轻稀土富集也有轻稀土亏损的岩石样品。对于 E1 和 E2，其 E-MORB 岩浆岩的出现与洋脊附近 Cobb 热点的影响及沉积物混染有关（Davis et al.，1998）。Cobb 热点是 E1 单元北段出现 E-MORB 的主要原因，而 E1 单元南段则是地幔部分熔融形成 N-MORB 岩浆后在海底与沉积层发生相互作用叠加的结果（Davis et al.，1998）。尤其对于 E4 单元，无论是 K/Ti 还是 $(La/Sm)_N$ 指标，均反映其含有最多的 E-MORB 岩石，这与 E4 受到加拉帕戈斯热点的影响而发生洋脊-热点相互作用的结果一致（Cushman et al.，2004）。E3、E5 和 E6 单元的 E-MORB 成因与 E4 相似，分别受到了 Socorro 和 Salay Geomez 热点的影响，但程度会明显低于 E4（Haase，2002）。

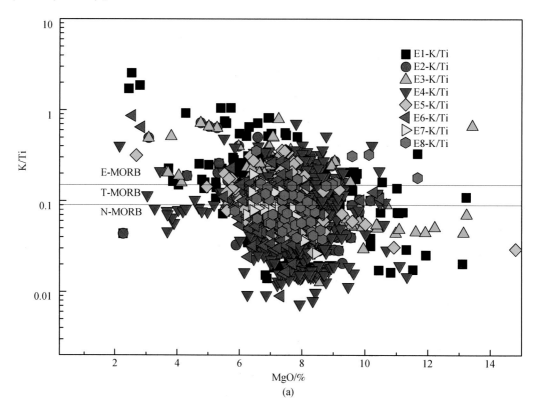

(a)

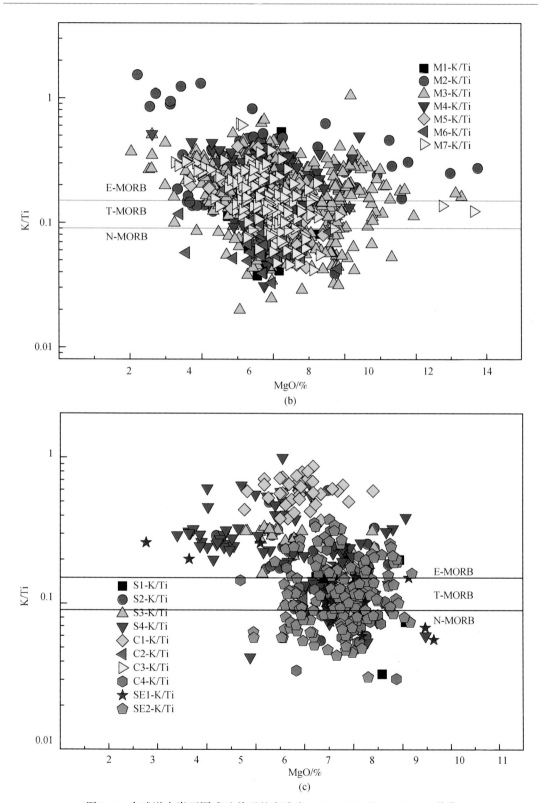

图 9-4 全球洋中脊不同成矿单元的玄武岩(N-MORB 和 E-MORB)分类

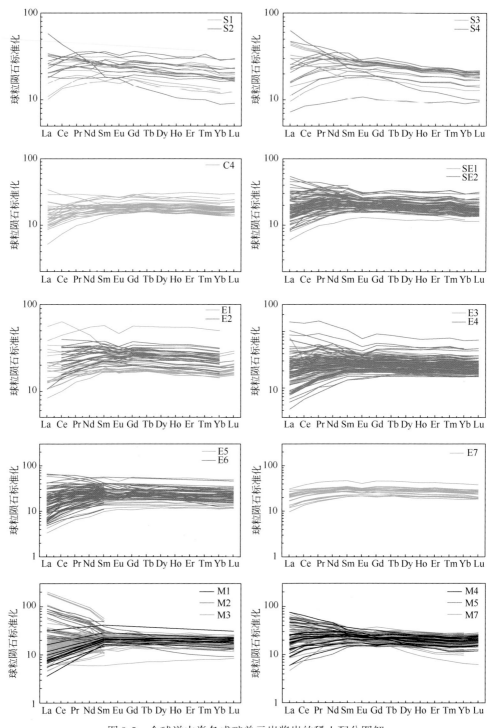

图 9-5 全球洋中脊各成矿单元岩浆岩的稀土配分图解

9.3.2 大西洋中脊

大西洋中脊属于典型的慢速扩张洋脊，扩张速率由南大西洋向北大西洋逐渐降低，M2单元的洋脊扩张速率低达 19.9~23.1 mm/a（表9-1），已经接近超慢速扩张（<20 mm/a）的水平。慢速扩张洋脊的一个典型特征就是岩浆作用弱，形成的大洋地壳比快速扩张洋脊薄，洋脊轴部呈现出宽阔的裂谷形态。另外，转换断层发育，大型断裂带的数量多，其平均间距要远小于东太平洋中脊（表9-1）。适宜的扩张速率及岩浆活动强度使得大西洋中脊的拆离断层十分发育（Tucholke et al.，2008；余星等，2013）。以调查程度较高的北大西洋脊为例，在 Saldaha Massif、Atlantis Massif、27°N、TAG、Kane、15°45′N、St Peter Saint Paul、Ascension 等地均出现了大洋核杂岩，并伴随有拆离断层的形成，因此北大西洋脊地幔橄榄岩的广泛出露是慢速扩张洋脊的一个特色。以超铁镁质岩（橄榄岩）为基底的硫化物矿床在北大西洋广泛存在，如 Rainbow、Logatchev 和 Ashadaz 等（Fouquet et al.，2010）。从超铁镁质岩出露的空间位置来看，其主要集中在 M4、M3 和 M2 段（图 9-6）。M4 之所以会出现如此大面积的橄榄岩出露，与其位于南、北大西洋脊的交汇处有关，这里转换断层最为密集，且拆离断层发育。

关于大西洋中脊的玄武岩类型，竟有超过半数的岩石属于 E-MORB，次之为 N-MORB ［图 9-4（b）、图 9-5（b）、图 9-6］。这主要与大西洋中脊附近存在众多热点有关。距洋中脊较近且对洋脊岩浆作用存在物质贡献的热点，由北向南包括 Azores、Ascension、St. Helena、Tristan da Cunha、Gough、Discovery、Meteor Shona 和 Bouvet。洋脊与热点的相互作用造就了大西洋中脊大量 E-MORB 的存在（Hanan et al.，1986；O'Connor and le Roex，1992；Mahoney et al.，1992；le Roux et al.，2002；le Roex，2010）。

9.3.3 印度洋中脊

印度洋中脊是冈瓦纳大陆裂解的产物，中印度洋脊是非洲板块和印度板块的分界线，西南印度洋脊是南极洲板块和非洲板块的分界线，而东南印度洋脊是澳大利亚板块和南极洲板块的分界线，三条洋脊在罗德里格斯三联点处交汇。

东南印度洋脊属于中速扩张洋脊，扩张速率为 58.4~68.5 mm/a（表9-1）。岩浆作用强度与东太平洋的胡安德富卡脊接近，洋脊轴部为隆起的地形高地。从已有的岩石资料来看，东南印度洋脊是全球少有的没有橄榄岩出露的洋脊（表9-1）。东南印度洋脊北段附近存在 Christmas 和 Amsterdam St. Paul 两个热点，受此热点与洋脊相互作用的影响（Hoernle et al.，2011），ES1 段存在大量的 E-MORB ［图 9-4（c）、图 9-5（c）、图 9-6］。而东南印度洋脊南段虽然远离这两个热点，但仍存在大量的 E-MORB，这可能与印度洋超大型地幔柱 Kerguelen 的影响有关（Storey et al.，1989）。

中印度洋脊属于中-慢速扩张洋脊，扩张速率由北向南增加，由北部 C1 单元的 24.5~27.7 mm/a 向南（C4）逐渐增加到 40~49 mm/a。中印度洋脊与北大西洋脊比较类似，转换断层和拆离断层都非常发育，存在对称和非对称扩张两种扩张形式，地幔橄榄岩在中印度

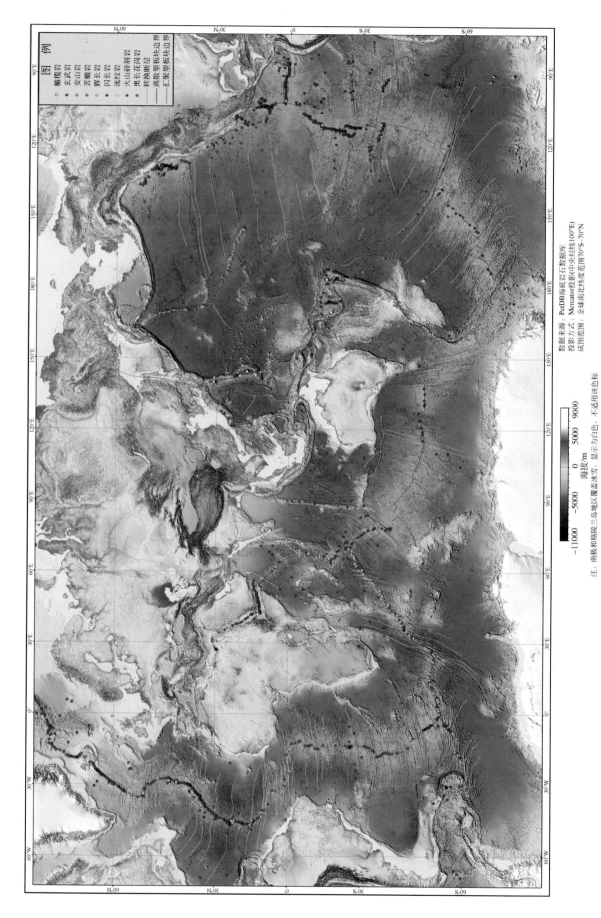

图 9-6 全球洋中脊岩石类型分布图

洋脊得以大面积出露（图 9-6）。受留尼汪热点的影响，中印度洋脊也存在大量的 E-MORB （Murton et al., 2005）。

西南印度洋脊属于超慢速扩张洋脊，扩张速率为 9.4~13.8 mm/a，呈现出由东向西逐渐减小的趋势。超慢速扩张洋脊最典型的特征是岩浆段和非岩浆段共生（Dick et al., 2003；Michael et al., 2003），岩浆段地壳结构完整，洋脊轴部下方存在岩浆房；而非岩浆段几乎没有洋壳，只有少量的玄武岩，基本不发育辉长岩，地幔岩直接出露在海底，洋脊下方无岩浆房的存在。西南印度洋脊的岩浆作用段主要集中在洋脊的中部，这里有马里昂热点和克洛泽热点，热点与洋脊的相互作用是西南印度洋脊形成强岩浆作用段的主要原因（Mahoney et al., 1992）。我国多金属硫化物勘探区位于 S2 单元，该单元里存在强岩浆作用段与贫岩浆作用段相间出现的情况（Li et al., 2015）。西南印度洋脊的贫岩浆段有大量橄榄岩直接出露在海底（图 9-6），是构造减薄机制的典型代表。西南印度洋脊同样存在 N-MORB 和 E-MORB 两种岩浆岩类型，N-MORB 主要在 S4 单元，而 E-MORB 集中分布在受热点影响的区域。

9.4 各成矿单元的基底岩石成矿元素含量

洋中脊基底岩石是热液流体主要的成矿物质来源，围岩性质决定了热液流体中成矿元素的组成。全球洋中脊 26 个成矿单元的基底岩石类型，总结起来主要有超镁铁质橄榄岩、E-MORB、N-MORB 及沉积物。本节主要通过对比这些不同性质围岩的成矿元素含量，探讨围岩的金属组成对热液硫化物矿床金属含量的影响，为了解不同成矿单元硫化物成矿作用差异及资源预测打下基础。

洋中脊热液硫化物的主要矿物为黄铁矿、黄铜矿、闪锌矿和少量的方铅矿，因此 Fe-Cu-Zn-Pb 是硫化物矿床最主要的金属元素。本书将基底岩石中的这 4 类元素视作主成矿元素。Fe 在硅酸岩中属于主量元素，具有相对稳定的含量变化，因此这里不做讨论。Cu-Zn-Pb 则在硅酸岩中属于微量元素，易受岩浆源区性质、岩浆演化及后期风化作用等因素的影响。不过蚀变玄武岩的 Cu、Zn 含量并没有这么明显的变化，其更多受岩浆演化程度的影响。图 9-7 显示 Cu 在玄武质岩浆演化过程中表现为相容性，即岩浆演化程度越高或岩石越偏酸性 Cu 的含量越低；而 Zn 和 Pb 的情况与 Cu 正好相反。全球洋中脊的岩浆演化程度存在一定的差异，因此揭示不同成矿单元基底岩石 Cu-Zn-Pb 含量差异具有重要的成矿意义。

图 9-7 显示 MORB 中 Cu 的含量主要为 30~200 ppm，而 Zn 的含量主要为 40~200 ppm。部分偏离岩浆演化趋势的岩石样品具有异常高的 Cu-Zn 含量，它们大多来自 ODP 或 DSDP 钻孔，是洋壳深部受到含矿热液蚀变的岩石。因此在统计不同成矿单元岩浆岩的 Cu-Zn 含量时，剔除了这部分异常样品。

对不同成矿单元岩浆岩 Cu-Zn 含量的统计结果显示：①Cu-Zn 含量总体呈现出较好的正态分布，统计结果具有很强的可对比性；②三大洋洋中脊岩石的 Cu-Zn 组成比较均匀，频率峰值的区间较小（Cu 为 65~75 ppm，Zn 为 70~88 ppm）；③同一大洋内以 E-MORB 为主导的成矿单元的 Cu 含量略高于 N-MORB 为主导的成矿单元，Zn 的情况则相反（图 9-8、

图9-9)。由于 Pb 的数据量较少，统计结果不太理想，不具有较好的可比性。但基于玄武岩的地球化学性质，以 E-MORB 为主导的成矿单元的 Pb 含量要高于以 N-MORB 为主导的成矿单元（Beaudoin et al., 2007)。

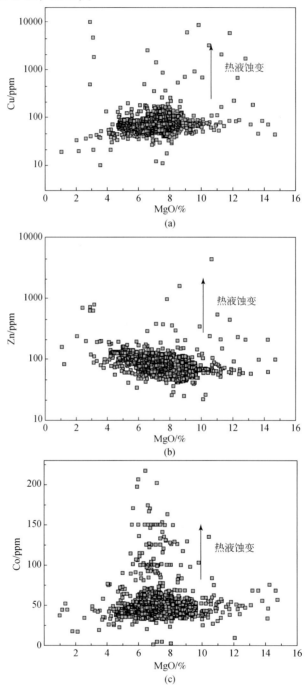

图 9-7 全球洋中脊各成矿单元岩浆岩的 Cu-Zn-Co 含量分布
(a) Cu；(b) Zn；(c) Co

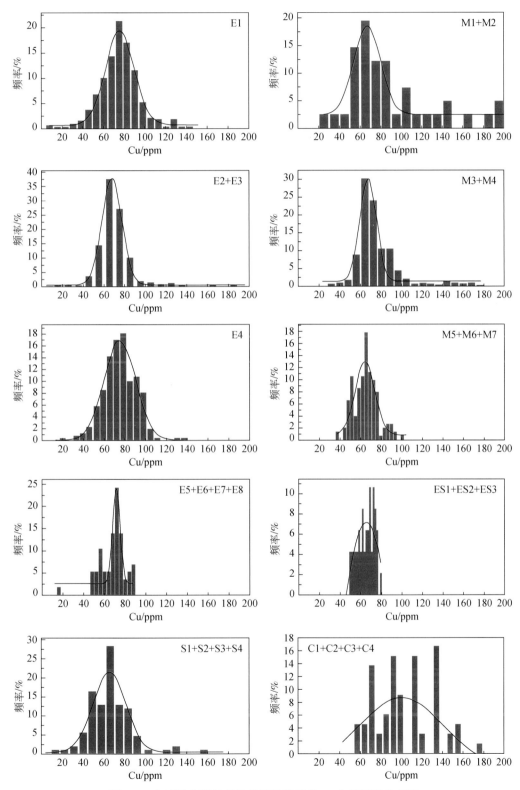

图 9-8 全球洋中脊各成矿单元岩浆岩的 Cu 含量频率分布图

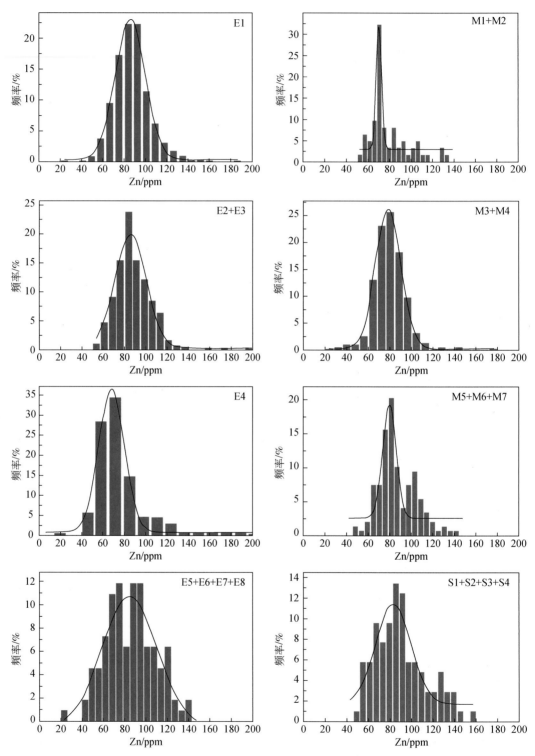

图 9-9 全球洋中脊各成矿单元岩浆岩的 Zn 含量频率分布图

岩石中的其他金属元素如 Au、Mo、In、Co、Ni 和 Sb 等属于洋中脊热液硫化物的重要成矿元素。有些硫化物矿床甚至存在单质 Au、单质 Ni 及 As-Sb 矿，而这些金属元素含量的差异又主要受基底岩石类型差异的控制。例如，超镁铁质岩主导的热液硫化物极其富集 Co 和 Ni（Dekov，2006），而有沉积物覆盖的洋脊产出的硫化物则富集 As 和 Sb（Zierenberg et al.，1993）。对全球洋中脊不同成矿单元岩浆岩中 Co 含量的统计结果显示（图 9-10）：Co 含量呈现出较好的正态分布，且 Co 含量的峰值落在 42~45 ppm 这个狭小的区间内，这说明全球 MORB 中 Co 含量是极其均匀的。Co 和 Ni 都是典型相容元素，两者主要赋存在橄榄石当中。全球 MORB 都是经历过相当高程度分异的残浆（地幔部分熔融形成的原始岩浆 MgO 含量可高达 15% 以上），这是 Co 含量在 E-MORB 和 N-MORB 中几乎没有差异的重要原因。但对于 Ba 而言，它在 E-MORB 和 N-MORB 中的含量却有着显著的差异，前者明显高于后者；而对于 As 和 Sb 等元素，它们在沉积物中极其富集，而太平洋中脊的 E1 单元由于存在厚层沉积物的覆盖，该单元的围岩有别于全球洋中脊系统中的任何一个单元。

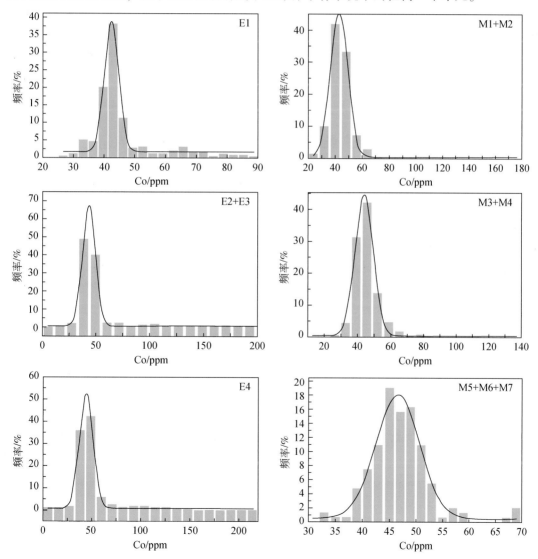

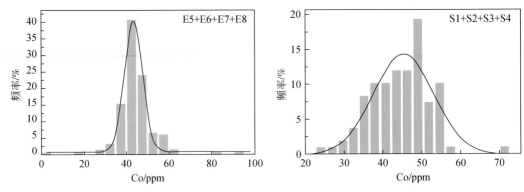

图 9-10 全球洋中脊各成矿单元岩浆岩的 Co 含量频率分布图

综上所述，Cu、Zn 和 Co 在 E-MORB 和 N-MORB 中的含量差异并不明显，相反这些元素在镁铁质岩和超镁铁质岩中的含量却存在很大的差异。而 Pb 和 Ba 无论是在 E-MORB 和 N-MORB 之间，还是 MORB 与橄榄岩之间的含量差异都较为明显。基底岩石中成矿元素的含量差异可以用于辨别海底热液流体中金属元素的来源；而当某些元素在岩石基底中含量接近但在硫化物矿床中差别很大时，以此又可以用于约束其他地质条件对热液成矿作用的影响。

9.5 各成矿单元的热液硫化物成矿特征

海底热液硫化物的形成是多种地质因素共同叠加的结果。这些地质因素包括围岩性质（超镁铁质岩或镁铁质岩、有/无沉积物覆盖）、热源（岩浆作用强度、岩浆房深度）、热液通道（拆离断层和构造裂隙）等。因此，对海底多金属硫化物资源潜力评估的前提是要建立一个基于多控制因素联合作用的成矿地质模型（描述性成矿模型）。

尽管控制海底热液硫化物成矿的地质因素很多，但是我们可以从已知硫化物矿床中提取与成矿有关的有利地质信息和替代指标。例如，全球洋中脊硫化物矿床所处的主体水深范围和峰值水深（即水深地形信息）、构造部位（洋脊轴部还是离轴部位，断裂缓冲、构造等密度、构造优益度和中心对称性）及其与岩浆作用（围岩和岩浆流体）的关系，以及在地球物理异常上的体现（方捷等，2015；Ren et al.，2016a，2016b）。基于这些有利成矿信息及多金属成矿模型，便可以建立基于知识和数据驱动的综合预测模型，据此开展全球洋中脊热液硫化物成矿远景区的预测工作。

通过对全球不同成矿单元热液硫化物成矿特征的对比研究，以及对全球不同扩张速率洋中脊热液成矿机理的总结，我们获得了以下重要认识：①扩张速率是洋中脊热液成矿的一级控制因素，它决定了洋中脊热液硫化物的矿床密度和矿床规模；②最有利于形成热液硫化物的构造环境为慢速扩张洋脊，而非快速和超慢速扩张洋脊；③岩石基底的性质对热液硫化物矿床的金属品位起到一级控制作用，以地幔橄榄岩为基底的热液硫化物矿床比以玄武岩为基底的硫化物矿床显著富集 Cu-Zn 和贵金属 Au；④相同条件下，洋脊在有沉积物覆盖的情况下更利于产出富 Au 型硫化物矿床；⑤伴随拆离断层出现的非对称扩张方式更利于热液成矿作用；⑥热点会不同程度地增强洋中脊的岩浆作用强度，这将有利于超慢速扩张洋脊的热液成矿作用，但并不利于快速扩张洋脊的热液成矿作用；⑦2500~3200 m 是全球热液喷口最集中的水深范围，而小于 1000 m 水深的热液系统由于易发生相分离而不利于成矿元素的富集；⑧断裂带或转换断层发育将有利于地幔橄榄岩的出露，断裂带平均间距小于 250 km 的洋脊要比间距大于 250 km 的洋脊更利于形成富矿。

9.5.1 太平洋中脊

太平洋中脊是全球重要的热液硫化物成矿带，从北向南依次在勘探者洋脊、胡安德富卡脊、埃斯卡纳巴海槽北部、埃斯卡纳巴海槽南部、瓜伊马斯盆地、东太平洋海隆 13°N、东太平洋海隆 11°N、加拉帕戈斯脊、东太平洋海隆 7°24′S、东太平洋海隆 16°43′S、东太平洋海隆 18°30′S 及东太平洋海隆 21°30′S 发育了众多热液硫化物成矿区（图 9-1）。当然，不能排除还存在许多未发现的硫化物成矿区。本书通过对比不同成矿单元已知硫化物矿床的金属组成（包括 Cu-Zn-Pb 等主量元素组成、Ba-As-Sb 等微量元素组成及 Au 频率分布特征），来揭示不同构造环境对硫化物成矿作用的影响。

1. Cu-Zn-Pb 组成

产自于太平洋中脊硫化物矿床的一个最显著的特征是：勘探者洋脊、胡安德富卡脊、埃斯卡纳巴海槽等位于 E1 单元的热液硫化物总体比太平洋中脊其他成矿单元的硫化物要显著富 Pb（图 9-11）。其他成矿单元硫化物矿床以富 Cu 或富 Zn 的矿石为主，而几乎不出现富 Pb 的矿石。从 Cu-Zn-Pb 的平均品位分布来看，E1 单元中勘探者洋脊和胡安德富卡脊产出的硫化物中 Pb 的平均品位为 0.37%，而瓜伊马斯盆地和埃斯卡纳巴海槽产出的硫化物中 Pb 的平均品位高达 1.4%。相比而言，太平洋中脊其他成矿单元的热液硫化物 Pb 的平均品位在 0.1% 以下。硫化物的富 Pb 特征主要与 E1 单元中洋脊受到了来自美洲陆源沉积物的影响有关，热液在上升过程中淋滤了沉积物中的 Pb（Stuart et al., 1999；Bjerkgard et al., 2000）。

虽然 E1 单元产出的硫化物相比其他单元富 Pb，但却相对贫 Cu 和 Zn，以上提到的两个地区的热液硫化物 Cu 的平均品位分别只有 1.5% 和 2.8%，而 Zn 的平均品位分别只有 5.2% 和 6.3%，这要低于无沉积物覆盖洋脊的热液硫化物。其中一个原因可能是沉积物中 Cu 和 Zn 的含量要低于玄武岩，因此在有沉积物贡献的情况下会造成热液流体相对亏损 Cu 和 Zn。另外一个重要原因可能与沉积物覆盖区具有高的 pH 和低的 Eh 有关。例如，Middle Valley、埃斯卡纳巴海槽和瓜伊马斯盆地硫化物 pH 基本在 5~6，而东太平洋海隆其他硫化物的 pH 则在 2.5~4。这是因为沉积物中含 N 有机组分的分解造成 NH_4^+ 的生成，以及细菌发酵会降低沉积物孔隙的氧逸度（Hannington et al., 2005）。实验研究发现 400 ℃时热液的 pH 从 5 降低到 4.8 能够提升 Cu 和 Fe 在热液中溶解度，分别为 159% 和 169%（Seyfried and Ding, 1993）。另外，在相同温度、压力、pH 及 Cl⁻ 含量的条件下，氧逸度较高（$f_{O_2}\approx 10~24$，400 ℃）的赤铁矿-磁铁矿-黄铁矿氧化还原缓冲液中 Cu 的含量是氧逸度较低（$f_{O_2}\approx 10~26$，400 ℃）的黄铁矿-雌黄铁矿-磁铁矿缓冲液的 2~6 倍（Seyfried and Ding，1993）。因此高的 pH 和低的 Eh 可能是沉积物覆盖区硫化物矿床亏损金属的主要原因。

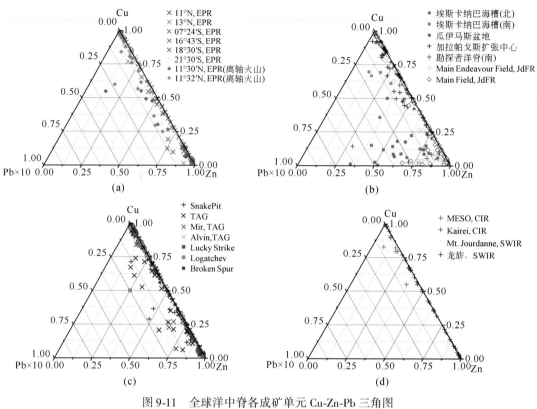

图 9-11　全球洋中脊各成矿单元 Cu-Zn-Pb 三角图
(a)、(b) 太平洋；(c) 大西洋；(d) 印度洋

2. Ba-As-Sb 组成

沉积物覆盖洋脊硫化物除了在 Cu-Pb-Zn 组成上与无沉积物覆盖洋脊硫化物矿床存在差异外，在 Ba-As-Sb 组成上也有显著地差异。图 9-12 和图 9-13 显示埃斯卡纳巴海槽、瓜伊马斯盆地及勘探者洋脊，胡安德富卡脊的硫化物矿床比其他无沉积物覆盖洋脊的硫化物矿床显

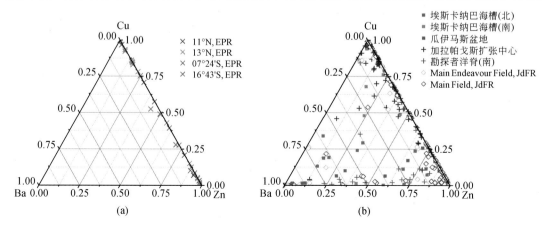

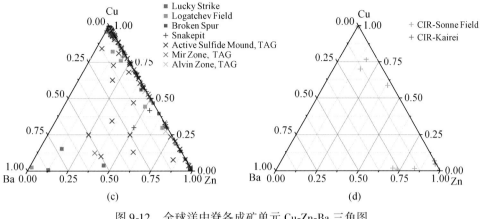

图 9-12 全球洋中脊各成矿单元 Cu-Zn-Ba 三角图

(a)、(b) 太平洋；(c) 大西洋；(d) 印度洋

著富集 Ba、As 和 Sb，而这三个元素在沉积物中尤其富集，从而从另一个角度印证了 E1 单元的热液系统存在沉积物贡献的观点。此外，加拉帕戈斯脊的热液硫化物比其他无沉积物覆盖的洋脊的硫化物矿床要富 Ba，这可能与该热液区的基底岩石主要为 E-MORB 有关。

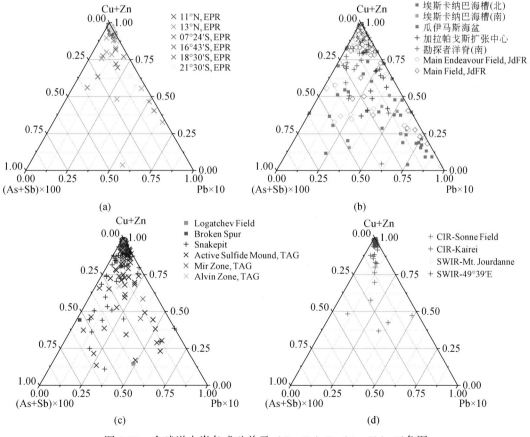

图 9-13 全球洋中脊各成矿单元 (Cu+Zn)-Ba-(As+Sb) 三角图

(a)、(b) 太平洋；(c) 大西洋；(d) 印度洋

3. Au 含量

太平洋中脊无沉积物覆盖洋脊产出的热液硫化物普遍具有贫 Au 的特征，有些硫化物矿床 Au 的最高含量不超过 1 ppm，主要频率分布在 0.3% 以内；而相对富 Au 的硫化物其 Au 的含量也只有 3 ppm（图 9-14）。相比而言，有沉积物覆盖的 E1 单元产出的硫化物矿床

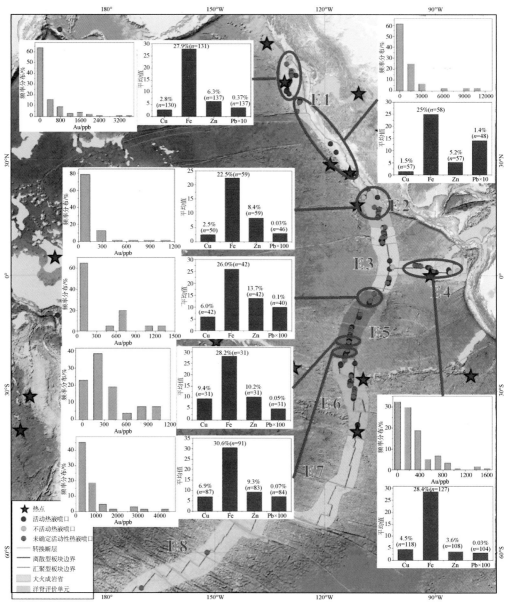

图 9-14　东太平洋不同成矿单元硫化物矿床的金属平均品位和频率分布图

数据来源于 ISA 官方网站①

---

① https://www.isa.org.jm.

的 Au 含量要高很多。在 E1 单元中，沉积物厚度最大的南段产出的硫化物矿床的 Au 含量要高于北段，且 Au 含量最高可达 11 ppm。这种现象并非由基底岩石 Au 含量差异造成，因为基底岩石的 Au 含量并没有显著的差异，因此热液在沉积层中的循环作用可能才是其富 Au 的关键。Törmänen 和 Koski（2005）发现 Au 在埃斯卡纳巴海槽硫化物中主要与 Bi 以合金的方式伴生，Au 往往在 Bi 单质中以疱疹状出熔。Bi 是一种低熔点金属，单质 Bi 的熔点只有 271 ℃，而 Bi-Au 合金的熔点温度最低甚至可以为 241 ℃。因此当成矿流体温度高于 Bi 的熔点时就会形成 Bi 熔体，Bi 熔体最大的特点是能够源源不断地从流体中获取 Au 元素（Tooth et al., 2008, 2011）。沉积物提供了大量的 Bi 进入热液系统，当热液温度高于 Bi 的熔点时形成 Bi 熔体，随后 Bi 熔体不断地从热液中源源不断地吸取 Au。当热液循环至海底时，含矿热液会与早期形成的富铁硫化物磁黄铁矿发生反应，促使 Bi 熔体的沉淀（Törmänen and Koski, 2005）。

9.5.2 大西洋中脊

大西洋中脊被认为是全球最重要的热液硫化物成矿带，这里形成的热液硫化物矿床普遍比太平洋中脊的吨位更大，如 TAG 硫化物矿床的吨位可达 4 Mt（Hannington et al., 1998）。北大西洋脊由北向南分布了 38°20′N、Menez Gwen、Luck Strike、Rainbow、Broken Spur、TAG、24°30′N、Snake Pit、Tamar、Zenith Victory、Krasnov、15°50′N、Logatchev 和 Ashadze 等热液硫化物矿区。本书主要依据国际海底管理局官网和文献发表的热液硫化物数据对北大西洋脊硫化物成矿作用进行对比。

1. Cu-Zn-Pb 组成

大西洋中脊的多金属硫化物矿床在 Cu-Zn-Pb 组成上与太平洋无沉积物覆盖的洋脊类似，均为贫 Pb 的 Cu 型或 Zn 型硫化物（图 9-11），Pb 的平均含量仅为 0.03%～0.09%（图 9-15）。不同的是，北大西洋脊硫化物总体上比后者富集 Cu 和 Zn（图 9-15），如 M4 单元多金属硫化物矿床 Cu 的平均含量高达 18.7%，Zn 的平均含量高达 11.7%。这种富 Cu-Zn 硫化物矿床主要发育在以超镁铁质岩为基底的洋脊段（图 9-6），以 Logatchev 和 Ashadze 热液区为代表（Murphy and Meyer, 1998；Mozgova et al., 2008）。相比而言，北大西洋脊以镁铁质岩为基底的热液区（主要位于 M3 单元）发育的硫化物要贫 Cu 和 Zn，其 Cu+Zn 的平均含量为 10.2%～11.4%。

另外值得一提的是，虽然 N-MORB 和 E-MORB 的 Cu-Zn 含量差别并不大（图 9-5、图 9-6），但以 E-MORB 为主的洋脊产出的硫化物矿床如 Menez Gwen 的 Cu+Zn 含量却小于 5%，且 Fe 的含量也很低（质量分数小于 10%）。实际上，受热点影响较为显著的加拉帕戈斯脊的多金属硫化物也亏损 Cu（质量分数为 4.6%）和 Zn（质量分数为 3.6%）（图 9-14）。这一现象说明 E-MORB 为主导的洋脊产出的硫化物矿床中 Cu-Zn 的亏损与岩石基底的 Cu-Zn 含量无关，而可能与其具有较浅的水深有关（Charlou et al., 2000）。Menez Gwen 热液区的水深只有 820 m，由于压力过低热液非常容易发生相分离，而正常的热液与贫金属的气相流体混合后会形成低盐度及贫金属的混合热液（Charlou et al., 2000）。

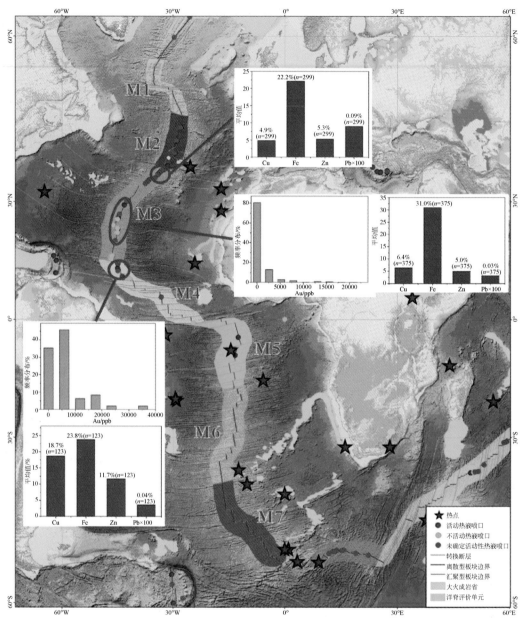

图 9-15　大西洋不同成矿单元硫化物矿床的金属平均品位和频率分布图

数据主要来源于 ISA 官方网站①

2. Ba-Co-Ni 组成

以超镁铁质岩为基底的多金属硫化物矿床矿床除了具有富 Cu-Zn 的特征外，通常还具有富 Co-Ni 的特征，如 Ashadze 热液区的硫化物矿石中 Co-Ni 的平均含量比镁铁质岩主导

---

① https://www.isa.org.jm.

的多金属硫化物矿床高出数倍。Co 和 Ni 都是典型相容元素，两者主要赋存在橄榄石当中，所以橄榄石含量在 50% 以上的超镁铁质岩极其富集 Co-Ni。因此多金属硫化物富集 Co-Ni 是继承矿源岩特征的表现。另外，多金属硫化物继承了矿源岩的部分特征在以 E-MORB 为主导的热液区也有所体现。例如，产于 E-MORB 为岩石基底的 Lucky Strike 热液区的硫化物就比其他热液区富 Ba（图 9-12）。这与 N-MORB 和橄榄岩都极度贫 Ba（平均在 10 ppm 以内），而 E-MORB 又更明显富 Ba 有关。

3. Au 含量

北大西洋脊多金属硫化物 Au 的含量总体要高于太平洋中脊，这一方面体现在同为镁铁质岩为基底的北大西洋脊硫化物矿床的 Au 含量远高于太平洋中脊。例如，M3 单元南段硫化物矿床 Au 的含量可高达 15 ppm 以上（图 9-15），远高于太平洋中脊无沉积物覆盖洋脊的 3 ppm，以及有沉积物覆盖洋脊的 11 ppm（图 9-14）。研究发现这类硫化物矿床富 Au 和低温的白烟囱有关（与闪锌矿伴生），如 TAG 区黑烟囱贫 Au，而白烟囱富 Au（Hannington et al.，1995）。TAG 区富 Au 的机制被认为与硫化物丘体内部早期沉淀的 Au 受到后期热液的再淋滤和活化作用重新进入流体在硫化物丘喷流沉淀有关（Hannington et al.，1988，1995，1999）。

此外，北大西洋脊以超镁铁质岩为基底的硫化物矿床同样也非常富 Au。M4 单元多金属硫化物 Au 含量最高可达近 40 ppm，Au 含量高于 10 ppm 的频率超过 15%（图 9-16），比 M3 单元的硫化物矿床还要富 Au，这是迄今为止在大洋中脊（不包括弧后盆地）发现最富 Au 的区域。与镁铁质岩为基底的硫化物矿床不同，该类型矿床中 Au 往往与高温的黄铜矿伴生。原因是蛇纹石化作用，热液具有富 Cl 和低 pH 的特点（Douville et al.，2002）。Au 以 $AuCl_2^-$ 的形式发生络合，从而能够在高温环境下就能在热液流体中到达饱和并发生沉淀（Hannington，1999）。

9.5.3 印度洋中脊

印度洋中脊是目前调查程度最低的洋中脊，东南印度洋脊的三个单元甚至迄今都没有热液喷口被发现的报道（图 9-1），印度洋中脊调查程度相对较高的地区在中印度洋脊南部及西南印度洋脊（图 9-16）。印度洋中脊发育的典型硫化物矿床详见第 4 章和第 5 章。

与太平洋和大西洋无沉积物覆盖的洋脊类似，印度洋中脊多金属硫化物同样具有贫 Pb 的特征，Pb 的平均含量为 0.01%~0.3%（图 9-16）。此外，印度洋中脊是三大洋中橄榄岩出露频率最高的地区，其中 S2、S3、S4 及 C3 单元的橄/玄比高达 30 以上（表 9-1）。与大西洋中脊的 M4 单元类似，C4 单元同样是以超镁铁质岩为基底的热液区，硫化物十分富集 Cu-Zn-Fe 等金属元素，Cu+Zn 的平均含量为 22.8%；同样的，以镁铁质岩为基底的热液硫化物则相对贫 Cu-Zn，如西南印度洋龙旂热液区 Cu 和 Zn 的平均品位分别为 2.5% 和 13.7%。值得一提的是，无论是超镁铁质还是镁铁质岩为基底的热液区，其 Au 的含量都相对较高，各个热液区 Au 的最高含量都超过了 10 ppm，最高在 20 ppm 以上。这与北大西洋 M3 和 M4 区的情况比较类似，可能与慢速扩张洋脊特殊的成矿方式有关。

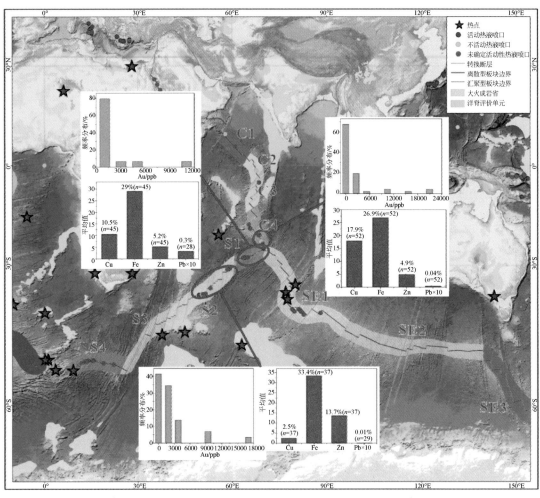

图 9-16 印度洋不同成矿单元硫化物矿床的金属平均品位和频率分布图

数据主要来源于 ISA 官方网站①

参 考 文 献

方捷,孙静雯,徐宏庆,叶锦华,陈建平,任梦依,唐超. 2015. 北大西洋中脊海底多金属硫化物资源预测. 地球科学进展,30:60-68.

余星,初凤友,董彦辉,李小虎,唐立梅,2013. 拆离断层与大洋核杂岩:一种新的海底扩张模式. 地球科学——中国地质大学学报,38(5):995-1004.

Baker E T, Chen Y J, Phipps Morgan J. 1996. The relationship between near-axis hydrothermal cooling and the spreading rate of mid-ocean ridges. Earth and Planetary Science Letters, 142(1):137-145.

Beaudoin Y, Scott S D, Gorton M P, Zajacz Z, Halter W. 2007. Pb and other ore metals in modern seafloor tectonic environments: Evidence from melt inclusions. Marine Geology, 242:271-289.

---

① https://www.isa.org.jm.

Bjerkgård T, Cousens B L, Franklin J M. 2000. The Middle Valley sulfide deposits, northern Juan de Fuca Ridge: radiogenic isotope systematics. Economic Geology, 95 (7): 1473-1488.

Cannat M, Sauter D, Escartín J, Mendel V. 2006. Modes of seafloor generation at a melt-poor ultraslow-spreading ridge. Geology, 34 (7): 605-608.

Charlou J L, Donval J P, Douville E, Jean-Baptiste P, Radford-Knoery J, Fouquet Y. 2000. Compared geochemical signatures and the evolution of Menez Gwen (37°50′N) and Lucky Strike (37°17′N) hydrothermal fluids, south of the Azores Triple Junction on the Mid-Atlantic Ridge. Chemical Geology, 171 (1): 49-75.

Cushman B, Sinton J, Ito G, Dixon J E. 2004. Glass compositions, plume-ridge interaction, and hydrous melting along the Galápagos Spreading Center, 90.5°W to 98°W. Geochemistry Geophysics Geosystems, 5 (8): 8-17.

Davis A S, Clague D A, White W M. 1998. Geochemistry of basalt from Escanaba Trough: Evidence for sediment contamination. Journal of Petrology, 39 (5): 841-858.

Dekov V. 2006. Native nickel in the TAG hydrothermal field sediments (Mid-Atlantic Ridge, 26°N): Space trotter, guest from mantle, or a widespread mineral, connected with serpentinization? Journal of Geophysical Research, 111: B05103.

Dick H J B, Lin J, Schouten H. 2003. An ultraslow-spreading class of ocean ridge. Nature, 426 (6965): 405-412.

Douville E, Charlou J L, Oelkers E H, Bienvenu P, Colon C F J, Donval J P. 2002. The rainbow vent fluids (36°14′N, MAR): The influence of ultramafic rocks and phase separation on trace metal content in Mid-Atlantic Ridge hydrothermal fluids. Chemical Geology, 184 (1): 37-48.

Escartín J, Smith D K, Cann J, Schouten H, Langmuir C H, Escrig S. 2008. Central role of detachment faults in accretion of slow-spreading oceanic lithosphere. Nature, 455 (7214): 790-794.

Fouquet Y, Pierre C, Etoubleau J, Charlou J L, Ondréas H, Barriga F J A S, Cherkashov G, Semkova T, Poroshina I, Bohn M, Donval J P, Henry K, Murphy P, Rouxel O. 2010. Geodiversity of hydrothermal along the Mid-Atlantic Ridge and ultramafic-hosted mineralization: A new type of oceanic Cu-Zn-Co-Au volcanogeic massive sulfide deposit. American Geophysical Union, Geophysical Monograph Series, 188: 321-367.

Goodfellow W D, Zierenberg R A, Peter J M. 1999. Genesis of massive sulfide deposits at sediment-covered spreading centers. Reviews in Economic Geology, 8: 297-324.

Haase K M. 2002. Geochemical constraints on magma sources and mixing processes in Easter Microplate MORB (SE Pacific): a case study of plume-ridge interaction. Chemical Geology, 182: 335-355.

Hanan B B, Kingsley R H, Schilling J G. 1986. Pb isotope evidence in the South Atlantic for migrating ridge-hotspot interactions. Nature, 322: 137-144.

Hannington M D. 1999. Volcanogenic gold in the massive sulfide environment volcanic-associated massive sulfide deposits: Processes and examples in modern and ancient settings. Reviews in Economic Geology, 8: 325-356.

Hannington M D, Thompson G, Rona P A, Scott S D. 1988. Gold and native copper in supergene sulphides from the Mid-Atlantic Ridge. Nature, 333 (6168): 64-66.

Hannington M D, Tivey M K, Larocque A C, 1995. The occurrence of gold in sulfide deposits of the TAG hydrothermal field, Mid-Atlantic Ridge. The Canadian Mineralogist, 33: 128-131.

Hannington M D, Galley A G, Herzig P M, Petersen S. 1998. Comparison of the TAG Mound and Stockwork Complex with Cyprus-Type Massive Sulfide Deposits. Proceedings of the Ocean Drilling Program, Scientific Results, 158: 389-415.

Hannington M D, de Ronde C E J, Petersen S. 2005. Sea-floor tectonics and submarine hydrothermal systems.

Society of Economic Geologists, Economic Geology 100th Anniversary Volume. Littleton, 111-141.

Hoernle K, Hauff F, Werner R, Bogaard P V D, Gibbons A D, Conrad S. 2011. Origin of Indian Ocean Seamount Province by shallow recycling of continental lithosphere. Nature Geoscience, 4 (12): 883-887.

Ildefonse B, Blackman D K, John B E. 2007. Oceanic core complexes and crustal accretion at slow-spreading ridges. Geology, 35 (7): 623-626.

le Roex A P, Class C, O'Connor J M, Jokat W. 2010. Shona and Discovery aseismic ridge systems, South Atlantic: trace element evidence for enriched mantle sources. Journal of Petrology, 51: 2089-2120.

le Roux P J, le Roex A P, Schilling J G. 2002. MORB melting processes beneath the southern Mid-Atlantic Ridge (40°-55°S): a role for mantle plume-derived pyroxenite. Contribution to Mineralogy and Petrology, 144: 206-229.

Li J, Jian H, Chen Y J, Singh S C, Aiguo R, Qiu X. 2015. Seismic observation of an extremely magmatic accretion at the ultraslow spreading southwest Indian ridge. Geophysical Research Letters, 42 (8): 64-66.

Mahoney J J, Le Roex A P, Peng Z, Fisher R L, Natland J H. 1992. Southwestern limitsof Indian Ocean Ridge Mantle and the origin of low^{206}Pb/^{204}Pb mid-ocean ridge basalt: isotope systematics of the Central Southwest Indian Ridge (17°-50°E). Journal of Geophysical Research, 97: 19771-19790.

Michael P J, Langmuir C H, Dick H J B, Snow J E. 2003. Magmatic and amagmatic seafloor generation at the ultraslow-spreading Gakkel ridge, Arctic Ocean. Nature, 423 (6943): 956-961.

Mozgova N N, Trubkin N V, Borodaev Y S, Cherkashev G A, Stepanova T V, Semkova T A. 2008. Mineralogy of massive sulfides from the ashadze hydrothermal field, 13°N, Mid-Atlantic Ridge. The Canadian Mineralogist, 46: 545-567.

Murphy P J, Meyer G, A. 1998. Gold-copper association in ultramafic-hosted hydrothermal sulfides from the mid-Atlantic ridge. Economic Geology, 93: 1076-1083.

Murton B, Tindle A G, Milton J A, Sauter D. 2005. Heterogeneity in southern Central Indian Ridge MORB: Implications for ridge-hot spot interaction. Geochemistry, Geophysics, Geosystems, 6 (3): Q03E20.

Münch U, Lalou C, Halbach P, Hiromi P. 2001. Relict hydrothermal events along the super-slow Southwest Indian spreading ridge near 63°56′E-Mineralogy, chemistry and chronology of sulfide samples. Chemical Geology, 177 (3-4): 341-349.

Niu Y, Hekinian R. 1997. Spreading-rate dependence of the extent of mantle melting beneath ocean ridges. Nature, 385: 326-329.

Niu Y, O'Hara M J. 2008. Global correlations of ocean ridge basalt chemistry with axial depth: a new perspective. Journal of Petrology, 49 (4): 633-664.

O'Connor J M, le Roex A P. 1992. South Atlantic hot spot-plume systems: 1. Distribution of volcanism in time and space. Earth and Planetary Science Letters, 113: 343-364.

Regelous M, Niu Y L, Abouchami W, Castillo P R. 2009. Shallow origin for South Atlantic Dupal Anomaly from lower continental crust: Geochemical evidence from the Mid-Atlantic Ridge at 26°S. Lithos, 112: 57-72.

Ren M, Chen J, Shao K, Yu M, Fang J. 2016a. Quantitative prediction process and evaluation method for seafloor polymetallic sulfide resources. Geoscience Frontiers, 7 (2): 245-252.

Ren M, Chen J, Shao K, Zhang S. 2016b. Metallogenic information extraction and quantitative prediction process of seafloor massive sulfide resources in the southwest Indian ocean. Ore Geology Reviews, 76: 108-121.

Seyfried Jr W E, Ding K. 1993. The effect of redox on the relative solubilities of copper and iron in Cl-bearing aqueous fluids at elevated temperatures and pressures: An experimental study with application to subseafloor hydrothermal systems. Geochimica et cosmochimica acta, 57 (9): 1905-1917.

Standish J J, Dick H J B, Michael, P J, Melson W G, O'Hearn T. 2008. MORB generation beneath the ultraslow spreading Southwest Indian Ridge (9°-25°E): Major element chemistry and the importance of process versus source. Geochemistry, Geophysics, Geosystems, 9 (5): Q5004.

Storey M, Saunders A D, Tarney J, Gibson I L, Norry M J, Thirlwall M F. 1989. Contamination of Indian Ocean asthenosphere by the Kerguelen-Heard mantle plume. Nature, 338 (6216): 574-576.

Stuart M, Ellam R M, Duckworth R C. 1999. Metal sources in the Middle Valley massive sulphide deposit, northern Juan de Fuca Ridge: Pb isotope constraints. Chemical Geology, 153: 213-225.

Tao C H, Li H M, Huang W, Han X Q, Wu G, Su X, Zhou J. 2011. Mineralogical and geochemical features of sulfide chimneys from the 49°39′E hydrothermal field on the Southwest Indian Ridge and their geological inferences. Chinese Science Bulletin, 56 (26): 2828-2838.

Tao C, Lin J, Guo S, Chen Y J, Wu G, Han X, German C R, Yoerger D R, Zhou N, Li H, Su X, Zhu J. 2012. First active hydrothermal vents on an ultraslow-spreading center: Southwest Indian Ridge. Geology, 40 (1): 47-50.

Tooth B, Brugger J, Ciobanu C, Liu W. 2008. Modeling of gold scavenging by bismuth melts coexisting with hydrothermal fluids. Geology, 36: 815-818.

Tooth B, Brugger J, Ciobanu C, Ciobanu, C. L. 2009. Modeling of gold scavenging by bismuth melts coexisting with hydrothermal fluids. Geology, 36 (10): 815-818.

Tooth B, Ciobanu C L, Green L, O'Neill B, Brugger J. 2011. Bi-melt formation and gold scavenging from hydrothermal fluids: An experimental study. Geochimica et Cosmochimica Acta, 75 (19): 5423-5443.

Tucholke B E, Behn M D, Buck W R, Lin J. 2008. Role of melt supply in oceanic detachment faulting and formation of megamullions. Geology, 36 (6): 455-458.

Törmänen T O, Koski R A. 2005. Gold enrichment and the Bi-Au association in pyrrhotite-rich massive sulfide deposits, Escanaba Trough, southern Gorda Ridge. Economic Geology, 100 (6): 1135-1150.

Zierenberg R A, Koski R A, Morton J L, Bouse R M. 1993. Genesis of massive sulfide deposits on a sediment-covered spreading center, Escanaba Trough, southern Gorda Ridge. Economic Geology, 88 (8): 2069-2098.

附录　国际大洋中脊协会第三个十年科学计划（2014~2023年）

由国际大洋中脊协会组织发起的国际大洋中脊计划始于 1992 年，与国际大陆边缘计划（InterMargin）、国际大洋发现计划（IODP）一起被列为"国际地学三大重要科学计划"，它的宗旨是促进世界各国科学家对大洋中脊进行多学科综合研究。

国际大洋中脊协会创办之初，洋中脊研究主要在少数国家单独进行。第一个十年科学计划（1994~2003 年）的实施不仅促进了西南印度洋脊考察研究、推进了洋中脊全球取样，更加强了国际合作，使该协会发展成为完整的联合团体。第二个十年科学计划（2004~2013 年）仍以促进学科间交流、通过各个国家的合作深化大洋扩张中心的研究为核心任务，在超慢速扩张洋脊、洋中脊-地幔热点相互作用、弧后扩张系统与弧后盆地、洋中脊生态系统、连续的海底监测和观察、海底深部取样、全球洋中脊考察等方面进行合作研究。

国际大洋中脊协会于 2011 年发起在线论坛，并于同年 12 月 3 日在美国旧金山召开学术会议，对第三个十年科学计划（2014~2023 年）的科学主题、相关领域重大科学问题及其实施计划进行探讨。为了增强对洋壳组成、演化及其与海洋、生物圈、气候、人类社会之间相互作用的认识，国际大洋中脊第三个十年科学计划确立了 6 个密切相关的研究焦点：①大洋中脊构造与岩浆作用过程；②海床与海底资源；③地幔的控制作用；④洋脊-大洋相互作用及通量；⑤洋中脊的轴外过程和结果对岩石圈演化的作用；⑥海底热液生态系统的过去、现在与未来。

1. 洋中脊构造与岩浆作用过程

在过去的十年中我们对洋壳的组成、构造和演化有了全新的认识。正如太空望远镜向我们揭示了宇宙的起源、遗传学向我们展示了生命的基本构成，全新的深部洋壳成像和探测技术也显著地改变了我们对地球的认知。

地球表面有 60% 以上是由扩张洋脊形成。20 世纪后半叶，由于技术所限（如低分辨率的声呐图像），使得我们的外部观察和海底深部取样都非常困难，因而对洋壳知之甚少。我们曾经一度认为所有扩张洋脊的构造类型大致相似，均为层状火山熔岩上覆于粗粒结晶岩，二者又共同叠覆于地幔之上，而其差异仅限于局部过程，如断层、热点和特殊板块边界。

进入 21 世纪，依托高分辨率地球物理成像技术、水下机器人、深海钻探等技术的高速发展，对洋壳的认识有了新进展。随着扩张速率减缓，洋壳组成变得更加复杂。整个洋脊段沿长期活动的低角度拉伸断层扩张。地幔岩石已被发现在海底直接的出露，内部含有粗粒结晶岩浆的多种小岩体，而覆盖其上的火山熔岩存在大面积缺失。海水与海底出露的超镁铁质岩石发生化学反应，形成蛇纹石。该反应所释放的流体与传统意义上的热液完全不同，具有高 pH、富 H_2 和 CH_4、高温复杂有机分子等特点。这些化学和热通量对全球大洋的组分有重要影响。海底热液也与生物及微生物群落息息相关。由海底热液系统形成的矿床富含铜、锌、金等有色金属，同时，由于没有火山作用，对大型矿床的形成非常有利。随着人们日益增长的原料需求，海底热液矿床的工业意义也越来越受到广泛关注。

洋壳构造的非均一性也表现在时间和空间展布上。即使是同一地点，熔融供给的不同也会造成洋壳构造、厚度和热通量的显著差异。甚至以前被认为是连续的扩张过程，也发现具有幕式特点。当新洋壳在汇聚边缘后方形成，洋脊活动暂停，然后开始跳跃到新的位置使老洋壳张裂。造成这一现象的原因尚未明确，但与俯冲板块的构造和几何形态密切相关。地幔楔和岛弧火山作用也均受其影响。这里表现出整个地球系统的内在关联：扩张中脊形成的洋壳是不均一的，在与海洋相互作用中不断演化，并受到板内火山作用的改造，因此影响到汇聚边缘，进而影响到岛弧及弧后盆地内新洋壳的组成。目前，国际大洋中脊协会正对这一系列与全球系统密切相关的活动展开整体研究。地幔、岩石圈和生物圈之间的联系构成了全球系统的一个重要组成部分。洋壳扩张形成了矿产资源，其经济价值日益明显。因此，人类社会已经充分意识到洋壳对未来发展的重要性。主要科学问题包括：

1) 洋壳构造的控制因素

尽管慢速扩张与洋壳构造的不均一性有关，但其关联性尚未明确。超慢速扩张洋脊的新、老裂谷带并不一定受构造扩张控制。这其中有地幔作用的影响吗？如果有，影响因素是组分还是温度，或是二者的共同作用？如果是其他作用的影响，如地壳作用，那么是什么样的浅部作用导致了洋壳构造的不均一性？断裂作用、热液冷却和火山作用减弱这三者之间是否存在正反馈的关系？全球海平面的快速变化是否与熔融供给的波动有关？

2) 构造扩张的影响范围

大洋核杂岩是构造控制的洋脊扩张的表现形式。其原因是低角度拆离断层的活动导致了上地幔的隆起和出露。在已标识出的一些位置，大洋核杂岩是洋脊侧翼上的独有特征。但是，这仅仅是沿洋中脊数十千米到数百千米延伸的深部构造的海底表现吗？这与洋脊侧翼地形上平滑的广阔区域的洋壳是否相关？同样的，这与受数公里沉积物覆盖、位于大陆边缘洋陆过渡带的更加广阔区域的平滑洋壳是否相关？

3) 慢速和超慢速扩张的工作机制

大洋核杂岩的形成和洋脊不对称扩张如何共生？它们存在怎样的共轭的洋脊侧翼构造？所有大洋核杂岩的构造和构成是相似还是不同？导致这种差异的原因何在？

4) 大洋核杂岩的多样性

大洋核杂岩中是否广泛存在辉长岩体嵌入橄榄岩或蛇纹岩中的"布丁"状构造，还是有些完全由橄榄岩组成？大洋核杂岩中岩浆物质的比例有多少？如何将它们与正常洋壳区分开来？

5) 洋壳构造的时间变化及控制因素

转换断层的地壳剖面让我们能够看到洋壳随时间的变化。这一点是否可以运用到对洋壳组成和熔融供给的研究上？深部洋壳是怎样形成的？多次侵入的岩席如何导致辉长岩的冰川模式？洋壳如何冷却，对海洋化学变化有多大的影响？在岩浆通量低的情况下，蛇纹石化作用的深度如何？蛇纹石化作用是如何影响断裂带发生地震的可能性，是否可以将其应用到大陆和俯冲带的地震带上？

6）复杂构造背景下扩张洋脊不连续变化的控制因素

弧后盆地扩张中心具有在时间的不稳定性和空间上的跳跃性，常伴随有扩张的间断。它们受哪些因素控制，与俯冲过程和岛弧火山作用是否相关？地幔楔与弧后扩张是否相关？弧后扩张跳跃的年龄如何，其复杂的磁异常是否可以校正和揭示？老洋壳俯冲板片的构造、组分、形态是否与岛弧火山、弧后扩张系统的形成有关？

另外，针对洋中脊构造与岩浆作用过程这一研究焦点，未来十年的实施战略主要包括以下三个方面：①使用新的工具和观测手段，探索地下深部，对于研究非均一洋壳的组成、构造和演化均至关重要。②国际大洋中脊协会将进一步加强与国际大洋发现计划的合作。鼓励科学家与工程师合作，发展诸如主动和被动电磁法、高分辨率地震成像和海底钻探等新技术。③识别出洋壳多样性和不均一性发育的典型区域，推动有针对性的协作研究，使联合探索的努力超过个体努力之和。

2. 海床与海底资源

研究证据表明，非活动/死亡的热液喷口点的数量及其硫化物的总量可能远远超过从活动热液喷口点发现和估计的量。由于对热液系统停止后海底硫化物的变化缺乏认识，对海底硫化物的氧化速率或栖息于其中的生物群落的研究有待加强。由于其诱人的稀有和主量金属的含量，深入认识非活动热液硫化物矿床的需求日益突显。鉴于技术和环保的原因，非活动热液硫化物金属资源的开发前景比活动热液硫化物更优。主要科学问题包括：

1）如何识别海底非活动热液硫化物矿床

在海底活动热液地区，通常使用羽状流调查、摄像拖体等手段识别和定位，然而，这些方法并不适用于非活动热液硫化物矿床，那里常常会与火山构造难以区分。因此，高分辨率测量和遥测物探手段来定位非活动热液硫化物矿床成了关键。遥测识别技术对于探测到被埋藏的硫化物矿至关重要，以期达到区分地下矿床和围岩的效果。

2）非活动热液硫化物的总量

近来有大量的研究估算了海底块状硫化物的全球总量，但几乎均基于活动热液区的情况。因此，需要针对不同海底构造环境的非活动热液硫化物矿床进行调查，以完善对全球资源量的估计。这一估计对要勘探海底硫化物资源或为勘探开发制定规则的机构来说是至关重要的。

3）海底块状硫化物矿床的年龄

硫化物的沉积速率是多少，与进入海水的硫化物数量如何比较？典型海底热液系统的生命周期？该周期与构造环境是否相关？具体的热液点上热液喷发又如何阶段性变化？

4）非活动热液硫化物矿床中生存的有机体类型

与活动热液硫化物矿床或正常玄武岩基底相比，非活动热液硫化物矿床的生态系统有何异同？

5）非活动热液硫化物矿床的地质归宿

非活动热液硫化物矿床的氧化速率是多少？微生物对硫化物的分解有何作用？氧化速率与埋藏速率的比较如何？

6) 基底岩性和水深对块状硫化物资源潜力和生物的影响

基性或超镁铁质热液系统的海底块状硫化物存在化学和金属含量方面的系统变化吗？慢速或超慢速扩张洋脊的化学和热通量如何？它们是否随着构造扩张和大洋核杂岩组成的变化而变化？不同的基底岩石对海底热泉生物的影响是什么？

7) 矿床和沉积物的化学毒性

矿床及其相关沉积物中存在哪些具有生物活性的毒素？是否存在与流体扩散及氧化还原反应相关的二次富集作用，导致了沉积物毒性的增强？海底采矿带来的岩屑是否对深海生态造成影响？

针对海床与海底资源这一研究焦点，未来十年实施战略主要包括以下三个方面：①采用大规模、高分辨率的方法，对洋脊段上整个热液区进行特征提取，并进行盆地尺度的建模。使用 AUV 和其他大洋观测平台，进行高分辨率海底调查和监测。②应用海底钻井和地球物理测井等新技术对海底以下矿床及其产状进行评估，确定其矿物和围岩类型及地球物理特性。相关数据也将用于遥测手段（主/被动电磁法、电阻率、磁法和主动地震探测法）的校准和矿床及其伴生沉积物的化学毒性测试。③国际大洋中脊协会将与国际海底管理局（ISA）、水下采矿协会（Underwater Mining Institute）等组织紧密合作，以期在评估、监测和减少资源勘探开发对环境的不利影响等方面提供工作规范和指南。

3. 地幔的控制作用

洋脊是观察不同时空尺度上地幔不均一性的重要窗口。这种不均一性包括地幔省（如在板片或地幔下沉区，诸如 AAD 区）、较大的地球化学域（如 DUPAL 异常）和动力学特征（如地幔热点）等。在洋脊与地幔异常相互作用的地方，洋壳记录了地幔热点和地幔柱通量及其对扩张过程的构造影响随时间所发生的变化。主要科学问题包括：

1) 地幔不均一性在不同时空尺度上的表现

洋中脊-热点相互作用体现了洋脊扩张系统的地幔控制作用。板块分离过程记录了近地幔热点的影响。例如，冰岛南部的洋脊和洋壳记录了冰岛下方地幔异常所造成的影响。结合地壳和地幔异常的地球物理、岩石学和地球化学等方法的研究，可以验证冰岛下方是否存在上升的地幔柱，并有助于进一步理解地幔的动力学、物理学性质和组分构成。

除此之外，对小规模地幔不均一性（10~50 km）的范围和性质的研究也是一个重要的前沿。虽然这一现象普遍存在，但其对扩张过程的影响还有待进一步研究。小规模地幔的不均一性是如何起源的？又是怎样产生和保存的？它与洋中脊之下的地幔熔融过程是怎样相互作用的？这又对洋壳增生产生了怎样的影响？以上这些问题都与高/低熔融产物集中区域（如地幔热点和冷点）和富挥发分地区（如地幔湿点）密切相关。

2) 扩张过程和地幔不均一性的关系

为了深入理解洋脊的扩张过程，就必须首先回答地幔过程及其不均一性是如何影响熔体的生成和迁移从而形成洋壳的。同样重要的是，地幔过程及其不均一性如何控制海底扩张的地质构造？例如，"非岩浆"的扩张和大洋核杂岩的形成与 E-MORB（由降低的地幔熔融和/或富集地幔所产生）密切相关。然而，其原因究竟是什么？地幔热量的不均一性如何保存？地幔不均一性对熔体生成过程及其扩张方式又如何影响？

针对地幔的控制作用这一研究焦点，未来十年实施战略主要包括以下五个方面：①多途径解决。优先考虑基于地球物理技术的地幔成像，比如地震层析成像、折射、反射、电磁学和重磁场方法等。这一方法成本较高，需要国际团队的合作。②采用全球大尺度与区域小尺度层析成像相结合方法，提高深部成像分辨率。③通过对采集样品（钻探、拖网或深潜器）的地球化学分析，辅以近底多波束调查（如 AUV），开展地幔不均一性的高分辨率制图。这同样需要国际团队的合作。④收集地幔岩石的地球物理、地球化学数据，并辅以物理性质分析。⑤地球动力学数字建模有助于对地幔混合过程的研究。建模的关键在于结合地球物理和地球化学方法对熔融区域、洋壳厚度进行限定，以阐明对地幔组分及其熔融历史所产生的影响。

4. 洋脊–大洋相互作用及通量

从海洋学的角度来看，地热增温对全球环流的影响较小。然而，近年来水文建模的应用对该观点提出质疑。实际上，地热增温对深海混合作用影响巨大，进而影响了全球热盐环流。这些采用稀疏数值网格的建模结果建立在非渗透海床的被动供热基础之上，但并没有包含热液柱所造成的影响。这些热液柱通过对流携带，可能把高密度海水从海底边界层向上动态抬升。模型也未考虑潮汐和洋流经过洋中脊高低起伏的海床时所带来的混合作用。与底层水混合后，热液柱的输出和化学作用对于营养物质输送到表层水以及降低碳含量具有重要作用。未来十年，大洋环流模型的精度将进一步提高，同时将囊括更精确的海洋测深地图和地热通量模型。而新模型对海底热通量和物质通量的精确估算则将是一大挑战。改进后的模型将更好地预测全球环流。可使用地球化学示踪和通过新的基因组定位技术构建的生物地图来测试模型精确度。主要科学问题包括：

1）深海混合作用和加热作用

深海加热作用是维持全球热盐环流系统的必要条件，对热量、营养物质、生物、化学的全球运输至关重要。深海冷水形成于极区，填充于洋盆 1000～5000 m 的深度范围。只有将深海冷水加热，使其具有浮力，并上升至表面，才能完成循环过程。迄今为止，大洋循环的低分辨率模拟表明，地热通量和热液通量在空间分布上的巨大差别尚未恰当表达。在未来十年中，大洋循环模型将实现空间分辨率的提高，可识别海床地形和热液加热的分布，进而为深海循环提供更可靠的预测。

2）生物与化学分布

海底生物群落的繁盛通常与热液活动有关，这也为海洋提供了重要的化学通量。部分化学组分沉积于热液喷口附近，其他组分往往夹带于热液柱或随大洋环流而运移。对运移过程的理解有利于增强对全球大洋环流的认识，包括全球生物地理分区、种群流通和热液示踪分布等。同时，这也对全球热液柱通量的直接测量，以及较少调查区域（如南大洋）的热液区的间接认识有所帮助。

海底热液生物群落是一大研究热点，同时也为由热液柱和大洋环流所导致的热液喷口环境及其之间隐含关联提供了重要信息。动物的分布与热液活动所造成的环境息息相关。对动物生态、生理特征的认识有助于理解其分布方式，而分布方式是与热液喷口附近水体的物理、化学性质密切相关，甚至，物种的形成和演化序列都与热液喷口密切相关。生物群落的研究需要特定地点的大量标本来提供遗传学信息。尽管找到这些地点存在困难，但大洋环流、热液柱运移方式的高精度数字模型将会对其有所帮助。

3）通量的分布——聚集型与分散型

为了完善海底热通量和物质通量模型，评估各种形式海底热液喷口的分布情况是一大挑战。海底热通量和物质通量存在强烈的时空变化。新形成洋壳的固结需要热液冷却，而这与热液流体控制的重要元素（如 Sr）进入大洋似乎形成悖论。解决这一悖论的方法是将高/低温流体分开。主要的海底热液喷口，通常与高温黑烟囱相关，控制着矿物的和化学负载的热液流体进入大洋，一般分布在洋中脊轴附近，而在过去的十年中，控制着低温热通量和低化学通量的分散型热液喷口，被确认分布于洋脊侧翼。虽然它们具有较低的热/化学通量率和不同的热/化学系数，但其分布可能更为广阔。

就与热液系统的总热通量相关的低温热液喷口而言，其究竟发挥着怎样的作用仍旧存疑。洋脊上的聚集型热液与洋脊侧翼上的分散型热液完全不同，其热通量和物质通量的比例关系如何？怎样为低温、分散型流体的热通量定量？低温热液时空控制机理与高温热液有何联系？随着时间推移，热液系统是怎样从火山喷发事件演化为轴外作用的产物？洋壳上的热液羽流可能随扩张速率和扩张过程的变化而变化。需要量化来自深海的这些通量的性质和数量，才能进一步完善环流模型。

针对洋脊–大洋相互作用及通量这一研究焦点，未来十年实施战略主要包括以下六个方面：①与物理海洋学家合作，建立新的高精度海洋环流模型；②长期观测洋脊及其侧翼，以监测火山旋回的通量；③对物理、化学、生物数据进行集成高精度的研究；④发展DNA 数据新的合成技术，以刻画幼体扩散方式；⑤在已有观测平台上增加新的化学/生物传感器，如 Argo 漂流浮标和水下滑翔机，以研究海洋内部结构；⑥参与制定公共环境政策。

5. 洋中脊的轴外过程和结果对岩石圈演化的作用

洋中脊的轴内和轴外过程控制了超过 60%的地壳的组成和演化。大洋岩石圈，这里发生着海洋与固体地球的相互作用，带来了既包括全球热量和化学平衡，也包括俯冲板块对地震成因的影响。国际大洋中脊协会之前的科学规划的重点主要放在洋中脊的轴内过程，这在探索增生过程和热液通量方面取得了显著的进展。详细调查也提高了大洋新岩石圈形成的火山和构造过程的认识。对热液通量的原位观察已坚持了十余年，在热能损耗、化学通量、矿化作用和海底热液生物群等方面获取了大量的珍贵资料。但对轴内与全球热通量的估算仍然存在不足，这恰恰表明了轴外过程的重要性。因此，对洋脊侧翼的研究显得愈发重要。主要科学问题包括：

1）增生过程如何发展、减弱、随离轴距离变化

新洋壳主要集中在洋脊轴部，随着离轴运动，洋壳发生破裂和断层作用，并受扩张速率的控制。位于慢速扩张洋脊的大型正断层始于轴外 2 km 的位置，在轴外 10 km 处停止生长。而在快速扩张洋脊，活动断层可生长至轴外 35 km 处。快速扩张洋脊缺少慢速扩张洋脊常见的深断层控制的轴部裂谷。这些断层为慢速扩张洋脊的深部热液循环提供了通道。慢速扩张洋脊上的绝大多数火山作用集中在狭窄的区域内（轴部±2 km），其余的也

局限于中央裂谷（轴部±20 km）。在快速扩张洋脊上，多数熔岩喷发于狭窄的轴部地带，但其中一部分沿上升的洋脊侧翼流至轴外数 10 km 处。无论扩张速率如何，轴外、点源的火山作用（海山）在板内任何有合适岩浆来源（如夏威夷）的地方都可能产生。有证据表明洋脊侧翼上也存在喷流体。热液系统的演化会受到洋壳中裂隙和断层因矿物沉淀和物质通量减少的阻塞的影响，主要原因是受到了渗透性较小的沉积盖层的覆盖，它们正在随洋壳年龄增大而逐渐变厚。而轴外海山能够穿透沉积盖层，始终能保持热液活动，并成为冷水进入和热水流出的场所。

2）洋中脊顶部如何随时间和过程的变化

洋中脊顶部的边界就像莫霍面和洋-陆过渡带一样，同样难以确定。在洋脊上，火山/构造/热液活动区域紧密相关，但决定其空间展布的作用过程却不尽相同，而是与扩张速率有关。然而，只要有合适的热源和渗透构造，热液活动在任何地方都有可能发生。例如，距离大西洋中脊岩浆轴 15 km 处可以发育低温热液活动（Lost City 热液区）；而高温海底热液活动也可以发生在加勒比海开曼洋脊的 Mt. Dent，距火山轴同样是 15 km。

3）分散型轴外"低温"热液流体的作用

来自轴外洋壳和海山附近的分散型热流可能比在靠近洋脊中轴的热流更具重要意义，虽然目前细节尚不清楚。它们对热平衡、矿化和洋壳变化的作用如何？有必要对其量化研究。

4）控制俯冲板块组成的综合过程

俯冲板块主要由洋中脊处形成的大洋岩石圈组成。其厚度、构造和演化取决于扩张速率、轴外火山作用、热液冷却、洋脊分段和断裂作用。幔源熔体通过萃取在洋中脊形成新的洋壳，之后板块的地幔组分将逐渐贫化。板块的铁镁质部分随厚度和构造特征而变化，从厚约 7 km 的层状层系（扩张速率大于 50 mm/a），到橄榄岩、辉长岩组合，上覆玄武岩（扩张速率小于 20 mm/a）。板块的铁镁质部分常经历转换作用、水合作用和矿化作用。由于大洋板块随时间冷却，岩石圈在向俯冲带运移的过程中发生增厚现象。热液循环改变着上部板块的化学性质，从洋中脊处的高温热液循环，到深盆地底与较冷流体的相互作用，再到板块俯冲前因板片弯曲破裂导致更多的流体的相互作用。相关具体问题包括以下几个方面：

（1）蛇纹石化作用的范围及其在俯冲带上的表现

蛇纹石化发生的必要条件是水与地幔岩石的接触。蛇纹石化在慢速或超慢速扩张的轴部谷壁、大洋核杂岩和破碎带上均有发现。当板块进入俯冲带，地壳弯曲破裂，也为水体进入上地幔提供了通道，蛇纹石化作用再次发生。这一转变不仅软化了岩石圈，而且随着俯冲板块的加热，又为上覆地幔楔的熔融提供了水源，进一步促进了俯冲过程。对蛇绿岩的研究表明，蛇纹石化作用可发生在深达 10 km 处。

（2）深海丘的生命周期及其"复活"

深海丘在火山和构造的共同作用下形成于洋中脊的轴部区域，在沉积作用下，会被逐渐掩埋。在快速扩张洋脊上形成的小型海丘高度几十米到 200 m 不等，它们会在上千万年的时间长河中被沉积物所掩埋（与沉积速率有关）。当板块进入俯冲带，发生弯曲和破碎时，深海丘又重获生命力。在这种情况下可能会有新断层形成，也有可能是深海丘陵周围老的断层重新活化。向前推进的洋脊也可能是其重获生命力的原因之一。老的轴向断层与重新活化的断层之间的相互作用，会对地震、热液流体和可能的矿化作用产生影响。

（3）大洋板块的组成及其对俯冲板块的影响

当洋中脊轴部过热，幔源物质熔融现象将更加显著，从而产生过厚洋壳，形成所谓的"无震洋脊"（如南美洲附近的纳斯卡和胡安·费尔南德斯洋脊及冰岛）。增厚洋壳的浮力不利于俯冲的发生，这与大陆板块俯冲相似。大量的板内火山活动（火山喷发远离洋中脊和俯冲带，如夏威夷）也会引起洋壳增厚，具有相似的阻碍俯冲的特性。海山（如Louisville海脊）同样会阻碍俯冲过程，甚至会导致其暂停，进而引发强烈地震。

针对洋中脊的轴外过程和结果对岩石圈演化的作用这一研究焦点，未来十年实施战略主要包括以下六个方面：①建立预测模型，以识别可观测轴外过程的典型区域；②尽可能大范围收集轴外过程的相关数据；③轴部区域的超高精度地形和浅层剖面的AUV调查；④更好地利用运输路线，系统覆盖洋脊侧翼，采集所有航次和航线的测深数据；⑤完善通量估算从局部、区域到全球的推测方法，并加以验证；⑥加强对热液喷口的监测，以获取通量的时空变化，进而更好地评估全球通量。

6. 海底热液生态系统的过去、现在与未来

过去30年对海底热液群落的研究彻底改变了我们对深海生物的看法。这些有限空间内的生物量级远大于周围的深海环境。此外，很多生物群落含有丰富的地方性物种，既有微生物，也有后生动物，以适应环境变化带来的挑战。在洋脊系统的新发现丰富了物种多样性，也增强了对该系统的整体认识。

近年来，DNA测序领域的新技术使得越来越多的物种（微生物和巨型动物）的基因组排序、转录、蛋白质组学、代谢组学研究成为可能。这些新技术提供了解决海底热液物种的演化、物种选择与形成的过程、热液生物群落之间的关联、全球变化对这些生物组合生存的影响等一系列基础问题的新视角和数据。矿业公司对海底硫化物矿床越来越感兴趣，其勘探许可范围包括了热液活动和非活动地区。在不久的将来，开采的范围将更加扩大。在此背景下，对海底热液物种演化和群落结构驱动力的认识，以及对个体种的敏感性、热液生物群落和生态系统功能的人为影响的研究都显得愈发重要。主要科学问题包括：

1）生物对海底热液环境的生理适应的分子基础与发生时间

海底热液环境的缺氧、不稳定（有时高温）、有辐射、有重金属和硫化物等有毒物质、极端梯度等恶劣条件均给有机生命体的存活带来挑战。这至少部分解释了热液环境下物种的高度地方性特征。高通量基因组和转录组测序使得对照基因组的研究成为可能，并可以指明有机生命体适应热液环境时所发生的基因突变。在分析过程中重建祖先状态可以有助于找到适应过程中的决定性时间点，并将其与环境改变、群落组成变化建立联系。不同生物分类单元间存在共生关系，并代表了生物量的很大一部分。类似的方法同样可应用于研究其产生过程及其分子级别的适应性。

2）对海底热液环境的适应怎样影响并导致热液生物的多样性

物种形成这一复杂过程导致了海底热液区域的生物多样性，以及构造活动驱动下的种群次生关联。时空的小规模陡变梯度可能造成了快速的物种形成。可以在分子级别的层面上研究生物适应和物种形成之间的关系（部分或全部基因测序），并在板块构造地质历史的大背景下去理解种群之间的二次交流。

3）历史全球变化（如全球性深海缺氧）对物种演化的影响

部分深海生物大灭绝是全球环境变化的成因结果。环境的变化不仅改变了温度，也改变了氧气浓度。中生代深海的普遍缺氧影响了深海动物群的演化。然而，海底热液生物物种及其适应性的起源、演化和分异之间存在着断点。尤其重要的是，从分支系统学的角度来看，海底热液生物群与其他深海生物群的关系并不明确。其谱系分析并不完善，能够明确的只有高级别分类单元。

4）海底热液动力学性质对物种演化的影响

海底热液烟囱和热液区持续的时间有限，生物群落也适应了短暂栖息地的生活。反复多次的灭绝和重现形成了连续的始祖效应，降低了局部生物分异度，但同时也促进了基因重组。这有利于自适应景观地的探索，同时对物种的演化具有重要意义。对外来物种的基因多样性及其与其他种群关系的研究不能只局限于研究程度较高的地点，在新地点的相关研究也很重要。

5）海底热液物种/群落的适应性及深海采矿的可能影响

尽管海底热液生物适应了幕式灭绝方式，但大多数物种的扩散能力和群落规模的恢复能力还尚待考证。虽然已掌握部分物种的大量相关信息，但这些物种并不能代表全部，也不能代表全面的繁殖策略。换言之，对繁殖和扩散策略的研究应建立在大量不同物种的基础之上。海底热液特有的幕式扰动不可能均等地影响所有物种，因此，生态平衡对频繁而强烈的扰动非常敏感，而正是这种生态平衡维持了有相似壁龛、相似功能的物种得以共存。认识到这一点对于深海采矿来说非常重要。硫化物为生物群落提供了生长环境，而对深海硫化物的开采必将对其产生长远而大规模的影响。

6）全球变化对热液生物的影响及其时间尺度

看起来全球变化对海底热液生态系统的影响不大，但实际上，对气候变暖、酸雨和海水缺氧所带来的潜在影响还知之甚少。尽管在今后的一段时间里，深海热液区域的海水似乎不会受到影响，但其来源于极区海水，会因全球变化而温度升高。这种水体一旦形成，最终必将影响深海热液生物群落。虽然这种环境（其酸度、含氧量、温度不同）的高运动性会将其所带来的影响最小化。然而，如果物种对环境的承受程度已经达到边缘，那么任何一个小小的改变都会产生决定性的影响，这在共生物种中体现得尤为明显。需要在大量不同物种中实施周密的生理机能实验。与此同时，还需要重新评估种内基因分异度，以预测物种的适应性和生存能力；监测深海水体参数，将有助于确定生物群落周围的海底热液及一般意义上的深海。

针对海底热液生态系统的过去、现在与未来这一研究焦点，未来十年实施战略主要包括以下五个方面：①加强对生物种群之间的联系、不同物种功能和生态学的研究；②重视高通量基因组和转录组测序，以促进关联性方面的研究；③对大量不同物种生理机能极限的实验，是研究其适应能力的基础；④动物的压力生理机能实验技术仍有待提高，国际大洋中脊协会将帮助宣传这一技术；⑤热液生物的研究仅限于其中的部分物种，应全面掌握其生理机能、对环境容忍度、繁殖/传播途径和在群落中起到的生态作用。

众所周知，洋壳是地球上最大的地质体，面积占地球表面积的60%以上，而国际大洋中脊协会是该领域唯一的科学组织。为了增强对洋壳组成、演化及其与海洋、生物圈、气候、人类社会之间相互作用的认识，相关研究领域均确立了一系列研究重点，而这也正是国际大洋中脊第三个十年科学计划框架建立的基础。历经二十余年的发展，国际大洋中脊第三个十年科学计划所关注的焦点已经从促进世界各国科学家对大洋中脊的协作研究，发展为聚焦洋壳形成演化等重大基础科学问题；从研究洋中脊洋壳的起源，发展为关注洋脊侧翼和深海平原下的洋壳演化，一直到汇聚边缘、俯冲带、岛弧和弧后系统中的系列变化。

国际大洋中脊协会通过各个国家的合作，促进学科间交流，共享技术、设备，为推动各国科学家和政府之间知识成果共享起到了十分重要的作用。